Title: Ion Exchange in Environmental Processes: Fundamentals, Applications and Sustainable Technology by Arup K. SenGupta, ISBN:9781119157397.

Copyright© 2017 John Wiley & Sons, Inc.

All Rights Reserved. This translation published under license. Authorized translation from the English language edition, Published by John Wiley & Sons. No part of this book may be reproduced in any form without the written permission of the original copyrights holder.

Copies of this book sold without a Wiley sticker on the cover are unauthorized and illegal.

Ion Exchange in Environmental Processes:
Fundamentals, Applications and Sustainable Technology

环境过程中的离子交换：
基础、应用与可持续技术

〔美〕阿勒普·森古普塔（Arup K. SenGupta） 著

李金泽 译

科学出版社

北京

图字:01-2022-0126 号

内 容 简 介

离子交换技术往往被认为是一种新兴技术,然而,它已经存在和发展了近200年。这项技术被广泛运用于各个行业,如污染物去除、水体脱盐、采矿、微电子、分离提纯、纳米技术、海水淡化和新兴的新能源及碳中和领域,并展现其特有的优势。本书将从基础理论出发,由浅入深地介绍离子交换技术的发展过程和化学机理,使读者逐步理解离子交换剂的存在形式和关键参数,并且通过实际工程的分析解读,使读者对该技术的实际应用有身临其境的感受。随着章节的发展和理解的加深,加入离子交换动力学和热力学的讲解,即便对于未接触高等数学的读者也完全可以接受。本书最后两章主要介绍了离子交换领域的最新发展和科研趋势,如与纳米技术相结合的复合离子交换剂以及新型铝离子硬度去除工艺等,为该领域的科研人员提供研究思路和方法。

图书在版编目(CIP)数据

环境过程中的离子交换:基础、应用与可持续技术/(美)阿勒普·森古普塔(Arup K. SenGupta)著;李金泽译. —北京:科学出版社,2022.8
书名原文:Ion Exchange in Environmental Processes: Fundamentals, Applications and Sustainable Technology
ISBN 978-7-03-072856-2

Ⅰ. ①环… Ⅱ. ①阿… ②李… Ⅲ. ①离子交换法 Ⅳ. ①X703

中国版本图书馆 CIP 数据核字(2022)第 143109 号

责任编辑:霍志国 孙静惠 / 责任校对:杜子昂
责任印制:吴兆东 / 封面设计:东方人华

科学出版社 出版
北京东黄城根北街 16 号
邮政编码:100717
http://www.sciencep.com

北京中石油彩色印刷有限责任公司 印刷
科学出版社发行 各地新华书店经销

*

2022 年 8 月第 一 版 开本:720×1000 1/16
2023 年 7 月第二次印刷 印张:29
字数:580 000
定价:198.00 元
(如有印装质量问题,我社负责调换)

致中国读者

科学无国界,但语言有。当教学媒介(语言)发生变化时,传播科学和知识面临着新的挑战。经过五年的持续努力和我在离子交换领域的终生工作,美国Wiley出版社于2017年出版了《环境过程中的离子交换:基础、应用与可持续技术》一书。我曾多次到访中国,其间我亲眼目睹了中国对离子交换及其在可持续水处理与资源回收等领域日益增长的应用需求。那时,我的学生李金泽博士愿意将这本书翻译成中文以帮助中国的学者对该领域有更加深入、充分的理解,最终我们选择科学出版社将其出版。

离子交换不是最近的发明,但在过去的五年里,离子交换科学已经渗透到无数其他领域——从污染物去除到超纯水,从采矿到微电子,从气体分离到可持续绿色工艺,从新型合成到纳米技术,从药物输送到海水淡化,这样的例子不胜枚举。此外,离子交换的基本原理与其他原理结合,产生了新型材料和复合工艺。本书既是对离子交换科学的全面介绍,也是对离子交换领域最新发展的评估。无论初学者还是已经在该领域工作多年的专业人士都可从本书中受益。

Arup K. SenGupta

2022 年 7 月

中 译 本 序

砷、氟、磷、重金属等污染物常以离子形式广泛存在于各类天然水体和污废水中,上述离子型污染物在微量水平即可严重影响水质安全与生态健康;砷污染影响全球数亿人的饮用水安全;过量氟的摄入引起氟斑牙甚至氟骨症;磷是地表水富营养化的关键因子;重金属不可降解,对生态安全与人体健康危害极大。对于从事水污染控制相关专业的读者,了解并掌握去除离子型污染物的方法及原理的重要性不言而喻。

离子交换是自然界中普遍存在的一种物质运动形式,是物化水处理技术的一类主要基本方法,同时也是一种可实现高效提取、浓缩和精制的重要分离手段,在化工、电力、电子、冶炼、分析、食品饮料、医疗医药、原子能等行业中均有广泛的应用。从相关科技发展历程来看,离子交换是一门既成熟又具有蓬勃生命力的技术;无机离子交换剂早在一百多年前就已被发现并应用,有机离子交换剂(主要是离子交换树脂)在近几十年来取得了快速发展。在环境领域,除主要应用于水处理外,离子交换技术在固相、气相等环境过程中也有相关应用。在大量应用需求的牵引下,离子交换技术的应用长期超前于相关理论的发展。但离子交换系统的设计普遍依赖于经验,传统离子交换技术的选择性和效率已难以满足日益严格的环境标准的要求,迫切需要发展新型高效的离子交换技术,而深入了解并灵活运用离子交换的基本原理是高效水处理技术创新的基础。对于需要了解离子交换环境过程的读者来说,拥有一本贯通离子交换技术从基本原理到应用和设计的专著就显得尤为必要。

Arup K. SenGupta 教授是离子交换技术和饮用水除砷方面的著名专家,他在美国 Lehigh University 长期从事离子交换技术方向的研究与教学工作,研究方向主要包括新型离子交换树脂的制备、理论研究、技术创新以及在环境工程领域的应用等。他发明了基于唐南(Donnan)膜原理强化分离的杂化离子交换纳米技术(HIX-Nano),并且该技术得到了较为广泛的应用。SenGupta 教授始终致力于水质安全保障技术,并着力改善亚洲和非洲等贫困国家的饮用水水质。他发明的 HIX-Nano 系列材料对水中砷、氟、磷等均具有良好的去除效果,相关成果在印度、孟加拉、柬埔寨、肯尼亚等国家的高砷和高氟背景区得到了推广应用,为解决欠发达地区的饮用水安全问题做出了卓著贡献。他在环境过程和可持续材料方面的研究得到世界范围各类组织的认可,获得 2004 年英国剑桥大学颁发的国际离子交换奖、2007 年美国国家工程院颁发的格兰杰(Grainger)银奖、2009 年美国化学协会(ACS)颁发的斯特莱斯(Astellas)研究创新奖、2009 年美国化工研究所(AIChE)颁发的 Lawrence K. Cecil 奖、2012 年国际环境奖等。SenGupta 教授于 1996～2006 年期间担任了离子交换领域知名学术期刊 *Reactive and Functionalized Polymers* 的编辑。

该书是 SenGupta 教授关于离子交换环境过程的精粹之作,凝集了 SenGupta 教授几十年的心血,涵盖了从离子交换科学原理的详细阐述到离子交换前沿技术的独到总结,同时也包括了 SenGupta 教授发明的杂化离子交换纳米技术前沿的相关内容;更为关键的是,该书为基本原理和基础研究如何指导技术创新与应用提供了很好的示范。

SenGupta 教授曾多次访问中国,受邀在国内多所知名学府讲学交流,与何炳林先生(中国科学院院士,被誉为中国离子交换树脂之父)、张全兴先生(中国工程院院士,我的导师)均有亲切的交流。2018 年 4 月我也有幸邀请 SenGupta 教授到南京大学讲学,他的精彩报告引起了学院师生的热烈反响。不久前 SenGupta 教授邀请我为该书中译本作序,我欣然接受邀请,将该书推荐给国内读者。

我国离子交换树脂的制备及应用研究工作经过半个多世纪的发展,取得了巨大进步,现今我国离子交换与吸附树脂产量已约占世界总产量的 40%,离子交换技术创新与应用方兴未艾。离子交换技术与国计民生关系密切,面向国家需求的特色明显,这一方向在新时代仍将焕发新的生命。相信该书中译本的出版对我国离子交换技术创新和人才培养大有裨益。该书不仅可作为环境、化学化工、材料等专业本科生和研究生的专业教材或学习资料,也可为相关领域的科技工作者提供参考借鉴。

潘丙才
于南京大学环境学院
2022 年 5 月

前　言

　　离子交换是一个引人入胜的科学领域，对于自然和生物系统而言，对于工程流程而言，都是如此。从历史上看，离子交换的应用始终远远落后于理论，并且离子交换系统的设计方法大多是经验性的。人们对该领域的内在复杂性了解甚少，并且离子交换科学被视为仅仅是离子交换。第二次世界大战后，离子交换理论扎根，在科学的基础上逐步发展，构想并实施了新的应用。离子交换领域的内在复杂性及其许多看似怪异的行为尚未阐明。可以理解，要学习该主题，需要以适当的顺序揭示其科学核心，并与"为什么"和"如何"的关键科学询问相结合。

　　1996年秋天，我应一位老朋友兼同事迈克尔·斯特里特（Michael Streat）教授的邀请在英国休长假，其间我萌生了写一本关于离子交换的书的想法，于是我便开始动笔。这段时间我还就离子交换的基础知识和最新发展向高年级研究生和年轻教员开展了一系列的非正式讲座，这个过程中出现了一些困难。我所展示的一些有违常理的实验结果非常难以被听众接受。于是我开始准备自己的笔记，并开始构建这本书的框架。在反反复复、断断续续的努力下，这本书的编写工作进展十分缓慢，进入休眠状态。最终，在三年前，我将这项任务重新提上日程并列入必须完成的项目列表中。然而，最关键的问题或激励因素——这本书有必要出版吗，这本书是面向什么样的读者，自始至终都没有改变。

　　没有任何专业是独立发展的。离子交换工艺也不是最近的发明，在过去的五十年里，离子交换科学已经被无数其他不断发展的领域加以利用——从污染物去除到水体脱盐，从采矿到微电子产业，从气体分离到绿色工艺，从新型合成到纳米技术，从药物输送到海水淡化等。下图来自谷歌（Google）专利搜索，包括过去30年所颁发的与离子交换相关的美国专利数量，说明关于离子交换的新产品和工艺的发明从未停止。

　　如此大量的美国专利数量会加深该领域的影响及其与许多看似不相关的科学领域的融合。值得一提的是，目前全球所推动的可持续性发展和更加严格的环境法规已将离子交换技术视为新一代环境工艺和高效材料的重要技术之一。这也要求学者以全新的视角重新审视离子交换的基本原理。正如我最初设想的，本书介绍了复杂程度不同的多种离子交换现象的"原因"和"过程"。并且我特意在每个有趣的离子交换过程前先陈述其物理原理。只有了解了物理原理，才能进一步讨论其基础理论和计算方法，并验证所观察到的物理现象。

　　本书对可能帮助读者理解或解决特定问题的理论工具给予了应有的介绍和说

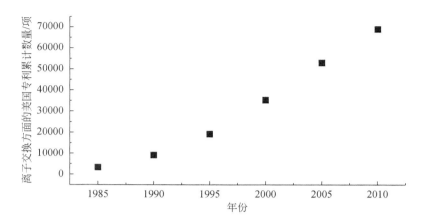

明,并且避免了过多的数学模型和抽象理论。在提出数学推论和相关方程的前提下,本书也加入了相应的解释。因此,不精通数学或热力学的读者,通过经验或其他方式也能够对本书主旨有深刻的理解,轻松阅读整本书并获得相关知识,或对感兴趣的领域进行进一步研究和创新。

若非诚实地讨论如何在 Fred Helfferich 五十多年前所撰写的离子交换书目的基础上补充或增加新的内容,关于离子交换的书籍会缺乏完整性。他的书是该领域的开山鼻祖,我可以自豪地说:他是一位受人尊敬的学者、同事,我们曾进行了多种方式的互动。至今在我的家中和办公室里都保留了他的书,并在必要时查阅。尽管如此,人们总在遇到问题或不确定性时参考他的书,但很少有人专门阅读它来学习离子交换的主题。通过他的书逐步学习经典并应用这些知识会带来一些真正的挑战,而编写这本书的目的并非如此。此外,在过去的几十年中,出现了具有独特属性的新型离子交换剂,如大孔材料、纤维材料、复合材料和生物材料;唐南膜原理的新用途为生产可持续材料和工艺开辟了新的途径。此外,气相和固相离子交换可能很快为新型环保工艺提供新的平台。离子交换越来越多地与其他已知工艺协同使用,并在提高可持续性的工艺中取得重大突破。这本书将对公共领域的现有知识体系进行补充,并可成为年轻科学家和工程师的主要学习工具。

对物理化学、化学/环境工程原理和数学有一定了解的读者应该能够自行阅读各个章节。对于学术教学,本书适合作为本科高年级或研究生一年级化学或环境工程分离、环境过程或离子交换课程的教材或参考书。本书尝试使潜在读者在逐渐吸收理论内容的同时,能够将获得的知识应用于实际场景,改进现有流程并通过使用基础知识培养创新能力。从这个角度来看,本书的内容也对寻求长期整体解决方案的聚合物化学家、咨询工程师和科技公司有用。为便于将本书用作短期课程的文本或讲义,其中包括了一些例题。

本书共 8 章,将离子交换过程和材料与基础知识联系起来。第 1 章,离子交换与离子交换剂：概述；第 2 章，离子交换机理；第 3 章，痕量离子交换；第 4 章，离子交换的动力学基础：粒子间扩散效应；第 5 章，固相和气相离子交换；第 6 章，复合离子交换纳米技术；第 7 章，重金属络合作用与聚合配体交换；第 8 章，合成与可持续性。

已经接触过离子交换领域的读者可以按照需求进行跳跃式阅读，这并不影响对本书的理解。几十年来，广泛使用的软化和去离子工艺经过改良，从化学使用的角度来看更具可持续性，该主题将在第 1 章和第 2 章中进行详细讨论。离子交换基本原理也被用于生产硝酸盐、砷、氟化物、磷酸盐、硼等污染物的选择性吸附材料。一个相对较新的复合离子交换纳米技术（HIX-Nano）领域也已出现，唐南膜原理在扩大其应用潜力方面发挥着至关重要的作用。固相和气相分离显示出以最少的化学品使用量回收有价值的原料的前景。在第 5~8 章中提出的每一个讨论中，科学理论基础的作用都得到了充分的阐述。第 8 章介绍了一种简单易用的软化工艺新途径，无需使用过多的盐水，该技术尤其适用于干旱地区，若使用过量盐水将造成重大的环境问题。

要解决这个时代具有挑战性的问题，与其发展新的基础知识，不如整合看似不相干的领域的知识。作为本书的作者，我非常乐观地认为，这里介绍的与离子交换相关的科学、技术和材料将有助于填补一些空白，并为该领域的下一代创新者和发明者提供新的思路和科学基础。

Arup K. SenGupta
2016 年 11 月
于美国伯利恒市 Lehigh 大学

目 录

致中国读者
中译本序
前言

第1章 离子交换与离子交换剂:概述 1
  1.1 历史 1
  1.2 水与离子交换:密不可分的伙伴 5
  1.3 离子交换剂的组成成分 8
  1.4 什么是离子交换 10
  1.5 离子交换容量的产生 11
    1.5.1 无机离子交换剂 11
    1.5.2 有机/聚合离子交换剂 13
    1.5.3 Ⅰ型与Ⅱ型强碱性阴离子交换树脂 19
  1.6 生物吸附剂、液态离子交换剂和溶剂浸渍型树脂 23
    1.6.1 生物吸附剂 23
    1.6.2 液态离子交换剂 25
    1.6.3 溶剂浸渍型树脂 27
  1.7 两性无机离子交换剂 28
  1.8 离子交换剂与活性炭:相似与不同 33
  1.9 离子交换剂形态学 33
  1.10 广泛应用的离子交换技术 34
    1.10.1 软化水技术 35
    1.10.2 去离子或脱盐 38
  第1章摘要:十个要点 43
  参考文献 44

第2章 离子交换机理 48
  2.1 物理特性 48
  2.2 膨胀与收缩:离子交换中的渗透压 49
  2.3 离子交换平衡 52
  2.4 其他平衡常数与影响平衡的变量 56
    2.4.1 修正选择性系数(K_{IX}^c) 56

2.4.2 选择性系数(K_{IX}^{se}) ⋯⋯⋯⋯⋯⋯⋯⋯⋯⋯⋯⋯⋯⋯⋯⋯⋯⋯ 57
2.4.3 分离因数(α_B^A) ⋯⋯⋯⋯⋯⋯⋯⋯⋯⋯⋯⋯⋯⋯⋯⋯⋯⋯⋯ 57
2.4.4 分离因数:等价离子交换 ⋯⋯⋯⋯⋯⋯⋯⋯⋯⋯⋯⋯⋯⋯⋯ 58
2.4.5 分离因数:异价离子交换 ⋯⋯⋯⋯⋯⋯⋯⋯⋯⋯⋯⋯⋯⋯⋯ 59
2.4.6 选择性反转的物理实质:勒夏特列原理 ⋯⋯⋯⋯⋯⋯⋯ 61
2.4.7 平衡常数:不一致性及潜在陷阱 ⋯⋯⋯⋯⋯⋯⋯⋯⋯⋯ 62
2.5 静电相互作用:抗衡离子选择性的产生 ⋯⋯⋯⋯⋯⋯⋯⋯⋯⋯⋯ 65
2.6 离子交换容量:等温线 ⋯⋯⋯⋯⋯⋯⋯⋯⋯⋯⋯⋯⋯⋯⋯⋯⋯⋯⋯ 71
 2.6.1 静态吸附技术 ⋯⋯⋯⋯⋯⋯⋯⋯⋯⋯⋯⋯⋯⋯⋯⋯⋯⋯⋯ 71
 2.6.2 可再生微型色谱柱法 ⋯⋯⋯⋯⋯⋯⋯⋯⋯⋯⋯⋯⋯⋯⋯ 75
 2.6.3 步进式过柱实验 ⋯⋯⋯⋯⋯⋯⋯⋯⋯⋯⋯⋯⋯⋯⋯⋯⋯ 77
2.7 离子交换剂中的唐南膜效应 ⋯⋯⋯⋯⋯⋯⋯⋯⋯⋯⋯⋯⋯⋯⋯⋯ 80
 2.7.1 配对离子入侵或电解质渗透 ⋯⋯⋯⋯⋯⋯⋯⋯⋯⋯⋯⋯ 80
 2.7.2 离子交换树脂的交联度 ⋯⋯⋯⋯⋯⋯⋯⋯⋯⋯⋯⋯⋯⋯ 84
 2.7.3 唐南效应的成因 ⋯⋯⋯⋯⋯⋯⋯⋯⋯⋯⋯⋯⋯⋯⋯⋯⋯ 85
2.8 弱酸性与弱碱性离子交换树脂 ⋯⋯⋯⋯⋯⋯⋯⋯⋯⋯⋯⋯⋯⋯⋯ 87
 2.8.1 弱离子交换树脂的pK_a值 ⋯⋯⋯⋯⋯⋯⋯⋯⋯⋯⋯⋯⋯ 88
 2.8.2 弱酸官能团与弱碱官能团 ⋯⋯⋯⋯⋯⋯⋯⋯⋯⋯⋯⋯⋯ 91
2.9 再生 ⋯⋯⋯⋯⋯⋯⋯⋯⋯⋯⋯⋯⋯⋯⋯⋯⋯⋯⋯⋯⋯⋯⋯⋯⋯⋯ 93
 2.9.1 异价离子交换中的选择性反转 ⋯⋯⋯⋯⋯⋯⋯⋯⋯⋯⋯ 95
 2.9.2 pH秋千 ⋯⋯⋯⋯⋯⋯⋯⋯⋯⋯⋯⋯⋯⋯⋯⋯⋯⋯⋯⋯⋯ 95
 2.9.3 通过金属氧化物实现配体交换 ⋯⋯⋯⋯⋯⋯⋯⋯⋯⋯⋯ 100
 2.9.4 助溶剂的应用 ⋯⋯⋯⋯⋯⋯⋯⋯⋯⋯⋯⋯⋯⋯⋯⋯⋯⋯ 100
 2.9.5 双温再生 ⋯⋯⋯⋯⋯⋯⋯⋯⋯⋯⋯⋯⋯⋯⋯⋯⋯⋯⋯⋯ 102
 2.9.6 二氧化碳再生工艺 ⋯⋯⋯⋯⋯⋯⋯⋯⋯⋯⋯⋯⋯⋯⋯⋯ 105
 2.9.7 纯水再生 ⋯⋯⋯⋯⋯⋯⋯⋯⋯⋯⋯⋯⋯⋯⋯⋯⋯⋯⋯⋯ 106
2.10 树脂的降解和微量毒素的形成 ⋯⋯⋯⋯⋯⋯⋯⋯⋯⋯⋯⋯⋯⋯ 106
2.11 离子排斥和离子迟滞 ⋯⋯⋯⋯⋯⋯⋯⋯⋯⋯⋯⋯⋯⋯⋯⋯⋯⋯ 109
 2.11.1 离子排斥 ⋯⋯⋯⋯⋯⋯⋯⋯⋯⋯⋯⋯⋯⋯⋯⋯⋯⋯⋯⋯ 109
 2.11.2 离子迟滞 ⋯⋯⋯⋯⋯⋯⋯⋯⋯⋯⋯⋯⋯⋯⋯⋯⋯⋯⋯⋯ 110
2.12 两性离子和氨基酸吸附 ⋯⋯⋯⋯⋯⋯⋯⋯⋯⋯⋯⋯⋯⋯⋯⋯⋯ 111
2.13 溶液渗透压对离子交换的影响 ⋯⋯⋯⋯⋯⋯⋯⋯⋯⋯⋯⋯⋯⋯ 115
2.14 离子交换剂的催化作用 ⋯⋯⋯⋯⋯⋯⋯⋯⋯⋯⋯⋯⋯⋯⋯⋯⋯ 117
第2章摘要:十一个要点 ⋯⋯⋯⋯⋯⋯⋯⋯⋯⋯⋯⋯⋯⋯⋯⋯⋯⋯⋯⋯ 119
参考文献 ⋯⋯⋯⋯⋯⋯⋯⋯⋯⋯⋯⋯⋯⋯⋯⋯⋯⋯⋯⋯⋯⋯⋯⋯⋯⋯⋯ 120

第3章 痕量离子交换 124

- 3.1 选择性的起源 124
- 3.2 痕量等温线 129
- 3.3 多溶质平衡 131
- 3.4 与亨利定律相符 133
- 3.5 多痕量溶质:洗脱色谱法的基本原理 136
- 3.6 痕量离子的上向运输:唐南膜效应 142
- 3.7 痕量泄漏 144
- 3.8 天然有机物造成的痕量污染 146
- 3.9 离子交换过程中伴随的化学反应 148
  - 3.9.1 沉淀 148
  - 3.9.2 络合反应 149
  - 3.9.3 氧化还原反应 150
- 3.10 一价–二价离子的选择性 150
  - 3.10.1 电荷分离效应:机理 151
  - 3.10.2 阴离子交换中硝酸根/硫酸根以及氯离子/硫酸根的选择性 152
  - 3.10.3 硝酸根选择性树脂的机理 154
  - 3.10.4 铬酸根离子的选择性 155
- 3.11 熵驱动的选择性离子交换:疏水性可离子化有机化合物(HIOC)的实验案例 157
  - 3.11.1 研究重点及相关意义 158
  - 3.11.2 溶质–吸附剂及溶质–溶剂相互作用的特性 161
  - 3.11.3 实验观察:化学计量、亲和性顺序以及助溶剂的作用 164
  - 3.11.4 吸附过程中的能量变化 167
  - 3.11.5 疏水相互作用:从气–液系统到液–固系统 170
  - 3.11.6 聚合基质与溶质疏水性对离子交换的影响 171
- 3.12 线性自由能关系和相对选择性 173
- 3.13 同时去除目标金属阳离子和阴离子 175
- 3.14 与亨利定律的偏差 176
- 3.15 两性金属氧化物的可调吸附行为 181
- 3.16 离子筛 184
- 3.17 痕量离子的去除 189
  - 3.17.1 铀(Ⅵ) 189
  - 3.17.2 镭 191

| 3.17.3   硼 …… 192
| 3.17.4   高氯酸根 …… 193
| 3.17.5   新型污染物及多污染物系统 …… 196
| 3.17.6   砷和磷：As(Ⅴ)、P(Ⅴ)和 As(Ⅲ) …… 199
| 3.17.7   氟(F^-) …… 202
| 第3章摘要：十个要点 …… 203
| 参考文献 …… 204

第4章　离子交换的动力学基础：粒子间扩散效应 …… 213
4.1　离子选择性的影响 …… 213
4.2　离子交换材料中的水分子状态 …… 221
4.3　离子交换剂中的活化能水平：化学动力学 …… 224
4.4　离子交换剂的物理特性：凝胶、大孔和纤维形态 …… 230
　　4.4.1　凝胶型树脂颗粒 …… 230
　　4.4.2　大孔型离子交换树脂 …… 231
　　4.4.3　离子交换纤维 …… 233
4.5　色谱柱中断测试：扩散机理的决定因素 …… 236
4.6　与离子交换动力学有关的现象 …… 238
　　4.6.1　浓度对半反应时间($t_{1/2}$)的影响 …… 238
　　4.6.2　离子交换速率的主要差异 …… 239
　　4.6.3　化学性质相似的平衡离子的粒子内扩散速率的显著差异 …… 239
　　4.6.4　竞争离子浓度的影响：凝胶型与大孔型树脂 …… 241
　　4.6.5　再生过程中的粒子内扩散 …… 242
　　4.6.6　壳层级进动力学与缓扩散溶质 …… 242
4.7　粒子内扩散的互扩散系数 …… 244
4.8　痕量离子交换动力学 …… 251
　　4.8.1　目标痕量离子：氯代酚 …… 251
　　4.8.2　大孔离子交换剂内的粒子内扩散 …… 253
　　4.8.3　吸附亲和力对粒子内扩散的影响 …… 255
　　4.8.4　溶质浓度效应 …… 258
4.9　矩形等温线和壳层级进动力学 …… 259
　　4.9.1　溶质到达顺序产生的异常 …… 260
　　4.9.2　量化解释 …… 262
4.10　对4.6节观察结果的进一步讨论 …… 262
　　4.10.1　浓度对半反应时间($t_{1/2}$)的影响 …… 263
　　4.10.2　弱酸树脂的缓慢动力学 …… 263

4.10.3　化学性质相似的平衡离子:粒子内扩散系数的巨大差异 … 264
　　4.10.4　凝胶型与大孔型树脂 …………………………………… 264
　　4.10.5　再生过程中的粒子内扩散 ………………………………… 265
　　4.10.6　核收缩或壳层级进动力学 ………………………………… 265
　4.11　限速步骤:无量纲参数 ……………………………………………… 266
　4.12　粒子内扩散:从理论到实践 ………………………………………… 270
　　4.12.1　缩短扩散路径:短床工艺与潜壳树脂 …………………… 270
　　4.12.2　双官能团树脂的研发 ……………………………………… 274
　　4.12.3　以离子交换剂为主体增强吸附动力学 …………………… 276
　第4章摘要:十个要点 …………………………………………………… 277
　参考文献 …………………………………………………………………… 278

第5章　固相和气相离子交换 …………………………………………… 282
　5.1　固相离子交换 ………………………………………………………… 282
　　5.1.1　难溶固体 ……………………………………………………… 282
　　5.1.2　离子交换诱导沉淀法脱盐 …………………………………… 288
　　5.1.3　竞争性固相分离 ……………………………………………… 289
　　5.1.4　从土壤中的离子交换位点回收 ……………………………… 290
　　5.1.5　类布离子交换器 ……………………………………………… 291
　　5.1.6　重金属(Me^{2+})与具有高缓冲能力的固相混合物 ………… 293
　　5.1.7　使用螯合离子交换剂进行配体诱导金属回收 ……………… 298
　5.2　从活性污泥中回收混凝剂 …………………………………………… 301
　　5.2.1　唐南离子交换膜工艺的研发 ………………………………… 302
　　5.2.2　明矾回收:唐南平衡的应用 ………………………………… 305
　　5.2.3　工艺验证 ……………………………………………………… 305
　5.3　气相离子交换 ………………………………………………………… 307
　　5.3.1　酸性或碱性气体的吸附 ……………………………………… 308
　　5.3.2　使用弱碱阴离子交换剂去除二氧化碳和二氧化硫 ………… 309
　　5.3.3　离子交换剂形态的影响 ……………………………………… 310
　　5.3.4　氧化还原性气体:硫化氢与氧气 …………………………… 315
　5.4　使用二氧化碳气体作为离子交换软化过程的再生剂:案例分析 … 317
　第5章摘要:十个要点 …………………………………………………… 322
　参考文献 …………………………………………………………………… 323

第6章　复合离子交换纳米技术 ………………………………………… 328
　6.1　磁性聚合物颗粒 ……………………………………………………… 330
　　6.1.1　MAPP的特性表征 …………………………………………… 334

####### 6.1.2 影响所获磁性的因素 …… 334
####### 6.1.3 磁性和吸附行为共存 …… 338
6.2 用于选择性吸附配体的复合型纳米吸附剂 …… 340
####### 6.2.1 复合型纳米材料离子交换剂的合成 …… 341
####### 6.2.2 复合型纳米吸附剂的表征 …… 343
####### 6.2.3 阴离子交换剂母体与复合型阴离子交换剂[HAIX-Nano Fe(Ⅲ)]的对比 …… 346
####### 6.2.4 复合型离子交换剂的支撑材料:阳离子与阴离子 …… 348
####### 6.2.5 再生效率与实际应用 …… 351
####### 6.2.6 复合离子交换纤维:同时去除高氯酸盐和砷 …… 353
6.3 HAIX-Nano Zr(Ⅳ):同时除氟与脱盐 …… 359
6.4 HIX-纳米技术的优势 …… 363
第6章摘要:十个要点 …… 366
参考文献 …… 367

第7章 重金属络合作用与聚合配体交换 …… 374
7.1 重金属与螯合离子交换剂 …… 374
####### 7.1.1 重金属的概念 …… 374
####### 7.1.2 重金属的性质及其分离方法 …… 376
####### 7.1.3 螯合交换剂的出现 …… 378
####### 7.1.4 螯合离子交换剂中的路易斯酸碱反应 …… 380
####### 7.1.5 再生方法、反应动力学和金属亲和力 …… 384
7.2 聚合配体交换 …… 387
####### 7.2.1 聚合配体交换剂的概念和表征方法 …… 388
####### 7.2.2 聚合配体交换剂的吸附作用 …… 389
####### 7.2.3 配体交换机理的验证 …… 393
第7章摘要:十个要点 …… 394
参考文献 …… 395

第8章 合成与可持续性 …… 399
8.1 废酸中和:简介 …… 399
####### 8.1.1 基础科学概念 …… 399
####### 8.1.2 通过循环发动机进行机械做工 …… 404
8.2 提高厌氧生物反应器的稳定性 …… 405
####### 8.2.1 选择性离子交换剂的潜在用法 …… 406
####### 8.2.2 离子交换纤维:性能和表征 …… 407
8.3 可持续铝循环软化处理除硬度工艺 …… 411

  8.3.1 现状与挑战 ··· 411
  8.3.2 Na 循环软化工艺的替代：无钠方法 ······················· 412
  8.3.3 铝循环阳离子交换的基础科学原理 ························· 413
  8.3.4 钠循环与铝循环工艺性能比较 ····························· 415
  8.3.5 再生效率和除钙能力 ······································· 418
  8.3.6 可持续发展问题和新的机遇 ································ 420
 8.4 章末总结 ··· 421
第 8 章摘要：十个要点 ··· 422
参考文献 ·· 423
附录 ··· 428

第1章　离子交换与离子交换剂:概述

1.1　历　　史

　　进化通常被认为是物种持续、缓慢地获得新特性的方式。与之相反,"科学"却时常经历快速发展期与发展停滞期。记录离子交换现象的第一部著作为圣经旧约中《出埃及记》,第15章22~25页记载,摩西通过离子交换和吸附技术将苦水转化为饮用水。另一个经常被引用的记载是亚里士多德通过某种沙粒的渗透过滤,降低或改变水中的含盐量。然而,从科学的角度来看,离子交换现象的真正记录来自于英国的农业和土壤化学家维(Way)和汤普森(Thompson)。1850年,这两位科学家成功使用某种土壤通过离子交换从肥料中去除铵根离子,并做了十分详细的记录和分析[1,2]。他们的实验实现了以下所示的离子交换反应:

$$NH_4^+(aq) + Na^+(soil) \rightleftharpoons NH_4^+(soil) + Na^+(aq) \tag{1.1}$$

$$2NH_4^+(aq) + Ca^{2+}(soil) \rightleftharpoons (NH_4^+)_2(soil) + Ca^{2+}(aq) \tag{1.2}$$

　　离子交换过程中的一部分基本原理也正是通过两位科学家的该项实验总结归纳出来:①离子交换与物理吸附不同;②离子交换实为等电量交换;③离子交换的过程可逆;④某些离子的交换相比于其他离子更为有利。

　　由于维(Way)和汤普森(Thompson)实验中的很多突破与当时的许多科学研究冲突,他们的结论受到学界的广泛质疑和抵触,他们不得不终止了相关的实验。最终,由于资料有限、离子交换材料合成困难,关于离子交换的实验研究进展十分缓慢。

　　之后的研究发现无机沸石(天然或人工合成的硅铝酸盐)在水体软化中有着十分广泛的应用,例如,通过阳离子交换作用去除水中的钙、镁等离子。然而针对阴离子的交换作用依然未被发现。即使在当时,人们也不难接受通过氢离子和氢氧根离子的分别交换来生产纯水的技术:

$$H^+(solid) + OH^-(solid) + Na^+(aq) + Cl^-(aq) \rightleftharpoons H_2O(aq) + Na^+(solid) + Cl^-(solid) \tag{1.3}$$

　　实现这一目标的最大障碍在于离子交换剂的合成。所需的交换剂除了具有良好的阴阳离子交换效果,还需要在不同温度、pH等条件下稳定耐用。1935年,Adams和Holmes成功合成了第一个有机(聚合)阳离子交换剂[3]。在此后不到十年的时间内,D'Allelio成功合成了多种强/弱酸性阳离子交换剂和强/弱碱性阴离子交换剂[4-6]。自那以后,各种新型离子交换剂的合成似乎从未减缓。离子交换技术在电力、生物、农业、制药、化学、微电子等行业中的应用不断增多。没有任何一个专业可以独立发展,离子交换原理、离子交换树脂以及离子交换膜在全球范围内不断创新发展并且实际应用。图1.1展示了近三十年来美国发表的离子交换技术的相关专利数量,充分印证了新产品新工艺的不断研发。

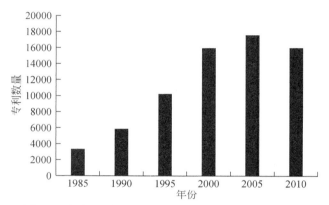

图1.1　根据谷歌专利检索,每年有关"阴离子交换"和
"阳离子交换"的专利数量。数据经过谷歌许可

具有讽刺意味的是,第二次世界大战,更准确地说是核技术竞争,加速了离子交换技术的发展和成熟。离子交换技术被认为是分离过渡元素的可行方案,进而引起了人们极大的兴趣。事实上,Boyd等在第二次世界大战期间针对离子交换热力学和动力学进行了一系列基础实验研究并公开发表在各类期刊文献中[9-11]。一直以来,对离子交换基础原理的理解远远落后于其实际应用。表1.1中总结概述了离子交换技术发展中的里程碑。

表1.1　离子交换技术里程碑(除特殊说明,所有专利均发表于美国)

发表时间	专利描述	专利号	作者
1850	土壤离子交换特性的应用	无	H. S. Thompson[1];J. T. Way[2]
1876	证明沸石或硅酸铝盐的阴离子交换特性及等价交换特性	无	J. Lemberg[12-13]
1906~1915	用于除硬度的沸石的工业制造	914405,943535,1131503	R. Gans[14]
1934	用作阳离子交换剂的磺化聚合物的发明	2198378A	C. Ellis

续表

发表时间	专利描述	专利号	作者
1935	首个有机离子交换剂的发明	2104501A, 2151883A	B. A. Adams; E. L. Holmes[15]
1938	混合床离子交换过程或双相离子交换剂	2275210A	W. R. Stemen; O. M. Urbain; C. H. Lewis
1939	用作阳离子交换剂的磺化聚苯乙烯材料的发明	2283236A	F. J. Soday
	用作阴离子交换剂的胺化聚苯乙烯材料的发明	2304637A	R. H. Vernal
1942	用作阳离子交换树脂的聚丙烯酸材料的发明	2340110A, 2340111A	G. F. D'Alelio
	用作阳离子交换树脂的磺化聚乙烯芳香烃材料的发明	2366007A	
	用作阴离子交换树脂的胺化聚乙烯芳香烃材料的发明	2366008A	
1947	通过离子交换裂变副产物发现61号元素	无	J. A. Marinsky; L. E. Glendenin; C. D. Coryell[16]
1953	将沸石用作分子筛	2882243A	R. M. Milton
	使用磁性离子交换树脂去除天然有机物	2642514A	E. C. Herkenhoff
	弱酸性阳离子交换剂的发明	2838440A	F. M. Thurmon
	首次使用悬浮流化床进行离子交换反应	无	E. A. Swinton; D. E. Weiss[17]
1954	希金斯逆流离子交换接触反应器的发明	2815322A	I. R. Higgins[18]
1955	配体交换	2839241A	C. J. Albisetti
1956	薄膜离子交换树脂	2933460A	G. A. Richter Jr.; C. H. McBurney
1958	用于半连续离子交换的搅拌床接触反应器	无	T. V. Arden; J. B. Davis; G. L. Herwig[19]
	离子交换在药物输送中的应用	2990332A	J. W. Keating
1958 (公开 发布的)	铀分离,粒子内扩散(曼哈顿计划)	2956858A	J. E. Powell
1959~1960	《离子交换》(作者 Friedrich Helfferich)一书的出版为离子交换领域奠定了理论基础	无	F. Helfferich[20]

续表

发表时间	专利描述	专利号	作者
1962~1971	发明 Cloete-Streat 逆流接触反应器	3551118A（1962） 3738814A（1969） 3957635A（1971）	F. L. D. Cloete; M. Streat[21]
1964	由纤维素成功合成离子交换纤维	3379719A	R. N. Rulison
1965	Sirotherm 工艺——通过加热再生离子交换树脂 部分官能化的阳离子交换技术（浅壳技术）	274-029; 59,441/65 （澳大利亚） 3252921A	B. A. Bolto; D. E. Weiss; D. Willis R. D. Hansen; L. E. McMahon
1966	大孔离子交换树脂诞生	3418262A	P. D. Grammont; L. E. Werotte
1968	可选择性去除硼离子的交换树脂诞生	20110108488A1	E. M. Chemtob
1969	研发以聚甲基丙烯酸甲酯为原料的离子交换树脂以成功降低天然有机物对离子交换造成的影响	无	T. R. E. Kressman; R. Kunin[22-23]
1971	连续移动床离子交换技术诞生	3751362A	R. Probstein; J. Schwartz; A. Sonin
1972	酚醛离子交换纤维诞生	3835072A	J. Economy; L. Wohrer
1973	亚氨基二乙酸螯合树脂诞生 具有金属选择性的生物吸附剂诞生	3936399A CA1036719A1	M. Hirai; M. Fujimara; M. Kazigase K. Stamberg; H. Prochazka; R. Jilek
1975	"Himsley 接触反应器"多级流化床连续逆流离子交换接触反应器诞生	CA980467A1	A. Himsley
1976	溶剂浸渍树脂诞生	4220726A	A. Warshawsky 等[24,25]
1980	单球离子交换树脂诞生（陶氏化学公司）	4444961A	E. E. Timm
1979	离子交换诱发过饱和状态（IXISS）	无	D. N. Muraviev[26,27]
1981	选择性去除镭元素的离子交换树脂诞生	EP0071810 A1	M. J. Hatch
1983	选择性去除硝酸根的离子交换树脂诞生 CARIX——可通过二氧化碳再生的离子交换工艺用于苦咸水淡化	4479877A EP0056850 B1	G. A. Guter B. Kiehling; H. Wolfgang
1985	短床离子交换反应器	EP0201640 B2	C. J. Brown
1990	从氰化物废液中选择性回收金元素并通过简单的化学方式再生	无	A. H. Schwellnus; B. R. Green[28]

续表

发表时间	专利描述	专利号	作者
1991	双官能团离子交换树脂(Diphonix)	EP0618843 A1	S. D. Alexandratos; R. Chiarizia; R. C. Gatrone
1997	聚合物配体交换技术	6136199A	A. K. SenGupta; D. Zhao
2003	选择性去除氟离子的离子交换技术:提前负载铝离子的强酸性阳离子交换树脂	WO2005065265A2	J. Jangbarwala; G. A. Krulik
2004	基于唐南原理的混合离子交换反应器 离子交换膜电容去离子技术(MCDI)	7291578 B2 6709560 B2	A. K. SenGupta; L. H. Cumbal M. D. Andelman; G. S. Walker
2007	大孔共聚物(孔径0.5~200μm)	20080237133A1	J. A. Dale; V. Sochilin; L. Froment
2008	用混合无机材料快速检测有毒金属	WO2008151208A1	P. K. Chatterjee; A. K. SenGupta
2009	用提前负载银离子的强酸性阳离子交换树脂去除烷基碘	7588690B1	H. W. Tsao
2010	在不混溶的有机相中用离子交换材料分离亲水性有机物	8940175B2	R. K. Khamizov
2013	混合离子交换与反渗透联用工艺 可选择性去除氟离子的改性阴离子混合树脂:用纳米级氧化锆改性的强碱性阴离子交换树脂	WO2014193955A1 20130274357A1	A. K. SenGupta; R. C. Smith A. K. SenGupta; S. Padungthon

1.2 水与离子交换:密不可分的伙伴

离子交换是一个非均质的过程,而水则是我们地球上储备最丰富的极性溶剂。即便涉及气体或固体的离子交换过程也必须要有水的参与。因此为了探寻离子交换的最基础的原理,我们必须首先了解水的基本性质。氧元素存在于元素周期表中的ⅥA族,而水(H_2O)则是氧的二氢化物。我们知道,元素周期表中,硫(S)和硒(Se)也与氧元素属于同一族,但是它们的二氢化物(H_2S和H_2Se)在室温下均有挥发性。相比之下,水是液体,并且是具有离子键的盐类的极好溶剂。从水的分子结构来看,氢元素和氧元素相隔较远,氢带有正电荷而氧则带有负电荷,由于共享电子对在氢和氧之间的不均匀分布,水分子中的共价键为极性共价键。如图1.2(A)所示,水分子为偶极子,其偶极矩为1.85D。如图1.2(B)所示,水的分子结构呈四面体排列,氧原子具有两个孤对电子。因此将水分子放置于电场中时会产生扭矩,该扭矩称为偶极矩。当分子具有偶极矩时,其分子间的作用力会明显增大,可能形成偶极-偶极相互作用力或者氢键。水分子中氧原子有两个极性氢氧键和两对孤对电子,使得水分子间的相互作用非常强烈。如图 1.3 所示,这会使得四个氢原子和一个氧原子通过共价键和氢键结合在一起。因此,水分子通常以三聚体(H_6O_3)的形式存在,而水的沸腾也需要更高的汽化热来破坏水分子间的共价键和氢键。如图 1.4 所示,在所有ⅥA族氢化物中,水的沸点最高。

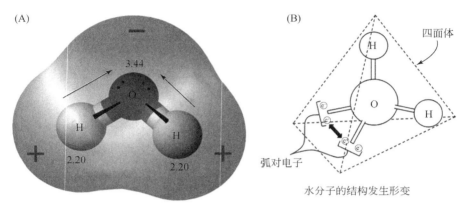

图1.2 水分子的结构:(A) 由于氢氧键的极性,水分子呈现正负电位;
(B)水分子的电位结构可以表现为一个四面体

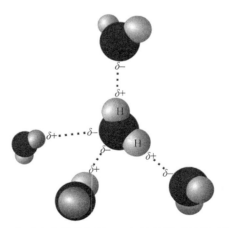

图1.3 由于水分子的极性,一个氧原子可以通过静电力
和化学键与四个氢原子结合在一起

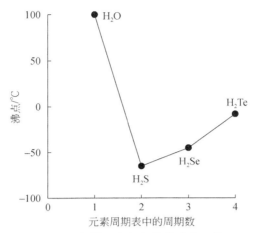

图1.4 氧族元素的氢化物沸点比较

水是一种非常理想的溶剂,氯化钠等绝大多数离子化合物极易溶于水。当把氯化钠固体加入水中,具有极性的水分子将会形成团状将钠离子和氯离子分开,这就是图1.5所示的离子-偶极子相互作用。该过程又称作水合作用,并且水合离子的半径通常比离子半径大。水合作用的程度主要取决于离子的质量和带电量。当离子质量相近时,所带电荷数越多,水合作用的程度也越高。当单原子离子的电荷数相同时,离子质量或晶体半径越小则水合作用程度越高。例如,钙离子(Ca^{2+})的水合程度高于钠离子(Na^+)。表1.2中列举了一些单原子离子的水合作用程度比较。由于非均质的离子交换过程中存在水合离子的交换,可以得出以下结论:

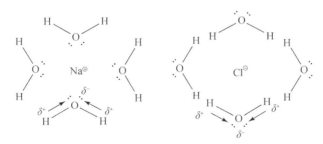

图1.5 当氯化钠(离子化合物)溶于水(极性溶剂)时,由于离子-偶极子相互作用,钠离子和氯离子会被水分子包围并分开

表 1.2　代表性单原子离子的水合离子半径及原子量对比。数据来自 Conway, 1981[29]

离子名称	原子量	晶体离子半径/pm	水合离子半径/pm
Li^+	6.94	59	382
Na^+	22.99	102	358
K^+	39.09	151	331
Rb^+	85.46	161	329
F^-	18.99	133	352
Cl^-	35.45	181	332
Br^-	79.9	196	330
Be^{2+}	9.01	27	459
Mg^{2+}	24.3	72	428
Ca^{2+}	40.07	100	412
Sr^{2+}	87.62	126	412
Ba^{2+}	137.33	142	404

（1）当水中的离子与离子交换剂结合时，需要将部分参与水合作用的水分子剥落，因此水合作用程度较低的离子对离子交换剂有更高的亲和力。例如，钾离子（K^+）比钠离子（Na^+）更容易与离子交换剂结合，因为钾离子与钠离子都只带一个正电荷，然而钾离子的质量高于钠离子，水合作用程度则低于钠离子。

（2）当离子的水合作用程度升高，水合离子半径增大，水合离子的运动性降低，从而产生较小的扩散系数。离子交换的动力学通常受限于扩散过程，因此当水合作用程度增加，水合离子半径加大，离子交换的速率会降低。

1.3　离子交换剂的组成成分

离子交换剂可以看作固化带电离子的结构框架，带有等量相反电荷的平衡离子可以移动并与之结合，从而达到电荷平衡。其中带下划线的术语会在下文中详细解释。

结构框架可以看作一个构成连续相的骨架结构，通过共价键或者晶格能结合在一起。聚合物离子交换剂通常依靠共价键结合，结构框架也被称为基质。无机离子交换剂则通常依靠晶格能结合，其框架结构通常由晶体或者非晶结构组成。固化带电离子是结构框架或者基质中携带富余电荷的离子，这些离子固定在结构框架或者基质中无法自由移动。在聚合物离子交换剂中，固化带电离子来自于共价键，而对于无机离子交换剂，如沸石和黏土，固化带电离子来自于同晶型取代。可移动的平衡离子所带电荷与固化带电离子相反，平衡离子与固化带电离子结合并表现出电中性。平衡离子可以自由移动，同样也可以被其他带同类电荷的离子取代。与固化带电离子不同，平衡离子可以在交换剂和液相中自由移动，从而同时保持固相和液相的电中性。

合成的离子交换剂中,固化带电离子通常由官能团或者离子基组成,平衡离子则是液相中发生交换的离子。为了更容易理解离子交换剂的基础概念,我们可以想象一个由三维交联聚合物组成的结构框架或者基质。基质中共价键所连接的官能团则是固化带电离子,可移动的平衡离子会与固化带电离子结合而呈现电中性。图 1.6 所示的阳离子交换剂中,磺酸官能团为固化带电离子,钠离子则为与之结合的平衡离子。

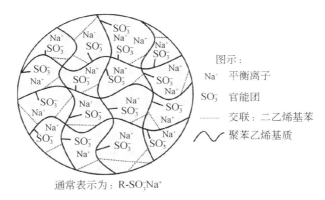

图 1.6 强酸性阳离子交换树脂结构示意图。其中基质由字母 R 表示,固化带电离子为磺酸官能团—SO_3^-,平衡离子为钠离子 Na^+

从热力学的角度来看,离子交换剂本身的活性或者浓度并不是一个固定值,其会随离子交换剂中的平衡离子的种类和浓度不同而发生变化。然而离子交换剂中固化带电离子与平衡离子总保持电中性。理想情况下,离子交换剂的交换容量与固化带电离子的总量相等。然而交换容量并不是一个常量,其也在一定程度上取决于液相中的离子浓度。

通过以下钾离子和钠离子之间的离子交换反应,让我们熟悉一下离子交换的机理和术语:

$$\overline{(R-SO_3^-)Na^+} + K^+(aq) + Cl^-(aq) \rightleftharpoons \overline{(R-SO_3^-)K^+} + Na^+(aq) + Cl^-(aq) \quad (1.4)$$

化学方程式中带有上划线物质代表离子交换剂,磺酸根为交换剂中不可自由移动的固化带电离子,而钠离子和钾离子则为可自由移动的平衡离子。氯离子不参与阳离子交换反应,在这里称为可移动的带电离子。随着离子交换的进行,离子交换剂和液相中的离子始终保持电荷平衡。与阳离子交换相比较,阴离子交换反应的机理完全相同,但是阴离子交换剂中的固化带电离子带正电荷(如季铵盐官能团,R_4N^+)。以下为阴离子交换剂中氯离子与硝酸根离子的交换反应方程式:

$$\overline{(R_4N^+)Cl^-} + NO_3^-(aq) + Na^+(aq) \rightleftharpoons \overline{(R_4N^+)NO_3^-} + Cl^-(aq) + Na^+(aq) \quad (1.5)$$

其中硝酸根离子与氯离子为平衡离子,季铵盐官能团为固化带电离子,钠离子为移动带电离子。

1.4 什么是离子交换

在开始讨论各式各样的离子交换材料之前,我们首先需要完整、系统、科学地给出"离子交换"的定义。以下罗列的几个化学反应经常由于存在等量阴、阳离子的置换反应而被错误列入离子交换的范畴:

伪阳离子交换反应:

$$FeS(s) + Cu^{2+}(aq) \rightleftharpoons CuS(s) + Fe^{2+}(aq) \tag{1.6}$$

$$Fe^{2+}(aq) + Zn^0(s) \rightleftharpoons Fe^0(s) + Zn^{2+}(aq) \tag{1.7}$$

伪阴离子交换反应:

$$BaCO_3(s) + SO_4^{2-}(aq) \rightleftharpoons BaSO_4(s) + CO_3^{2-}(aq) \tag{1.8}$$

以上反应从本质上来说为有固相(标记为s)参与的沉淀溶解反应和氧化还原反应。由于固相(如晶体)的活度为1,所以在理想条件下,式(1.6)中反应的平衡常数计算方法如下:

$$K = \frac{[Fe^{2+}]}{[Cu^{2+}]} \tag{1.9}$$

所有反应的平衡常数只受到溶解物的影响,而与固体不溶物无关,在此意义上讲所有反应都相同。然而离子交换反应与此大相径庭。离子交换剂是不同于液相而独立存在的相,由于不同浓度平衡离子与交换剂中官能团以不同比例结合,从而形成一个连续性的固体溶液。因此,离子交换相中的热力学活度并不等于1,而是取决于其组成成分。对于式(1.4)中的阳离子交换反应,理想状态下的平衡常数为

$$K_{IX} = \frac{[\overline{RK^+}][Na^+]}{[\overline{RNa^+}][K^+]} \tag{1.10}$$

此公式中,上划线项代表离子交换相中的摩尔浓度,方括号项代表液相中的离子浓度。值得注意的是,离子交换相的活度并不为1,且与其结合的钠与钾的比例在不同的离子交换反应中并不相同。溶液中自由移动的配对离子氯离子并不会影响离子交换反应的平衡常数 K_{IX}。离子交换相中的钠离子与钾离子的摩尔比或电荷比(对一价离子来说这两个比例相同)可通过以下公式计算:

$$y_{Na} = \frac{[\overline{RNa^+}]}{[\overline{RNa^+}] + [\overline{RK^+}]} \tag{1.11}$$

$$y_K = \frac{[\overline{RK^+}]}{[\overline{RNa^+}] + [\overline{RK^+}]} \tag{1.12}$$

由于钠离子与钾离子是溶液中仅有的两种离子，那么离子交换剂的总交换容量 Q 可以通过以下公式计算：

$$Q = [\overline{RNa^+}] + [\overline{RK^+}] \tag{1.13}$$

因此，

$$y_{Na} = \frac{[\overline{RNa^+}]}{Q} \tag{1.14}$$

$$y_K = \frac{[\overline{RK^+}]}{Q} \tag{1.15}$$

$$y_{Na} + y_K = 1.0 \tag{1.16}$$

因此，离子交换相中钠离子和钾离子的电荷比可以从 0 到 1 之间自由变换[式(1.16)]。无论该离子交换剂是无机的、聚合型的，还是液态的，其本质都是不同于溶液相单独存在的相，并且其组成会随离子交换反应的进行而改变。因此，离子交换剂与单一化学物质构成的固态相有着本质的区别。从本质上看，离子交换剂可以看作是阴离子(对于阳离子交换剂而言)或阳离子(对于阴离子交换剂而言)固定在浓缩的或者交联的聚电解质中无法自由移动或者逃离的浓缩态。

1.5 离子交换容量的产生

1.5.1 无机离子交换剂

与离子交换剂的定义一致，离子交换相中的固化带电离子就是离子交换容量的实际来源。从历史角度看，天然存在的无机硅矿石首先被用于离子交换研究，更确切地说，是阳离子交换研究。在这种天然存在的晶体硅矿中，存在一个三维结构的硅氧键，而正四价的硅原子，由于时而被正三价的其他离子取代而形成晶体缺陷，富余出的负电荷会在晶体缺陷处形成电荷差。由于要保持整个固体的电荷平衡，需要从外界获取一个阳离子，而这个阳离子就成为我们之前介绍过的平衡离子。而之前提到过的晶体缺陷实际就是固化带电离子。如果一个晶体中所存在的类似的晶体缺陷越多，那么其离子交换容量也越大。这种晶体缺陷就是材料科学中所说的替位缺陷。众所周知，铝和硅是土壤中除氧元素之外含量最高的两种元素，所以铝与硅的替位缺陷非常常见，这种矿石就是我们时常提到的沸石。

图 1.7 展示了天然沸石中存在的替位缺陷示意图。当铝离子替换了沸石中的硅离子时，整个晶胞会因此产生一个负电荷，这与镁离子替换铝离子的效果相同。该类以硅酸盐或沸石为基础的离子交换剂的化学式可以统一写作 $M_{2/n}O \cdot Al_2O_3M_{2/n} \cdot xSiO_2 \cdot yH_2O$，其中 M 代表化合价为 n(通常 $n=1$ 或 2)的阳离

子，x 和 y 均为整数系数。

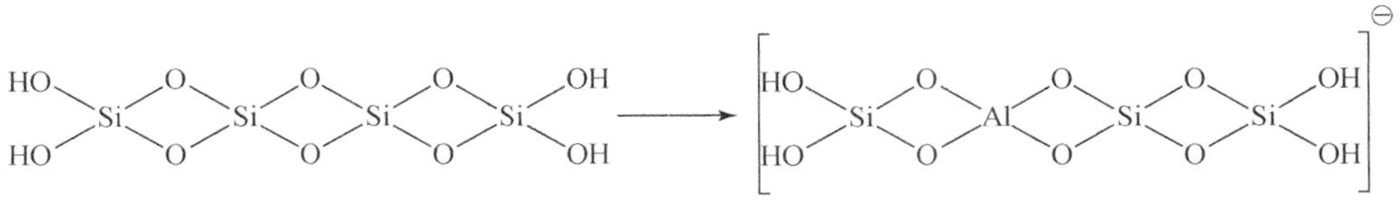

图 1.7 沸石中铝与硅的替位缺陷形成的电荷变化

菱沸石（$CaAl_2Si_6O_{16} \cdot 8H_2O$）和方沸石（$Na_2O \cdot Al_2O_3 \cdot 4SiO_2 \cdot 2H_2O$）本质上是含有替位缺陷的两种硅酸盐晶体，其内部的三维孔结构使得钠离子和钙离子非常容易接近，形成离子交换。在十九世纪后半叶，人们发现只要将氯化钾溶液通过方沸石，其就会转变为白榴石[$K(AlSi_2O_6)$]，而这个转换仅仅依靠离子交换就能够实现。

$$Na(AlSi_2O_6) \cdot H_2O(方沸石) + K^+ \rightleftharpoons K(AlSi_2O_6)(白榴石) + H_2O + Na^+$$
(1.17)

近年来，人们可以合成不同晶体结构的沸石用于离子交换、催化反应以及分子筛之中。虽然目前市面上常见的无机离子交换剂种类繁多，但其实质上均为金属氧化物、不溶盐以及高价金属和亚铁氰化物等[20,30,31]。无机离子交换剂通常为含有微孔结构的晶体聚合物，但是无定形结构的离子交换剂也是存在的。表 1.3 中详细列出了一些常见的无机离子交换剂。

表 1.3 常见无机离子交换剂

离子交换剂种类	实例
蒙脱石类黏土	蒙脱石：$M_{x/n}^{n+}[Al_{4-x}Mg_x]Si_8O_{20}(OH)_4$
沸石	$Na_x(AlO_2)_x(SiO_2)_y \cdot zH_2O$
替位磷酸铝	磷酸硅铝；磷酸铝的金属替位化合物 $(M_x^{n+}Al_{1-x}O_2)(PO_2)(OH)_{2x/n}$
磷酸锌（Ⅳ）	$Zr(HPO_4)_2 \cdot H_2O$；$Sn(HPO_4)_2 \cdot H_2O$
金属氧化物	$Fe_2O_3 \cdot xH_2O$；$ZrO_2 \cdot xH_2O$；$Al_2O_3 \cdot xH_2O$
亚铁氰化物	$M_{4/n}^{n+}Fe(CN)_6$，$M = Ag^+$，Zn^{2+}，Cu^{2+}，Zr^{4+}
钛酸盐	$Na_2Ti_nO_{2n+1}$；$n = 2 \sim 10$
磷灰石	$Ca_{10-x}H_x(PO_4)_6(OH)_{2-x}$
杂多酸盐	$M_nXY_{12}O_{40} \cdot xH_2O$；($M = H$，$Na^+$；$X = P$，$As$，$Ge$，$Si$，$B$；$Y = Mo$，$W$)

续表

离子交换剂种类	实例
快离子导体	β-钠铝酸盐 $Na_{1+x}Al_{11}O_{17+\frac{x}{2}}$； 钠超导体 $Na_{1+x}Zr_2Si_xP_{3-x}O_{12}$
阴离子交换剂	水滑石 $Mg_6Al_2(OH)_{16}CO_3 \cdot 4H_2O$

在近四十年以来，人们已经能够合成特有晶体结构的沸石。由于其化学性质不稳定、可再生性差，它们作为离子交换剂的价值不高。但是，由于其内部具有均匀、一致且窄小的孔结构，只可以允许一定直径的分子通过，所以常被用作分子筛。目前市面上的分子筛多种多样，这些分子筛的形式通常以微晶体粉末或小球的形式存在于黏土结合料当中[30,32,33]。林德筛(Linde sieve)的 X 型和 A 型分别具有 10Å 和 5Å 直径的孔。图 1.8 中分别展示了 A 型和 X 型沸石的孔结构。图 1.9 详细说明了分子筛如何将直链有机分子从其具有支链的同型异构体中筛选出来[33]。分子筛的本质是阳离子交换树脂，通过改变其结合的阳离子种类和价态可以一定程度上改变分子筛孔径的大小，因此这类分子筛又具有很多潜在的应用价值[31,34,35]。

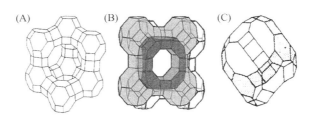

图 1.8 沸石的结构：(A)天然形成沸石(八面沸石)的三维结构图；(B)A 型沸石(方钠石，一种人工合成并已商业化应用的沸石)结构；(C)X 型沸石的孔结构。Dwyer 和 Dyer[36]已经授权使用以上图片

1.5.2 有机/聚合离子交换剂

离子交换技术的产生与发展始于离子交换剂的合成，更具体地说，是离子交换树脂。离子交换树脂的本质是经过交联的聚电解质，其离子交换容量取决于附着在基底以及框架上的官能团数量。聚合离子交换树脂的化学合成已经超出了这本书的范畴，但是图 1.10～图 1.13 依然给出了四种最常见的离子交换树脂(弱酸性阳离子交换树脂、强酸性阳离子交换树脂、弱碱性阴离子交换树脂、强碱性阳离子交换树脂)的合成过程。这四种树脂的固化带电离子分别是羧基、磺酸基、叔氨基和季氨基。

这些离子交换树脂在合成过程中需要注意以下几个主要方面：

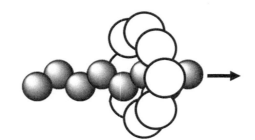

(a)正辛烷穿过5Å沸石

(b)异辛烷无法穿过5Å沸石

图1.9 分子筛筛选直链有机分子材料原理示意图。(a)直链的正辛烷分子可以通过直径为5Å 的分子筛;(b)具有支链结构的异辛烷则无法通过直径为 5Å 的分子筛。图片取自 Bekkum, Flanigen, Jansen, 1991[33]

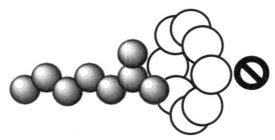

图1.10 通过甲基丙烯酸钠聚合与二乙烯苯交联合成弱酸性阳离子交换树脂

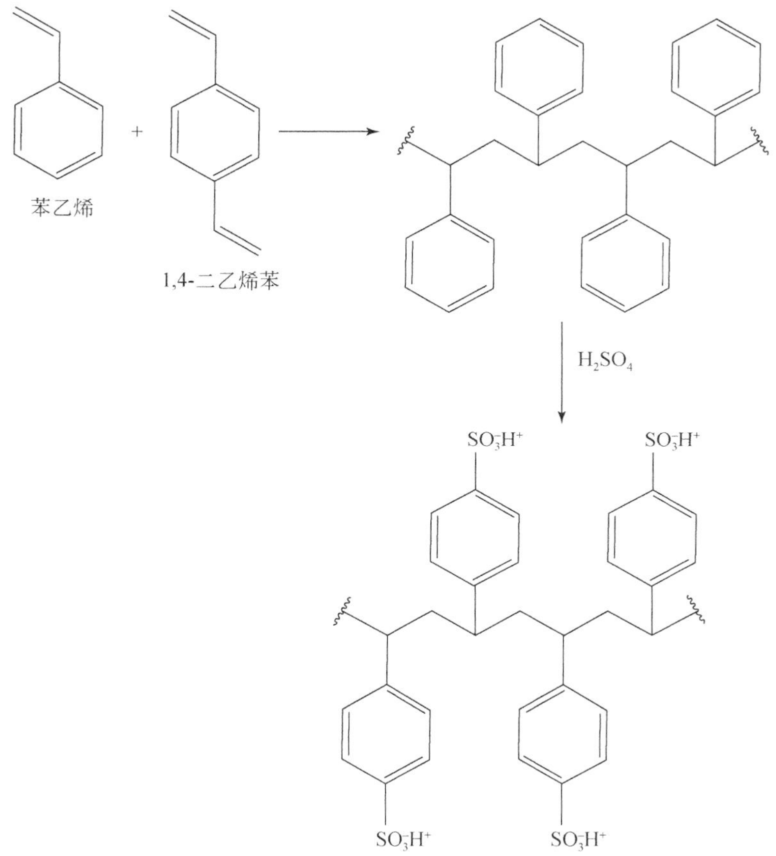

图 1.11 通过苯乙烯聚合以及二乙烯苯交联形成聚合物,随后经过磺化合成强酸性阳离子交换树脂

(1) 对于弱酸性阳离子交换树脂来说,羧酸根离子在聚合过程开始前就已经存在于用于合成的甲基丙烯酸单体中。二乙烯苯用于触发交联反应从而形成三维结构。所以此合成过程仅需要一步就可以完成。

(2) 对于强酸性阳离子交换树脂,首先合成苯乙烯与二乙烯苯的共聚物,继而磺化加入无机官能团,需要分两步合成。

(3) 强碱性和弱碱性阴离子交换树脂均需要分三步合成:第一步合成苯乙烯与二乙烯苯的共聚物;随后对合成的聚合物进行氯甲基化;第三步则要活化已经氯甲基化的聚合物并最终形成带正电荷的官能团。

表 1.4 中提供了离子交换剂中除去二乙烯苯交联部分的重复单体结构。理论上来说,离子交换树脂的交换容量可以通过计算重复单体的总质量获得。例题 1.1

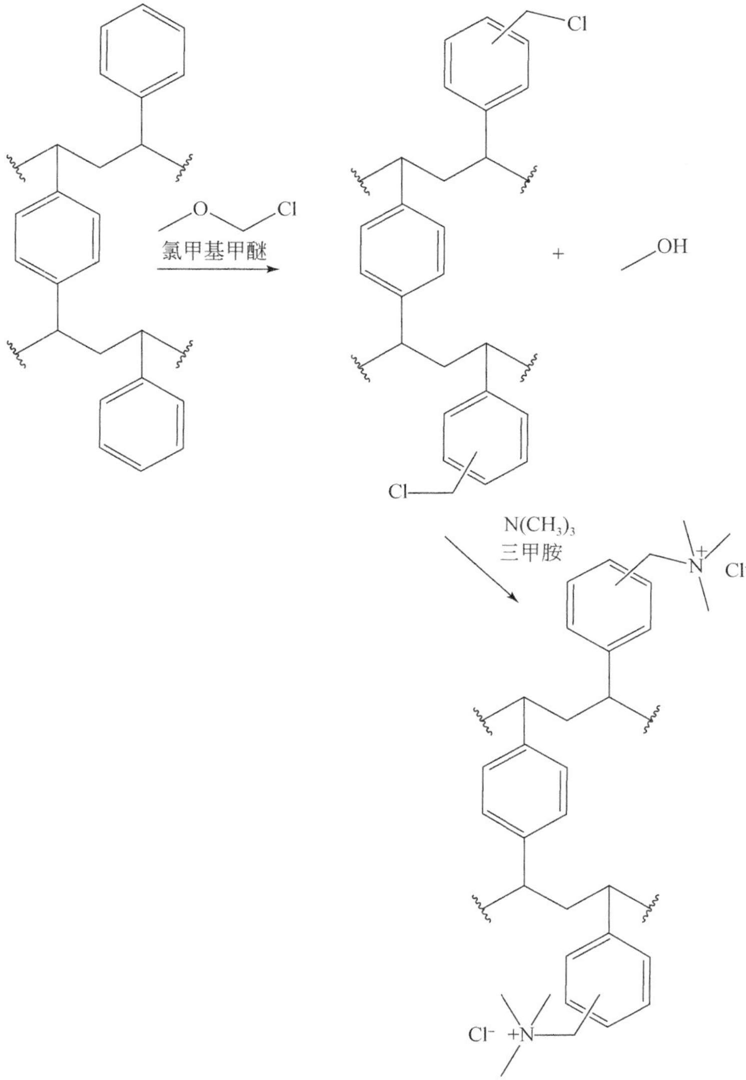

图 1.12　通过氯甲基化与活化作用合成叔氨基,继而合成强碱性阴离子交换树脂

展示了如何计算不同种类离子交换树脂的总交换容量,并且从机理上解释了为何阴离子交换树脂的实际交换容量要远小于理论值。离子交换的实质是电荷的等量交换,因此离子交换容量的单位通常使用单位体积的电荷交换量或者单位质量的电荷交换量。离子交换容量单位的几个常见缩写为 eq/L、meq/mL 以及 meq/g。为了消除疑惑,当描述离子交换容量时必须写明单位。同时,由于不同平衡离子的质量与所带电荷量不同,也需要注明离子交换树脂的离子形态。例如,钠离子(Na^+)单

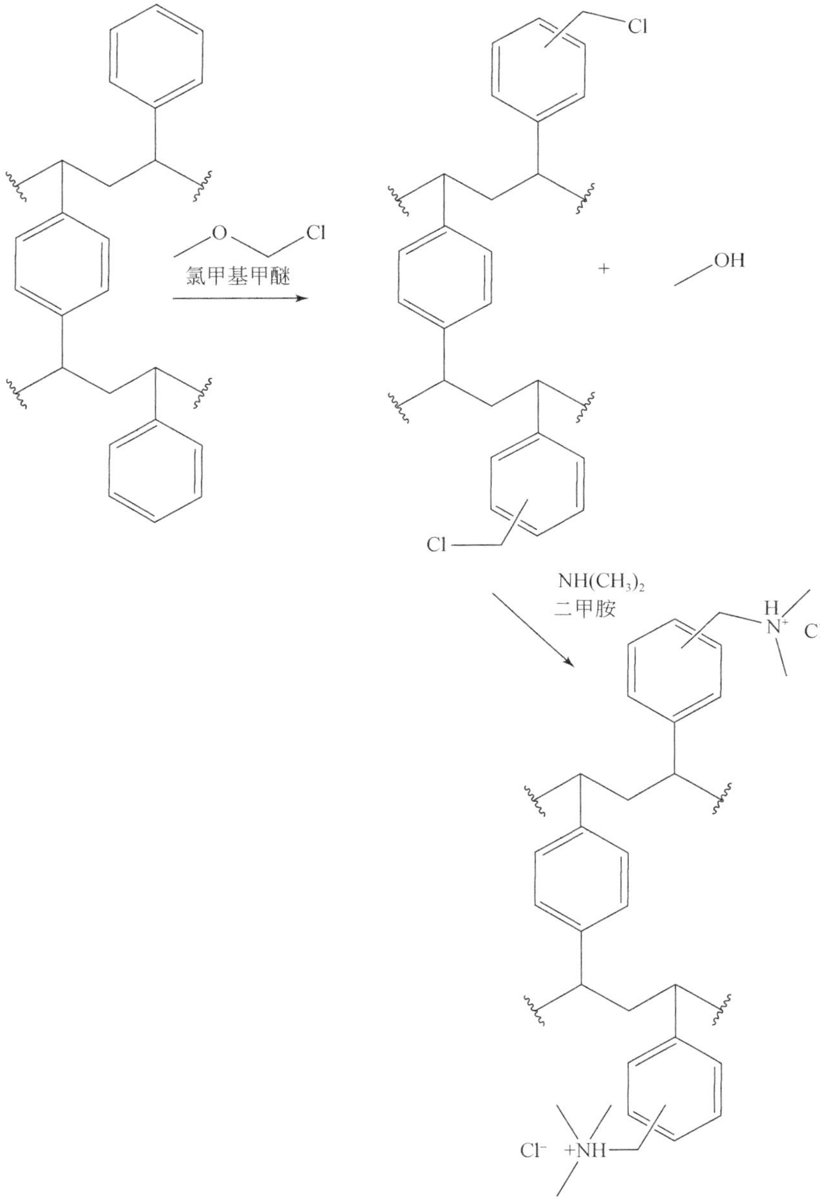

图 1.13　通过氯甲基化与活化形成仲氨基而合成苯乙烯的弱碱性阴离子交换树脂

位电荷的质量为 23,而铅离子(Pb^{2+})的单位电荷质量为 103。所以相同离子交换容量的树脂,当其离子形态为铅离子时的单位质量要远大于离子形态为钠离子时的单位质量,换句话说,铅离子形态的离子交换树脂的密度要比钠离子形态树脂的密度大得多。因此,对于不同的平衡离子,其单位质量的离子交换容量是不同的。在工程应用中,除了需要说明离子交换容量,也要同时提供该树脂的离子形态。通常来说,强酸性阳离子交换树脂的离子形态为钠离子(Na^+),弱酸性阳离子交换树脂的离子形态为氢离子(H^+),强碱性阴离子交换树脂的离子形态为氯离子(Cl^-),弱碱性阴离子交换树脂的离子形态为氢氧根离子(OH^-)或者游离碱形态。

表1.4 常见离子交换剂的重复单体(不含二乙烯苯交联部分)

离子交换剂种类	官能团	重复单体
弱酸性阳离子交换树脂	羧酸根离子 (R—COO$^-$)	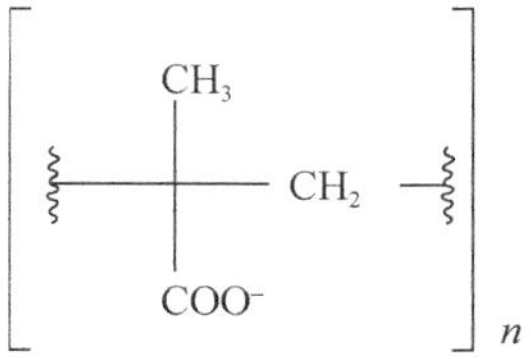
强酸性阳离子交换树脂	磺酸根离子 (R—SO$_3^-$)	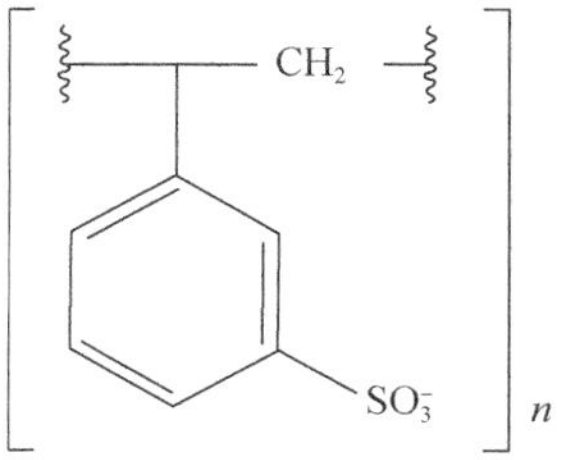
弱碱性阴离子交换树脂	叔铵基 (R—N$^+$R$_2$H)	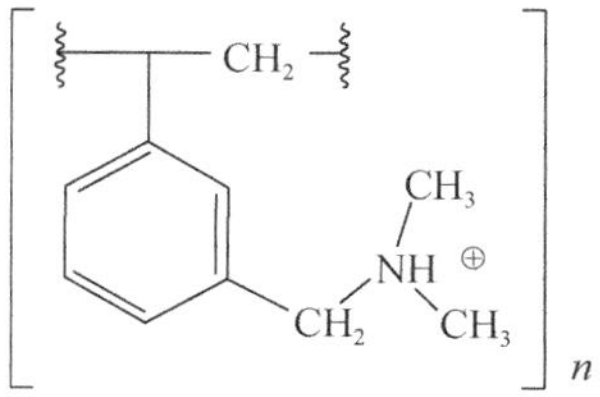
强碱性阴离子交换树脂	季铵基 (R—N$^+$R$_3$)	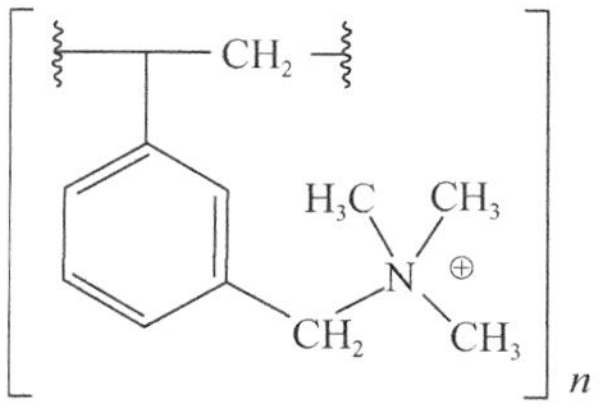

例题 1.1

根据表1.4中的数据计算每种离子交换剂的离子交换容量,并解释阴离子交换剂离子交换容量的差异原因。请注明所有计算中不正常的地方。

具有羧酸根官能团的弱酸性阳离子(WAC)交换树脂:

如表1.4所示,每个离子交换单元包含4个碳原子、2个氧原子、5个氢原子,所以相应的质量为 12×4+16×2+1×5=85(Da)。

以磺酸根为官能团的强酸性阳离子(SAC)交换树脂：

每个离子交换单元包含 8 个碳原子、3 个氧原子、1 个硫原子和 7 个氢原子,相应的质量为 12×8+16×3+32×1+1×7=183(Da)。

以叔铵基为官能团的弱碱性阴离子交换树脂：

与之前一样,每个离子交换单元包含 11 个碳原子、1 个氮原子和 15 个氢原子,相应的质量为 12×11+14×1+1×15=161(Da)。

以季铵基为官能团的强碱性阴离子交换树脂：

每个离子交换单元含有 12 个碳原子、1 个氮原子和 17 个氢原子,其质量为 12×12+14×1+1×17=175(Da)。

所以四种不同种类的离子交换树脂单位电荷离子交换的质量比为 85∶183∶161∶175。

四种离子交换树脂的堆积密度基本完全相同,并且树脂趋近于 1.0 g/mL。所以当总质量相等时,单位质量最小的弱酸性阳离子交换树脂拥有最大的离子交换容量,换句话说,离子交换容量与聚合单体的分子质量成反比。因此,当把强碱性阴离子交换树脂作为基准时,四种离子交换树脂的交换容量比为

$$WAC∶SAC∶WBA∶SBA=2.05∶0.96∶1.1∶1$$

目前市面上存在的胶体类离子交换树脂的交换容量可以在已有文献中查到；当以树脂体积为基准,四类离子交换树脂的交换容量接近以下比例：

$$WAC∶SAC∶WBA∶SBA=2.75∶1.7∶1∶1$$

理论值与实际值的差异原因：

实验证实,对于阳离子交换树脂而言,离子交换容量的理论值与实际值非常接近。但是阴离子交换树脂的实际交换容量要远小于其理论值。之所以产生如此大的差异,是因为亚甲基桥连现象的存在。在氯甲基化这一步骤中,无论如何严格控制实验参数,仍会有一部分相邻的苯乙烯通过亚甲基桥连作用交联在一起,如例题图 1 所示。

由于空间位阻的存在,桥连后的苯乙烯很难再被活化或者加入官能团。因此在所有实验条件保持不变时,单位体积或者单位质量的阴离子交换树脂的实际交换容量将小于理论值。

1.5.3　Ⅰ型与Ⅱ型强碱性阴离子交换树脂

强碱性阴离子交换树脂的离子交换官能团为季铵基,即 R_4N^+。在阴离子交换树脂合成的最后一步中,需要使用烷基取代脂肪族活化已经被氯甲基化的聚合物。若使用三甲基铵[$R—N^+(CH_3)_3$]进行活化,将会形成四甲基苄基三甲基铵官能团,即Ⅰ型强碱性阴离子交换树脂,如图 1.14(A)所示,此时树脂的离子形态为氯

例题图1 氯甲基化过程中聚苯乙烯之间形成的桥连

离子。如果这一步使用二甲基乙醇胺[R—N$^+$(CH$_3$)$_2$(C$_2$H$_4$OH)]进行活化,则会合成Ⅱ型强碱性阴离子交换树脂,如图1.14(B)所示。

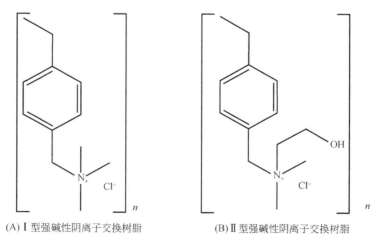

(A) Ⅰ型强碱性阴离子交换树脂　　(B) Ⅱ型强碱性阴离子交换树脂

图1.14　Ⅰ型和Ⅱ型强碱性阴离子交换树脂的官能团结构

由于乙醇基取代了甲基,Ⅱ型阴离子交换树脂更具亲水性。因此若使用氢氧化钠(NaOH)再生阴离子交换树脂,Ⅱ型阴离子交换树脂的再生效率要远高于Ⅰ型。相反,Ⅰ型阴离子交换树脂对于氯离子(Cl$^-$)的亲和力则更高。

例题 1.2

一个玻璃柱中填装了 1L 官能团为磺酸根的强酸性阳离子交换树脂,实验室为了测试其离子交换容量,用其去除工业废水中的微量铅离子(Pb^{2+})。该阳离子交换树脂的起始离子形态为钠离子,堆积密度为 1.1kg/L。

(1) 若该树脂颗粒的直径为 1mm,其质量大概为多少?

(2) 若该离子交换树脂的交换容量为 1.5eq/L,当其穿透时,离子交换树脂的质量(比重)将如何变化?

(3) 对于直径为 1mm 的树脂颗粒,当其完全穿透成为铅离子形态时,其沉降速度将如何变化?

请注明计算过程中预设的各种假设,并论述离子交换树脂密度变化对于实际应用的影响。

(1) 根据已知条件,树脂颗粒的半径为 $r=0.05\text{cm}$,因此其体积为

$$V = \frac{4}{3}\pi r^3 = 5.23\times 10^{-4}\text{cm}^3 \times \frac{1\text{L}}{1000\text{cm}^3} = 5.23\times 10^{-7}\text{L}$$

根据提供的单位体积的离子交换容量,可计算单个树脂颗粒的离子交换容量为

$$q = 5.23\times 10^{-7}\text{L} \times 1.5\frac{\text{eq}}{\text{L}} = 7.85\times 10^{-7}\text{eq}$$

1eq 电荷量含有阿伏伽德罗常数个电荷,或是等量个表 1.4 中所示的强酸性阳离子交换树脂的重复聚合单体。因此聚合单体数量为

$$N = q \times 6.022\times 10^{23}\frac{\text{repeating units}}{\text{eq}} = 4.73\times 10^{17}\text{repeating units}$$

从例题 1.1 中得知每个单体的质量为 183Da,因此每个离子交换颗粒的质量为

$$M = N \times 183.2 = 8.66\times 10^{19}\text{Da}$$

(2) 当阳离子交换树脂的总体积为 1L 时,整个床体的质量为 $1.1\frac{\text{kg}}{\text{L}}\times 1.0\text{L} = 1.1\text{kg}$ 或 1100g。

离子交换结束后,1.5eq 的钠离子(单位电荷质量为 23)转换为 1.5eq 的铅离子(单位电荷质量为 103.6)。

由于失去钠离子(Na^+)造成的质量减小为

$$1.5\frac{\text{eq}}{\text{L}} \times 1.0\text{L} \times 23\text{g}\frac{Na^+}{\text{eq}} = 34.5\text{g}$$

由于得到铅离子(Pb^{2+})造成的质量增加为

$$1.5\frac{\text{eq}}{\text{L}} \times 1.0\text{L} \times 103.6\text{g}\frac{\text{Pb}^{2+}}{\text{eq}} = 155.4\text{g}$$

因此1L树脂穿透后的总质量为

$$M = (1100 - 34.5 + 155.4)\text{g} \approx 1221\text{g};密度 = 1.221\text{kg/L}$$

因此树脂穿透后每升树脂的质量增加 $1221 - 1100 = 121\text{g}$。

(3) 树脂颗粒的沉降速度遵从斯托克斯法则(Stoke's law),即

$$V_s = \frac{D^2 g(\rho_s - \rho_f)}{18\mu}$$

其中,V_s为沉降速度,D为颗粒直径(1mm),g为重力加速度(9.81m/s²),ρ_s为树脂颗粒密度,ρ_f为流体密度(水的密度约为0.997kg/L),μ为黏度系数(温度为298K时,水的黏度系数为$0.891 \times 10^{-3}\text{N}\cdot\text{s/m}^2$)。

因此钠离子形态时的沉降速度为

$$V_s = \frac{\left(1\text{mm} \times \frac{1\text{m}}{1000\text{mm}}\right)^2 \left(1100\frac{\text{kg}}{\text{m}^3} - 997\frac{\text{kg}}{\text{m}^3}\right)\left(9.81\frac{\text{m}}{\text{s}^2}\right)}{18\left(0.891 \times 10^{-3}\frac{\text{N}\cdot\text{s}}{\text{m}^2}\right)}$$

$$V_s = 0.063\text{m/s}$$

铅离子形态时的沉降速度为

$$V_s = \frac{\left(1\text{mm} \times \frac{1\text{m}}{1000\text{mm}}\right)^2 \left(1221\frac{\text{kg}}{\text{m}^3} - 997\frac{\text{kg}}{\text{m}^3}\right)\left(9.81\frac{\text{m}}{\text{s}^2}\right)}{18\left(0.891 \times 10^{-3}\frac{\text{N}\cdot\text{s}}{\text{m}^2}\right)}$$

$$V_s = 0.137\text{m/s}$$

通过计算可以发现,铅离子形态下的树脂的沉降速度为钠离子形态的2.17倍。利用这种沉降速度上的差异可以进行不同离子形态树脂的分离。

在一些实际应用中可能需要使用比重更高的树脂。而高比重只能通过加入非聚合性的固化材料如纳米级的金属氧化物颗粒来实现。使用前后的钻井液通常具有非常高的比重,因此普通的离子交换树脂将会悬浮在液体表面,无法使用常规的固定床工艺进行水处理。然而经过水合氧化铁纳米颗粒的改性,能够大大提高树脂的比重,从而应用于钻井液处理中。例题图2展示了市面上的阴离子交换树脂漂浮在钻井液表面无法进行离子交换的情况。这种钻井液的总盐浓度为150000mg/L,传统的固定床工艺无法使用。当利用氧化铁纳米颗粒对树脂进行改性以后,该种树脂的比重增加到钻井液比重之上,并保持离子交换容量不变。

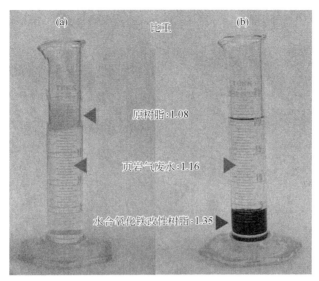

例题图 2　未经改性和改性后的离子交换树脂比重变化对比。(a)PuroliteA850 型树脂；(b)使用水合氧化铁纳米颗粒改性后的 Purolite A850 比重显著增加,有效防止了固定床处理过程中树脂的漂浮现象

1.6　生物吸附剂、液态离子交换剂和溶剂浸渍型树脂

所有离子交换材料,包括有机的、无机的以及膜材料的机理都是相通的。尽管如此,我们依然很有必要去了解其他离子交换剂在不同应用条件下的优缺点。

1.6.1　生物吸附剂

生物吸附剂(Biosorbent)被定义为被动吸收阴、阳离子的失活生物材料或其他可再生生物质,包括海草、壳聚糖以及农业含碳副产品。被动吸收与生物富集不同,生物富集主要是通过活体细胞的代谢作用提供能量。近期对生物吸附剂的研究表明,其对金属的去除主要通过离子交换作用,并且 pH 能很大程度上影响其离子交换效率[37,38]。从本质上看,生物吸附剂与配合离子交换剂的性质非常相近,通过路易斯酸碱反应对过渡金属有很高的亲和力。生物吸附剂对金属离子的螯合能力主要来自于其结构内存在的孤对电子,如氧原子、氮原子、磷原子和硫原子的孤对电子。表 1.5 中列出了一些常见的生物质中存在的金属螯合键。

表 1.5 生物吸附剂中的金属螯合键

连接官能团	化学结构	pK_a	提供孤对电子原子	所在生物分子
羟基（酚基）	R—Ö—H	9~10	O	多糖
羧基	R—C(=O)—O—H	1.7~4.7	O	腐殖酸、藻酸盐
巯基（硫醇基）	R—S̈—H	8~10	S	氨基酸、蛋白质
硫醚基	R—S̈—R′	—	S	氨基酸、蛋白质
伯胺基	R—N̈H—H	9~10	N	氨基酸、壳聚糖
仲胺基	R—N̈H—R′	9~11	N	氨基酸、肽键
酰胺基	R—C(=Ö)—N̈R′R″	—	N	氨基酸
亚胺基	R—C(=N̈R″)—R′	11.6~12.6	N	氨基酸
咪唑基	(咪唑环)	6.0	N	氨基酸

由于生物吸附剂依靠弱酸或者弱碱官能团吸附金属离子，所以其吸附与解吸可以通过调节 pH 完成。生物质内部呈现厌氧环境而始终保持还原环境，因此吸附的金属离子很可能会被还原，例如，吸附的六价铬离子[Cr(Ⅵ)]会被还原为三价[Cr(Ⅲ)]。除了吸附金属之外，壳多糖类材料也经常用于催化反应和纳米技术中[39,40]。

生物吸附材料可以通过生物再生,因此从绿色、环保的角度来看非常具有吸引力。但由于其化学性质不稳定、耐受 pH 范围较小、机械强度差,非常难以应用到固定床等大规模生产中。通过特殊的交联手段,可以将生物吸附材料更经济地应用到不同场合[39,41]。

1.6.2 液态离子交换剂

本书将重点介绍有机和无机的、加入官能团结构的固态离子交换剂。但是依然有必要对液态离子交换剂(liquid ion exchanger)的机理与区别做简要阐释。液态离子交换实质上是溶剂萃取的一个特例,液态离子交换剂作为两个互不相溶的液体如溶液相与有机相之间的交换带或者选择带。有机相作为液态离子交换剂通常溶解有疏水性极高的离子化物质,如煤油、三氯乙烯、三氯甲烷以及二甲苯等不溶于水的有机物。这类阴离子交换树脂中最成功的要属氨基衍生物类高分子聚合物,而阳离子交换树脂中最成功的要数有机磷类和羧酸类[42]。液态离子交换技术近年来最重要的应用是冶金业中从矿石浸出液回收金属。

液态离子交换剂和固态离子交换剂的离子交换机理完全相同,但是这两者之间存在一个最重要的差异。液态离子交换剂的离子交换存在于两个液相之间的边界处,例如,煤油中存在液态离子交换剂,而液态电解质中存在平衡离子。固态离子交换剂与此不同之处在于液体可以渗入离子交换剂内部,从而发生离子交换。因此,液态离子交换剂相较于固态离子交换剂也存在着一些先天优势。由于液态离子交换剂中有机相的快速扩散,有机相内官能团的快速移动,其离子交换速率要远高于固态离子交换剂。而无论是有机还是无机,固态离子交换剂中的官能团通过共价键或者离子键牢牢固定在其基底上,无法移动,因此离子间扩散在固态离子交换剂中也相对缓慢。

液态离子交换剂的制作过程非常简单,并且其交换容量会随着有机相中液态离子交换剂的含量而改变。通常来说,液态离子交换剂的合成方法与工程应用都是公开的,不需要专有合成过程。图 1.15 展示了液态离子交换用于液相中金属萃取的三个主要步骤。

两相分离十分困难是液态离子交换的主要缺点,并且两相分离并不完全,效率不高。少量的液态离子交换剂会进入液相中,当有机相可溶时,这种现象尤为明显。更加严格的环境标准已经不允许煤油、二甲苯以及卤代烃等进入处理后的水体,因此,如果使用液态离子交换剂需要在下游对这些微溶有机物进行深度处理。相比较下,固态离子交换剂不会向水体中渗漏有机相,造成水体的二次污染。使用固态离子交换剂可以一步实现目标离子的去除或者分离而不需要后续处理。这也是固态离子交换剂在近四十年来在合成和工业应用方面持续迅猛发展的原因。

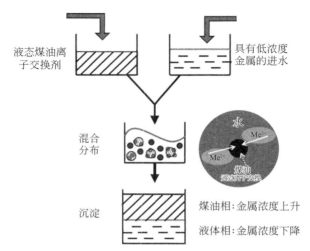

图1.15 典型液态离子交换过程及两相分离示意图

目前,接触膜被用来提高液态离子交换剂的稳定性,溶解于有机相中的离子交换材料负责在有机相和液相之间运输目标离子。图1.16和图1.17展示了利用接触膜来提高液态离子交换剂稳定性的应用实例,通过液态离子交换剂从水体中回收金属离子(Me^{2+})。图的左侧展示了金属离子通过微孔膜与液态离子交换剂中的氢离子(H^+)交换。随后金属离子通过另一个接触膜进入另一侧水体中。这种通过吸收(汲取)和解吸(再生)两个步骤的离子交换系统被广泛应用于金属离子分离中,尤其是铜离子和锌离子的分离[43,44]。

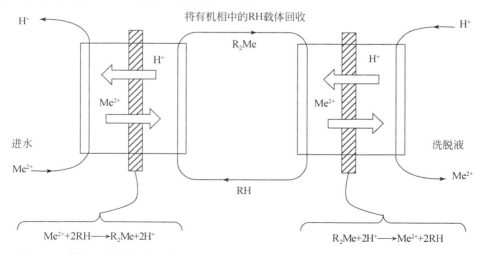

图1.16 使用两个接触膜来控制有机相泄漏的液态离子交换过程用于金属离子的回收

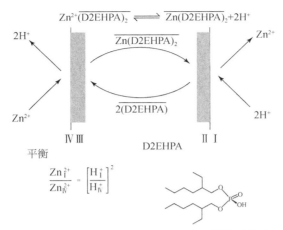

图 1.17　二乙基己基磷酸（D2EHPA）用于锌离子萃取回收

图 1.17 展示了使用二乙基己基磷酸（D2EHPA）液态离子交换剂回收锌离子的过程。锌离子（Zn^{2+}）在Ⅲ和Ⅳ接触面从被污染水体中提取出来而后在Ⅰ和Ⅱ接触面被最终回收。总体来看，提取液中的氢离子被转移到污染水体中用于交换等电荷的锌离子。离子交换剂的损失以及接触膜的不稳定性成为液态离子交换剂应用中两个主要障碍。在过去的三十年来，人们致力于研究亲水/疏水的接触材料来解决有机相泄漏的问题，并已取得很大进展。

1.6.3　溶剂浸渍型树脂

一般来说，金属与聚合螯合交换剂的亲和力极高，但却十分缓慢。由于其稳定的结构和曲折的移动路线，金属离子在固态离子交换剂中的粒子间扩散要比其在液态离子交换剂中的扩散慢几个数量级。溶剂浸渍型树脂（solvent impregnated resin，SIR）能够很好地结合液态和固态离子交换剂的优势并解决这一问题。更重要的是，SIR 并不需要将带电荷的官能团附着在树脂颗粒中，因而大大降低了生产成本。SIR 非常适合用于固定床系统[如活塞流反应器（plug flow reactor）]中以去除低浓度的金属离子。相比之下，液态离子交换剂适用于连续搅拌反应器（continuous stirred tank reactors，CSTRs）中，当出水要求较高时，通常需要多级反应来达到去除效果。

SIR 的微孔中附着有一层亲有机相的化合物，所以其可以用作有特定选择性的吸附材料[24,25]。有机螯合剂与多孔聚合物基底的连接既不是通过化学键也不是通过物理作用力吸引，而是通过范德瓦耳斯力附着在疏水基团表面。如果使用适当的有机溶剂，可以将附着在 SIR 表面的有机化合物完全洗净。这成为塞流式反应器应用中的一大缺点，因为 SIR 中负载的有机化合物会不停向水中流失。这也阻碍了很多实际工程中 SIR 的应用。为解决这一问题,一种新型的 SIR 通过在每个树脂颗粒的表面附着一层极薄亲水性薄膜来减少其内部有机化合物的流失[45]。这层亲水性薄膜能够阻止 SIR 内部的有机化合物向外扩散,但是能允许水溶性离子进入树脂内部,进而有效防止了有机化合物的流失。图 1.18 为改性后的 SIR 示意图。尽管 SIR 有很大很广泛的应用潜力,但目前来说其应用仍然非常局限。

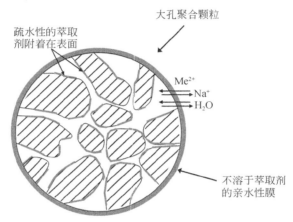

图 1.18 改性后溶剂浸渍型树脂(SIR)的典型特性

1.7 两性无机离子交换剂

与沸石不同,两性无机离子交换剂不是硅质材料,而是高价金属(如铝、铁、锆、钛等)的水合氧化物。由于其非常有限的离子交换容量,离子交换期刊中通常不把这类材料列为离子交换剂。但是这类材料对于一些痕量污染物(如金属和配体)的吸附效果很好,在之后的第 6 章中,我们会做进一步介绍。这类金属氧化物表面会通过路易斯酸碱反应(如金属和配体的反应)和离子交换共同作用去除水体中的痕量污染物。固液相交界处的 pH 将改变该种材料的表面特性,使其表面的羟基金属(通常表示为 $\overline{MOH}$)质子化或去质子化,其反应方程式如下所示:

$$\overline{MOH_2^+} \Longleftrightarrow \overline{MOH} + H^+, K_{a1} \qquad (1.18)$$

$$\overline{MOH} \Longleftrightarrow \overline{MO^-} + H^+, K_{a2} \qquad (1.19)$$

其中,K_{a1} 和 K_{a2} 为表面羟基金属官能团的酸解离常数。值得注意的是 $\overline{MOH}$ 只是一个概念性的符号,而非其表面的实际化学式。因此表面的两性水合金属氧化物可以被看作是一个二元弱酸,其解离系数分别为 K_{a1} 和 K_{a2}。在绝大多数情况下,人们无法证实金属氧化物的水合程度,但是 MOH 结构已经被红外光谱证实[46,47]。水分子通过氢键与 MOH 结构连接,只有当温度升高到一定程度时才会脱落[46]。值得注意的是,在不同的 pH 下,水合金属氧化物表面可呈现正电荷、负电荷或者电中性。图 1.19 展示了水合氧化铁表面在不同的 pH 下分别吸附砷酸根(一种阴离子配体)和铜离子(过渡金属阳离子)。

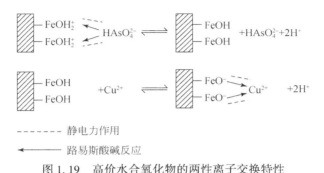

图 1.19 高价水合氧化物的两性离子交换特性

作为离子交换剂,水合金属氧化物相较于沸石和离子交换树脂拥有一些独特的性质:

(1) 水合金属氧化物的离子交换性或吸附性主要来源于表面。因此其离子交换容量会随着比表面积的增大(如减小颗粒尺寸)而提高。相比之下,沸石和离子交换树脂含有固定的电荷,因此它们的离子交换容量与尺寸无关。

(2) 当与水体接触时,每一个水合金属氧化物的表面在此 pH 下都分别呈现出带正电或者带负电,但其总体呈现电中性。这个 pH 被称作零电点或者 pH_{ZPC}。表 1.6 详细列出了几种金属氧化物的零电点 pH[48]。关于零电点 pH,人们经常有两个误解。第一,零电点 pH 并不唯一,其值会随着液相中溶液的成分而变化。表 1.6 中的零电点 pH 均为理想状态下,即忽略静电力或库仑力,仅考虑液相中电解质(阴阳离子)与离子交换剂的亲和力。第二,虽然金属氧化物在零电点 pH 下呈电中性,但由于其正负官能团可以分别发生吸附作用,所以通常具有较高的吸附容量。

(3) 在离子交换过程中,金属氧化物会呈现较强的路易斯酸碱作用。其中心的金属原子(铁、锆、钛)作为路易斯酸(电子受体),而周围的氧原子作为路易斯碱(电子供体)。因此,它们对过渡金属阳离子(路易斯酸)和阴离子配体(路易斯碱)都具有较高的选择性,对环境中的大部分痕量污染物都有很好的吸附效果。实际上,这种对于过渡金属和阴离子配体的吸附可以同时进行。

表1.6 一些常见金属氧化物的零电点 pH(pH_{ZPC})

金属氧化物	pH_{ZPC}
MgO(方镁石)	11.5~12.3
α-Al_2O_3(刚玉)	7.8~9.0
α-TiO_2(金红石)	5.0~6.5
α-Fe_2O_3(赤铁矿)	7.0~8.5
HFO(水合氧化铁)	7.3~8.3
方解石(主要为$CaCO_3$)	8.0~9.0
海泡石[$Mg_4Si_5O_{15}(OH)_2·6H_2O$]	6.5~7.5
长石($KAlSi_3O_8$-$NaAlSi_3O_8$-$CaAl_2Si_2O_8$)	3.0~4.0
α-SiO_2(石英)	2.0~3.0
β-MnO_2	6.5~7.5
$ZrSiO_4$	5.0~6.0
ZrO_2	6.5~7.5
蒙脱石[$(Na,Ca)_{0.33}(Al,Mg)_2(Si_4O_{10})(OH)_2·nH_2O$]	2.0~3.0
高岭石[$Al_2Si_2O_5(OH)_4$]	4.0~5.0

为了进一步探究水合金属氧化物的离子交换特性,我们采用水合氧化铁,一种已经被地质学家和环境工程师广泛研究过的材料,来做详细说明[49-54]。水合氧化铁可看作是弱二元酸,其电离常数如下所示:

$$\overline{FeOH_2^+} \rightleftharpoons \overline{FeOH} + H^+ \qquad pK_{a1} = 6.5 \qquad (1.20)$$

$$\overline{FeOH} \rightleftharpoons \overline{FeO^-} + H^+ \qquad pK_{a2} = 8.8 \qquad (1.21)$$

图1.20说明了不同pH条件下HFO表面的官能团($FeOH_2^+$、FeOH以及FeO^-)的分布情况。当pH小于6.5时,水合氧化铁表面的羟基官能团所带的正电荷会对砷酸根、磷酸根和柠檬酸根等阴离子配体产生极大的吸引力从而吸附去除。如图1.21所示,这种吸附作用发生在电子供体(路易斯碱)和电子受体(路易斯酸)之间,通常被称作内球配合物。除此之外,路易斯酸碱反应也常常伴随着静电力作用。常见的几种阴离子,如氯离子、硫酸根离子和硝酸根离子是非常弱的配体,因此不能形成内球配合物。它们只能依靠静电力作用形成外球配合物。

当pH大于9.0时,过渡金属阳离子(如铜离子、铅离子和锌离子等)便会与吸附剂表面的官能团($\overline{FeO^-}$)产生相对较弱的静电力吸引,形成内球配合物。此吸附

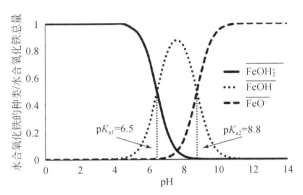

图 1.20　表面官能团 HFO 在不同 pH 条件下的相对分布情况($pK_{a1}=6.5$,$pK_{a2}=8.8$)。
图片取自 Cumbal 和 SenGupta,2005[52]

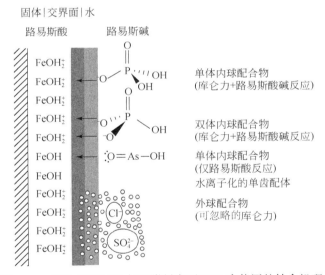

图 1.21　配体(磷酸根)与吸附剂表面 HFO 官能团的结合机理。
图片取自 Cumbal,SenGupta,2005[53]

过程中,表面的 $\overline{FeO^-}$ 官能团由于氧原子的存在成为电子供体,并作为路易斯碱与过渡金属阳离子(路易斯酸)结合。碱金属和碱土金属元素(如钠离子、钙离子和镁离子等)通常只通过静电力作用形成外球配合物。图 1.22 解释了过渡金属阳离子(铜离子,环境领域里中非常重要的一种离子)的吸附机理。

在已有的文献中,过渡金属阳离子或者阴离子配体与水合金属氧化物之间的路易斯酸碱作用通常被称作化学吸附(chemisorption)。但这种表面的选择性吸附

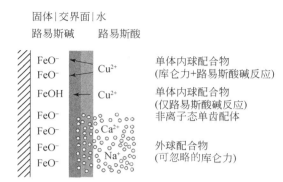

图1.22 过渡金属阳离子(铜离子)与吸附剂表面HFO官能团的结合机理。
图片取自Cumbal和SenGupta,2005[53]

仅仅通过改变pH就可以发生吸附和解吸[52-56],这从热力学和动力学两方面来看都无法定义为化学吸附。

温度对过渡金属阳离子和阴离子配体与水合金属氧化物之间的吸附造成的影响微乎其微。这类吸附的活化能通常低于50 kJ/mol。从动力学角度来说,表面非均质的离子交换反应主要受扩散作用速率的限制,化学反应速率基本不影响离子交换速率。其表面金属氧化物呈两性,可以吸附痕量阴离子配体以及金属阳离子,具有很大程度上应用潜力。然而,较弱的机械强度和化学稳定性很大程度上制约了其实际应用。我们将在第6章中详细介绍将水合金属氧化物加入离子交换树脂,从而发挥两者的共同优势。

水合金属氧化物可以同时去除有毒金属阳离子(如Cu^{2+})和阴离子配体(如$HAsO_4^{2-}$)。图1.23展示了经过颗粒水合氧化铁固定床处理后出水中Cu(Ⅱ)和As

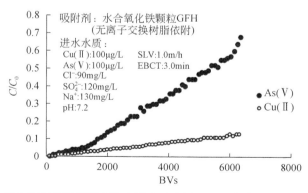

图1.23 颗粒水合氧化铁固定床吸附去除水体中砷和铜。SLV为线流速,EBCT为空床停留时间。
图片取自Cumbal,SenGupta,2005[53]

(Ⅴ)的曲线。可以看出,铜和砷同时被水合氧化铁吸附去除达数千床体,但是只能形成外球配合物的阴阳离子(Na^+,Ca^{2+},Cl^-,SO_4^{2-})基本上无法去除。在之后的章节中我们将进一步介绍水合金属氧化物材料的制备方法以及在不同工程需求下的应用方案。

1.8 离子交换剂与活性炭:相似与不同

活性炭是目前使用最广的吸附剂,文献中大量记载了其性质和使用方法等信息。活性炭与离子交换剂相比具有以下几个相似点:两者均为非均质过程;均大量适用于固定床系统中;均受扩散速率控制;均具有有限的吸附容量,若重复使用需要再生/再活化;对于不同的溶剂有不同的亲和力。所以学者们在研究离子交换时常常借鉴活性炭吸附的机理。尽管表面上看来两者非常类似,但要注意两者之间还有以下非常显著的区别:

(1)离子交换剂实质上是交联的聚电解质固定有带电官能团,平衡离子与带电官能团结合从而保持整个离子交换剂呈电中性。因此在不同离子强度和溶液pH条件下,离子交换剂会由于内外渗透压的变化而膨胀或收缩。相反,活性炭与溶液接触时几乎不会膨胀或收缩。

(2)活性炭吸附发生在其表面,因此增加活性炭的比表面积会增加其吸附容量。而离子交换剂的离子交换容量取决于其单位体积或单位质量内部带电官能团(固化带电离子)的数量,因此其离子交换容量并不取决于其比表面积。实际上,凝胶型离子交换剂的比表面积远小于大孔型离子交换剂,但其离子交换容量却高于大孔型离子交换剂。

(3)活性炭吸附通常针对电中性有机物,因此在固液相之间不存在电势差,溶剂中带电荷的离子可以在固相内自由移动。相反,离子交换剂与溶液之间存在电势差(唐南电势),因此带特定电荷的离子很难渗入离子交换剂内部。这种现象被称作唐南排斥效应。目前有许多新型离子交换技术就是很好地应用了唐南排斥效应继而达到处理目的,我们将在之后的章节中展开介绍这些技术。

1.9 离子交换剂形态学

无论无机还是有机离子交换剂,其吸附性能主要取决于其化学组成,如官能团种类、基质材料和交联方式。但对于不同的应用条件,离子交换剂的物理形态选择也非常关键。离子交换剂物理形态的选择通常要综合考虑反应器的种类、预处理的程度、环保方面、再生性、耐久性和经济性等。以下列出了几种离子交换剂的常见物理形态[20,46,57-66]:

(1)颗粒离子交换剂。
(2)球型离子交换剂:凝胶型。
(3)球型离子交换剂:大孔型。
(4)薄膜离子交换剂。
(5)离子交换纤维(IXFs)。
(6)复合离子交换剂(CIX)。
(7)复合离子交换剂(HIX)。
(8)磁性离子交换剂(MIEX)。

图1.24展示了不同形态离子交换剂的照片和示意图。之后的几个章节会详细介绍这些不同形态离子交换剂的实际应用。

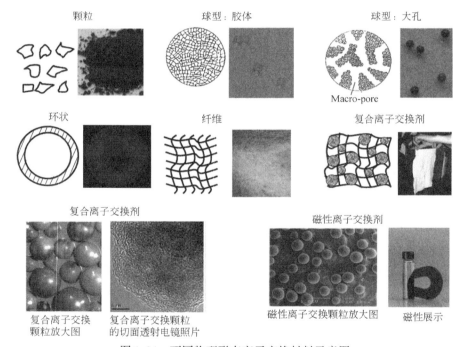

图1.24　不同物理形态离子交换材料示意图

1.10　广泛应用的离子交换技术

我们已经介绍了离子交换技术,这一节将对两种最常见的离子交换技术(软化水技术和脱盐)做详细介绍。这两种技术已经被广泛使用五十年以上,近年来人们开始从可持续性的角度重新评估这些技术对环境的影响,发现某些技术对环境有非常恶劣的影响。该部分主要介绍这两种离子交换技术的技术要点以及主要缺陷,并且指出可改进的方向。

1.10.1 软化水技术

软化水技术是指去除水体中的硬度物质,主要包括钙离子(Ca^{2+})、镁离子(Mg^{2+})。这些离子的存在将导致在清洁、盥洗过程中清洗剂和肥皂的使用量增加。在热交换设备(如锅炉等)中,水体除硬尤为重要,因为设备的污染或者结垢可能导致严重的安全事故。当使用膜技术脱盐时,若水体的硬度较高,需要进行除硬预处理,否则会导致膜表面结垢,缩短膜的使用寿命。石灰软化水工艺可以去除水体中的部分硬度,但是除硬的同时会产生大量的污泥,并且去除效果有限。

通过钠循环阳离子交换固定床工艺可以完全去除水体中的硬度物质。当进水通过床体时,钙离子会与钠离子发生交换,反应方程式如下:

$$2\overline{R^-Na^+} + Ca^{2+} \longrightarrow \overline{(R^-)_2Ca^{2+}} + 2Na^+ \tag{1.22}$$

经过处理,钙离子被完全去除,软化后的水体可以满足工艺需求。当离子交换剂趋于饱和时,出水钙离子开始上升,若想重复使用,需要对床体进行再生,用钠离子解吸、替换钙离子,反应方程式如下:

$$\overline{(R^-)_2Ca^{2+}} + 2Na^+ \longrightarrow 2\overline{R^-Na^+} + Ca^{2+} \tag{1.23}$$

饱和树脂的再生通常用到浓盐水(氯化钠溶液)。整个再生过程通常在十个床体(BV)内完成。处理床体表示所处理水体积与离子交换树脂体积的倍数关系。再生过程中使用的氯化钠溶液的总电荷量通常会远高于解吸钙离子的电荷量,因此再生废液中除了再生出的钙离子,往往也含有较高浓度的氯化钠。所以这种软化水工艺并不环保,因为其处理过程中加入的电解质远大于去除的电解质总量。为了更合理地评估软化水工艺,我们来考虑以下示例。

图 1.25 中的实线部分展示了离子交换软化水的除硬循环,虚线则表示使用浓盐水对树脂进行再生的过程。图 1.26 展示了两个连续的除硬循环中的钙离子浓度曲线。图中列出了进水水质分析数据[67]。

在两个循环之间,使用 5% 的氯化钠(NaCl)溶液再生离子交换柱。图 1.27(A)为再生过程中钙离子浓度曲线,在 15 个床体内可以再生 90% 以上的钙离子。

从软化水效果来看,这种离子交换和再生循环应用能够稳定实现相应的除硬效果。但是从环保角度来看,人们不禁要提出疑问:去除单位电荷钙离子到底需要投加多少电荷的钠离子呢?这一关于可持续性的问题在干旱、少雨地区显得尤为重要。过量再生废液的排放会导致该区域水体中含盐量上升,继而影响水生态平衡。根据反应方程式(1.22)和式(1.23)可知,最理想的情况为使用等电荷量的钠离子再生单位电荷量的钙离子。

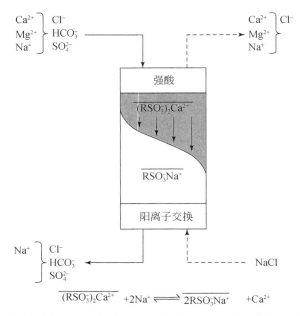

图1.25 固定床阳离子交换软化水工艺示意图。其中实线代表除硬循环,虚线代表浓盐水再生循环

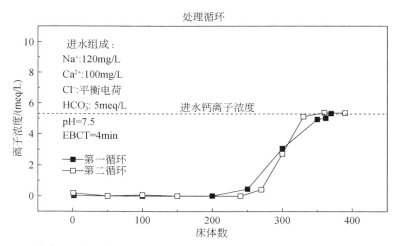

图1.26 强酸型阳离子交换树脂软化工艺两次连续处理循环出水中钙离子浓度曲线

图1.27(B)展示了去除单位电荷钙离子所需钠离子的电荷量。在再生进行了12个床体后,钠离子与钙离子的电荷比为8.5,这表示该软化水系统在去除硬度的同时会向水体中排放更多电荷量的氯化钠。如此低下的再生效率是离子交换机理所决定的,也正因如此,包括加利福尼亚州在内的许多州已经明令禁止使用离子交

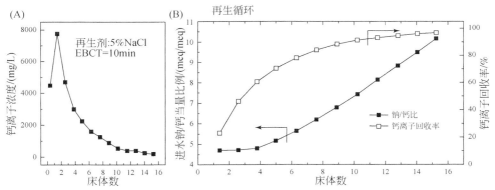

图 1.27 （A）使用 5% 氯化钠溶液对饱和强酸型阳离子交换树脂的再生曲线；（B）钠离子利用效率与阳离子交换树脂的再生效率对比图。图片取自 Li, Koner, German, SenGupta, 2016[67]

换软化水工艺[68]。

例题 1.3

针对例题图 3 中钙离子的出水曲线，在同一图内添加钠离子出水曲线。并计算 100 个床体时出水氯离子浓度。

解：

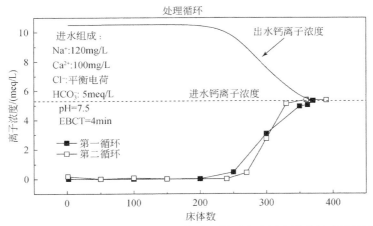

例题图 3　强酸型阳离子交换树脂两个连续处理循环出水钙离子和钠离子浓度曲线。

图片取自 Li, Koner, German, SenGupta[67]

其中出水钠离子浓度可以通过电荷守恒原则计算得出。相比，进水钙离子降低的电荷总量等于钠离子上升的电荷总量。图中包含两个连续循环中出水钙离子浓度（$Ca^{2+}_{effluent}$）。

$$Na^+_{effluent} = Na^+_{initial} + Ca^{2+}_{initial} - Ca^{2+}_{effluent}$$

$$\text{Na}^+_{\text{effluent}} = \left(120\,\frac{\text{mg}}{\text{L}} \times \frac{1}{23}\,\frac{\text{mmol}}{\text{mg}} \times 1\,\frac{\text{meq}}{\text{mmol}}\right) + \left(100\,\frac{\text{mg}}{\text{L}} \times \frac{1}{40}\,\frac{\text{mmol}}{\text{mg}} \times 2\,\frac{\text{meq}}{\text{mmol}}\right) - \text{Ca}^{2+}_{\text{effluent}}$$

$$\text{Na}^+_{\text{effluent}} = 5.22\,\frac{\text{meq}}{\text{L}} + 5\,\frac{\text{meq}}{\text{L}} - \text{Ca}^{2+}_{\text{effluent}}$$

因此对于任意一个出水钙离子浓度,均可计算出该点的出水钠离子浓度($\text{Na}^+_{\text{effluent}}$)。图1也添加了出水钠离子浓度曲线。

同样的道理,氯离子浓度也可以通过电荷平衡的原则计算得出。

在 pH = 7.5 时,溶液中氢离子(H^+)和氢氧根(OH^-)的浓度可以忽略不计。

阳离子浓度:

$$\text{Na}^+ = \frac{120\,\text{mg/L}}{23\,\text{mg/mmol}} \times 1\,\text{meq/mmol} = 5.22\,\text{meq/L}$$

$$\text{Ca}^{2+} = \frac{100\,\text{mg/L}}{40\,\text{mg/mmol}} \times 2\,\text{meq/mmol} = 5\,\text{meq/L}$$

阴离子浓度:

$$\text{HCO}_3^- = 5\,\text{meq/L}$$

因此,氯离子浓度可计算如下:

$$\text{Cl}^- = (5.22 + 5 - 5)\,\frac{\text{meq}}{\text{L}} \times 1\,\frac{\text{mmol}}{\text{meq}} \times 35.5\,\frac{\text{mg}}{\text{mmol}} = 185.3\,\text{mg/L}$$

由于整个过程不涉及阴离子交换,因此氯离子浓度始终为 185.3 mg/L。

1.10.2 去离子或脱盐

去离子或脱盐是通过离子交换将水中的所有电解质(所有的阴阳离子)去除的一个工艺。该工艺的核心是将两个离子交换单元串联使用:氢离子形态的阳离子交换树脂后串联一个氢氧根形态的阴离子交换树脂。当进水通过阳离子交换树脂时,所有的阳离子(如一价阳离子 M^+)会发生离子交换从而置换出氢离子:

$$\overline{\text{RH}} + \text{M}^+ + \text{N}^- \longrightarrow \overline{\text{R}^-\text{M}^+} + \text{H}^+ + \text{N}^- \tag{1.24}$$

因此,当进水经过阳离子交换柱之后,出水实质为含所有原有阴离子的酸溶液。当该水体进入阴离子交换柱后,所有的阴离子(N^-)被氢氧根(OH^-)取代,进而与之前置换出的氢离子(H^+)结合生成水分子(H_2O)。

$$\overline{\text{ROH}} + \text{H}^+ + \text{N}^- \longrightarrow \overline{\text{R}^+\text{N}^-} + \text{H}^+ + \text{OH}^- \tag{1.25}$$

$$\text{H}^+ + \text{OH}^- \longrightarrow \text{H}_2\text{O} \tag{1.26}$$

总化学反应方程式为

$$\overline{\text{RH}} + \overline{\text{ROH}} + \text{M}^+ + \text{N}^- \longrightarrow \overline{\text{R}^-\text{M}^+} + \overline{\text{R}^+\text{N}^-} + \text{H}_2\text{O} \tag{1.27}$$

未电离的溶解物无法通过去离子过程去除。同时,如果阴阳离子交换柱存在泄漏或者饱和等状态,出水中会含有残留的电解质。当离子交换树脂饱和时,需要进行再生以备继续使用:阳离子交换树脂通常使用酸(HCl 或 H_2SO_4)再生,阴离子交换树脂则使用碱液(NaOH)再生。再生剂的使用效率往往比较低下,也就是说,需要使用过量的再生剂达到再生效果。

随着进水中的电解质浓度增加,去离子系统中的树脂需要被更频繁地再生,因为离子交换容量制约着所能去除的电解质的电荷总量。一般来说,如果进水的总溶解固体(TDS)浓度大于 500mg/L,常规去离子在经济上变得不太可行。从环保和可持续性的角度来看,脱矿质过程产生的再生废液的处理和处置是一项挑战,研究人员试图通过提高再生效率和新型再生试剂的选择方面进行创新和改进。以下示例将就相关问题进行计算和阐述。

例题 1.4:双床去离子反应器的设计

已知进水水质分析如下:

硬度 = 3.0meq/L

碳酸氢根 = 2.0meq/L

pH = 7.8

氯离子 = 1.0meq/L

硫酸根 = 2.0meq/L

钠离子为系统的平衡阳离子

试求:双床流速为 400L/min 的去离子系统的设计参数,必须在床体穿透前运行满 8h。

(1)假设所使用的阳离子交换树脂的容量为 1.0eq/L,再生时所使用的 H_2SO_4 浓度为 162g/L(100%),电荷浓度为 2.0N,求阳离子交换树脂的体积。

(2)假设所使用的阴离子交换容量为 0.7eq/L,再生时使用 120g/L 的 NaOH 溶液,电荷浓度为 1.0N,求所需阴离子交换树脂的体积。

(3)再生废液经过中和后测定其中的离子浓度,并以 mg/L 记录,每个离子柱再生完成后使用两个床体去离子水进行缓慢润洗,并收集全部润洗溶液,再生溶液同样使用去离子水配制,中和过程中使用的酸和碱均与再生过程相同。

(4)在上述双床去离子系统中,如果阴离子交换装置放于阳离子交换装置之前,可能会产生什么问题?

(5)绘制该过程的草图,并估算离子交换树脂穿透前各个阶段的 pH。

(6)求再生废液中的电解质浓度,并与运行过程中去除的污染物的量进行比较,计算离子交换效率。

解:

(1)阳离子浓度计算如下:

$$硬度 = [Ca^{2+}] + [Mg^{2+}] = 3.0meq/L$$

$$[Na^+] = 2.0meq/L$$

总阳离子浓度 = 5.0 meq/L

阳离子交换树脂总质量

$$5.0\frac{\mathrm{meq}}{\mathrm{L}} \times 400\frac{\mathrm{L}}{\mathrm{min}} \times 60\frac{\mathrm{min}}{\mathrm{h}} \times 8\mathrm{h} = 9.60 \times 10^5 \mathrm{meq} = 960\mathrm{eq}$$

阳离子交换树脂总体积

$$\frac{960\mathrm{eq}}{1.0\frac{\mathrm{eq}}{\mathrm{L}}} = 960\mathrm{L} = 0.96\mathrm{m}^3$$

(2) 阴离子浓度：

$$2.0\frac{\mathrm{meq}}{\mathrm{L}}(\mathrm{HCO_3^-}) + 2.0\frac{\mathrm{meq}}{\mathrm{L}}(\mathrm{SO_4^{2-}}) + 1.0\frac{\mathrm{meq}}{\mathrm{L}}(\mathrm{Cl^-}) = 5.0\frac{\mathrm{meq}}{\mathrm{L}}$$

阴离子的总电荷浓度与阳离子总电荷浓度相等：960eq

因此所需的阴离子交换树脂总体积为

$$\frac{960\mathrm{eq}}{0.7\frac{\mathrm{eq}}{\mathrm{L}}} = 1370\mathrm{L} = 1.37\mathrm{m}^3$$

(3) 首先，我们需要区分和记录再生不同阶段的水量。混合后的废液中含有以下三种成分：①在8h运行过程中去除的所有电解质；②再生阳离子交换树脂和阴离子交换树脂过程中未用尽的硫酸（H_2SO_4）与氢氧化钠（NaOH）；③用于中和再生废液的过量酸或碱溶液。

润洗用水体积（V_1）：

$$V_1 = 2\mathrm{BVs} \times 0.96\frac{\mathrm{m}^3}{\mathrm{BV}} + 2\mathrm{BVs} \times 1.37\frac{\mathrm{m}^3}{\mathrm{BV}} = 4.66\mathrm{m}^3$$

H_2SO_4 体积（V_2）：

$$V_2 = \frac{162\frac{\mathrm{g}}{\mathrm{L_{resin}}} \times 960\,\mathrm{L_{resin}}}{49\frac{\mathrm{g}}{\mathrm{eq}} \times 2\frac{\mathrm{eq}}{\mathrm{L}}} = 1587\mathrm{L} = 1.59\mathrm{m}^3$$

NaOH 体积（V_3）：

$$V_3 = \frac{120\frac{\mathrm{g}}{\mathrm{L_{resin}}} \times 1370\,\mathrm{L_{resin}}}{40\frac{\mathrm{g}}{\mathrm{eq}} \times 1\frac{\mathrm{eq}}{\mathrm{L}}} = 4110\mathrm{L} = 4.11\mathrm{m}^3$$

中和所需酸体积（V_4）：

过量的酸

$$\frac{162\frac{\mathrm{g}}{\mathrm{L_{resin}}} \times 960\,\mathrm{L_{resin}}}{49\frac{\mathrm{g}}{\mathrm{eq}}} - 960\mathrm{eq} = 2214\mathrm{eq}$$

过量的碱：

$$\frac{120\frac{\text{g}}{\text{L}_{\text{resin}}}\times 1370\ \text{L}_{\text{resin}}}{40\frac{\text{g}}{\text{eq}}\times 1\frac{\text{eq}}{\text{L}}}-960\text{eq}=3150\text{eq}$$

因此中和需要加入酸的量为

$$3150\text{eq}-2214\text{eq}=936\text{eq}$$

$$V_4=\frac{936\text{eq}}{2\frac{\text{eq}}{\text{L}}}=468\text{L}=0.47\text{m}^3$$

总体积：
$$V_T=V_1+V_2+V_3+V_4=10.8\text{m}^3$$

混合溶液浓度：

$$[\text{Ca}^{2+}]+[\text{Mg}^{2+}]=\frac{3\frac{\text{meq}}{\text{L}}\times 400\frac{\text{L}}{\text{min}}\times 60\frac{\text{min}}{\text{h}}\times 8\text{h}}{10.9\text{m}^3\times 10^3\frac{\text{L}}{\text{m}^3}}=52.8\frac{\text{meq}}{\text{L}}=1057\frac{\text{mg}}{\text{L}}(\text{以Ca}^{2+}\text{计})$$

$$[\text{Na}^+]=\frac{2\frac{\text{meq}}{\text{L}}\times 400\frac{\text{L}}{\text{min}}\times 60\frac{\text{min}}{\text{h}}\times 8\text{h}+4110\text{L}\times 10^3\frac{\text{meq}}{\text{L}}}{10.9\text{m}^3\times 10^3\frac{\text{L}}{\text{m}^3}}=412\frac{\text{meq}}{\text{L}}=9483\frac{\text{mg}}{\text{L}}$$

$$[\text{HCO}_3^-]=\frac{2\frac{\text{meq}}{\text{L}}\times 400\frac{\text{L}}{\text{min}}\times 60\frac{\text{min}}{\text{h}}\times 8\text{h}}{10.9\text{m}^3\times 10^3\frac{\text{L}}{\text{m}^3}}=35.2\frac{\text{meq}}{\text{L}}=2149\frac{\text{mg}}{\text{L}}$$

$$[\text{Cl}^-]=\frac{1\frac{\text{meq}}{\text{L}}\times 400\frac{\text{L}}{\text{min}}\times 60\frac{\text{min}}{\text{h}}8\text{h}}{10.9\text{m}^3\times 10^3\frac{\text{L}}{\text{m}^3}}=17.6\frac{\text{meq}}{\text{L}}=625\frac{\text{mg}}{\text{L}}$$

$$[\text{SO}_4^{2-}]=\frac{2\frac{\text{meq}}{\text{L}}\times 400\frac{\text{L}}{\text{min}}\times 60\frac{\text{min}}{\text{h}}\times 8\text{h}}{10.9\text{m}^3\times 10^3\frac{\text{L}}{\text{m}^3}}=35.2\frac{\text{meq}}{\text{L}}=1690\frac{\text{mg}}{\text{L}}$$

（4）若将阴离子交换床置于阳离子交换床之前，水中的钙离子（Ca^{2+}）和镁离子（Mg^{2+}）可能会由于 pH 升高生成难溶的氢氧化物与碳酸盐，继而沉淀在阴离子交换床中。

$$M^{2+}+2Cl^-+2\overline{R^+OH^-} \rightleftharpoons 2\overline{R^+Cl^-}+2OH^-+M^{2+} \rightleftharpoons M(OH)_2(s)\downarrow ; M^{2+}=Ca^{2+}, Mg^{2+}$$

（5）

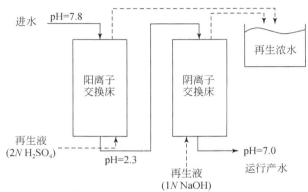

在穿透过程中，阳离子交换床产生的氢离子浓度为 5.0×10^{-3} mol/L（pH=2.3）

（6）步骤（3）中已经计算了再生废液中所有阴阳离子的浓度。去离子系统最理想、最高效的运行模式为使用相等电荷量的离子再生出服务循环中去除的所有离子。但再生废液中的电荷总量往往要高于运行过程中去除的电荷总量。因此，可以用一个参数 SI_{IX} 来判断整个处理过程的效率。

每处理一升水所去除的阳离子和阴离子总量

$$=[Ca^{2+}]+[Mg^{2+}]+[Na^+]+[HCO_3^-]+[Cl^-]+[SO_4^{2-}]$$

$$=5.0\frac{meq}{L}(阳离子)+5.0\frac{meq}{L}(阴离子)=10\frac{meq}{L}$$

所添加的再生剂 $=[H^+]_{added}+[OH^-]_{added}$

$=2214\text{eq } H^+ +3150\text{eq } OH^- =5364\text{eq}$

中和所需的酸 $=[OH^-]_{added}-[H^+]_{added}$

$=3150\text{eq } OH^- -2214\text{eq } H^+ =936\text{eq}$

$$SI_{IX}=\frac{\text{所添加的再生剂}+\text{中和加入的酸}}{\text{去除的阴阳离子}}$$

$$=\frac{([H^+]_{added}+[OH^-]_{added})+([OH^-]_{added}-[H^+]_{added})}{[Ca^{2+}]+[Mg^{2+}]+[Na^+]+[HCO_3^-]+[Cl^-]+[SO_4^{2-}]}$$

$$=\frac{2214\text{eq } H^+ +3201\text{eq } OH^- +936\text{eq } H^+}{10\frac{meq}{L}\times\frac{1eq}{1000meq}\times400\frac{L}{min}\times60\frac{min}{h}\times8h}=3.28$$

当 SI_{IX} 值大于 1 时,意味着所加入的再生剂要大于该反应的理论极限值,说明再生效率低下。第 2 章将详细阐述如何改进去离子过程,从而提高再生效率,降低 SI_{IX} 值。

第 1 章摘要:十个要点

- 1850 年,两位英国土壤科学家维(J. T. Way)和汤姆森(H. S. Thompson)在研究天然土壤特性时,首次发现并论述了阳离子交换现象。他们通过实验证明离子交换过程是可逆的、等电荷的交换。此外,土壤对不同的阳离子具有不同的选择性。通常,天然材料的离子交换能力和离子交换容量都非常低。
- 1935 年,Adams 和 Holmes 合成了第一种有机(聚合物)阳离子交换剂。在不到十年的时间里,D'Alelio 制备了第一种合成阴离子交换树脂。从那以后,新型离子交换树脂的合成日新月异。更确切地说,第二次世界大战中核技术的竞争极大地促进了离子交换学科的发展和成熟。
- 离子交换树脂是一种将带(正或负)电的官能团固定于交联聚合物(通常称为基质)上的有机离子交换剂。而无机离子交换剂,如黏土和沸石,则通过硅与铝的同晶取代获得阳离子交换容量。
- 许多氧化还原反应和沉淀溶解反应虽然很像离子交换反应但实质上并不是。离子交换剂并非纯固相:它含有不同种类和组成的平衡离子,像连续固相溶液。
- 有机离子交换剂的大规模生产早已标准化并在全球推广。四种最广泛使用的离子交换树脂是:弱酸性阳离子交换树脂、强酸性阳离子交换树脂、弱碱性阴离子交换树脂和强碱性阴离子交换树脂。由于亚甲基桥接的可控性较差,阴离子交换树脂的离子交换容量通常比其阳离子交换树脂低。
- 生物吸附材料通常对重金属和其他痕量污染物具有极高的亲和力。由于其可生化再生,因此从可持续发展的角度来看更具吸引力。但其在极端 pH 和氧化还原条件下极差的化学稳定性和极低的机械强度是生物吸附材料难以大规模应用的主要障碍。
- 液态离子交换剂在不混溶液体的相界处进行离子交换,其动力学效果相比于受颗粒内扩散控制的固相离子交换剂要快得多,但其产水通常被有机溶剂污染。溶剂浸渍型树脂(SIR)可十分容易地使用亲有机物萃取剂合成。然而,在漫长的固定床运行过程中络合物会逐渐流失是 SIR 的主要缺点。
- 高价金属氧化物,如铁 Fe(Ⅲ)、锆 Zr(Ⅳ)和钛 Ti(Ⅳ)均为两性氧化物,它们对过渡金属阳离子和阴离子配体都表现出极高的吸附亲和力。
- 活性炭和离子交换树脂是填充床水处理工艺中最常见的两种吸附材料,且具有类似的操作步骤。然而它们的吸附能力有明显不同:活性炭吸附是表面现象,而离子交换容量则取决于官能团密度,即每单位体积离子交换剂中共价键所连接的官能团的总数。

- 软化和去矿化(DM)是离子交换领域中两种最常见的应用。这两种工业过程分别通过去除硬度防止结垢和去除总溶解固体(TDS)来提高系统运行效率。由于再生效率差以及生产伴随高浓度 TDS 再生废液的产生,两者都存在可持续性发展的问题。

参 考 文 献

1 Thompson, H.S. (1850) On the absorbent power of soils. *Journal of the Royal Agricultural Society of England*, **11**, 68–74.
2 Way, J.T. (1850) On the power of soils to absorb manure. *Journal of the Royal Agricultural Society of England*, **11**, 313–379.
3 Adams, B.A. and Holmes, E.L. (1935) Adsorptive properties of synthetic resins. *Journal of the Society of Chemical Industry, London*, **54** (1), 1–6.
4 D'Alelio, G.F., inventor. General Electric, assignee (1944). Process for removing cations from liquid media. US Patent 2340110A. 1944 1944-01-25.
5 D'Alelio, G.F., inventor. D'Alelio GF, assignee (1944). Production of synthetic polymeric compositions comprising sulphonated polymerizates of poly-vinyl aryl compounds and treatment of liquid media therewith. US Patent 2,366,007A.
6 D'Alelio GF, inventor. General Electric, assignee (1944) Production of synthetic polymeric compositions comprising aminated polymerizates of poly-vinyl aryl compounds and treatment of liquid media therewith. USA Patent US2,366,008A. 1944-12-26.
7 Google Patents Search "Anion Exchange". (2016) https://patents.google.com/?q=%22anion+exchange%22 (accessed 30 November 2016).
8 Google Patents Search "Cation Exchange". (2016) https://patents.google.com/?q=%22cation+exchange%22 (accessed 30 November 2016).
9 Boyd, G., Adamson, A., and Myers, L. Jr., (1947) The exchange adsorption of ions from aqueous solutions by organic zeolites. II. Kinetics. *Journal of the American Chemical Society*, **69** (11), 2836–2848.
10 Boyd, G., Myers, L. Jr., and Adamson, A. (1947) The exchange adsorption of ions from aqueous solutions by organic zeolites. III. Performance of deep adsorbent beds under non-equilibrium conditions. *Journal of American Chemical Society*, **69** (11), 2849–2859.
11 Boyd, G., Schubert, J., and Adamson, A. (1947) The exchange adsorption of ions from aqueous solutions by organic zeolites. I. Ion-exchange equilibria. *Journal of American Chemical Society*, **69** (11), 2818–2829.
12 Lemberg, J. (1876) Uber Silicatumwandlungen. *Zeitschr. Deutsch. Geol. Gesell.*, **28**, 519–621.
13 Lemberg, J. (1887) Zur Kenntnis der Bildung und Umbildung von Silicaten. [S. 583: Verhalten d. Natrolith v. Hohentwiel.], *Zeitschrift der Deutschen Geologischen Gesellschaft* **39**. S. 559–600. [Erschienen 188.] – Ausz.:Neues Jahrb f. Min. u. s. w., 1889. II Ref. S. 34–36.
14 Gans, R. (1905) Zeolites and similar compounds, their constitution and significance for technology and agriculture. *Jahrb. Preuss Geol. Landesanst (Berlin)*, **26**, 179.

15 Adams, B.A. and Holmes, E.L. (1935b) Base exchange resins. *Chemical Age of India*, **38**, 117.
16 Marinsky, J.A., Glendenin, L.E., and Coryell, C.D. (1947) The chemical identification of radioisotopes of neodymium and of element 61. *Journal of the American Chemical Society*, **69** (11), 2781–2785.
17 Swinton, E. and Weiss, D. (1953) Counter current adsorption separation processes. 1. Equipment. *Australian Journal of Applied Science*, **4** (2), 316–328.
18 Higgins, I. and Chopra, R. (1970) CHEM-SEPS continuous ion exchange contactor and its applications to de-mineralization processes. *Ion Exchange in the Process Industries: Society of Chemical Industry London*, 121–126.
19 Arden, T.V., Davis, J.B., Herwig, G.L. et al. (September 1958) *Extraction of Uranium from Acid Leach Pulps by Jigged Bed Ion Exchange*, Second UN International Conference on The Peaceful Uses of Atomic Energy, Geneva.
20 Helfferich, F.G. (1962) *Ion Exchange*, McGraw Hill Book Co., Inc., New York.
21 Cloete, F.L.D. and Streat, M. (1963) A new continuous solid–fluid contacting technique. *Nature*, **200**, 1199–1200.
22 Kressman, T.R.E. (1969) Properties of some modified polymer networks and derived ion exchangers. *Ion Exchange in the Process Industries, Society of Chemical Industry, London*, 3–9.
23 Kunin, R. (1969) Pore structure of macroreticular ion exchange resins. *Ion Exchange in the Process Industries; Society of Chemical Industry: London*, 10–15.
24 Warshawsky, A., Strikovsky, A., Jerabek, K., and Cortina, J. (1997) Solvent-impregnated resins via acid–base interaction of poly(4-vinylpyridine) resin and di(2-ethylhexyl)dithiophosphoric acid. *Solvent Extraction and Ion Exchange*, **15** (2), 259–283.
25 Cortina, J., Warshawsky, A., Miralles, N. et al. (1994) Removal of heavy metal ions from liquid effluents by solvent-impregnated resins, in *Hydrometallurgy'94*, Institution of Mining and Metallurgy, the Society of Chemical Industry, Springer, pp. 725–739.
26 Muraviev, D.N. (1979) *Zhurnal Fizicheskoi Khimii*, **53** (2), 438–444.
27 Muraviev, D.N. and Khamizov, R. (2004) Ion-exchange isothermal supersaturation: concept, problems, and applications, in *Ion Exchange and Solvent Extraction, A Series of Advances*, vol. 16 (eds A. SenGupta and Y. Marcus), Marcel Dekker, New York, pp. 119–210.
28 Schwellnus, A.H. and Green, B.R. (1990) The chemical stability, under alkaline conditions, of substituted imidazoline resins and their model compounds. *Reactive Polymers*, **12** (2), 167–176.
29 Conway, B.E. (1981) *Ionic Hydration in Chemistry and Biophysics (Studies in Physical and Theoretical Chemistry)*, Elsevier Science Ltd, Amsterdam.
30 Clearfield, A. (1982) *Inorganic Ion Exchange Materials*, CRC Press, Inc., Boca Raton.
31 Qureshi, M. and Varshney, K.G. (1991) *Inorganic Ion Exchangers in Chemical Analysis*, CRC Press Inc., Boca Raton.
32 Szostak, R. (1992) *Hand Book of Molecular Sieves: Structures*, Van Nostrand Reinhold, New York, NY.

33 Flanigen EM. Chapter 2. Zeolites and molecular sieves – an historical perspective. In: van Bekkum H, Flanigen EM, Jansen J, editors. *Introduction to Zeolite Science and Practice* Amsterdam: Elsevier; 1991. p. 13–34.
34 Lutz, W. (2014) Zeolite Y: synthesis, modification, and properties – a case revisited. *Advances in Materials Science and Engineering*, **22**, 2014.
35 Stöcker, M., Karge, H., Jansen, J., and Weitkamp, J. (1994) *Advanced Zeolite Science and Applications (Volume 85 of Studies in Surface Science and Catalysis)*, Elsevier, Amsterdam.
36 Cejka, J. (2007) *Introduction to Zeolite Science and Practice (Volume 168 of Studies in Surface Science and Catalysis)*, Elsevier, Amsterdam.
37 Volesky, B. (1990) *Biosorption of Heavy Metals*, CRC Press, Inc., Boca Raton.
38 Streat, M., Mailk, D.J., and Saha, B. (2004) Adsorption and ion-exchange properties of engineered activated carbons and carbonaceous materials, in *Ion Exchange and Solvent Extraction: A Series of Advances*, vol. **16** (eds A.K. SenGupta and Y. Marcus), Marcel Dekker, Inc., New York, pp. 1–84.
39 Inoue, K., Baba, Y., and Yoshizuka, K. (1993) Adsorption of metal ions on chitosan and crosslinked copper(II)-complexed chitosan. *Bulletin of the Chemical Society of Japan*, **66** (10), 2915–2921.
40 Pomogailo, A.D., Dzhardimalieva, G.I., Rozenberg, A.S., and Muraviev, D.N. (2003) Kinetics and mechanism of in situ simultaneous formation of metal nanoparticles in stabilizing polymer matrix. *Journal of Nanoparticle Research*, **5** (5–6), 497–519.
41 Guibal, E. (2004) Interactions of metal ions with chitosan-based sorbents: a review. *Separation and Purification Technology*, **38** (1), 43–74.
42 Bart H, Stevens GW. Reactive solvent extraction, in *Ion Exchange and Solvent Extraction: A Series of Advances* (vol. **17**, edited by Marcus Y., SenGupta A. K.), Marcel Dekker Inc. New York, 2004.
43 Baker, R.W. (2000) *Membrane Technology and Applications*, 3rd edn, Wiley Online Library, Chichester, United Kingdom.
44 Winston, W.S.W. and Sirkar, K.K. (1992) *Membrane Handbook Volume I*, Springer Science + Business Media, LLC, New York.
45 Alexandratos, S.D. and Ripperger, K.P. (1998) Synthesis and characterization of high-stability solvent-impregnated resins. *Industrial and Engineering Chemistry Research*, **37** (12), 4756–4760.
46 Dorfner, K. (1991) *Ion Exchangers*, Walter de Gruyter, New York.
47 Brown, G.E., Henrich, V.E., Casey, W.H. *et al.* (1999) Metal oxide surfaces and their interactions with aqueous solutions and microbial organisms. *Chemical Reviews*, **99** (1), 77–174.
48 Stumm, W. and Morgan, J.J. (1996) *Aquatic Chemistry: Chemical Equilibria and Rates in Natural Waters*, 4th edn, John Wiley & Sons, New York.
49 Dzombak, D.A. and Morel, F.M.M. (1990) *Surface Complexation Modeling: Hydrous Ferric Oxides*, Wiley Interscience, John Wiley and Sons Inc., New York.
50 Cowan, C.E., Zachara, J.M., and Resch, C.T. (1991) Cadmium adsorption on iron oxides in the presence of alkaline-earth elements. *Environmental Science & Technology*, **25** (3), 437–446.
51 Manning, B.A., Fendorf, S.E., and Goldberg, S. (1998) Surface structures and stability of arsenic(III) on goethite: spectroscopic evidence for inner-sphere complexes.

Environmental Science & Technology, **32** (16), 2383–2388.
52 Cumbal, L. and SenGupta, A.K. (2005) Arsenic removal using polymer-supported hydrated iron(III) oxide nanoparticles: role of Donnan membrane effect. *Environmental Science & Technology*, **39** (17), 6508–6515.
53 Puttamaraju, P. and SenGupta, A.K. (2006) Evidence of tunable on-off sorption behaviors of metal oxide nanoparticles. *Industrial and Engineering Chemistry Research*, **45**, 7737–7742.
54 Kney, A. (1999) *Synthesis and characterization of a new heavy-metal-selective inorganic ion exchanger*. Ph.D. Dissertation: Lehigh University, Bethlehem, PA.
55 Blaney, L.M., Cinar, S., and SenGupta, A.K. (2007) Hybrid anion exchanger for trace phosphate removal from water and wastewater. *Water Research*, **41** (7), 1603–1613.
56 Sarkar, S., Blaney, L.M., Gupta, A. *et al.* (2008) Arsenic removal from groundwater and its safe containment in a rural environment: validation of a sustainable approach. *Environmental Science & Technology*, **42** (12), 4268–4273.
57 Kunin, R. and Meyers, R.J. (1951) *Ion Exchange Resins*, John Wiley and Sons Inc., New York.
58 SenGupta, A.K. (1995) *Ion Exchange Technology: Advances in Pollution Control*, Technomic Publishing Co. Inc., Lancaster, PA.
59 Sengupta, S.K. and SenGupta, A.K. (1993) Characterizing a new class of sorptive/desorptive ion exchange membranes for decontamination of heavy-metal-laden sludges. *Environmental Science & Technology*, **27** (10), 2133–2140.
60 Soldatov VS, Pawlowski L, Wasag H, Schunkievich A. *New Materials and Technologies for Environmental Engineering. Part I. Structure and Syntheses of Ion Exchange Fibers*. Vol. 21. Monographs of the Polish Academy of Sciences Lublin, Poland: Komitet Inzynierii Srodowiska PAN; 2004. p. 1–127.
61 Zagorodni, A.A. (2006) *Ion Exchange Materials: Properties and Applications: Properties and Applications*, Elsevier, Amsterdam, Netherlands.
62 SenGupta, A.K. (2001) *Environmental Separation of Heavy Metals: Engineering Processes*, CRC Press, Boca Raton, FL.
63 Hashida, I. and Nishimura, M. (1976) Adsorption and desorption of sulfur dioxide by macroreticular strong-base anion exchanger. *Journal of the Chemical Society of Japan, Chemistry and Industrial Chemistry*, **4**, 131–135.
64 Leun, D. and SenGupta, A.K. (2000) Preparation and characterization of magnetically active polymeric particles (MAPPs) for complex environmental separations. *Environmental Science & Technology*, **34** (15), 3276–3282.
65 Greenleaf, J.E. and SenGupta, A.K. (2006) Environmentally benign hardness removal using ion-exchange fibers and snowmelt. *Environmental Science & Technology*, **40** (1), 370–376.
66 SenGupta AK, Cumbal LH, inventors. (2007) SenGupta AK, assignee. Hybrid anion exchanger for selective removal of contaminating ligands from fluids and method of manufacture thereof. USA patent US7291578B2. 2007-11-06.
67 Li, J., Koner, S., German, M., and SenGupta, A.K. (2016) Aluminum-cycle ion exchange process for hardness removal: a new approach for sustainable softening. *Environmental Science & Technology*, **50** (21), 11943–11950.
68 Santa Clarita Sanitation District of Los Angeles County. SANTA CLARA RIVER CHLORIDE REDUCTION ORDINANCE OF 2008. 2008;DOC# 1035050:1–6.

第 2 章 离子交换机理

本章将首先介绍离子交换过程中最基本的物理化学现象,随后将循序渐进地介绍这些现象的理论基础。

2.1 物 理 特 性

当离子交换树脂(如钠离子形态的胶态阳离子交换树脂)接触到含电解质(如KCl)的溶液后,在反应达到平衡以前,以下三种现象会同时存在:

(1)离子交换树脂将会膨胀;在浓溶液中也可能会收缩。

(2)阳离子交换树脂上的一部分钠离子会与溶液中的钾离子交换,因此溶液中会同时含有钠离子和钾离子。离子交换树脂上也会同时含有钠、钾离子。

(3)极少量的平衡离子(在图2.1案例下为Cl^-)也会进入离子交换树脂内部。

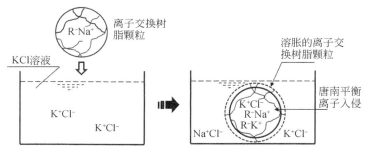

图 2.1 离子交换过程示意图:离子交换、膨胀收缩与平衡离子入侵

图2.1为离子交换过程示意图,但要注意的是"离子交换"过程所交换的不仅仅只有离子。渗透压的变化会导致离子交换剂的膨胀或者收缩;离子交换剂的选择性导致了离子交换剂和溶液中钠离子和钾离子的重新分配;离子交换剂中氯离子的存在主要是由于电解质渗透或唐南平衡离子入侵。以上提到的三种现象基本涵盖了离子交换平衡状态,尽管这些现象通常是共存的,但之后的章节会单独介绍这三种现象,进而从科学的角度更加形象生动地展示离子交换的物理特性。

值得注意的是,离子交换的基本原理主要是物理化学家最先提出并且逐步成熟的,但有趣的是,这些物理化学家从未成为当今有机和无机离子交换剂合成的主流学者。目前人们已经能完成树脂的合成以及改性,但对离子交换基础知识体系,以及更加重要的嵌入假设和复杂的理论基础并没有很完善的理解和领悟。离子交换过程作为一种物理化学现象,科研人员对其基本原理进行了充分的研究,并已发展出多种定量模型。然而,目前人们还无法很好地结合这些模型。许多模型虽然在理论上很完善,但在实际应用中却过于烦琐,仅仅适用于非常简单的系统。相反,经验模型对于复杂系统虽然拟合程度更高,但很难反映出不同条件下的物理作用机理。本章的主要目的是运用科学理论基础来解释离子交换过程中的物理化学现象,并且同时运用经验公式来降低模型的复杂性。

2.2 膨胀与收缩:离子交换中的渗透压

离子交换树脂可以看作是内部具有很高浓度固定电荷的交联聚电解质胶体或类溶液。因此树脂内部的渗透压非常高。当树脂与水接触时,其内部高浓度的固定电荷无法向水中扩散。虽然浓度梯度极大,为了保持电中性,可移动的平衡离子无法扩散进入溶液。因此离子交换剂和水的接触面成为一个"半透膜",水分子会进入离子交换剂内部以降低渗透压,减小浓度梯度,即渗透作用开始。离子交换剂开始吸收水分稀释自身浓度,因而膨胀。树脂开始拉伸,直到"膨胀力"与渗透压平衡。格雷格(Gregor)首次提出描述离子交换树脂膨胀收缩的机械模型[1-3]。在这个模型中,树脂的基底被看作固定有官能团的可伸缩的弹簧。图 2.2 是格雷格树脂膨胀收缩理论的图示,描述了弹力和渗透力与树脂膨胀收缩之间的关系[4]。

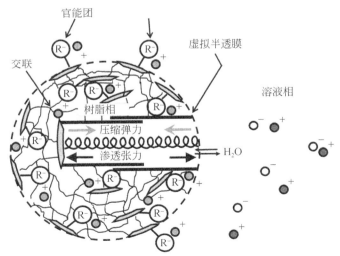

图 2.2 树脂内部压缩弹力与渗透张力示意图。图片授权自 Sarkar,SenGupta,Prakash,2010[4]

当水或溶剂分子由于渗透压差进入离子交换剂时,树脂膨胀,弹簧拉伸。因此,离子交换剂内的孔隙液体会承受由交联树脂的弹力引起的压力,称为"膨胀压力"。弹力和渗透力的作用方向相反。值得注意的是,无机离子交换器,特别是分子筛,可以被视为铝硅酸盐的固体溶液,并且可以通过类似的弹簧模型进行解释。表2.1概述了不同变量对树脂膨胀的影响以及潜在的科学原理。然而,有趣的是,人们可以通过树脂的膨胀收缩现象来确定其对于相同价态离子的选择性。对于强酸性阳离子交换树脂中最常见的一价平衡离子,膨胀的顺序是

$$K^+ < Na^+ < Li^+$$

选择性或吸附亲和力与树脂膨胀的顺序成反比,因此树脂对这些一价阳离子的亲和力排序如下:

$$K^+ > Na^+ > Li^+$$

在之后的2.5.1节,将进一步验证基于库仑相互作用的树脂选择性的起源。在这一系列中,树脂膨胀随着水合离子半径的减小而减小,即 K^+ 的水合离子半径小于 Na^+,而 Na^+ 的水合离子半径小于 Li^+。

表2.1 不同变量对树脂膨胀的影响

变量	离子交换剂膨胀	备注
离子交换容量增加	增加	离子交换剂渗透压增加
溶液离子强度增加	减少	离子交换剂与溶液间的渗透压差减小
交联度增加	减少	离子交换剂的拉伸受到抗力
平衡离子水合离子半径增加	增加	同一个平衡离子进入离子交换剂内部时,同时进入的水分子数目增加

虽然水合离子半径序列与树脂对该离子的选择性顺序相反,但利用树脂膨胀程度来判断目标离子的相对选择性仍有一定实际操作难度。离子交换剂的膨胀程度与其含水量直接相关,不同离子形式的聚苯乙烯–二乙烯基苯阳离子交换树脂的膨胀数据如图2.3[5-6]所示。

树脂中二乙烯基苯的交联度对离子交换剂的含水量有着非常重要的影响。因此,"孔隙水"在交联度更高的离子交换剂中会承受更大的膨胀压力。作为一个类比,我们可以想象两个厚度不同的气球。为了充气,较厚的气球需要更高的压力才能达到相同的充气体积,即内部的空气分子将承受更大的压力。除此以外,以下几点也值得注意:

(1)膨胀或收缩是一个可逆过程,确实伴随着水分子的吸收或排出。

(2)当离子交换剂内的低价态配对离子被高价态的配对离子取代时,离子交换剂内的渗透压降低,因此树脂收缩。

(3)当离子交换树脂中二乙烯基苯达到一定的交联度后,配对离子类型对树脂膨胀程度的影响最小。因此,当外部溶液浓度从吸附过程(稀溶液)变为再生过

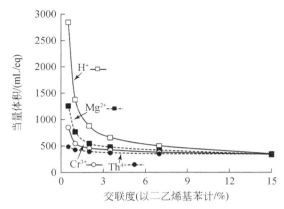

图 2.3 实验数据图显示了强酸性阳离子交换剂的交联度和配对离子价态对离子交换剂膨胀程度的影响。图片授权自 Calmon,1952[5];Calmon,1953[6]

程(浓溶液)时,交联度较低的离子交换剂会发生较大的膨胀收缩效应,从而导致机械压裂产生粉末。因此交联度低的离子交换剂使用寿命相对较短。但是,离子交换剂的交联度越低则含水量越高,因此动力学性能越好,之后的章节将对此进行详细介绍。

例题 2.1

用 1g 聚苯乙烯-二乙烯基苯(PS-DVB)为基底的阳离子交换树脂($\overline{R-SO_3^-H^+}$)在浓度为 1mmol/L 的氯化钠溶液中进行了树脂膨胀实验。注:化学式顶部横线代表树脂相。实验发现树脂的吸水量为 1200mL/eq。每个官能团($\overline{R-SO_3^-H^+}$)的结合水分子数为 6。阳离子交换树脂的离子交换容量为 5.3 meq/g。计算阳离子交换树脂中结合水和自由水的数量,并附以说明。

已知:1g 阳离子交换树脂

$$离子交换容量 = 5.3\,meq = 5.3 \times 10^{-3}\,eq$$

$$官能团总数(根据阿伏加德罗常数) = 5.3 \times 10^{-3} \times 6.022 \times 10^{23} = 3.19 \times 10^{21}$$

$$结合水分子总数 = 6 \times 3.19 \times 10^{21} = 1.91 \times 10^{22}$$

水分子摩尔质量 = 18mg/mmol,即 6.02×10^{20} 个水分子重 18mg。

$$与官能团结合的水分子总质量 = 6\,\frac{mmol\,H_2O}{meq\,树脂} \times 5.3\,meq\,树脂 \times 18\,\frac{mg\,H_2O}{mmol\,H_2O}$$

$$= 572\,mg\,H_2O = 0.572\,g\,H_2O$$

$$结合水总体积(假设水的密度为 1g/mL) = 0.572\,g \times \left(1\,\frac{g\,H_2O}{mL\,H_2O}\right)^{-1} = 0.572\,mL\,H_2O$$

$$树脂吸水量 = 1200\,mL/eq = 1.2\,mL/meq$$

$$1\text{g 树脂的吸水量} = 1.2 \frac{\text{mLH}_2\text{O}}{\text{meq 树脂}} \times 5.3 \frac{\text{meq 树脂}}{1\text{g 树脂}} \times 1\text{g 树脂} = 6.36\text{mLH}_2\text{O}$$

自由水总量(未与官能团的水合外层结合的水分子) = 6.36mL−0.572mL = 5.79mL H_2O

因此自由水总量(>90%)要远大于结合水。

评论:在渗透过程中,水通过半渗透膜从低浓度溶液流到高浓度溶液,该半透膜仅允许水分子通过,而离子无法通过。虽然这个膨胀过程中没有半透膜存在,但是水渗透到离子交换树脂中并引起树脂膨胀。离子交换树脂中所存在的无法移动的带电官能团使树脂具有半渗透性。这种渗透过程被称为"唐南渗透"(Donnan osmosis),在该章节的之后部分将详细介绍唐南膜理论(Donnan membrane principle)。

2.3 离子交换平衡

如图2.1所示的三种离子交换现象,对于几乎所有的分离过程,交换剂和溶剂(水)之间的平衡离子的重新分配起着十分重要的作用。离子交换平衡有不同的定义方法,其中,质量作用定律(law of mass action)是最普遍使用的,并将贯穿本书始终,因为该定律可以很容易地扩展并应用到复杂系统中以解释物理现象。将质量作用定律应用于离子交换系统中,本质上是热力学第二定律的延伸。补充阅读材料 S2.1 中详细阐述了离子交换平衡常数 K_{IX} 的推导过程。但即使读者直接跳过补充材料进入下一节,也不会影响阅读。

补充阅读材料 S2.1

离子交换平衡常数:热力学定律与质量作用定律的结合

在平衡状态下,离子交换剂和溶液中的自由渗透组分、离子、溶质或水的电化学势相等。组分"i"在每相中的电化学势为

$$\eta_i = \mu_i^\circ + RT\ln(a_i) + (P-1)\overline{V}_i \pm Z_i F \Psi_i \tag{S2.1}$$

其中,μ_i° 为 1atm(1atm = 1.01325×10^5 Pa)下,离子活度为 1 的化学势;a_i 为活度;P 为压力;$\overline{V}_i$ 为摩尔体积;$\pm Z_i$ 为电荷量;F 为法拉第常数;ψ 为电势。活度(a)、压力(P)和电势(ψ)将共同影响某种组分的总电化学势,所有关于电化学势的计算都以标准状态下的电化学电势为基准,即活度为 1($a=1$)、无限稀释(活度系数 =1)和 1atm 下。

让我们以阳离子 A^+ 和 B^+ 为例进一步探讨离子交换反应:

$$\overline{R^-B^+} + A^+(\text{aq}) \rightleftharpoons \overline{R^-A^+} + B^+(\text{aq}) \tag{S2.2}$$

因此,带有电荷 z_A 和 z_B 的两个配对离子 A 和 B 之间的等电荷量交换可以表示为

$$\frac{1}{z_B}\overline{B^{z_B}} + \frac{1}{z_A}A^{z_A} \rightleftharpoons \frac{1}{z_A}\overline{A^{z_A}} + \frac{1}{z_B}B^{z_B} \tag{S2.3}$$

尽管已经被学者们普遍接受,式(S2.3)仍然无法涵盖离子交换平衡的所有现象。第一,树脂在不同膨胀力作用下的体积变化被忽略不计;第二,粗略认为水在树脂相和液相中的活度相同;第三,A 和 B 的平衡离子只维持整个系统的电中性,而对离子交换平衡没有任何影响。但值得注意的是,即便忽略了以上几方面的影响,这个模型依然对于离子交换过程的模拟有很高的吻合度。由于忽略了膨胀力和液相中的电位差,电化学势(η_i)和化学势(μ_i)完全相等。

$$\eta_i = \mu_i = \mu_i^\circ + RT\ln a_i \tag{S2.4}$$

平衡时,式(S2.2)中配对离子 A 和 B 之间离子交换反应的自由能变化为

$$\Delta G_{IX} = \overline{\mu_A} d\overline{n_A} + \overline{\mu_B} d\overline{n_B} + \mu_A d n_A + \mu_B d n_B = 0 \tag{S2.5}$$

其中,n_i 为相应离子的摩尔数。为了方便命名,本书中均用顶部横线表示离子交换剂相,如有例外将另作说明。根据质量守恒,

$$d\overline{n_A} = -d n_A \tag{S2.6}$$

$$d\overline{n_B} = -d n_B \tag{S2.7}$$

根据电中性原则,

$$z_A d n_A = -z_B d n_B \tag{S2.8}$$

$$z_A d\overline{n_A} = -z_B d\overline{n_B} \tag{S2.9}$$

将式(S2.6)~式(S2.9)代入式(S2.5)可得

$$\frac{1}{z_A}\overline{\mu_A} - \frac{1}{z_B}\overline{\mu_B} + \frac{1}{z_B}\mu_B - \frac{1}{z_A}\mu_A = 0 \tag{S2.10}$$

式(S2.3)中的离子交换反应的自由能为

$$\Delta G_{IX} = 0 = \Delta G_{IX}^\circ + RT \ln K_{IX} \tag{S2.11}$$

其中,K_{IX} 为热力学平衡常数;ΔG_{IX}° 为标准状态下的自由能变化;R 为摩尔气体常数;T 为热力学温度,单位为 K。

根据式(S2.10)和式(S2.11)以及式(S2.4)中的关系,通过简单的代数计算,得出反应式(S2.3)的热力学平衡常数为

$$K_{IX} = \frac{\overline{a_A}^{1/z_A} \cdot a_B^{1/z_B}}{\overline{a_B}^{1/z_B} \cdot a_A^{1/z_A}} \tag{S2.12}$$

可以看出式(S2.12)与热力学平衡常数的表达式相同,很容易通过质量作用定律推导出来。然而必须承认的是,式(S2.12)中经典热力学方法和质量作用定律的收敛性的前提是两个简化假设:忽略了离子交换剂的膨胀收缩效应以及固液两相之间水的活度差异。如前所述,在离子交换中这两种因素对目标离子的相对分布影响极小。此外,与式(S2.3)相反,带有电荷 z_A 和 z_B 的两个配对离子 A 和 B 之间的离子交换反应的化学方程式通常表示为

$$z_A \overline{B^{z_B}} + z_B A^{z_A} \rightleftharpoons z_B \overline{A^{z_A}} + z_A B^{z_B} \tag{S2.13}$$

根据质量作用定律,反应式(S2.13)中热力学平衡常数可表示为

$$K_{IX} = \frac{\overline{a_A}^{z_B} \cdot a_B^{z_A}}{\overline{a_B}^{z_A} \cdot a_A^{z_B}} \tag{S2.14}$$

由于计量学上的差异,两个平衡常数不同,但可以通过化学计量学相互关联:

$$K_{IX}[\text{反应式(S2.13)}] = (K_{IX})^{z_A z_B}[\text{反应式(S2.3)}] \tag{S2.15}$$

为了与现有文献统一,我们将采用式(S2.14)中的热力学平衡常数 K_{IX},对应于化学方程式(S2.13)中的离子交换反应。

- **非理想状态的成因**

为了在现实系统中实际应用 K_{IX},需要测量和/或推导固液两相中的离子运动状态。离子活度定义如下:

水中(或溶剂中)离子活度,$a_i = \gamma_i c_i$ (2.1)

离子交换剂中,$\overline{a_i} = \overline{\gamma_i} \overline{c_i}$ (2.2)

其中,γ_i 代表活度系数;c_i 代表摩尔浓度;顶部横线表示离子交换剂相。反应方程式(S2.13)中的离子交换反应表示如下:

$$z_A \overline{B^{z_B}} + z_B A^{z_A} \rightleftharpoons z_B \overline{A^{z_A}} + z_A B^{z_B} \tag{S2.13}$$

通过式(2.1)和式(2.2)的替换,反应方程式(S2.14)中的热力学平衡常数 K_{IX} 可表示为

$$K_{IX} = \frac{\overline{C_A}^{z_B} C_B^{z_A}}{\overline{C_B}^{z_A} C_A^{z_B}} \cdot \frac{\gamma_B^{z_A}}{\gamma_A^{z_B}} \cdot \frac{\overline{\gamma_A}^{z_B}}{\overline{\gamma_B}^{z_A}} \tag{2.3}$$

若想精确计算热力学平衡常数 K_{IX},需要确定离子交换剂相的活度系数,即 $\overline{\gamma_i}$ 的值。但目前并没有技术能够直接测量离子交换剂相中的活度,只能基于简化假设的理论方法计算得出。尽管还没有量化离子交换剂相中活度系数的理论或实验工具,但仍有必要深入研究其基础物理理论。离子交换剂本质上是一个连续相,其内部固化的离子交换点彼此靠近。因此,离子交换位置的热力学活度不仅取决于其自身的物理化学性质,而且还受其相邻离子交换点的影响。离子交换剂相中的非理想性起源于邻近离子交换点的相互作用,有时也被称为横向效应。下面以简单的一价阳离子交换为例,针对特定离子交换位置的非理想效应做简要阐述。

$$\overline{R^- B^+} + A^+ \rightleftharpoons \overline{R^- A^+} + B^+ \tag{2.4}$$

由于离子交换剂上的配对离子负载程度的差异和其自身的异质性,离子交换方程式(2.4)中的离子交换可呈现出至少三种不同的相邻位置状态,如图2.4所示。

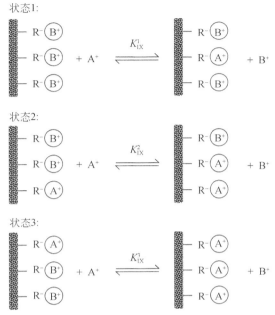

图 2.4 三种简单阳离子交换反应离子交换剂内相邻离子交换点状态图

通常使用方程式(2.4)来概述以上三种状态的离子交换反应。然而,由于每种状态下的能量不同,热力学平衡常数 K_{IX} 也存在差异。

$$K_{IX}^1 \neq K_{IX}^2 \neq K_{IX}^3 \tag{2.5}$$

霍格菲尔德(Hogfeldt)根据相邻离子交换位置的三种不同状态,开发了一个三变量代数模型来模拟离子交换剂中的非理想状态[7-8]。索德托弗(Soldatov)也提出了一种通过离子交换剂负载离子比例的统计方法来量化、计算离子交换平衡常数[9-10]。之所以我们不再进一步讨论这些模型的发展,是因为这些模型中也融入经验公式,并且一旦系统中含有超过两种离子,这些模型将变得十分复杂,而在实际情况中往往有多种离子参与离子交换反应,从而使得这些模型的实际应用变得不切实际。然而,当人们试图通过科学理论来计算拟合现实物理现象时,以下几个主要方面依然具有很重要的指导意义:

(1)在所有影响交换剂中离子("i")的活度系数($\overline{\gamma_i}$)的变量中,交换剂中的离子组成有着最重要的影响。在比较两种不同离子交换剂中 A 离子和 B 离子的 K_{IX} 值时,应将两种离子交换剂中的离子负载组成调整为近似或相同进而获得有效的实验数据,即 $\overline{C_A}$ 和 $\overline{C_B}$ 或 y_A 和 y_B 的值接近或相等。

(2)离子交换过程中,活度系数对于异价离子交换的影响比同价离子交换更为明显。

(3) 图 2.4 中的第一种情况表示配对离子 A 为痕量离子的情况。对于痕量离子，交换相的活度系数基本上是常数，这种情况通常更适用于亨利定律。

2.4 其他平衡常数与影响平衡的变量

由于大部分情况下确定热力学平衡常数 K_{IX} 十分复杂，通常应用一些精度不高但相对容易测量的平衡参数来替代热力学平衡常数。已有文献将此类平衡参数定义为"伪"常数，在使用时常常需要一定的条件限定。

2.4.1 修正选择性系数（K_{IX}^c）

修正选择性系数 K_{IX}^c 假定交换相中为理想状态，而液相中为非理想状态，因此有

$$K_{IX}^c = \frac{\overline{C_A}^{z_B} C_B^{z_A}}{\overline{C_B}^{z_A} C_A^{z_B}} \cdot \frac{\gamma_B^{z_A}}{\gamma_A^{z_B}} \tag{2.6}$$

配对离子的 C_i 和 $\overline{C_i}$ 值可以通过实验确定，而液相活度系数可以单独计算。考虑到离子交换反应式（S2.13），并运用式（2.3），修正选择性系数 K_{IX}^c 与热力学平衡常数 K_{IX} 有关，如下所示：

$$K_{IX}^c = K_{IX} \cdot \frac{\overline{\gamma_B}^{z_A}}{\overline{\gamma_A}^{z_B}} \tag{2.7}$$

离子强度 I 是水相非理想性最重要的变量，其计算方法如下：

$$I = \frac{1}{2} \sum_{i=1}^{n} c_i z_i^2 \tag{2.8}$$

其中，离子"i"的摩尔浓度为 c_i，携带电荷量为 z_i，"n"为液相中存在的离子种类数。

根据德拜-休克尔方程（Debye-Hückel equation），离子的活度系数与离子强度（I）的关系如下：

$$\lg(\gamma_i) = -A z_i^2 \sqrt{I} \tag{2.9}$$

$$A = 1.82 \times 10^4 \times (\varepsilon \times T)^{-3/2} \tag{2.10}$$

其中，ε 为介电常数（dielectric constant）；T 为热力学温度（K）；25℃的水中 $A = 0.5$。

当离子强度（I）值小于 0.5 mol/L 时，通常应用戴维斯公式（Davies equation）计算活度系数[11]。

$$\lg(\gamma_i) = -A z_i^2 \left(\frac{\sqrt{I}}{1+\sqrt{I}} - 0.2I \right) \tag{2.11}$$

当电荷量保持不变时，离子在液相中的活度系数也趋于不变。

$$\gamma_{Na^+} = \gamma_{Cl^-} = \gamma_{K^+} = \gamma_{NO_3^-} = \gamma_1 \qquad (2.12)$$

$$\gamma_{Ca^{2+}} = \gamma_{Mg^{2+}} = \gamma_{SO_4^{2-}} = \gamma_{CrO_4^{2-}} = \gamma_2 \qquad (2.13)$$

其中，γ_1 和 γ_2 分别代表一价离子和二价离子的活度系数。通过德拜-休克尔方程（Debye-Hückel equation）可以推导出以下关系式：

$$\gamma_2 = (\gamma_1)^4$$

由于液相活度系数可根据溶液的组成成分（即根据其离子强度）计算，因此根据实验数据通过式（2.6）计算离子 A 和 B 的修正选择性系数 K_{IX}^c。

2.4.2 选择性系数（K_{IX}^{se}）

当液相与交换剂相中均处于理想状态时，选择性系数与热力学平衡常数相等，因此，

$$K_{IX}^{se} = \frac{\overline{C_A}^{z_B} C_B^{z_A}}{\overline{C_B}^{z_A} C_A^{z_B}} = K_{IX} \times \frac{\overline{\gamma_B}^{z_A}}{\overline{\gamma_A}^{z_B}} \times \frac{\gamma_A^{z_B}}{\gamma_B^{z_A}} = K_{IX}^c \times \frac{\gamma_A^{z_B}}{\gamma_B^{z_A}} \qquad (2.14)$$

选择性系数是目前世界上应用最广泛的伪平衡常数。

2.4.3 分离因数（α_B^A）

分离因数本质上是离子交换剂对抗衡离子 A 和 B 的相对亲和力的表达，并且与蒸馏过程中相对挥发性的表达相同。原则上，分离因数是抗衡离子 A 和 B 的分配系数值（λ_i）的比例：

$$\alpha_B^A = \frac{\lambda_A}{\lambda_B} = \left(\frac{\overline{C_A}}{C_A}\right) \times \left(\frac{C_B}{\overline{C_B}}\right) = \frac{\left(\frac{\overline{C_A}}{Q}\right)}{\left(\frac{C_A}{C_T}\right)} \times \frac{\left(\frac{C_B}{C_T}\right)}{\left(\frac{\overline{C_B}}{Q}\right)} = \frac{y_A}{x_A} \times \frac{x_B}{y_B} \qquad (2.15)$$

其中，Q 和 C_T 分别表示总离子交换容量和水相的总离子浓度，即

$$Q = \overline{C_A} + \overline{C_B} \qquad (2.16)$$

$$C_T = C_A + C_B \qquad (2.17)$$

y_i 和 x_i 分别是交换剂相和水相中抗衡离子"i"的电荷当量比例。

可以从二元平衡等温线（y_A-x_A）图中直接计算分离因数，如图 2.5 所示。对角线表示 α_B^A 值为 1.0 时的等温线，即交换剂对于 A 和 B 的选择性相同。图 2.5 还包括在 $\alpha_B^A = 3.0$ 和 $\alpha_B^A = 0.3$ 的恒定分离因数值下的两个等温线图。注意，对于 $\alpha_B^A > 1.0$（即 A 优于 B），等温线总是位于对角线上方，而当 $\alpha_B^A < 1.0$，即 B 优于 A 时，等温线始终低于对角线。此外，对于等温线中的给定点（如 M），α_B^A 基本上是图 2.5 中两个阴影区域的比例，如下所示：

$$\alpha_B^A = \frac{y_A x_B}{y_B x_A} = \frac{y_A(1-x_A)}{x_A(1-y_A)} = \frac{面积1}{面积2} \tag{2.18}$$

在固定床中,真正决定抗衡离子色谱行为的是分离因数而非平衡常数或选择性系数。然而,即使对于如下所述的特定离子交换过程,分离因数也可能不是真正的常数。

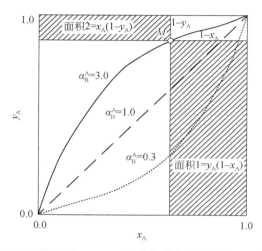

图 2.5 二元平衡等温线(y_A-x_A)及其与分离因数的关系[式(2.18)]

2.4.4 分离因数:等价离子交换

在等价离子交换中,待交换的抗衡离子具有相同的电荷。为不失一般性,让我们考虑硝酸根与氯离子的同价离子交换,因为它具有环境意义:

$$\overline{R^+Cl^-} + NO_3^- \rightleftharpoons \overline{R^+NO_3^-} + Cl^- \tag{2.19}$$

硝酸根与氯离子的分离因数值为

$$\alpha_{N/Cl} = \frac{y_N x_{Cl}}{x_N y_{Cl}} = \frac{\overline{C_N} C_{Cl}}{\overline{C_{Cl}} C_N} = K_{se} \tag{2.20}$$

因此,对于同价交换,分离因数本质上等于选择性系数。由于离子交换剂和水相中的活度系数值对于相同价态的离子倾向于保持相同,因此分离因数不受水相浓度(C_T)、离子交换容量(Q)和等价离子交换的负载当量比例(y_i)的显著影响。因此,对于不同电解质浓度下的同价交换,等温线图(即 y_i 对 x_i)应该保持相同。图 2.6 展示了三种不同电解质浓度下的硝酸根-氯离子等温线[12]。该图基本上验证了分离因数值对于均价离子交换倾向于恒定的前提。

类似的规则也适用于电荷量大于 1 的抗衡离子。

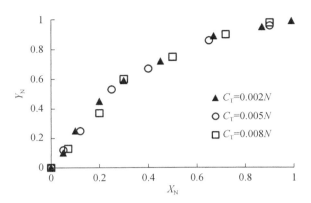

图 2.6　三种不同电解质浓度下的硝酸根–氯离子平衡等温线。数据取自 Clifford,1978[12]

$$\overline{(R^-)_2Ca^{2+}} + Ba^{2+} \rightleftharpoons \overline{(R^-)_2Ba^{2+}} + Ca^{2+} \tag{2.21}$$

因此,钡离子和钙离子的分离因数是

$$\alpha_{Ba/Ca} = \frac{y_{Ba}x_{Ca}}{x_{Ba}y_{Ca}} = \frac{\overline{C}_{Ba}C_{Ca}}{\overline{C}_{Ca}C_{Ba}} = K_{se} \tag{2.22}$$

2.4.5　分离因数:异价离子交换

在异价离子交换中,待交换的抗衡离子具有不同的电荷量。以下一价与二价的离子交换反应在环境分离过程和水处理中都具有重要意义。

$$2\overline{R^+Cl^-} + CrO_4^{2-} \rightleftharpoons \overline{(R^+)_2CrO_4^{2-}} + 2Cl^- \tag{2.23}$$

$$2\overline{R^+Cl^-} + SO_4^{2-} \rightleftharpoons \overline{(R^+)_2SO_4^{2-}} + 2Cl^- \tag{2.24}$$

$$2\overline{R^-Na^+} + Ca^{2+} \rightleftharpoons \overline{(R^+)_2Ca^{2+}} + 2Na^+ \tag{2.25}$$

为了说明异价离子交换中分离因数的可变性,让我们考虑反应式(2.24)中氯离子–硫酸根交换的情况。

选择性系数的计算方法如下:

$$K_{se}^{S/Cl} = \frac{\overline{C}_S(C_{Cl})^2}{(\overline{C}_{Cl})^2 C_S} \tag{2.26}$$

其中,下标 S 和 Cl 分别代表硫酸根和氯离子。

那么有如下关系:

$$\overline{C}_S + \overline{C}_{Cl} = Q \tag{2.27}$$

$$C_S + C_{Cl} = C_T \tag{2.28}$$

此外,

$$y_S = \frac{\overline{C_S}}{Q} \tag{2.29}$$

$$y_{Cl} = \frac{\overline{C_{Cl}}}{Q} \tag{2.30}$$

$$x_S = \frac{C_S}{C_T} \tag{2.31}$$

$$x_{Cl} = \frac{C_{Cl}}{C_T} \tag{2.32}$$

用式(2.26)右边的分子和分母同时除以 C_T^2 和 Q^2,并代入式(2.29)~式(2.32),我们得到

$$K_{se}^{S/Cl} = \frac{y_S (x_{Cl})^2}{(y_{Cl})^2 x_S} \times \frac{C_T}{Q} \tag{2.33}$$

对于二元等温线,

$$x_{Cl} = 1 - x_S$$
$$y_{Cl} = 1 - y_S$$

因此,

$$K_{se}^{S/Cl} = \frac{\dfrac{y_S}{(1-y_S)^2}}{\dfrac{x_S}{(1-x_S)^2}} \times \left(\frac{C_T}{Q}\right) \tag{2.34}$$

由于选择性系数为常数,可以很容易地观察到以下两种现象。

1. C_T 的影响

当 Q 保持不变而 C_T 增加时,由于选择性系数为常数,当 x_S 值不变时 y_S 值减小。因此,当 x_{Cl} 不变时,y_{Cl} 值增加。因此,当所有其他条件保持相同时,硫酸根-氯离子的分离因数 $\alpha_{S/Cl}$ 随着 C_T 的增加而降低。通常,二价-一价离子的分离因数 $\alpha_{2/1}$ 总是随着 C_T 的增加而降低,反之亦然。与等价离子交换不同,分离因数不随溶液相中电解质浓度的变化而变化。水相电解质浓度显著影响异价离子交换中的抗衡离子分离因数的现象通常被称为电选择性效应。

2. 离子交换容量 Q 的影响

类似地,当 C_T 保持恒定时,硫酸根-氯离子的分离因数($\alpha_{S/Cl}$)随着式(2.34)中 Q 的增加而增加。因此,离子交换剂的容量(即每单位体积的官能团数)的增加有助于提高高价(如硫酸根)抗衡离子较低价抗衡离子(如氯离子)的选择性。通常,离子交换剂的总容量 Q 保持不变,并不是非常容易调节的过程变量。然而,Q

影响离子在异价离子交换中的相对选择性。所有其他因素相同,二元系统中 Q 的增加将增强交换剂对更高价离子的选择性。

图 2.7 显示了三种不同电解质浓度 10meq/L、170meq/L 和 400meq/L 下的硫酸根-氯离子的等温线图。在图中标记了各个分离因数的值。根据异价交换中的电选择性效应,二价的硫酸根亲和性随着电解质浓度的升高而降低。$\alpha_{S/Cl}$ 值从 10meq/L 处的 10 降低至 170meq/L 处的 1,当电解质浓度为 400meq/L 时降至 0.5。因此,在电解质浓度大于 170meq/L 时,阴离子交换剂的偏好从二价硫酸根离子转变为一价氯离子,即 $\alpha_{S/Cl}$ 变得小于 1。这种现象被称为"电选择性反转"效应。这种水相电解质浓度的影响经常用于许多现实生活过程中,以实现用一价 Na^+ 进行阳离子再生和用 Cl^- 进行阴离子交换过程的高效再生。在异价离子交换中电解质浓度的影响特征类似于吸附过程中"热参数泵"的温度[13-16]。对于稀释溶液,在吸附期间,较高价的离子表现出比抗衡离子更大的亲和力。为了有效再生,使用更高浓度导致热力学上有利的解吸过程。电选择性反转被广泛应用于许多离子交换过程中。

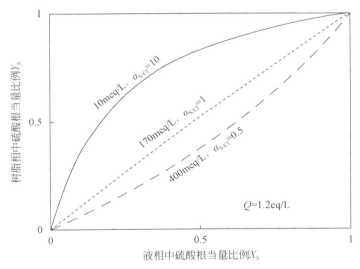

图 2.7 三种不同电解质浓度下硫酸根-氯离子等温线图显示了电解质浓度对分离因数的影响

2.4.6 选择性反转的物理实质:勒夏特列原理

方程式(2.35)在数学上解释了为什么硫酸根/氯离子分离因数会随 C_T 的增加而下降,但仍未能就所观察到的现象提供任何科学的解释。理解这种有点违反直觉的现象的最好方法是使用已经存在两个世纪的勒夏特列原理(Le Châtelier's principle)。让我们再次考虑氯离子和硫酸根的交换：

$$2\overline{R^+Cl^-}+SO_4^{2-} \rightleftharpoons \overline{(R^+)_2SO_4^{2-}}+2Cl^- \tag{2.35}$$

离子交换基本上是恒定体积的反应,即离子交换过程中,离子交换树脂和水的总体积保持不变。注意,正向反应引起水相中摩尔浓度的增加,即在水相中释放 2mol 氯化物,同时除去 1mol 硫酸盐。因此,根据勒夏特列原理,总水相摩尔浓度的任何增加都将有利于反向反应以减少水相浓度 C_T。在这种条件下,交换剂将表现出亲氯离子而不是硫酸盐。相反,交换剂相中的摩尔浓度则通过正向反应降低。类似地,离子交换容量 Q 的增加将有利于正向反应,即对二价硫酸根的选择性高于一价氯离子。

上述现象类似于广泛应用的气相氨合成反应(Haber's process),如下所示：

$$N_2(g)+3H_2(g) \rightleftharpoons 2NH_3(g) \tag{2.36}$$

注意,此反应中,摩尔数随反向反应而增加,即 2mol 产物对应 4mol 反应物。在恒定体积下,压力与气相中的摩尔数成正比,因此,正向反应导致系统压力降低。反应式(2.36)中的压力具有与反应式(2.35)中硫酸根-氯离子交换的总水相摩尔浓度相似的效果。即使在恒定温度、相同的平衡常数下,压力的增加有利于正向反应,即获得更高的氨产率。在现实应用中,全世界的氨合成过程均在高压下进行以获得更高的产率。特征在于,反应式(2.36)中的系统压力和离子交换反应式(2.35)中的电解质浓度起到类似的作用。

2.4.7 平衡常数:不一致性及潜在陷阱

在本节结束之前,我们必须明确离子交换的化学计量,并且与已有的物理现象对应。几乎对于目前已知的所有无机或有机交换剂,单个离子交换点所携带的电荷量为±1(阳离子交换剂具有固定的负电荷,阴离子交换剂具有固定的正电荷)。因此,离子交换剂的单个交换点应当作为离子交换化学计量的单元(即分子)。

一些学者尝试用以下化学方程式表示离子交换的化学计量方法[17]：

$$\overline{NaKZ}+Ca^{2+} \rightleftharpoons \overline{CaZ}+Na^++K^+ \tag{2.37}$$

虽然计算上完全正确,但 Z 表示反应中交换点位所带电荷量为 -2 [式(2.37)],然而这种情况几乎不存在。因此反应式(2.37)的平衡常数不能代表实际情况,是不正确的。符合物理原理的化学计量式如下：

$$\overline{NaZ}+\overline{KZ}+Ca^{2+} \rightleftharpoons \overline{CaZ_2}+Na^++K^+ \tag{2.38}$$

遗憾的是,目前还没有关于命名一致性和离子交换中平衡参数的定义的国际标准。关于该主题的研讨会结果可能对在该研究领域工作的人员具有巨大价值[18]。

例题 2.2：选择性反转

例题图 1 是强酸性阳离子(SAC)交换树脂对于 Na^+ 和 Ca^{2+} 之间的离子交换等温线，该离子交换树脂以聚苯乙烯为基底，二乙烯基苯交联(PS-DVB)，磺酸根为官能团。树脂的离子交换容量为 2.0eq/L。

$$2\overline{R^-Na^+} + Ca^{2+} \longrightarrow \overline{(R^-)_2Ca^{2+}} + 2Na^+$$

氯离子是进水中唯一的离子，总电解质浓度 $C_T = 0.1N$。

(1) 计算 $x_{Ca} = 0.3$ 时的修正选择性系数。
(2) 计算 $x_{Ca} = 0.3$ 时的选择性系数。
(3) 求 $x_{Ca} = 0.3$ 时的分离因数($\alpha_{Ca/Na}$)。
(4) 假设选择性系数保持不变，计算并绘制浓度从 $C_T = 0.1N$ 到 $C_T = 5.0N$ 时的分离因数 $\alpha_{Ca/Na}$ 曲线。
(5) 计算 Ca/Na 间分离因数为 1 时的离子强度，必要时做出评论。

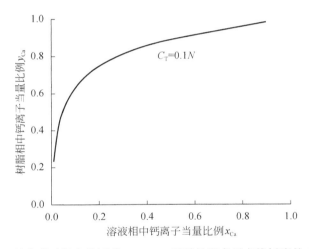

例题图 1 具有磺酸根官能团的 PS-DVB 强酸性阳离子交换树脂的 Ca^{2+}/Na^+
离子交换等温线，$Q = 2.0eq/L$

解：
(1) 修正选择性系数

$$K_{SE}^C = \frac{x_{Na}^2 y_{Ca} \gamma_{Na}^2 C_T}{y_{Na}^2 x_{Ca} \gamma_{Ca} Q}$$

当 $C_T = 0.1N$ 时，$x_{Ca} = 0.3$，$C_{Ca} = 0.03N = 0.015 \text{mol/L}$，$x_{Na} = 0.7$，$C_{Na} = 0.07N = 0.07 \text{mol/L}$，$C_{Cl} = 0.1N = 0.1 \text{mol/L}$。

根据离子交换等温线，当 $x_{Ca} = 0.3$，$y_{Ca} = 0.81$。

因此离子强度为

$$I = \frac{1}{2} \sum C_i Z_i^2 = \frac{1}{2}[0.015 \times (2)^2 + 0.07 \times (1)^2 + 0.1 \times (-1)^2] = 0.115 < 0.5$$

因此，戴维斯近似(Davies approximation)适合于计算活度系数(activity coefficient)：

$$\lg(\gamma) = -Az^2 \left(\frac{\sqrt{I}}{1+\sqrt{I}} - 0.2I \right)$$

当温度为25℃，$A \approx 0.5$，因此，

$$\lg(\gamma_{Ca}) = -0.46, \gamma_{Ca} = 0.346$$

同样地，

$$\lg(\gamma_{Na}) = -0.115, \gamma_{Na} = 0.767$$

因此，修正选择性系数计算如下：

$$K_{SE}^{C} = \frac{x_{Na}^2 y_{Ca} \gamma_{Na}^2}{y_{Na}^2 x_{Ca} \gamma_{Ca}} \frac{C_T}{Q} = \frac{0.7^2 \times 0.81}{0.19^2 \times 0.3} \times \frac{0.77^2}{0.35} \times \frac{0.1 N}{2 \frac{eq}{L}} = 3.1$$

(2)非修正选择性系数不考虑任何相中的非理想性，因此，

$$x_{Ca} = 0.3, x_{Na} = 0.7, y_{Ca} = 0.81, y_{Na} = 0.19, C_T = 0.1N$$

未经修正的选择性系数为

$$K_{SE} = \frac{x_{Na}^2 y_{Ca}}{y_{Na}^2 x_{Ca}} \frac{C_T}{Q} = \frac{0.7^2 \times 0.81}{0.19^2 \times 0.3} \times \frac{0.1 N}{2 \frac{eq}{L}} = 1.83$$

(3)分离因数为

$$\alpha_{Ca/Na} = \frac{y_{Ca} x_{Na}}{y_{Na} x_{Ca}} = 9.95$$

(4)首先必须根据C_T求解分离因数$\alpha_{Ca/Na}$，用到以下公式：

$$K_{SE} = \frac{x_{Na}^2 y_{Ca}}{y_{Na}^2 x_{Ca}} \frac{C_T}{Q}$$

由于这是一个两相的系统，

$$x_{Na} = 1 - x_{Ca}, y_{Na} = 1 - y_{Ca}$$

代入以上公式，得到

$$K_{SE} = \frac{(1-x_{Ca})^2 y_{Ca}}{(1-y_{Ca})^2 x_{Ca}} \frac{C_T}{Q} = \frac{(1-0.3)^2 y_{Ca}}{(1-y_{Ca})^2 \times 0.3} \times \frac{C_T}{2 \frac{eq}{L}}$$

$K_{SE} = 1.83, Q = 2.0 \text{eq/L}, x_{Ca} = 0.3$。

对于每一个液相离子总浓度C_T，我们可以计算出y_{Ca}和对应的分离因数$\alpha_{Ca/Na}$，如表所示。

不同浓度下对应的所有参数

C_T/N	x_{Ca}	x_{Na}	y_{Ca}	y_{Na}	$\alpha_{Ca/Na}$
0.1	0.3	0.7	0.81	0.19	9.95
1	0.3	0.7	0.52	0.48	2.52
2	0.3	0.7	0.40	0.60	1.56
3	0.3	0.7	0.33	0.67	1.16
4	0.3	0.7	0.28	0.72	0.93
5	0.3	0.7	0.25	0.75	0.78

因此不同浓度 C_T 时的分离因数 $\alpha_{Ca/Na}$ 曲线如例题图 2 所示。

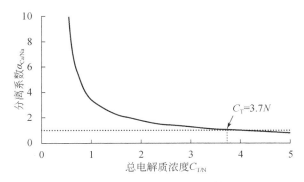

例题图 2　分离因数 ($\alpha_{Ca/Na}$) 与总电解质浓度的函数关系 ($C_T = 0.1 \sim 5.0N$)。
注意:选择性反转发生在 $C_T = 3.7N$ 时

(5) 评论

以上曲线表明,选择性反转,即 $\alpha_{Ca/Na} = 1$,发生在总电解质浓度 $C_T = 3.66N$ 时。对于较低的 Q 值,选择性反转对应的 C_T 值将减小。

2.5　静电相互作用:抗衡离子选择性的产生

水相中的抗衡离子与交换剂上的固化带电离子(即官能团)之间的静电力或库仑力相互作用形成离子交换过程的核心。每个离子交换反应均包括用另一个离子替换已有离子,同时在交换剂相和水相中保持电中性。因此,一种抗衡离子相对于另一种抗衡离子的相对选择性或亲和力是离子交换过程可行性的重要先决条件。库仑相互作用的能量与抗衡离子的电荷量成正比。因此,在两个不等价的抗衡离子之间,具有较高价的一个在离子交换剂中总是对带相反电荷的固化离子表现出更大的亲和力并且可以容易地识别。然而,对于同价离子交换,抗衡离子具有相同的电荷。对于 2.1 节中描述的具体实例,Na^+ 和 K^+ 都是位于元素周期表同一组中的一价阳离子。那么问题来了:带等量电荷的两个抗衡离子之间相对选择性的来源是什么?下面让我们以一价离子为例思考这个问题。

- **一价离子间的库仑相互作用**

我们考虑一个简单的同价阳离子交换反应,其中包括抗衡离子 A^+ 和 B^+:

$$\overline{R^-B^+} + A^+(aq) \rightleftharpoons \overline{R^-A^+} + B^+(aq) \quad (2.39)$$

为了更加深入了解这个反应的原理,我们将总反应分解为两个单独的步骤:

$$\overline{R^-} + A^+(aq) \rightleftharpoons \overline{R^-A^+} \quad (2.39A)$$

$$\overline{R^-B^+} \rightleftharpoons \overline{R^-} + B^+(aq) \quad (2.39B)$$

让我们首先考虑半反应式(2.39A)。由于离子交换剂可以看作一种浓溶液,其中的固化带电离子和抗衡离子都在离子与溶剂的相互作用下呈溶解(水合)状态,因此溶解离子对(SIP)形成了,图2.8(A)很好地表示了半反应式(2.39A)。类似地,图2.8(B)则表示了半反应式(2.39B)中溶解离子对的分离。

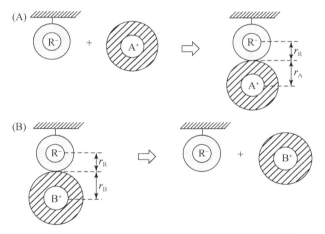

图2.8 通过溶解离子对形成和分离的半反应解释离子交换过程示意图。(A)抗衡离子 A^+ 与固化带电离子 R^- 结合的半反应;(B)溶解离子对 R^-B^+ 的分离半反应

第一个半反应中自由能的变化实质上就是将溶剂中的抗衡离子 A^+ 从液相中收集并转移到固化带电离子 R^- 旁的电做功的相反数。假设离子交换剂相中 R^- 和 A^+ 的水合离子半径分别为 r_R 和 r_A,根据库仑定律,标准态下的自由能变化计算如下:

$$\Delta G_1^\ominus = \int_{r_R+r_A}^{\infty} \frac{(-e)(+e)}{\varepsilon_D} \frac{dr}{r^2} = \frac{-e^2}{(r_R+r_A)\varepsilon_D} \quad (2.40)$$

其中,e 为电子所携带的电荷数;ε_D 为离子交换剂的介电常数;r 为电荷半径;下标 A

和 R 分别指抗衡离子和固化带电离子。

类似地,对于式(2.39B)所示的另一半反应,平衡离子 B^+ 必须离开固定电荷。

$$\overline{R^-B^+} \rightleftharpoons \overline{R^-} + B^+(aq) \tag{2.39B}$$

所需能量为正且等于

$$\Delta G_2^\circ = \frac{e^2}{(r_R + r_B)\varepsilon_D} \tag{2.41}$$

因此,每摩尔或每当量的总自由能变化为

$$\Delta G^\circ = (\Delta G_1^\circ + \Delta G_2^\circ)N = -\frac{Ne^2}{\varepsilon_D}\left(\frac{1}{r_R + r_A} - \frac{1}{r_R + r_B}\right) \tag{2.42}$$

其中,N 为阿伏伽德罗常数(Avogadro's number)。

若忽略收缩、膨胀效应,反应式(2.39)的热力学平衡常数与 ΔG° 的关系如下:

$$-RT\ln K = \Delta G^\circ = -\frac{Ne^2}{\varepsilon_D}\left(\frac{1}{r_R + r_A} - \frac{1}{r_R + r_B}\right) \tag{2.43}$$

$$\lg K = \frac{Ne^2}{2.303\varepsilon_D RT}\left(\frac{1}{r_R + r_A} - \frac{1}{r_R + r_B}\right) \tag{2.44}$$

由此可分为以下三种情况:

情况 1. 当 $r_A = r_B$,$\lg K = 0$,即 $K = 1$ 时:当两个离子的水合离子半径相同时,离子交换剂对两离子的亲和力相同。

情况 2. 当 $r_B < r_A$,$\lg K < 0$,即 $K < 1$ 时:当 A^+ 的水合离子半径大于 B^+ 时,离子交换剂对 B^+ 的亲和力更高。

情况 3. 当 $r_B > r_A$,$\lg K > 0$,即 $K > 1$ 时:当 A^+ 的水合离子半径小于 B^+ 时,离子交换剂对 A^+ 的亲和力更强。

式(2.44)提供了可计算一价离子交换平衡常数的一种定量关系,并强调了对于仅涉及静电相互作用的离子交换过程,具有较低水合离子半径的离子会表现出更大的选择性。交换剂相中的介电常数(dielectric constant)明显低于纯水,但是具有相同价态的各种离子的选择性顺序始终遵循其在水中的水合离子半径的顺序。图 2.9 和图 2.10 显示了在使用膜状交换剂[19](即官能团固定于球形离子交换剂表面上)进行离子色谱分析的过程中,各种阳离子和阴离子的色谱图。

当 $r_R \ll r_B$ 和 r_A 时,式(2.44)可以变形为

$$\lg K = \frac{Ne^2}{2.303\varepsilon_D RT}\left(\frac{1}{r_A} - \frac{1}{r_B}\right) \tag{2.45}$$

由于较早的洗脱、出峰意味着具有较低的选择性,因此根据图 2.9 和图 2.10 的洗脱色谱图,相同电荷的阳离子和阴离子的选择性顺序按降序排列如下:

$$Br^- > Cl^- > F^-$$
$$K^+ > Na^+ > Li^+$$

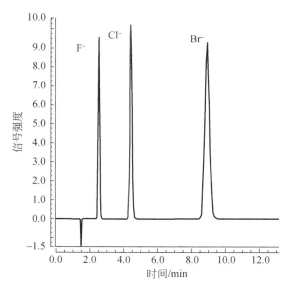

图 2.9　不同阴离子在离子色谱法中的洗脱色谱图。经 Mukherjee 和 SenGupta 许可转载[19]

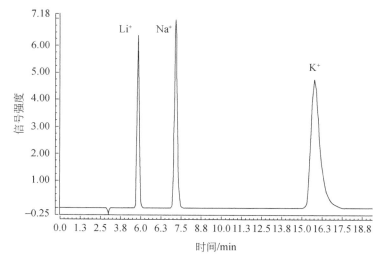

图 2.10　不同阳离子在离子色谱法中的洗脱色谱图。经 Mukherjee 和 SenGupta 许可转载[19]

已有的关于各种阳离子和阴离子的水合离子半径的数据已经证实了这种鉴定选择性序列的方法。图 2.11 显示了各种一价阳离子的选择性和水合离子半径的关系[20-22]。可以观察到,水合离子半径与离子交换选择性之间成反比。多原子阴离子通常是非球形的,它们的水合作用还受极化性的影响。但同样地,阴离子的选择性也与其水合离子半径成反比。

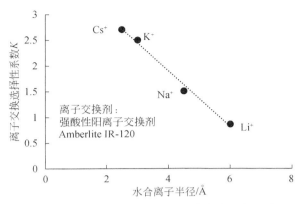

图 2.11 离子交换选择性与一价阳离子的水合离子半径关系示意图。
数据引用自 Helfferich,1962[20];Harned,Owen,Kind,1959[21];Dilts,1974[22]

应注意,本节中讨论的离子交换选择性仅受静电力或库仑相互作用的影响。在之后的章节中,可以通过将其他相互作用与静电相互作用结合在一起,来改变(增强或减弱)甚至逆转离子交换选择性。表 2.2(A)和表 2.2(B)分别提供了强酸和强碱聚合物离子交换剂在稀溶液中对阳离子和阴离子的分离因数的估值(分别参照 H^+ 和 OH^- 离子)。表格底端展示了高分离因数的一价有机阴离子。其高选择性的原因将在本书第 3 章中进行讨论。

表 2.2(A) 不同交联度的磺化聚苯乙烯阳离子交换树脂在稀溶液中的分离因数估值(与氢离子比较)

平衡离子	4% DVB	8% DVB	10% DVB	16% DVB
Li^+	0.76	0.79	0.77	0.68
H^+	1.00	1.00	1.00	1.00
Na^+	1.20	1.56	1.61	1.62
NH_4^+	1.44	2.01	2.15	2.27
K^+	1.72	2.28	2.54	3.06
Rb^+	1.86	2.49	2.69	3.14
Cs^+	2.02	2.56	2.77	3.17
Ag^+	3.58	6.70	8.15	15.6
Tl^+	5.08	9.76	12.6	19.4
UO_2^{2+}	1.79	1.93	2.00	2.27

续表

平衡离子	4% DVB	8% DVB	10% DVB	16% DVB
Mg^{2+}	2.23	2.59	2.62	2.39
Zn^{2+}	2.37	2.73	2.77	2.57
Co^{2+}	2.45	2.94	2.92	2.59
Cu^{2+}	2.49	3.03	3.15	3.03
Cd^{2+}	2.55	3.06	3.23	3.37
Ni^{2+}	2.61	3.09	3.08	2.76
Ca^{2+}	3.14	4.06	4.42	4.95
Sr^{2+}	3.56	5.13	5.85	6.87
Pb^{2+}	4.97	7.80	8.92	12.2
Ba^{2+}	5.66	9.06	9.42	14.2

表2.2(B)　Ⅰ型和Ⅱ型强碱官能团聚苯乙烯–二乙烯基苯强碱性阴离子交换树脂对各种阴离子(与氢氧根离子相比)的分离因数估值

平衡离子	Ⅰ型	Ⅱ型
OH^-	1.0	1.0
I^-	175	17
HSO_4^-	85	15
ClO_3^-	74	12
NO_3^-	65	8
Br^-	50	6
CN^-	28	3
HSO_3^-	27	3
$BrSO_3^-$	27	3
NO_2^-	24	3
Cl^-	22	2.3
HCO_3^-	6.0	1.2
IO_3^-	5.5	0.5
甲酸根(formate)	4.6	0.5
乙酸根(acetate)	3.2	0.5

续表

平衡离子	Ⅰ型	Ⅱ型
丙酸根(propionate)	2.6	0.3
F^-	1.6	0.3
苯磺酸根(benzene sulphonate)	500	75
水杨酸根(salicylate)	450	65
柠檬酸根(citrate)	220	23
酚根离子(phenate)	110	27

2.6 离子交换容量:等温线

吸收/吸附等温线表示在某一固定温度下达到平衡时溶液与吸附剂之间的一种或多种溶质的分布。离子交换等温线与之基本相同,但表示了离子在离子交换剂和溶液相之间的分布状态。离子交换等温线类似于热力学中的化学反应平衡常数。根据热力学第二定律,两者在固定温度下都是常数,并且与理想条件下的浓度无关,但是离子在离子交换过程中不会发生任何化学转化。离子交换剂的理论交换容量仅取决于交换剂相中固定电荷数或官能团的浓度。然而,目前市面上的和天然的无机或聚合离子交换剂很难提供准确的官能团浓度值。大多数涉及离子交换的分离过程都存在其他离子,从而影响目标离子的吸附/解吸。静态平衡测试最常用于离子交换容量的测定,但对于多组分系统中的目标离子而言通常不准确。导致这种不准确性的两个主要原因是:

(1)由于粒子内扩散动力学的限制,目标离子的吸附通常是一个极其缓慢的过程。实际平衡时间可能在数小时至数月之间变化。

(2)离子吸附通常对pH非常敏感;与传统的静态平衡相比,在固定的pH下获得平衡等温线数据具有明显的复杂性。

等温线数据能够为设计或评估实际吸附过程提供参考。因此要熟悉不同的计算等温线方法及其利弊。除了静态吸附外,本书还介绍了可再生微型过柱法和分步进料过柱法的程序,以制作离子交换等温线。

2.6.1 静态吸附技术

在固定体积的溶液中加入目标物质(A)和其他背景溶质,并添加固定量的离子交换剂。达到平衡后,分析目标物质A的最终浓度。与添加的交换剂数量相比,溶液体积通常非常大。目标离子浓度随离子交换的进行而发生变化,但溶液中其他抗衡离子的浓度仍保持不变。如图 2.12 所示,静态吸附等温线应包括一个对照实验,以确认离子交换剂上目标离子 A 全部来自溶液相。

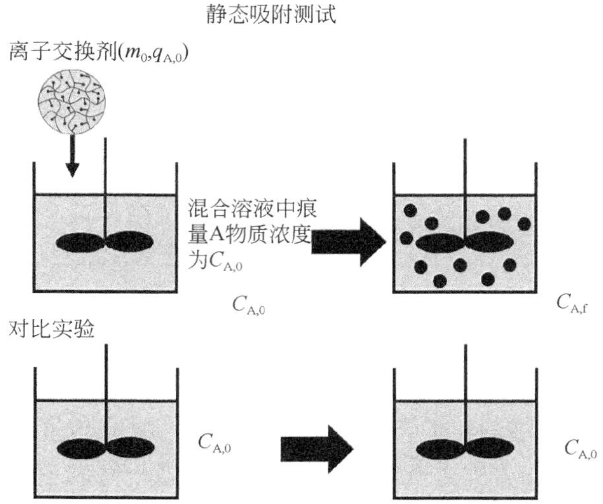

图 2.12 静态吸附法测试等温线的示意图

根据质量守恒,静态吸附实验中 A 离子满足以下公式:

$$m_{IX}q_{A,0}+V_LC_{A,0}=m_{IX}q_{A,f}+V_LC_{A,f} \quad (2.46)$$

其中,$q_{A,0}$ 和 $q_{A,f}$ 分别代表交换剂相中 A 离子的初始负载和平衡负载,其单位为 meq/g;$C_{A,0}$ 和 $C_{A,f}$ 分别代表溶液相中 A 的初始浓度和平衡浓度,单位为 meq/L。根据式(2.46),

$$q_{A,f}=\frac{V_L(C_{A,0}-C_{A,f})}{m_{IX}}+q_{A,0} \quad (2.47)$$

通常该实验的起始状态为

$$q_{A,0}=0 \quad (2.48)$$

因此

$$q_{A,f}=\frac{V_L(C_{A,0}-C_{A,f})}{m_{IX}} \quad (2.49)$$

通过在恒定温度下改变离子交换剂的投加量 m_{IX},可以构建特定离子交换剂和溶液组成的等温线,即 $q_{A,f}$ 与 $C_{A,f}$ 的关系图。尽管操作简单,但静态吸附实验难以控制 pH,而金属离子与配体之间的吸附亲和力对 pH 非常敏感,因此静态吸附的精确度较低。

例题 2.3

使用静态吸附技术,在弱碱性阴离子交换树脂(Amberlite IRA-45)上,在 pH =

3.0 的条件下进行硫酸根-硝酸根的二元离子交换等温线测定。

溶液体积=100mL,硫酸根浓度=5.0meq/L,硝酸根浓度=0.0meq/L,离子交换剂初始状态为硝酸根态,离子交换容量=3.0meq/g。

例题表1　阴离子交换树脂 Amberlite IR-45 上的硫酸根/硝酸根的等温线数据;样品量=100mL[12]

树脂质量/g	$[SO_4^{2-}]/(meq/L)$	$[NO_3^-]/(meq/L)$
0.03	4.02	0.900
0.10	2.15	2.60
0.20	0.496	3.97
0.40	0.065	4.56
1.200	0.030	5.30

绘制 Amberlite IRA-45 的硫酸根-硝酸根等温线,即绘制 y_S 与 x_S、y_N 与 x_N 的关系曲线,并添加必要的表述。

求出硝酸根-硝酸根的平均分离因数。

请列出计算过程。

解:

(1)计算平衡时树脂上硝酸根(NO_3^-)的电荷当量(meq):

当100mL溶液中放入0.10g树脂时

[树脂相中的硝酸根]$_{初始}$-[溶液中的硝酸根]$_{平衡}$=[硝酸根]$_{树脂相}$

$[m_{树脂} \times Q_{树脂}] - [NO_3^-] \times V_{溶液}$=树脂中的 NO_3^- 当量(meq)

$[0.10\text{g 树脂} \times 3\dfrac{\text{meqNO}_3^-}{\text{g 树脂}}] - [2.60\dfrac{\text{meqNO}_3^-}{\text{L}} \times 0.1\text{L}] = 0.040\text{meqNO}_3^-$

(2)计算平衡时树脂相中的硫酸根 SO_4^{2-} 当量(meq):

当100mL溶液中放入0.10g树脂时

[溶液中的硫酸根]$_{初始}$-[溶液中的硫酸根]$_{平衡}$=[硫酸根]$_{树脂}$

$[SO_4^{2-}]_{初始} \times V_{溶液} - [SO_4^{2-}]_{平衡} \times V_{溶液} = m_{SO_4^{2-}\text{-树脂}}$

$[5.00\dfrac{\text{meqSO}_4^{2-}}{\text{L}} \times 0.1\text{L}] - [2.15\dfrac{\text{meqSO}_4^{2-}}{\text{L}} \times 0.1\text{L}] = 0.285\text{meqSO}_4^{2-}$

(3)计算平衡时树脂中硫酸根(SO_4^{2-})当量的比例:

$$y_S = \dfrac{[\overline{SO_4^{2-}}]}{[\overline{SO_4^{2-}}] + [\overline{NO_3^-}]}$$

$$y_S = \frac{0.285 \frac{\text{meqSO}_4^{2-}}{0.1\text{g 树脂}}}{0.285 \frac{\text{meqSO}_4^{2-}}{0.1\text{g 树脂}} + 0.040 \frac{\text{meqNO}_3^-}{0.1\text{g 树脂}}} = 0.877$$

(4)计算平衡时溶液中硫酸根(SO_4^{2-})当量的比例：

$$x_S = \frac{[SO_4^{2-}]}{[SO_4^{2-}] + [NO_3^-]}$$

$$x_S = \frac{2.15 \frac{\text{meq}}{\text{L}}}{2.15 \frac{\text{meq}}{\text{L}} + 2.60 \frac{\text{meq}}{\text{L}}} = 0.453$$

(5)计算分离因数$\alpha_{S/N}$：

$$\alpha_{S/N} = \frac{y_S(1-x_S)}{x_S(1-y_S)}$$

$$\alpha_{S/N} = \frac{0.877 \times 0.547}{0.453 \times 0.123} = 8.61$$

该分离因数并不是常数，会随树脂相中硫酸根的比例(y_S)不同而改变。例题图3(A)中的曲线为y_S与x_S的关系曲线，即硫酸根与硝酸根的离子交换等温线。

由于$y_N = 1 - y_S$，$x_N = 1 - x_S$，例题图3(B)为同一离子交换等温线中y_N和x_N的关系图。

(6)离子交换等温线如下：

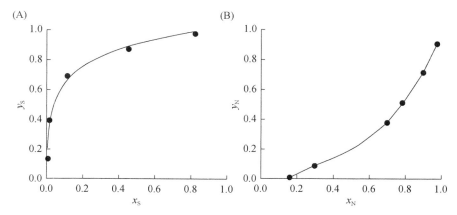

例题图3 通过静态吸附实验,在pH=3.0的情况下,使用弱碱阴离子交换树脂(Amberlite IRA-45)计算得到的硫酸根-硝酸根二元离子交换等温线。(A)y_S与x_S的关系图；(B)y_N与x_N的关系图。

数据经许可取自Clifford,1978[12]

例题表2 使用静态吸附法在 pH=3.0 时硫酸根-硝酸根的平均分离因数

x_S	x_N	y_S	y_N	$\alpha_{S/N}$
0.0141	0.9859	0.400	0.600	46.53
0.1110	0.8890	0.689	0.311	17.76
0.4526	0.5474	0.876	0.124	8.61

尽管水相总当量保持不变($C_T = 5.0\text{meq/L}$),但硫酸根-硝酸根的分离因数值随树脂相中硫酸根比例(y_S)发生很大变化。对于异价离子交换,分离因数对树脂组成非常敏感:随着交换剂相当量比例 y_i 的增加,相对于其他抗衡离子"i"的分离因数减小。

2.6.2 可再生微型色谱柱法

如图 2.13 所示,将含有 A 离子以及其他电解质或竞争性离子且浓度已知的溶液通过填装离子交换剂的微型色谱柱中,通过过量溶液使其中的离子交换剂与溶液达到平衡状态。即出水与进水中的目标离子与竞争离子浓度、pH 完全相同,说明整个系统已经达到平衡状态。随后用蒸馏水短暂冲洗微型色谱柱,用已知体积的适当溶液再生微型色谱柱,并测量再生剂出水中目标物质的浓度。对应于浓度为 $C_{A,1}$ 的溶液,其平衡时的容量为

$$q_{A,1} = \frac{V_{R1} C_{A,R1}}{m_1} \tag{2.50}$$

其中,V_{R1} 为微型色谱柱 1 中再生出水体积;m_1 为微型色谱柱 1 中离子交换剂的质量;$C_{A,R1}$ 为再生出水中离子 A 的浓度。

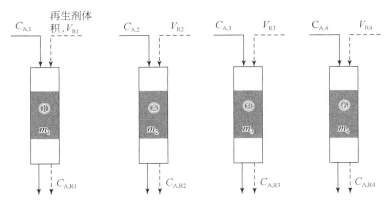

图 2.13 使用可再生微型色谱柱法确定离子交换容量的示意图,其中运行过程和再生过程分别由实线和虚线表示,并且 $q_{Ai} = \dfrac{V_{Ri} C_{A,Ri}}{m_i}$

当吸附过程对 pH 波动非常敏感时,微型色谱柱法操作简单且适用。但是,它比静态吸附法更耗时,并且不适用于无法有效再生的目标离子。

例题 2.4:微型色谱柱法

在测试复合型阴离子交换剂(HAIX)吸附去除磷酸根的微型色谱柱实验中,进水磷酸根浓度变化,而使氯离子(Cl^-)和(SO_4^{2-})的浓度分别恒定在 100mg/L 和 120mg/L。实验在恒定的室温下进行,将过量的溶液通过微型色谱柱以确保离子交换剂达到平衡状态。每次过柱实验中 HAIX 的量恒定保持在 1.2g,并保持其他实验条件(如空床接触时间、线流速等)相同。HAIX 可以使用 2% NaOH 和 1% NaCl 的混合溶液进行高效再生。借助以下实验结果,绘制吸附等温线。

例题表 3　HAIX 的微型色谱柱过柱实验结果。经许可转载自 Blaney, Cinar, SenGupta, 2007[23]

进水磷酸根浓度(C_A)/(mg/L)	再生液总体积(V_R)/mL	再生液出水中的磷酸根浓度($C_{A,R}$)/(mg/L)
0.04	30	38
0.06	35	46.3
0.08	40	57
0.1	45	61.3
0.12	50	60

平衡时 HAIX 吸附磷酸根的容量(q_A):

$$q_A = \frac{V_R C_{A,R}}{m} \tag{1}$$

当 $C_A=0.04$mg/L、$V_R=30$mL、$C_{A,R}=38$mg/L 时,磷酸根吸附容量为 $q_A=(0.03L\times 38$mg/L$)/1.2$g$=0.95$mg 磷酸根/gHAIX。

根据同样的方法,可以计算出不同进水磷酸根浓度下的 q_A 值。由于每次过柱实验都通过过量的溶液,因此可以认定该种方法下计算得出的磷酸根吸附容量均为该进水磷酸根浓度下的平衡状态。

例题表 4　根据实验结果得到的 HAIX 吸附等温线。经许可转载自 Blaney, Cinar, SenGupta, 2007[23]

平衡时的液相浓度(C_A)/(mg/L)	平衡时的吸附容量(q_A)/(mg/g)
0.04	0.95
0.06	1.35
0.08	1.90
0.1	2.30
0.12	2.50

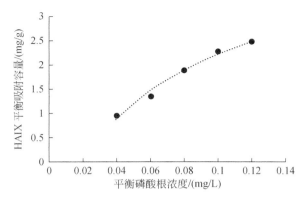

例题图 4　实验结果中 HAIX 的吸附等温线。经许可转载自 Blaney,Cinar,SenGupta,2007[23]

2.6.3　步进式过柱实验

将含有目标物质以及其他背景电解质的溶液通过离子交换剂固定床。定期对色谱柱出口的流出物进行采样并进行分析。一旦出水浓度等于进水浓度(即固定床中的离子交换剂达到该条件下的平衡状态),则将进水中的目标物质浓度将增加到下一预定值,所有其他条件保持相同,再次运行色谱柱,直到出水浓度等于新的进水浓度。对几个逐渐增加的进水目标离子浓度重复该过程。按照从低到高的顺序通过不同浓度的进水,并以此确定不同进水浓度下的离子吸附能力,如图 2.14 所示。对于给定的进水浓度,吸附容量可由下式计算:

$$q_j^A = q_{j-1}^A + \int_{V_{\text{start},j}}^{V_{\text{stop},j}} (C_{\text{in},j}^A - C_{\text{out},j}^A) \mathrm{d}V \tag{2.51}$$

其中,对于每个 $j \geqslant 2$ 分步进料,q_j^A 是与进水浓度 $C_{\text{in},j}^A$ 相对应的第 j 步的平衡吸附容量。$V_{\text{stop},j}$ 是当出口浓度 $C_{\text{out},j}^A$ 等于进水浓度 $C_{\text{in},j}^A$ 时通过的总床体数(或相对于交换剂的质量或体积的进料标准化体积)。在上述实验条件下,

$$V_{\text{stop},j} = V_{\text{start},j+1} \tag{2.52}$$

并且,

$$V_{\text{start},j} = V_{\text{stop},j-1} \tag{2.53}$$

图 2.14 中每个方形的区域都对应于目标离子的浓度逐渐增加时吸附在交换剂上的目标溶质的质量。该技术尽管精确且能代表实际情况,但需要仔细分析大量样本。当吸附过程对 pH 敏感或无法进行有效再生时,序批式振荡实验或微型色谱柱的方法均不可靠。在这种情况下,分步进料柱状技术最为准确。

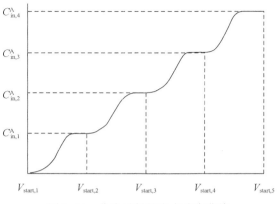

图 2.14 分步进料的出水浓度曲线

例题 2.5:分步进料柱(frontal column)问题

以下是分步进料运行中通过复合离子交换材料(HIX)去除砷的出水砷浓度曲线(例题图 5)。一旦前一次运行的废水中砷浓度等于其进水浓度,则进水砷浓度如图所示逐步增加。运行之间其余的背景浓度和其他实验条件均保持相同。建立 HIX 对于砷的吸附等温线(即平衡砷吸附量与平衡砷浓度的关系)。

根据曲线上的面积[即标记为(1)的阴影区域]计算出相当于平衡浓度 $10\mu g/L$(步骤 1)的平衡吸附容量(q_1)。

吸附容量 q_1 = 三角区域面积 = $(C_{out} - C_{in}) \times$(进水总体积 L/g HIX)/2

因此,$q_1 = (10-0)\mu g/L \times (8.5 L/g)/2 = 42.5 \mu g/g$

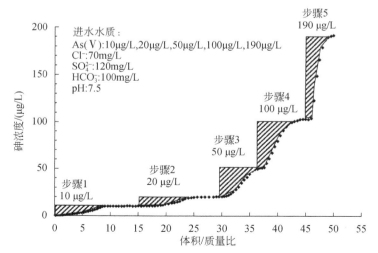

例题图 5　HIX 分步进料运行出水砷浓度曲线。经许可转载自 Greenleaf,Cumbal,Staina,SenGupta,2003[24]

平衡浓度20μg/L(步骤2)对应的平衡吸附容量(q_2)由下式给出：
$q_2 = q_1 +$ 阴影区域(2) $= 97.5 \mu g/g$
$q_3 = q_2 +$ 阴影区域(3) $= 194.5 \mu g/g$（平衡浓度为50μg/L时）
$q_4 = q_3 +$ 阴影区域(4) $= 344.5 \mu g/g$（平衡浓度为100μg/L时）
$q_5 = q_4 +$ 阴影区域(5) $= 536 \mu g/g$（平衡浓度为190μg/L）

例题表5　平衡吸附容量与液相离子浓度的关系

平衡吸附容量(q)/(μg/g)	平衡时液相离子浓度(C)/(μg/L)
42.5	10
97.5	20
194.5	50
344.5	100
536	190

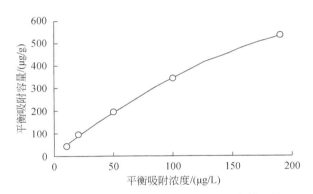

例题图6　HIX分步进料过程中砷的吸附等温线

例题 2.6

考虑例题 2.5 中例题图 6 中的砷的吸附等温线数据。若现在使用微型柱法计算等温线，其中进水砷浓度为 125ppb，树脂质量为 2g。如果共通过了 100mL 的再生剂，那么 $C_{A,R}$ 是多少？

$$当 C_{平衡} = 125 \text{ppb}, Q_{平衡} = 410 \frac{\mu g As}{g \text{ 树脂}}$$

$$对于 m_{树脂} = 2g, m_{As} = m_{树脂} \times Q_{equilib} = 2g \text{ 树脂} \times 410 \frac{\mu g As}{g \text{ 树脂}} = 820 \mu g As$$

$$C_{树脂} = \frac{820 \mu g As}{100 mL} = 8200 \mu g \frac{As}{L} = 8.2 mg As/L$$

2.7 离子交换剂中的唐南膜效应

首先要指出的是,唐南效应或唐南膜平衡(Donnan membrane effect)本质上涉及完全电离电解质的热力学第二定律的特定领域,是英国物理化学家弗雷德里克·G·唐南(Frederick G. Donnan)将这种效应的定量描述和应用推向了20世纪初的最前沿[25]。在离子交换过程中,导致唐南膜平衡的条件是由固定的离子(即带电的官能团)无法从聚合物相扩散到水或极性溶剂中而引起的。对于本章开头提供的示例(图2.1),阳离子交换剂内部也存在一些氯离子,这种现象被称为配对离子入侵。

2.7.1 配对离子入侵或电解质渗透

唐南膜平衡与配对离子入侵(coion invasion)或排斥相互交织,在本节中,我们将为理解和量化此现象提供理论依据。

为了深入了解唐南膜原理的各种变化,让我们考虑与氯化钠(NaCl)溶液接触的钠形式容量为 $\bar{C}_R$(当量/L)的阳离子交换剂。根据电中性原则(electroneutrality):

液相:

$$C_{Na^+} = C_{Cl^-} \tag{2.54}$$

离子交换剂相:

$$\bar{C}_{R^-} + \bar{C}_{Cl^-} = \bar{C}_{Na^+} \tag{2.55}$$

平衡时:

$$(\bar{a}_{Na^+} \times \bar{a}_{Cl^-})_{树脂} = (a_{Na^+} \times a_{Cl^-})_{溶液} \tag{2.56}$$

其中,a 表示离子的活度;C 是摩尔浓度;上横线则代表交换剂相。

若理想化交换剂相和水相(即活度和摩尔浓度相等),并将式(2.54)和式(2.55)代入式(2.56)得

$$(\bar{C}_{R^-} + \bar{C}_{Cl^-})\bar{C}_{Cl^-} = C_{Cl^-}^2 \tag{2.57}$$

$$\bar{C}_{Cl^-}^2 + \bar{C}_{R^-}\bar{C}_{Cl^-} - C_{Cl^-}^2 = 0 \tag{2.58}$$

解得

$$\bar{C}_{Cl^-} = \frac{1}{2}\left[\left(\sqrt{\bar{C}_{R^-}^2 + 4C_{Cl^-}^2}\right) - \bar{C}_{R^-}\right] \tag{2.59}$$

由式(2.55)获得的实际钠负荷或钠交换容量为

$$\bar{C}_{Na^+} = \bar{C}_{R^-} + \frac{1}{2}\left[\left(\sqrt{\bar{C}_{R^-}^2 + 4C_{Cl^-}^2}\right) - \bar{C}_{R^-}\right] \tag{2.60}$$

当 $\bar{C}_{R^-} \gg C_{Cl^-}$ 时,

根据式（2.57），
$$\overline{C}_{\mathrm{Cl^-}} \approx 0$$
因此，阳离子交换树脂因不可扩散的带负电的官能团 R⁻ 的存在而产生半渗透性，即交换剂相对于钠离子(Na⁺)极易渗透，而对于氯离子(Cl⁻)在稀溶液中几乎不可渗透。相反，阴离子交换树脂可渗透氯离子(Cl⁻)，但几乎不可渗透钠离子(Na⁺)。这种现象通常也称为配对离子排斥或唐南排斥效应。然而，随着水相浓度的增加，配对离子的侵入(即阳离子交换剂的 Cl⁻ 和阴离子交换剂的 Na⁺)增加。在所有其他条件保持不变的情况下，配对离子的入侵随着电荷数的增加而减少。

从科学的角度讲，唐南膜效应与通常存在于固/液表面的表面电荷效应明显不同。值得注意的是，文献中经常将离子排斥错误地解释为表面电荷现象，而唐南膜效应是根本原因。近一个世纪前，唐南[25-27]提出了该概念以及对基本原理的详细热力学解释。最近，原始论文的英文翻译已经出版[28]。利用该原理的方法和材料的一个独特且有点违反直觉的特征是半透膜的物理存在不是必需的。带电官能团不能从固体扩散到溶剂相导致半透现象，即存在虚拟的半透膜。因此，具有固定的负电荷(R⁻)的阳离子交换树脂或具有固定的正电荷(R⁺)的阴离子交换树脂表现出如图 2.15(A)和图 2.15(B)所示的半渗透性。由于电中性法则，A⁺ 和 B⁻ 都存在于水相中并且彼此平衡。但是，尽管 A⁺ 易于进入钠形式的阳离子交换树脂内部，但 B⁻ 受阻很大。对于阴离子交换树脂，情况恰好相反，即 B⁻ 可以在交换剂和水相之间来回移动，但 A⁺ 不能进入阴离子交换剂内部。

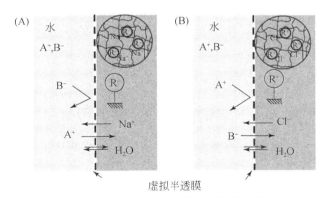

图 2.15　由于交换剂相中存在固定电荷而引起的离子交换树脂的半渗透行为示意图：(A)具有固定负电荷的阳离子交换剂；(B)具有固定正电荷的阴离子交换剂。经许可转载自 Sarkar, SenGupta, Prakash, 2010[4]

例题 2.7 阐述了配对离子入侵与离子交换剂的交换容量、溶液中电解质浓度和配对离子的电荷数之间的关系。

例题 2.7

溶液浓度、交换剂容量和配对离子电荷数对配对离子入侵的影响的说明。

1. 溶液浓度（C_T）对配对离子排斥（coion exclusion）的影响

将离子交换容量（固定正电荷）为 2.0eq/L（即 $\overline{R^+}$ = 2.0mol/L）的阴离子交换树脂分别添加到两种不同浓度的 NaCl 溶液中：①0.1mol/L 和②0.05mol/L。计算阴离子交换剂内部的 Na^+ 浓度。

在溶液中：

$$[Na^+]_{aq} = [Cl^-]_{aq} = 0.1 mol/L$$

由于离子交换剂相中的电中性：

$$\overline{[Na^+]} + \overline{[R^+]} = \overline{[Cl^-]}$$

理想状态下的平衡法则：

$$[Na^+]_{aq} \cdot [Cl^-]_{aq} = \overline{[Na^+]} \cdot \overline{[Cl^-]}$$

将方程式代入并且整理后，得

$$[Na^+]_{aq}^2 = \overline{[Na^+]} \cdot (\overline{[Na^+]} + \overline{[R^+]})$$

其中，下标 aq 代表溶液相，上横线则代表离子交换剂相。

离子交换树脂中的一价官能团浓度为 $\overline{[R^+]} = 2\dfrac{eq}{L} = 2 mol/L$

代入后解得

$$(0.1 mol/L)^2 = \overline{[Na^+]} \cdot (\overline{[Na^+]} + 2 mol/L)$$

$$\overline{[Na^+]} \approx 0.005 mol/L$$

$$20 \times \overline{[Na^+]} \approx [Na^+]_{aq}$$

溶液中 Na^+ 的浓度为离子交换剂相中 Na^+ 浓度的 20 倍。

当 $[Na^+]_{aq} = [Cl^-]_{aq} = 0.05 mol/L$，$\overline{[Na^+]} \approx 0.00125 mol/L$，因此，$40 \times \overline{[Na^+]} \approx [Na^+]_{aq}$。

注意：配对离子排斥是指阳离子交换剂排斥阴离子的能力或阴离子交换剂排斥阳离子的能力，而配对离子入侵（或电解质渗透）是指交换剂中的离子浓度。因此，它们是负相关的，即一侧浓度的增加会以另一侧浓度的降低为代价。

2. 树脂交换容量的影响

阴离子交换剂的容量现在增加到 4.0eq/L。NaCl 浓度为 0.1mol/L。

同样地，

$$[\mathrm{Na^+}]_{aq} = [\mathrm{Cl^-}]_{aq} = 0.1\,\mathrm{mol/L}$$

解得

$$[\mathrm{Na^+}]_{aq}^2 = \overline{[\mathrm{Na^+}]} \cdot (\overline{[\mathrm{Na^+}]} + \overline{[\mathrm{R^+}]})$$

$$\overline{[\mathrm{Na^+}]} \approx 0.0025\,\mathrm{mol/L}$$

计算表明,随着树脂容量的增加,配对离子($\mathrm{Na^+}$)侵入阴离子交换剂的数量减少,即配对离子排斥更加强烈。

3. 配对离子电荷量的影响

为了验证这种情况,离子交换剂容量保持不变,即 $\mathrm{R^+} = 2\,\mathrm{eq/L}(2\,\mathrm{mol/L})$

使用 $0.1\,\mathrm{mol/L}$ NaCl 或 $0.1\,\mathrm{mol/L}$ $\mathrm{CaCl_2}$ 溶液改变配对离子电荷。其中 $\mathrm{Na^+}$ 为一价,而 $\mathrm{Ca^{2+}}$ 为二价。

根据之前的计算,当 NaCl 浓度为 $0.1\,\mathrm{mol/L}$ 时,$\overline{[\mathrm{Na^+}]} \approx 0.005\,\mathrm{mol/L}$

对于 $0.1\,\mathrm{mol/L}$ 的 $\mathrm{CaCl_2}$ 溶液,

$$2[\mathrm{Ca^{2+}}]_{aq} = [\mathrm{Cl^-}]_{aq}$$

或者说,

$$[\mathrm{Ca^{2+}}] = 0.1\,\mathrm{mol/L}$$

由于离子交换剂相中正负电荷相等,

$$2\overline{[\mathrm{Ca^{2+}}]} + \overline{[\mathrm{R^+}]} = \overline{[\mathrm{Cl^-}]}$$

根据平衡法则,

$$[\mathrm{Ca^{2+}}]_{aq} \times [\mathrm{Cl^-}]_{aq}^2 = \overline{[\mathrm{Ca^{2+}}]} \times \overline{[\mathrm{Cl^-}]}^2$$

整理后得

$$4[\mathrm{Ca^{2+}}]_{aq}^3 = \overline{[\mathrm{Ca^{2+}}]} \times (2\overline{[\mathrm{Ca^{2+}}]}^2 + \overline{[\mathrm{R^+}]})^2$$

根据已知条件有

$$\overline{[\mathrm{Ca^{2+}}]} = 0.001\,\mathrm{mol/L}$$

或者

$$[\mathrm{Ca^{2+}}]_{aq} = 100\,\overline{[\mathrm{Ca^{2+}}]}$$

因此,在其他实验条件相同的情况下,$\mathrm{Ca^{2+}}$ 被阴离子交换剂排斥的程度要比 $\mathrm{Na^+}$ 高。例题图 7 显示了当所有其他实验条件保持不变时一价($\mathrm{Na^+}$)和二价($\mathrm{Ca^{2+}}$)配对离子在阴离子交换剂相内部的离子浓度的比较。可以观察到阴离子交换树脂对二价离子 $\mathrm{Ca^{2+}}$ 的排斥力更大(即较少的离子入侵)。

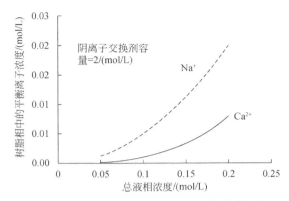

例题图7 在不同的溶液浓度(C_T)下,配对阳离子电荷数对离子入侵的影响

4. 平衡离子电荷数的影响

将同一种离子交换容量为 2.0mol/L 的阳离子交换树脂分别放入以下两种溶液中:
(1) 0.05mol/L NaCl。
(2) 0.05mol/L $AlCl_3$。
那么现在的目标是测量或计算强酸阳离子交换剂内部的 Cl^- 浓度。
(1) 遵循之前的原则,

$$[Na^+]_{eq}[Cl^-]_{eq} = [Na^+]_R[Cl^-]_R$$
$$0.05\text{mol/L} \times 0.05\text{mol/L} = (2+X)(X), X = [Cl^-]_R$$

解得

$$X = 0.00125\text{mol/L}$$

(2)

$$[Al^{3+}]_{eq}[Cl^-]_{eq}^3 = [Al^{3+}]_R[Cl^-]_R^3$$

由于正负电荷总数相等,

$$3[Al^{3+}]_{eq} = [Cl^-]_{eq}$$

因此,

$$0.05\text{mol/L} \times (0.15\text{mol/L})^3 = \left(2+\frac{X}{3}\right)(X)^3$$

解得

$$X = [Cl^-]_R = 0.0438\text{mol/L}$$

通过计算可得,对于三价抗衡离子(Al^{3+}),阳离子交换剂中氯离子(配对离子)的浓度明显高于一价离子(Na^+)。

2.7.2 离子交换树脂的交联度

若将阳离子交换树脂放入浓度较低的 NaCl 溶液中,由于两相之间的渗透压不同,树脂会膨胀。树脂体积的增加会降低离子交换剂的体积容量(eq/L),这反过来又允许更多的电解质(NaCl)吸附或离子入侵。交联度(cross-linking)(对于聚苯乙烯基质,用%DVB表示)赋予树脂一定的机械强度以抵抗膨胀。因此,较高的交联度导致较小的溶胀,因此较少的电解质吸附或离子入侵。从机械的角度来说,电解质的吸附是对唐南排斥效应不完全的一种度量。图2.16显示了2%、5%和10%的DVB交联度对阳离子交换剂吸附电解质(NaCl)的影响[29]。

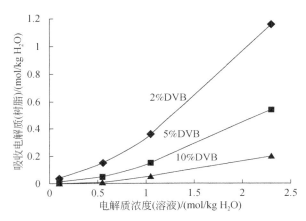

图2.16　交联度对配对离子入侵的影响。数据经许可取自 Pepper, Reichenberg, 1952[29]

2.7.3　唐南效应的成因

尽管在离子交换剂与水的界面上无法实际测量电位梯度,但可以容易地理解其存在。例如,阳离子交换剂带负电,可防止阴离子(如氯离子)进入交换剂内部。对于阴离子交换剂,该电势为正,因此会排斥阳离子。界面上的这种电势在实验上是不可检测的,但可统一称作唐南电势(Donnan potential),它是由与交换剂相存在共价键因而不可移动的带电官能团产生的。

从物理的角度来看,将钠离子型的阳离子交换剂放在氯化钠的稀溶液中时,两相之间存在相当大的浓度差异。离子交换剂相中阳离子(Na^+)的浓度较大,而溶液中阴离子(Cl^-)的浓度较大。若离子不带电荷,则这些浓度差可以通过扩散作用消除。但对于离子而言,这样的过程会违背电中性,因此无法自发进行。阳离子向溶液中的迁移以及阴离子向离子交换剂相的迁移将导致交换剂中负电荷的积累和溶液中正电荷的积累。因此,扩散的前几个离子在两相之间建立了电势差。所谓的唐南电势则将阳离子拉回到带负电荷的阳离子交换剂中,将阴离子拉回到带正电荷的溶液中。阴离子交换剂的情况与此类似,但唐南电势正好相反。

尽管唐南电势不会改变电中性,并且无法实际测量,但可以应用离子的平衡条

件来计算。在平衡状态下,两相中不同离子"i"的电化学势 η_i 相等:

$$(\eta_i)_R = (\eta_i)_L \tag{2.61}$$

其中,下标 R 和 L 分别表示树脂相和液相。

若忽略树脂膨胀的影响,

$$(\eta_i)_R = \mu_i^0 + RT\ln \overline{a_i} + Z_i F \overline{\Phi} \tag{2.62}$$

$$(\eta_i)_L = \mu_i^0 + RT\ln a_i + Z_i F \Phi \tag{2.63}$$

其中,Z_i 代表 i 离子的电荷数;F 代表法拉第常数;Φ 代表电势;上横线代表交换剂相。

因此,

$$E_{Don} = \overline{\Phi} - \Phi = \frac{RT}{Z_i F}\ln\frac{a_i}{\overline{a_i}} \tag{2.64}$$

对于阳离子交换剂,E_{Don} 为负,而对于阴离子交换剂,E_{Don} 为正。注意,随着溶液相浓度的增加,唐南电势 E_{Don} 降低。需要注意的是,对于唐南电势,配对离子入侵和电解质的渗透都由相同的过程变量相互交织并影响。例题 2.7 很好地解释了这种现象。唐南膜理论或唐南电势通常在许多方面仅被视为一个理论概念,虽然该原理已经引入长达一个多世纪,但目前分离技术中几种相对较新的工艺和材料的开发均以该原理的核心为理论基础[4]。

例题 2.8

离子交换容量为 2mol/L 的阳离子交换剂分别投加入 0.05mol/L NaCl 和 0.05mol/L Na_2SO_4 溶液中并达到平衡状态。假设系统处于理想状态下,试计算每种溶液中的唐南电势及交换剂相中的 Cl^- 和 SO_4^{2-} 的浓度。

$$E_{Don} = \frac{RT}{z_i F}\ln\frac{a_i}{\overline{a_i}}$$

其中,$R = 8.314 J/(K \cdot mol)$;$T = 298K$(25℃);$F = 96485 C/mol$;$a_i$ 代表离子 i 在溶液中的活度;$\overline{a_i}$ 则代表离子 i 在交换剂相中的活度;z_i 代表离子 i 的电荷数。

$$\frac{RT}{F} = \frac{8.314 \frac{J}{K\times mol}\times 298K}{96485 \frac{C}{mol}} = 0.0257V = 25.7mV$$

假设系统处于理想状态下,那么两相中的离子活度均可以用浓度值[ ]取代。

0.05mol/L NaCl:

$$a_i = [Na^+]_{aq} = 0.05 mol/L, \overline{a_i} = \overline{[Na^+]} = 2mol/L, z_i = +1$$

$$E_{Don} = \frac{25.7mV}{+1}\ln\frac{0.05}{2} = -94.8mV$$

0.05mol/L Na_2SO_4：

$$a_i = [Na^+]_{aq} = 2[SO_4^{2-}]_{aq} = 0.1 \text{mol/L}, z_i = +1$$

$$E_{Don} = \frac{25.7\text{mV}}{+1} \ln \frac{0.1}{2} = -77.0\text{mV}$$

交换剂相中的 Cl^- 浓度：

$$E_{Don} = -94.8\text{mV}, [Cl^-]_{aq} = 0.05\text{mol/L}, z_i = -1$$

$$-94.8\text{mV} = \frac{25.7\text{mV}}{-1} \ln \frac{0.05}{\overline{[Cl^-]}}$$

$$\overline{[Cl^-]} = 1.25 \times 10^{-3} \text{mol/L}$$

计算表明，离子交换剂相中的氯离子浓度仅为平衡时液相浓度的 1/40。

交换剂相中的 SO_4^{2-} 浓度：

$$E_{Don} = -77.0\text{mV}, [SO_4^{2-}]_{aq} = 0.05\text{mol/L}, z_i = -1$$

$$-77.0 = \frac{25.7\text{mV}}{-2} \ln \frac{0.05}{\overline{[SO_4^{2-}]}}$$

$$\overline{[SO_4^{2-}]} = 1.25 \times 10^{-4} \text{mol/L}$$

上述计算表明，离子交换剂相中的硫酸根浓度仅为溶液中的 1/400。

注意：通过计算得到了与例题 2.7 第 3 部分中平衡原理部分相同的结果。同时也解释了 0.05mol/L $CaCl_2$ 溶液中 Ca^{2+} 入侵离子交换剂相的情况。

2.8 弱酸性与弱碱性离子交换树脂

在溶液中，溶解的弱酸（或弱碱）分子可以在水中自由移动，而不会受到其他分子的干扰。因此，每种单质子弱酸具有独特的酸解离常数（K_a）或 pK_a（即 $-\lg K_a$）值。相反，对于弱酸（或弱碱）性离子交换树脂，官能团是固定的，即它们共价连接并彼此相邻，彼此之间的距离通常小于 1nm。因此，对于具有羧酸官能团的离子交换剂，相邻位点之间通常通过氢键作用相互影响或干扰，如图 2.17 所示。

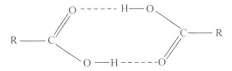

图 2.17　通过氢键作用形成两个相邻的羧基官能团的环状结构

同样，功能位点的异质分布和相邻位点引起的唐南膜效应也会影响弱电离官能团的解离。因此，弱酸或弱碱离子交换树脂即使在稀溶液中也没有单一的 pK_a

值。图2.18(A)表示逐步加入碱的强酸和弱酸离子交换树脂的典型滴定曲线，图2.18(B)给出了强碱和弱碱阴离子交换树脂的滴定曲线。由于上述原因，在滴定过程中很难确定弱酸和弱碱树脂滴定曲线的终点或当量点。

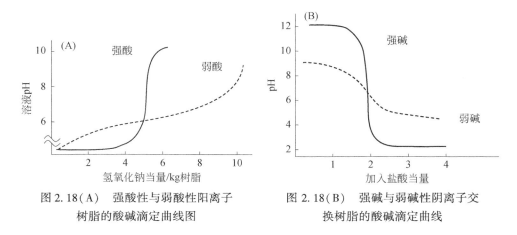

图2.18(A) 强酸性与弱酸性阳离子树脂的酸碱滴定曲线图

图2.18(B) 强碱与弱碱性阴离子交换树脂的酸碱滴定曲线

通常，弱酸和弱碱离子交换树脂的解离表示为质子的释放，如下所示：

$$\overline{R-COOH} \rightleftharpoons \overline{R-COO^-} + H^+ \tag{2.65}$$

$$\overline{R_3-NH^+} \rightleftharpoons \overline{R_3-N} + H^+ \tag{2.66}$$

此外，随着与弱酸离子交换树脂接触的水溶液的离子强度逐渐增加（如添加NaCl），弱酸官能团通过H^+与Na^+的交换而解离程度越来越高，从而增加了K_a值（即较低的pK_a值）。前述现象清楚地将弱酸或弱碱离子交换树脂与它们在水相中的平衡离子区分开。以下部分提供的方法，可为确定弱官能团的树脂的K_a值提供理论框架。

2.8.1 弱离子交换树脂的pK_a值

阳离子交换树脂的解离可以表示为

$$\overline{RH} \rightleftharpoons \overline{R^-} + H^+ \tag{2.67}$$

根据质量作用定律，阳离子交换剂（CIX）的酸解离常数为

$$K_a^{CIX} = \frac{[\overline{R^-}][H^+]}{[\overline{RH}]} \tag{2.68}$$

阴离子交换剂（AIX）与胺官能团的解离可以表示为

$$\overline{RNH^+} \rightleftharpoons \overline{RN} + H^+ \tag{2.69}$$

和

$$K_a^{AIX} = \frac{[\overline{RN}][\overline{H^+}]}{[\overline{RNH^+}]} \tag{2.70}$$

对于正常的酸和碱,酸解离常数表示为它们的负对数值

$$pK_a^{CIX} = -\lg K_a^{CIX} \tag{2.71}$$

以及

$$pK_a^{AIX} = -\lg K_a^{AIX} \tag{2.72}$$

对于强酸阳离子交换剂(如磺酸基官能团),$pK_a^{CIX} \leqslant 1$;对于强碱阴离子交换剂(如季铵基官能团),$pK_a^{AIX} \geqslant 13$。因此,酸解离常数对强树脂影响不大,并且它们的容量可用于整个 pH 范围。相反,弱酸和弱碱树脂的离子交换能力取决于 pH,可以用标准碱和酸进行滴定。可以在滴定过程中记录上清液的 pH 来观察树脂的中和作用。但是,这种滴定曲线不能在离子交换树脂内部提供 pH,因此需要经验性评估以确定容量和 pK_a 值。

弱酸树脂的解离度 α 和 pH 定义如下:

$$\alpha \equiv \frac{[\overline{R^-}]}{[\overline{R^-}] + [\overline{RH}]} \tag{2.73}$$

$$p\overline{H} = -\lg[\overline{H^+}] \tag{2.74}$$

结合式(2.68)、式(2.73)和式(2.74),可以得到

$$p\overline{H} = pK_a^{CIX} - \lg \frac{1-\alpha}{\alpha} \tag{2.75}$$

注意,该方程式涉及树脂中的 pH,该值与外部溶液中的 pH 不同。另外,当树脂具有 50% 的 Na^+ 负载,即 α=0.5 时,阳离子树脂的 pK_a 等于其树脂相 pH。为了在滴定过程中将溶液中的 pH 与树脂中的 pH 相关联,我们假设离子交换剂中 $[Na^+]:[H^+]$ 的浓度比与水相中的浓度比相同,即

$$[\overline{H^+}] = \frac{[H^+][\overline{Na^+}]}{[Na^+]} \tag{2.76}$$

当钠离子的转化率为 50% 时(即 α=0.5),树脂相中 Na^+ 的浓度为

$$[\overline{Na^+}] = \frac{[\overline{X}]}{2} \tag{2.77}$$

其中,$[\overline{X}]$ 代表解离和未解离的离子基团的总浓度,$[\overline{X}] = [\overline{RH}] + [\overline{R^-}]$

因此,代入式(2.75)~式(2.77)并整理可得

$$pK_a^{CIX} = pH_{0.5} + \lg[Na^+] - \lg \frac{[\overline{X}]}{2} \tag{2.78}$$

$pH_{0.5}$ 表示 α=0.5 时水相的 pH。类似地,弱碱阴离子交换剂用 HCl 滴定时的

对应关系为

$$pK_a^{AIX} = pH_{0.5} - \lg[Cl^-] + \lg\frac{[\overline{X}]}{2} \qquad (2.79)$$

式(2.78)和式(2.79)可用于根据酸碱滴定法计算弱酸阳离子和弱碱阴离子交换剂的 pK_a 值。

酸碱滴定实验在动力学上很慢。为了确定 pK_a 值,必须使一系列氢型的交换剂材料(弱碱性阴离子为 OH^-)与不同初始组成的碱(或酸)溶液接触。通过向溶液中加入 NaCl 以确保近似恒定的离子强度。图 2.19 和图 2.20 显示了加入和没有加入 NaCl 的弱酸和弱碱树脂的 pH 滴定曲线。注意,在存在 NaCl 的情况下,弱酸和弱碱树脂都被更多地离子化,即 pK_a 值受水相中电解质浓度的影响。

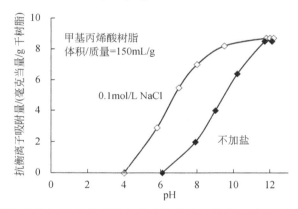

图 2.19 投加和没有投加 NaCl 的弱酸性阴离子交换树脂的 pH 滴定实验曲线。抗衡离子的吸收量与水相的 pH 的关系图。溶液体积与树脂干重比为 150mL:1g。数据经许可取自 Hale, Reichenberg[29]; Topp, Pepper[30]

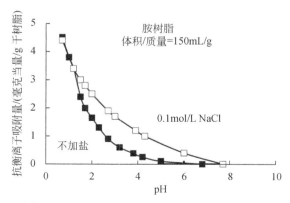

图 2.20 投加和没有投加 NaCl 的弱碱性阴离子交换树脂的 pH 滴定实验曲线。抗衡离子的吸收量与水相的 pH 的关系图。溶液体积与树脂干重比为 150mL:1g。数据经许可取自 Hale, Reichenberg[29]; Topp, Pepper[30]

2.8.2 弱酸官能团与弱碱官能团

弱酸和弱碱离子交换树脂,尽管是固体且不溶于大多数溶剂,但像其水溶性类似物一样,对 H^+ 和 OH^- 具有很高的选择性。因此,分别用稀酸和稀碱可以非常有效地再生弱酸阳离子树脂和弱碱阴离子树脂。与强树脂相比,弱树脂具有更高的再生效率,因此也适用于多样化的实际应用中。但是,氢型弱酸树脂(或游离碱或 OH^- 形式的弱碱树脂)通过中性盐进行离子交换必须产生自由氢离子(或 OH^-),这将迅速使平衡向左移动。因此,不能长期维持与中性盐的离子交换反应,通常说弱酸和弱碱树脂仅具有有限的盐分解能力。然而,它们对于分别涉及弱酸和弱碱的盐的离子交换反应是有效的。

以下几个示例说明了弱酸和弱碱树脂在很大范围 pH 内对不同盐类的离子交换行为。

1. 弱酸性离子交换树脂

$$2\,\overline{R-COOH} + CaCl_2 \rightleftharpoons \overline{(R-COO^-)_2Ca^{2+}} + 2HCl \tag{2.80}$$

由于产生强酸(如 HCl)正反应是不利的。因此,弱酸树脂不具有任何盐分解能力,但是其逆反应或与无机酸的再生是非常有效的。

$$2\,\overline{R-COOH} + Ca(HCO_3)_2 \rightleftharpoons \overline{(R-COO^-)_2Ca^{2+}} + 2H_2CO_3 \tag{2.81}$$

此反应中,由于 H_2CO_3 是弱酸,因此正反应是有利的。由此可见,弱酸树脂非常适合去除暂时硬度。

在 pH≥5.0 的情况下可能发生典型的离子交换反应:

$$2\,\overline{(RCOO^-)Na^+} + CaCl_2 \xrightleftharpoons[]{pH \geqslant 5.0} \overline{(RCOO^-)_2Ca^{2+}} + 2\,Na^+ \tag{2.82}$$

与强酸磺酸树脂相比,弱酸羧酸基树脂相比于 Na^+ 对 Ca^{2+} 具有更高的选择性。因此,在交换容量耗尽时,首先用酸再生弱酸树脂,然后用 NaOH / $NaHCO_3$ 中和。

2. 弱碱性离子交换树脂

在碱性 pH 下,弱碱阴离子树脂保持去质子化状态(即呈游离碱形式),因此不能分解中性盐。然而,与酸性溶液的反应是非常有利的,并且由于产生的水的 pH 保持中性,因此可以完成反应。以叔氨基弱碱树脂 $RCH_2(CH_3)_2N$ 为例描述反应如下。

$$\overline{RCH_2(CH_3)_2N} + NaCl + H_2O \rightleftharpoons \overline{RCH_2(CH_3)_2NH^+Cl^-} + Na^+ + OH^- \tag{2.83}$$

由于形成的 OH^- 作为潜在产物,因此正反应非常不利。

$$\overline{RCH_2(CH_3)_2N} + HCl \rightleftharpoons \overline{RCH_2(CH_3)_2NH^+Cl^-} \tag{2.84}$$

酸性 pH 下阴离子的吸收可被视为中和反应,因此非常有利。

弱碱离子交换树脂对 $pK_a \geqslant 7$ 的弱酸阴离子的选择性非常低。因此,二氧化硅(或硅酸根阴离子)和硫化物(HS^-)很难吸附到弱碱树脂上。在酸性 pH 下,弱碱树脂参与阴离子交换反应的状态与强碱树脂类似,如下所示:

$$\overline{RCH_2(CH_3)_2NH^+Cl^-} + NO_3^- \underset{}{\overset{pH<5}{\rightleftharpoons}} \overline{RCH_2(CH_3)_2NH^+NO_3^-} + Cl^- \quad (2.85)$$

显然,弱碱树脂非常适合用弱碱性溶液如氢氧化铵等进行有效再生。

$$\overline{RCH_2(CH_3)_2NH^+NO_3^-} + NH_4OH \rightleftharpoons \overline{RCH_2(CH_3)_2N} + NH_4^+ + NO_3^- + H_2O \quad (2.86)$$

甲基($-CH_3$)是供电子官能团,因此,通过用甲基取代氢,弱酸基团的解离会被进一步削弱,pK_a 值也会增加。通过观察有或没有氢被甲基取代的重复官能团的 pK_a 值,证实了这一结论。

1) 酸性基团

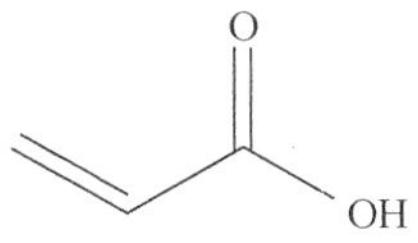

丙烯酸
$pK_a=4.2$

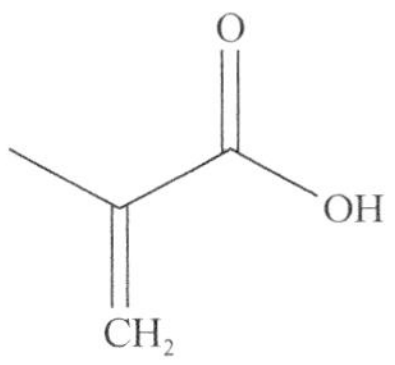

甲基丙烯酸
$pK_a=4.7$

2) 碱性基团

铵盐:

$$NH_4^+, pK_a=9.3$$

仲胺:

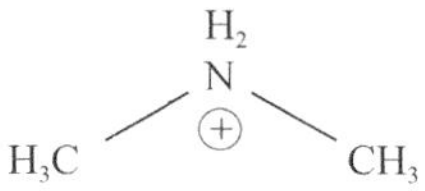

二甲基胺
$pK_a=10.8$

具有多个弱酸和(或)弱碱官能团的离子交换剂的解离/缔合的 pH 范围更大。图 2.21 展示了当 pH 逐渐升高时带有弱亚氨基二乙酸酯官能团的一种常见螯合交换剂的解离过程。

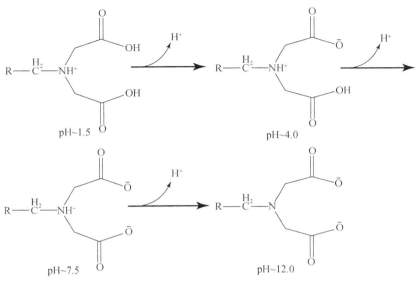

图 2.21　当 pH 逐渐增加时,具有弱亚氨基二乙酸酯官能团的阳离子交换剂的
脱质子化过程(R 表示重复的苯乙烯基体)

2.9　再　　生

原则上,离子交换是一种吸附过程,其在实际应用中通常受以下两个因素的影响:

(1)离子交换剂对目标溶质的交换容量和选择性。

(2)离子交换剂的再生或解吸效率。

图 2.22 为离子交换过程的示意图,该过程的目标是从液相(溶液)中的 A 和 B 混合物中分离和浓缩溶质 A,然后在再生后重新使用吸附剂。离子交换是一个具有两个主要步骤的循环过程:吸附(或分离)和解吸(或再生)。

为了使离子交换过程可持续,离子交换剂应容易再生或解吸,以便它们可以重复使用多个循环。实际上,离子交换过程的总体经济性通常取决于再生的成本,而不是离子交换设备的固定成本。在过去的二十年中,离子交换过程的可持续性一直是研究和应用的重点。通常,再生产生的再生废液情况,如其体积、所含化学物质的类型、长期运行状况和生态影响等,往往对该过程的总体可接受性具有重大的影响。理想情况下,离子交换过程应该是可逆的,以便目标溶质可以有效地解吸,从而实现高能效的分离。但是,对于高选择性吸附剂,解吸(或再生)效率非常低。为了在选择性和可再生性之间取得平衡,溶质-吸附剂相互作用的强度必须位于离

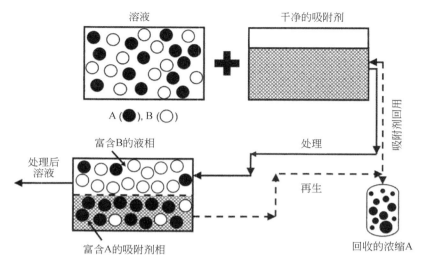

图2.22 该示意图描绘了环境分离中最常见的离子交换系统配置,以从溶液中去除目标溶质"A",并通过再生重新使用离子交换剂

子交换型吸附具有选择性但可逆的范围内。图2.23量化了离子交换过程中的各种相互作用。

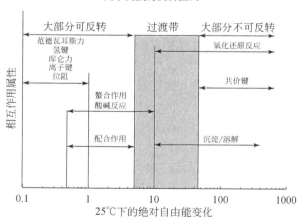

图2.23 离子交换吸附过程中各种相互作用的能量量化

根据离子交换的基础原理,可以实现更加有效的再生。原则上,每个再生过程都具有三个共同目标:①降低加载到离子交换剂上的目标离子的吸附选择性;②减少再生剂的用量;③使用廉价且对环境无害的化学药品,甚至完全杜绝使用化学药品。以下将讨论实现此目标的基本原理和实际案例。

2.9.1 异价离子交换中的选择性反转

从地表水和地下水去除硬度(如 Ca^{2+})是最广泛使用的异价离子交换过程。

$$2\overline{R^-Na^+} + Ca^{2+} \xrightarrow{\text{有利反应}} \overline{(R^-)_2Ca^{2+}} + 2Na^+ \tag{2.87}$$

待处理水的钙钠分离因数 $\alpha_{Ca/Na}$ 明显大于1,因此对钙的去除是有利的。为了用 NaCl 有效再生,$\alpha_{Ca/Na}$ 最好小于1。之前,2.4.5 节专门讨论不同价离子交换,并讨论了二价与一价离子的分离因数将随着电解质浓度的增加而下降。因此在高氯化钠浓度下,可以将 $\alpha_{Ca/Na}$ 降低至小于1,即可以使用钠将钙高效且有利地从离子交换剂中解吸。之前的例题 2.2 展示了具有磺酸官能团的阳离子交换树脂在不同氯化钠浓度下计算理论 $\alpha_{Ca/Na}$ 的方法及其变化曲线。

较高浓度的氯化钠溶液(10%质量浓度)通常用作硬度去除过程中的再生剂。

$$\overline{(R^-)_2Ca^{2+}} + 2Na^+(aq) \xrightarrow{\text{有利反应}} 2\overline{R^-Na^+} + Ca^{2+}(aq) \tag{2.88}$$

一价铬酸根($HCrO_4^-$)在酸性 pH 下的吸附效果更好,具有更强的去除能力。

吸附过程:

$$\overline{R^+Cl^-} + HCrO_4^-(aq) \xrightarrow{\text{有利反应}} \overline{R^+HCrO_4^-} + Cl^-(aq) \tag{2.89}$$

为了再生,在碱性 pH 下使用高氯化物浓度首先将一价 $HCrO_4^-$ 转化为二价 CrO_4^{2-},以利用选择性反转(selectivity reversal)的优势。

$$2\overline{R^+HCrO_4^-} + 2NaOH \xrightarrow{\text{有利反应}} \overline{(R^+)_2CrO_4^{2-}} + 2Na^+(aq) + 2H_2O \tag{2.90}$$

$$\overline{(R^+)_2CrO_4^{2-}} + 2Cl^-(aq) \xrightarrow{\text{有利反应}} 2\overline{R^+Cl^-} + CrO_4^{2-}(aq) \tag{2.91}$$

注意 $HCrO_4^-$ 的 pK_a 值为 $pK_a=6.5$,也就是说当 pH 大于 6.5 时,水相中 CrO_4^{2-} 离子数多于 $HCrO_4^-$。

2.9.2 pH 秋千

弱酸和弱碱离子交换树脂的质子化和去质子化在热力学上是非常有利的,因此,通过使用接近化学计量数的酸或碱溶液,可以有效地再生弱离子交换剂。本质上,这些交换剂由于官能团不同而在不同 pH 下吸附和解吸。通常,弱酸阳离子交换剂在 pH>6.0 时能够很好地去除暂时硬度,而其再生可在 pH≤3.0 时进行。

pH>6.0 时的吸附过程:

$$2\overline{R-COOH} + Ca(HCO_3)_2 \xrightarrow{\text{有利反应}} \overline{(R-COO^-)_2Ca} + 2H_2O + 2CO_2 \tag{2.92}$$

pH≤3.0 时的再生过程:

$$\overline{(R-COO^-)_2Ca} + 2H^+ \xrightarrow{\text{有利反应}} 2\overline{R-COOH} + Ca^{2+}(aq) \tag{2.93}$$

对于弱碱性阴离子交换树脂,吸附过程通常发生在 pH<5.0 时而当 pH≥10 时

发生解吸。

pH<5 时，吸附过程：

$$\overline{R_3NH^+Cl^-} + NO_3^-(aq) \rightleftharpoons \overline{R_3NH^+NO_3^-} + Cl^-(aq) \quad (2.94)$$

pH≥10 时，再生过程：

$$\overline{R_3NH^+NO_3^-} + OH^-(aq) \rightleftharpoons \overline{R_3N} + NO_3^-(aq) + H_2O \quad (2.95)$$

预处理过程：

$$\overline{R_3N} + H^+(aq) + Cl^-(aq) \rightleftharpoons \overline{R_3NH^+Cl^-} \quad (2.96)$$

例题 2.9：具有脱碳功能的三柱去离子反应器（WAC-SAC-decarbonator-WBA）的设计

回顾第 1 章中的例题 1.4，现在系统更改为串联三柱去离子反应器，在阳离子和阴离子交换器之间增加了一个脱碳罐。而且在系统的前部加入一个弱酸阳离子（WAC）交换器，在末端加入一个弱碱性阴离子（WBA）交换器。

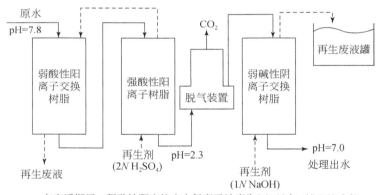

在穿透期间，强酸性阳床的出水氢离子浓度为 5.0×10^{-3} mol/L(pH=2.3)

已知原水的水质分析如下：

硬度 = 3.0meq/L

碳酸氢根浓度 = 2.0meq/L

pH = 7.8

氯离子浓度 = 1.0meq/L

硫酸根浓度 = 2.0meq/L

钠离子浓度：保持电荷平衡

SAC 树脂后的脱碳剂可有效去除 90% 的溶解气体。

该例题的目的是设计一个具有脱碳功能产水量为 400L/min 的三柱串联去离子系统，该系统必须至少运行 8h 才能穿透。

试求：

（1）若 WAC 树脂的交换容量为 3.0eq/L，SAC 树脂的交换容量为 1.0eq/L，假设树脂均使用总电荷量为 130%、浓度为 2.0 N 的 H_2SO_4 溶液完全再生，试求三柱去离子反应器所需的弱酸阳离子（WAC）、强酸阳离子（SAC）交换树脂的体积。再生过程中，为防止浪费，再生剂会先后通过两个树脂柱 SAC 和 WAC，进而充分利用。假设 WAC 柱仅用于中和所有碱度，而 SAC 柱用于去除其他阳离子。

（2）若使用总电荷量为树脂 120%、浓度为 1.0N 的 NaOH 溶液对弱碱阴离子交换树脂进行再生，树脂的交换容量为 0.7eq/L，试求所需 WBA 的体积。

（3）试求中和后的再生废液中所有离子的浓度，以 mg/L 计。假设将缓慢通过的润洗液与再生剂一起收集，并且每次润洗液的体积为 2 BV。再生溶液使用去离子水配制，之后用与再生相同的酸或碱进行中和。

（4）在这套去离子系统中安装脱气装置有何优缺点？

（5）计算再生废液中的电解质浓度，并将其与去除的污染物量进行比较，以找到衡量离子交换效率或可持续性指标的方法，并对结果进行评价。

解

（1）WAC

碱度：$[HCO_3^-] = 2.0$ meq/L

系统所需的总质子数：

$$2.0 \frac{\text{meq}}{\text{L}} \times 400 \frac{\text{L}}{\text{min}} \times 60 \frac{\text{min}}{\text{h}} \times 8\text{h} = 3.84 \times 10^5 \text{meq} = 384 \text{equivalents}$$

系统所需的树脂体积：

$$\frac{384 \text{equivalents}}{3.0 \frac{\text{eq}}{\text{L}}} = 128\text{L} = 0.13\text{m}^3$$

除硬度当量：

$$2.0 \frac{\text{meq}}{\text{L}} \times 400 \frac{\text{L}}{\text{min}} \times 60 \frac{\text{min}}{\text{h}} \times 8\text{h} = 3.84 \times 10^5 \text{meq} = 384 \text{equivalents}$$

SAC

阳离子浓度当量：

$$\text{硬度} = [Ca^{2+}] + [Mg^{2+}] = 3.0 \text{meq/L}$$

$$[Na^+] = 2.0 \text{meq/L}$$

$$\text{阳离子总当量} = 5.0 \text{meq/L}$$

离子交换的阳离子当量：

$$\left(5.0 \frac{\text{meq}}{\text{L}} - 2.0 \frac{\text{meq}}{\text{L}}\right) \times 400 \frac{\text{L}}{\text{min}} \times 60 \frac{\text{min}}{\text{h}} \times 8\text{h} = 5.76 \times 10^5 \text{meq} = 576 \text{equivalents}$$

系统所需 SAC 的体积：

$$\frac{576\,\text{equivalents}}{1.0\,\dfrac{\text{eq}}{\text{L}}} = 576\,\text{L} = 0.58\,\text{m}^3$$

(2) 阴离子浓度：

$$(1-0.9)\times 2.0\,\frac{\text{meq}}{\text{L}}(\text{HCO}_3^-)+2.0\,\frac{\text{meq}}{\text{L}}(\text{SO}_4^{2-})+1.0\,\frac{\text{meq}}{\text{L}}(\text{Cl}^-)=3.2\,\frac{\text{meq}}{\text{L}}$$

发生交换的阴离子当量：

$$3.2\,\frac{\text{meq}}{\text{L}}\times 400\,\frac{\text{L}}{\text{min}}\times 60\,\frac{\text{min}}{\text{h}}\times 8\text{h}=6.14\times 10^5\,\text{meq}=614\,\text{equivalents}$$

系统所需的 WBA 树脂体积：

$$\frac{614\,\text{equivalents}}{0.7\,\dfrac{\text{eq}}{\text{L}}}=877\,\text{L}=0.88\,\text{m}^3$$

(3) 润洗用水体积 (V_1)：

$$V_1 = 2\text{BV}\times 0.13\,\frac{\text{m}^3}{\text{BV}}+2\text{BV}\times 0.58\,\frac{\text{m}^3}{\text{BV}}+2\text{BV}\times 0.88\,\frac{\text{m}^3}{\text{BV}}=3.18\,\text{m}^3$$

所用 H_2SO_4 溶液体积 (V_2)：

$$V_2 = \frac{1.3\times\left(3\,\dfrac{\text{eq}}{\text{L}_{\text{WAC}}}\times 128\,\text{L}_{\text{WAC}}+1\,\dfrac{\text{eq}}{\text{L}_{\text{SAC}}}\times 576\,\text{L}_{\text{SAC}}\right)}{2\,\dfrac{\text{eq}}{\text{L}_{H_2SO_4}}}=624\,\text{L}_{H_2SO_4}=0.62\,\text{m}^3\,H_2SO_4$$

所用 NaOH 溶液体积 (V_3)：

$$V_3 = \frac{1.2\times\left(0.7\,\dfrac{\text{eq}}{\text{L}_{\text{WBA}}}\times 877\,\text{L}_{\text{WBA}}\right)}{1\,\dfrac{\text{eq}}{\text{L}_{\text{NaOH}}}}=737\,\text{L}_{\text{NaOH}}=0.74\,\text{m}^3\,\text{NaOH}$$

中和所用碱溶液体积 (V_4)：

$$624\,\text{L}\,H_2SO_4\times 2\,\frac{\text{eq}\,H^+}{\text{L}_{H_2SO_4}}-737\,\text{L}\,\text{NaOH}\times 1\,\frac{\text{eq}\,OH^-}{\text{L}_{\text{NaOH}}}=511\,\text{eq}\,H^+$$

$$511\,\text{eq}\,H^+\times 1\,\frac{\text{eq}\,OH^-}{\text{eq}\,H^+}\times 1\,\frac{\text{L}_{\text{NaOH}}}{\text{eq}\,OH^-}=511\,\text{L}_{\text{NaOH}}=0.51\,\text{m}^3\,\text{NaOH}$$

总体积：

$$V_T = V_1+V_2+V_3 = (3.18+0.62+0.74+0.51)\,\text{m}^3 = 5.06\,\text{m}^3$$

混合液中的离子浓度：

$$[\text{Ca}^{2+}]+[\text{Mg}^{2+}] = \frac{3\,\dfrac{\text{meq}}{\text{L}}\times 400\,\dfrac{\text{L}}{\text{min}}\times 60\,\dfrac{\text{min}}{\text{h}}\times 8\text{h}}{5.06\,\text{m}^3\times 10^3\,\dfrac{\text{L}}{\text{m}^3}}=113.8\,\frac{\text{meq}}{\text{L}}=2277\,\frac{\text{mg}}{\text{L}}(\text{以}\,\text{Ca}^{2+}\,\text{计})$$

$$[\mathrm{Na^+}] = \frac{2\frac{\mathrm{meq}}{\mathrm{L}} \times 400\frac{\mathrm{L}}{\mathrm{min}} \times 60\frac{\mathrm{min}}{\mathrm{h}} \times 8\mathrm{h} + (737\mathrm{L}+511\mathrm{L}) \times 1 \times 10^3 \frac{\mathrm{meq}}{\mathrm{L}}}{5.06\mathrm{m}^3 \times 10^3 \frac{\mathrm{L}}{\mathrm{m}^3}} = 322.5\frac{\mathrm{meq}}{\mathrm{L}} = 7418\frac{\mathrm{mg}}{\mathrm{L}}$$

$$[\mathrm{HCO_3^-}] = \frac{0.1 \times 2\frac{\mathrm{meq}}{\mathrm{L}} \times 400\frac{\mathrm{L}}{\mathrm{min}} \times 60\frac{\mathrm{min}}{\mathrm{h}} \times 8\mathrm{h}}{5.06\mathrm{m}^3 \times 10^3 \frac{\mathrm{L}}{\mathrm{m}^3}} = 7.6\frac{\mathrm{meq}}{\mathrm{L}} = 463\frac{\mathrm{mg}}{\mathrm{L}}$$

$$[\mathrm{Cl^-}] = \frac{1\frac{\mathrm{meq}}{\mathrm{L}} \times 400\frac{\mathrm{L}}{\mathrm{min}} \times 60\frac{\mathrm{min}}{\mathrm{h}} \times 8\mathrm{h}}{5.06\mathrm{m}^3 \times 10^3 \frac{\mathrm{L}}{\mathrm{m}^3}} = 38\frac{\mathrm{meq}}{\mathrm{L}} = 1347\frac{\mathrm{mg}}{\mathrm{L}}$$

$$[\mathrm{SO_4^{2-}}] = \frac{2\frac{\mathrm{meq}}{\mathrm{L}} \times 400\frac{\mathrm{L}}{\mathrm{min}} \times 60\frac{\mathrm{min}}{\mathrm{h}} \times 8\mathrm{h} + 624\mathrm{L}_{\mathrm{H_2SO_4}} \times 2 \times 10^3 \frac{\mathrm{meq}}{\mathrm{L}_{\mathrm{H_2SO_4}}}}{5.06\mathrm{m}^3 \times 10^3 \frac{\mathrm{L}}{\mathrm{m}^3}} = 322.5\frac{\mathrm{meq}}{\mathrm{L}}$$

$$= 15481\frac{\mathrm{mg}}{\mathrm{L}}$$

（4）离子交换可持续性指数（sustainability index）

去除阴阳离子总量 = $[\mathrm{Ca^{2+}}] + [\mathrm{Mg^{2+}}] + [\mathrm{Na^+}] + [\mathrm{HCO_3^-}] + [\mathrm{Cl^-}] + [\mathrm{SO_4^{2-}}]$

$$= 5.0\frac{\mathrm{meq}}{\mathrm{L}}\mathrm{cations} + 5.0\frac{\mathrm{meq}}{\mathrm{L}}\mathrm{anions} = 10\frac{\mathrm{meq}}{\mathrm{L}}$$

再生剂投加当量 = $[\mathrm{H^+}]_{\mathrm{added}} + [\mathrm{OH^-}]_{\mathrm{added}} = \left(2\frac{\mathrm{eq}}{\mathrm{L}_{\mathrm{H_2SO_4}}} \times 624\mathrm{L}_{\mathrm{H_2SO_4}}\right)$

$$+ \left(1\frac{\mathrm{eq}}{\mathrm{L}_{\mathrm{NaOH}}} \times 1248\mathrm{L}_{\mathrm{NaOH}}\right) = 2496\mathrm{eq}$$

$$\mathrm{SI}_{\mathrm{IX}} = \frac{\text{再生剂总量}+\text{中和所需碱液}}{\text{系统去除的阴阳离子总量}} = \frac{([\mathrm{H^+}]_{\mathrm{added}} + [\mathrm{OH^-}]_{\mathrm{added}})}{[\mathrm{Ca^{2+}}] + [\mathrm{Mg^{2+}}] + [\mathrm{Na^+}] + [\mathrm{HCO_3^-}] + [\mathrm{Cl^-}] + [\mathrm{SO_4^{2-}}]}$$

$$= \frac{\left(2\frac{\mathrm{eq}}{\mathrm{L}_{\mathrm{H_2SO_4}}} \times 624\mathrm{L}_{\mathrm{H_2SO_4}}\right) + \left(1\frac{\mathrm{eq}}{\mathrm{L}_{\mathrm{NaOH}}} \times 1248\mathrm{L}_{\mathrm{NaOH}}\right)}{10\frac{\mathrm{meq}}{\mathrm{L}} \times \frac{1\mathrm{eq}}{1000\mathrm{meq}} \times 400\frac{\mathrm{L}}{\mathrm{min}} \times 60\frac{\mathrm{min}}{\mathrm{h}} \times 8\mathrm{h}} = 1.30$$

（5）评价：

注意，带脱气器/脱碳器的三柱去离子反应器的可持续性指数比第1章例题1.4中描述的双床系统的可持续性指数更接近1.0，即排放到环境中的再生剂和废再生剂的量大大减少。

在阳离子交换剂之后引入脱气装置可减少阴离子交换剂的负荷，并无须再生去除碱度。

弱酸和弱碱离子交换树脂的再生效率大大提高。从可持续性的角度来看,再生废液的处理仍然是最令人头疼的领域。

2.9.3 通过金属氧化物实现配体交换

多价金属氧化物,如铁、铝、钛和锆的氧化物在中性至弱酸性 pH 下对阴离子配体表现出极高的吸附亲和力。这些氧化物也是两性的,它们可以通过如图 2.24 所示的 pH 浮动来再生,用于砷(Ⅴ)酸盐、氟化物和砷(Ⅲ)酸盐的吸附及解吸,其中"M"代表多价金属,即 Fe(Ⅲ) 或 Zr(Ⅳ)。

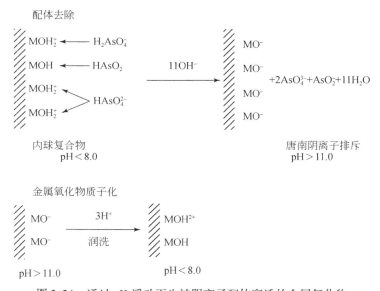

图 2.24 通过 pH 浮动再生被阴离子配体穿透的金属氧化物

在碱性 pH 下,表面羟基被去质子化并带负电,从而通过唐南离子排斥效应非常有效地解析(再生)带负电的砷酸盐。随后用稀酸冲洗允许形成对砷具有更高吸附亲和力的质子化表面官能团。

2.9.4 助溶剂的应用

通过加入助溶剂(co-solvent),可以促进疏水性的可离子化有机物(HIOC)如五氯酚酸酯(PCP^-)或芳香族阴离子从离子交换剂上解吸。助溶剂的介电常数(dielectric constant)低于水(极性较弱),并有助于减少树脂基质与 HIOC 的非极性部分(non-polar moiety,NPM)之间的相互作用。使用 PCP^- 作为 HIOC 代表,图 2.25 显示了强碱阴离子交换剂[罗本哈斯(Rohm and Hass Co.)的 IRA-900 型树脂]的 PCP^-/Cl^- 分离因数值与溶剂介电常数(ε)的关系。可以发现,当溶剂为纯水(ε=

78)时分离因数值为145,而当溶剂为纯甲醇($\varepsilon=32$)分离因数值已经降至1以下。

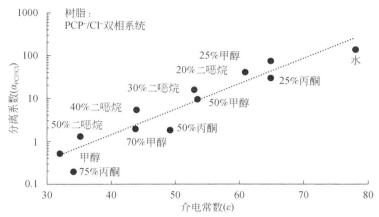

图2.25 实验测得的 PCP$^-$/Cl$^-$ 分离因数与溶液相介电常数的关系图,图中的关系表明添加助溶剂对 PCP$^-$ 解吸的影响。数据经许可转载自 Li,SenGupta,1998[31]

为了研究负载有 PCP$^-$ 阴离子交换剂的可再生性,将被 PCP$^-$ 穿透的同一柱中相同状态的 IRA-900 树脂分为三部分。第一部分使用50%/50%的甲醇水溶液和5% NaCl 分别再生;第二部分使用含5% NaCl 的水溶液进行再生;第三部分仅使用100%的甲醇溶剂进行再生。图2.26 显示了三种再生过程中解吸的 PCP$^-$ 的出水浓度曲线[31]。值得注意的是,氯化钠溶于甲醇和水的混合溶剂提供了非常有效的再生(15床体积的 PCP$^-$ 再生率达到82%),但仅氯化钠溶于单一甲醇或水的溶液实际上无法使 PCP$^-$ 解吸。从机理的角度来看,实验结果表明离子交换(由于存在氯离子)和增强的非极性溶剂(NPM)-甲醇(由于降低的溶剂介电常数)可同时作用实现有效再生。

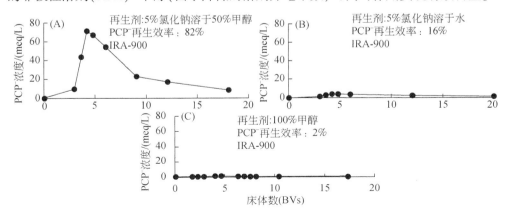

图2.26 图片展示在以下三种溶液中再生剂体积与出水 PCP$^-$ 浓度的关系:(A)5% NaCl 溶于水、甲醇混合溶剂中;(B)5% NaCl 溶于水中;(C)仅100%甲醇。数据经许可转载自 Li,SenGupta,1998[31]

图 2.26 中的三种不同再生方法的结果可以解释如下:

再生剂:Cl^-溶于水中

备注:不利的平衡

$$\overline{R^+PCP^-}+Cl^-(aq) \longrightarrow 非常少量的 PCP^- 解吸 \tag{2.97}$$

再生剂:单独甲醇,没有平衡离子

备注:缺乏离子交换过程

$$\overline{R^+PCP^-}+甲醇 \longrightarrow 非常少量的 PCP^- 解吸 \tag{2.98}$$

再生剂:Cl^-溶于甲醇和水的混合溶剂中,介电常数降低

备注:强化的非极性溶剂相互作用结合离子交换反应

$$\overline{R^+PCP^-}+Cl^-(助溶剂) \longrightarrow \overline{R^+Cl^-}+PCP^-(助溶剂) \tag{2.99}$$

原则上,在所有其他条件保持不变的情况下,对于平衡离子与树脂基质之间的疏水相互作用而吸附去除的离子,可以使用介电常数较低的助溶剂有效地使离子的选择性反转进而解吸下来。

2.9.5 双温再生

常规离子交换过程的主要缺点是在再生步骤中需要使用化学药品(最常见的是盐、酸和碱)。需要投加的再生剂通常远超其化学计量需求,需要进行进一步处理以符合排放标准。目前大量的关于离子交换的研究和开发工作旨在提高再生效率,减少排污。如果在吸附步骤中去除了特定的污染物,那么对污染物的额外处理或控制将成为挑战。解决该问题的一种方法是在再生步骤中完全杜绝化学药品的添加,并通过调节双温再生的工艺参数将其分离。

双温再生(dual-temperature regeneration)技术利用了离子交换过程对温度依赖性,即放热或吸热反应。由于离子交换过程通常在常温下进行,因此双温再生方法仅在离子交换反应的焓变(ΔH)较大,通常大于 10kJ/eq 时才可行。对于无机离子交换剂和聚合离子交换剂来说,后者在高于 70℃ 的温度时依然能够保持化学稳定,因此更适合热处理。同时,聚合离子交换剂可能具有更多种类的具有相对较大 ΔH 值的官能团。在过去的三十年中,俄罗斯、澳大利亚的研究人员在温度驱动的离子交换过程中进行了大量的研究和开发[32]。在下面的部分中,我们将讨论在没有使用任何化学药品的情况下,使用双温工艺再生离子交换剂的基本原理和一些成功的案例。

以一个典型的离子交换(阳离子或阴离子)作为参考:

$$\overline{RB}+A \Longleftrightarrow \overline{RA}+B \tag{2.100}$$

在理想情况下,平衡常数 K_{AB} 与标准焓变 $\Delta H^{\ominus}$ 的关系由范托夫方程(van't Hoff equation)给出,如下所示:

$$\frac{\mathrm{d}\ln K}{\mathrm{d}T} = \frac{\Delta H^\ominus}{RT^2} \tag{2.101}$$

在运行温度范围内(如 5~75℃),焓变受温度变化的影响很小,可以忽略不计。在对两个运行温度 T_1 和 T_2 积分时,式(2.99)可以变为

$$\ln \frac{K_{T_2}}{K_{T_1}} = \frac{T_2 - T_1}{RT_1 T_2} \cdot \Delta H^\ominus \tag{2.102}$$

表 2.3 列出了多种交换剂的同价离子交换反应的分离因数或选择性系数值。注意,对于具有较高亲和力的平衡离子,分离因数值随温度的升高而减小,证实了离子交换反应的放热性。相反,二价与一价离子的交换反应趋于吸热,疏水可离子化有机化合物(HIOCs)的吸附也是如此[33]。因此,从理论上讲,通过使离子交换树脂在两个不同的温度 T_1 和 T_2 下与溶液接触,可以以循环过程的形式进行吸附和再生,而无须投加化学药品,如图 2.27 所示。注意,在 T_2 的再生过程中,A 的浓度 C_A 增加到进料浓度 $C_{A,\text{feed}}$ 之上。

表 2.3 同价离子交换中分离因数($\alpha_{A/B}$)值的温度依赖性。数据经许可取自 Khamizov, Ivanov, Tikhonov, 2011[16]

离子交换剂	交换离子 ($\overline{RB} \longrightarrow \overline{RA}$)	T/℃	$\alpha_{A/B}$
弱酸性阳离子交换剂（聚甲基丙烯酸阳离子树脂）	$Mg^{2+} \longrightarrow Ca^{2+}$	15	4.9
		80	1.4
斜发沸石(clinoptilolite)	$Na^+ \longrightarrow K^+$	13	26.4
		70	12.5
强碱性（如 Dowex 118 树脂）	$Cl^- \longrightarrow Br^-$	25	4.2
		90	2.8
	$Cl^- \longrightarrow I^-$	12	45
		80	16

将二价的钙离子从以一价钠离子为主的溶液中吸附到离子交换剂上是一个吸热过程,即温度升高会增强钙的吸附,而温度降低会引起解吸。图 2.28 显示了凝胶型聚甲基丙烯酸树脂从 76℃(吸附)到 10℃(再生)之间,在 2.5mol/L Na^+ 和 0.01mol/L Ca^{2+} 的混合溶液中钙离子的富集(或解吸)过程[16]。

简单的双温循环过程也曾成功地用于无试剂浓缩地下含水层(尤其是地热水)中的碘化物。与 Na^+-Ca^{2+} 交换不同,Cl^--I^- 交换是放热过程,与氯化物相比,碘化物的选择性随着强碱阴离子交换剂温度的升高而显著降低。

图 2.29 显示了地热水(60 g/L NaCl 和 30 mg/L NaI 的混合溶液)处理的三个连续循环的双温再生曲线[16]。将进水连续通过填装有强碱阴离子交换树脂的反

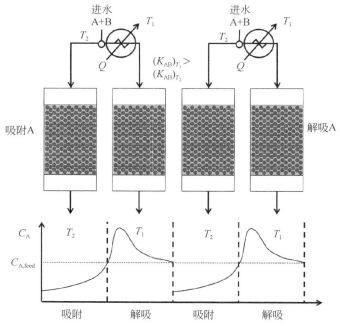

图 2.27 双温再生过程的原理示意图，说明温度从 T_2 到 T_1 的变化过程中，A 从进料中的吸附和解吸。数据经许可取自 Khamizov, Ivanov, Tikhonov, 2011[16]

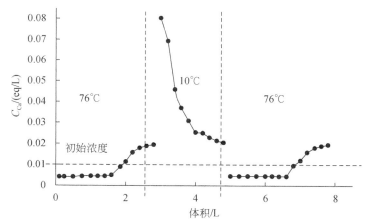

图 2.28 使用聚甲基丙烯酸树脂(KB-4)从 2.5mol/L NaCl 和 0.01mol/L $CaCl_2$ 的混合溶液中解吸 Ca^{2+} 的过程。单位床体积=180mL。数据经许可取自 Khamizov, Ivanov, Tikhonov, 2011[16]

应器中，并且将温度从 $T_1=15℃$（吸附）周期性地改变为 $T_2=75℃$（脱附）。在双温循环过程的每个高温半循环期间，都会生成富集碘化物的溶液。

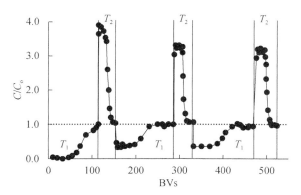

图 2.29 在循环改变温度的过程中,使用强碱性阴离子交换树脂在 $T_1 = 15\,^\circ\!\text{C}$ 和 $T_2 = 75\,^\circ\!\text{C}$ 时碘化物(I^-)的富集过程。数据经许可取自 Khamizov, Ivanov, Tikhonov, 2011[16]

备受期待的后续问题是:我们能否仅通过离子交换过程中的温度波动来对水进行脱盐或软化处理?尽管尚未实现实际生产应用,但最初在澳大利亚开发的思若泽沐工艺(Sirotherm process)为通过温度波动使咸水部分脱盐提供了理论基础。特殊的弱酸和弱碱阴离子交换树脂构成了工艺的核心,在温度 T_2 大于温度 T_1 的情况下,可逆脱盐的过程如下:

$$\overline{R_3N} + \overline{RCOOH} + Na^+(aq) + Cl^-(aq) \underset{T_2}{\overset{T_1}{\rightleftharpoons}} \overline{R_3NH^+Cl^-} + \overline{RCOO^-Na^+} \quad (2.103)$$

在较高的温度下,水的解离程度更高,导致 H^+ 和 OH^- 的浓度提高,这反过来又提高了弱酸和弱碱树脂的再生效率。例如,当温度从 20℃ 变为 80℃ 时,水的解离增加近 30 倍,即 H^+ 和 OH^- 的浓度均显著提高。双温脱盐的吸附和再生曲线与图 2.27 相似。开发适合在高温下再生的弱离子交换剂一直是思若泽沐工艺实际应用的主要障碍。有兴趣的读者可以咨询波尔托(Bolto)及其同事,并对交换剂的基础聚合化学进一步讨论,以了解该过程[34]。

2.9.6 二氧化碳再生工艺

二氧化碳(CO_2),作为一种酸性气体,有潜力在对环境友好的条件下同时再生阳离子和阴离子交换树脂。CO_2 溶于水产生碳酸,可以分解为 H^+ 和 HCO_3^-:

$$CO_2 + H_2O \rightleftharpoons H_2CO_3(aq) \quad (2.104)$$

$$H_2CO_3(aq) \rightleftharpoons H^+ + HCO_3^- \quad (2.105)$$

解离后的 H^+ 可以再生弱酸阳离子交换树脂,而 HCO_3^- 可以再生强碱阴离子交换剂。在第 5 章固相和气相离子交换中将详细介绍该主题。

2.9.7 纯水再生

在某些特殊情况下,纯水也可以用作有效的再生剂。例如,在钢镀锌工艺中使用的浓盐酸与Fe(Ⅲ)和Zn(Ⅱ)络合形成氯络合物阴离子,如$FeCl_4^-$和$ZnCl_4^{2-}$。氯型的强碱阴离子交换树脂很容易吸附这些阴离子络合物,并将废酸提纯:

$$\overline{R^+Cl^-}+FeCl_4^- \longrightarrow \overline{R^+FeCl_4^-}+Cl^- \tag{2.106}$$

$$2\overline{R^+Cl^-}+ZnCl_4^{2-} \longrightarrow \overline{(R^+)_2ZnCl_4^{2-}}+2Cl^- \tag{2.107}$$

该过程的再生是用纯水进行的,这将稀溶液中的阴离子络合物解离为金属阳离子,由于唐南排斥效应而使金属阳离子迅速解吸:

$$\overline{R^+FeCl_4^-}+2H^+ \longrightarrow \overline{R^+Cl^-}+Fe^{3+}+2HCl+Cl^- \tag{2.108}$$

$$\overline{(R^+)_2ZnCl_4^{2-}}+H^+ \longrightarrow 2\overline{R^+Cl^-}+Zn^{2+}+2HCl \tag{2.109}$$

Fe(Ⅲ)将在Zn(Ⅱ)之前被洗脱;因此,金属也可以被分离和回收。

2.10 树脂的降解和微量毒素的形成

本质上,每种复杂的有机分子或聚合物在化学上都是不稳定的,并且从热力学角度来看,即使在大气条件下也易于氧化。离子交换树脂也不例外,尽管它们在没有阳光的情况下的保质期非常长,并且通常会超过十年。然而,在许多应用中,在处理过程中离子交换树脂的降解或变质以及随之而来的交换容量的损失十分受人关注。通常聚合离子交换树脂的耐用性、化学稳定性和抗机械磨损性得到了很大改善。但是,树脂仍会一定程度地变质,以下是造成树脂变质的主要原因。

(1)渗透压的改变导致树脂收缩或膨胀。
(2)热降解及化学降解。

由于周期性的处理和再生过程中介质中溶液的离子形式和浓度会发生定期变化,导致树脂的体积也发生周期性的改变,树脂颗粒逐渐破碎。可以理解,相同的离子交换剂颗粒在不同的应用下可能经历不同程度的破碎。弱酸树脂在游离酸形式和一价盐形式之间经历大的循环体积变化,并且在这样的循环中经受渗透压的冲击而被破坏。由渗透压的改变形成的冲击力引起树脂颗粒碎裂,产生的树脂粉末不会失去离子交换能力,但会导致反应器的水头损失增加。与凝胶型树脂相比,大孔树脂由于具有较高的交联度和大孔性,因此不易受到渗透压冲击的影响。典型的软化和脱盐工厂的树脂损失或每年的更换需求少于填装树脂总体积的百分之十。

关于热降解和化学降解,化学键的断裂和官能团的丧失对系统正常运行有更大的影响。在较高的温度下(大部分高于50℃)并在氧化剂(如氯气、铬酸盐、过氧化物和高锰酸盐等)的存在时,长时间的运行对树脂造成的影响将更为明显。具有聚苯乙烯基质、二乙烯基苯交联和磺酸官能团的大多数现代强酸阳离子交换树脂即使在较高的温度下也极其稳定,并且 R-SO_3^- 官能团和基质中的共价键断裂的可能性很小。伴随着膨胀/收缩的渗透压冲击是凝胶型阳离子交换树脂以缓慢的速率持续损失的主要原因。

阴离子交换树脂更容易受到热和化学降解的影响,当强碱阴离子交换树脂为 OH^- 形式时,树脂降解的情况最为糟糕。当所有的季铵化合物呈氢氧化物形式时,往往会发生霍夫曼降解(Hoffmann degradation),从而导致碳氮键断裂。图 2.30 显示了强碱 I 型结构两种可能的裂解过程,并且两种裂解的可能性相同。

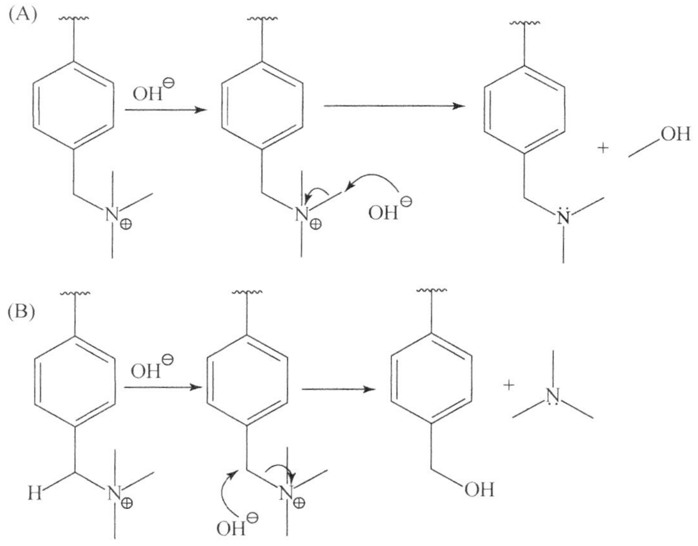

图 2.30 两种 I 型季铵盐官能团的降解途径:(A)S_N2 羟基加成;(B)霍夫曼降解

注意,当官能团中甲基脱落时,强碱官能团转化为弱碱官能团。当氨基分离时,总交换容量会降低。具有叔胺官能团的阴离子交换树脂也可以进行降解释放二甲胺。通常建议 I 型和 II 型强碱树脂以氢氧化物形式存在时环境温度不要超过 60℃。结构的损失率会随着树脂的老化而降低。I 型阴离子树脂中常见的腥臭味主要来自三甲胺。阴离子交换树脂在任何情况下都不应该与硝酸接触,因为硝酸可能导致爆炸而使反应失控。在氧化剂如氯和氯胺存在时,分离的二甲胺或二烷基胺趋于形成亚硝胺化合物,包括亚硝基二甲胺(NDMA),被归类为致癌物质和有毒物质。

- **树脂降解形成痕量亚硝基二甲胺(NDMA)**

NDMA 是亚硝胺化合物之一,其在 20 世纪 50 年代中期被麦基(Magee)和巴恩斯(Barnes)首次分类为有毒和致癌物质[35,36]。学者们对亚硝胺在各种食品(尤其是亚硝酸盐保存的食品)和烟草制品中的大量存在进行了广泛的研究。在未受污染的地表水供水企业中,自来水中的高浓度 NDMA(>100ng/L)并不常见[37],但由于低剂量的长期存在而令人担忧。饮用水回用系统应警惕亚硝胺(包括 NDMA)的浓度,因为废水氯气消毒和亚硝胺副产物的风险较高(>100ng/L)[38,39]。

尽管与废水回用相比情况完全不同,但是强碱和弱碱阴离子交换树脂可以通过以下两种方式成为 NDMA 或亚硝胺前体,即二甲胺(DMA)或三甲胺(TMA):第一,洗涤不彻底,即阴离子交换树脂合成后残留的 DMA 和 TMA;第二,如前一节所述,在高 pH、高温或与氧化剂接触的情况下,阴离子交换树脂会逐渐降解。显然,残留的 DMA 或 TMA 可以通过长时间洗涤轻松去除。我们将主要关注阴离子交换树脂降解过程中形成的 DMA 和 TMA,以及它们转化为致癌的 NDMA 或其他亚硝胺盐的过程。

如上一节所述,具有 I 型和 II 型季铵盐官能团的强碱性阴离子交换树脂可能会发生脱甲基化(或脱烷基化),从而产生具有叔铵官能团的弱碱性树脂。氧化性含氯物质(尤其是氯胺)有利于叔胺官能团的脱氨基反应,以形成 NDMA(亚硝胺的最常见形式)。图 2.31 说明了潜在的转化机制[39]。

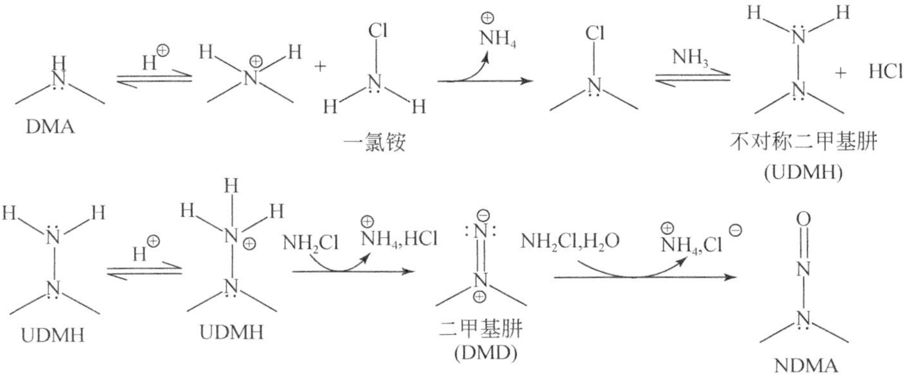

图 2.31 密驰(Mitch)和塞拉科(Sedlak)提出通过氯化 DMA 形成 NDMA 的机理。数据经许可取自 Mitch,Sedlak,2002[39]

佛洛华(Flowers)和辛尔(Singer)研究了阴离子交换树脂初始润洗、再生以及暴露于氧化剂(如氯胺、游离氯)过程中亚硝胺前体和亚硝胺(包括 NDMA)的存在。在运行 100 个床体后进行再生(10% NaCl),而 150 个床体后设备停止运行

12h。观察发现,一氯胺比游离氯能产生更多的亚硝胺。在15种树脂的连续过柱实验中,有8种在润洗的前10个床体期间产生了可测量的亚硝胺。

在按照树脂生产商的建议进行预洗和再生的启动程序后,或者在过柱的前10个床体,阴离子交换树脂产生的亚硝胺浓度明显低于处理前。但是,许多树脂的亚硝胺前体含量明显高于10ng/L,这可能是之后产生亚硝胺的隐患。绝不建议将阴离子交换树脂暴露于氧化剂或紫外线下,因为会加速树脂降解,与正常连续流动相比,亚硝胺的释放要高得多。氯化后,由于前体已转化为亚硝胺,因此释放出低浓度的亚硝胺前体[40]。因此在阴离子交换处理之前进行脱氯(如使用活性炭吸附)的重要性对于阴离子交换树脂的寿命和性能以及避免亚硝胺的产生和公众健康的考虑是显而易见的。

2.11 离子排斥和离子迟滞

离子排斥(ion exclusion)和离子迟滞(ion retardation)本质上都是离子交换剂的介入导致的,用于将强电解质与弱电解质和非电解质分离。最重要的是,两种情况下都使用水(溶剂)作为洗脱液。尽管唐南排斥原理构成了离子排斥的基础,但两性离子交换剂具有彼此靠近的阳离子和阴离子官能团,通常被称为"蛇笼式"聚电解质,是离子延迟分离的主要原因。为了排除离子,强电解质会在弱电解质和非电解质之前最先从色谱柱中洗脱出来。洗脱顺序与离子迟滞相反。

2.11.1 离子排斥

在离子排斥过程中,离子交换剂仅充当吸附剂,整个过程中不会发生实际的离子交换。强电解质(如XY)可以通过X型的阳离子交换树脂(或Y型的阴离子交换树脂)与非电解质分离。在通过离子交换塔的上部分后,两种溶质均能够用水洗脱。由于唐南排斥效应,强电解质XY被离子交换剂排斥,因此较弱电解质或非电解质更早地出现在交换塔出口处。弱电解质被吸附到离子交换剂上,从而在没有唐南排斥的效应下在交换塔中停留更长时间。图2.32说明了通过使用柠檬酸根型的阴离子交换树脂将柠檬酸(未解离的)从其盐中分离出来。较纯的柠檬酸随后出现在交换塔的出口。

通过减小树脂颗粒的粒径和流速可以提高分离效率。溶液中较低的电解质浓度和较高的交换容量可以提高离子排斥效应。当配对离子价态更高时,唐南排斥作用也更强。同样,固定床色谱柱中的不均匀混合或不理想状态也会影响分离分辨率。

开米佐夫(Khamizov)及其同事通过在色谱柱中引入不互溶的溶剂[如癸醇(decanol)]来代替纯水作为洗脱液,大大提升了离子排斥过程中的分离效果[41]。

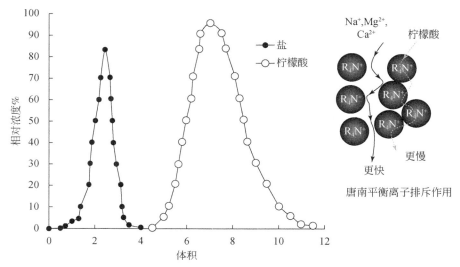

图 2.32　用水作为洗脱液,从发酵液中分离柠檬酸及其盐。数据经许可转载自 Sarkar,SenGupta,Prakash,2010[4]

非极性的癸醇的密度比水低,大大降低了色谱柱动力学带来的影响。图 2.33 显示了冶金厂废水中硝酸铝与硝酸的分离。

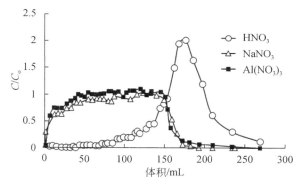

图 2.33　分离硝酸和硝酸盐的穿透曲线。色谱柱负载:110 mL 强酸阳离子交换树脂 AV-17（俄罗斯）。流速:2 床体/h。数据经许可取自 Khamizov,Krachak,Khamizov,2012[41]

离子或电解质不会通过非极性的癸醇。相反,它们通过围绕树脂颗粒的薄水膜层从一个颗粒传递到下一个颗粒。这种使用适当的非极性溶剂来提高离子排斥分离效率的创新方法,有望应用于许多类似的案例中。

2.11.2　离子迟滞

蛇笼式两性离子交换剂构成了离子迟滞过程的核心。蛇笼式床类似于阳离子和阴离子交换树脂的混合床,所不同的是,水通过蛇笼式床后可以从蛇笼树脂中洗脱出被吸附的电解质。相反,混合床需要用酸和碱再生。蛇笼或蛇笼材料由带固定电荷(笼)的交联聚合物网络组成,并且与被捕获的线性聚电解质(蛇)带有相反电荷。紧邻的两个带相反电荷的官能团可以吸收特别小的阳离子和阴离子(如 Na^+ 和 Cl^-),这些阳离子和阴离子易于进入笼子,而平衡离子也易于被水解吸。

离子迟滞与离子排斥的方式相同:不需要再生剂。唯一的区别是在离子迟滞过程中,电解质被吸收,因此会出现在出水中;而非电解质的吸附量很小,因此大分子非电解质的分离变得可行。图 2.34 显示了从盐杂质中分离出甘油(glycerol)和聚甘油(polyglycerol)。

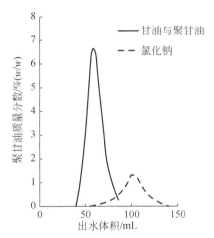

图 2.34　通过离子迟滞从甘油和聚甘油中分离氯化钠的实验出水曲线。进水:12.5%(质量分数)甘油,6.2%(质量分数)聚甘油,6%(质量分数)NaCl;温度70℃;树脂:Retardion 11A8。数据经许可取自 Hatch,Dillon,Smith,1957[42]

尽管早期研究有一定成果,但离子迟滞工艺的应用迄今为止非常有限。与离子排斥法相比,蛇笼式聚合物的离子交换能力非常低是其缺乏市场需求的主要原因。

2.12　两性离子和氨基酸吸附

氨基酸(amino acid)是两性离子(zwitterion),具有阳离子和阴离子双重特性,是蛋白质和生命的基础。典型的氨基酸由伯胺通过甲基桥连接至羧基,进而支持多种侧链。图 2.35 显示了具有两个酸解离常数的氨基酸的一般结构。

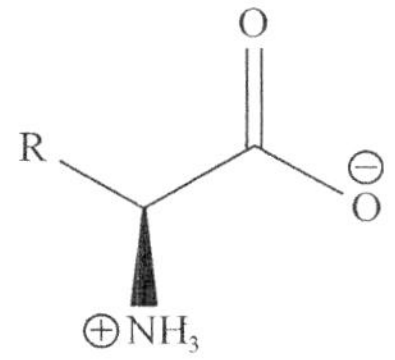

图 2.35 具有两个酸解离常数或 pK_a 值的典型氨基酸

真核生物(eukaryotes)中有 21 种氨基酸用于蛋白质的合成,每种氨基酸的区别主要是侧链不同。通过同时具有伯氨基和羧基,氨基酸可以在低 pH 下具有净正电荷(阳离子),在 pH 介于氨基/羧基的 pK_a 之间时呈电中性,在高于氨基 pK_a 的 pH 时带负电荷(阴离子)。尽管氨基酸可能呈电中性,但氨基酸上的氨基和羧基分别带正电荷和负电荷。与不带电荷相比,带两种电荷会对氨基酸的化学性质产生重大影响,尤其是对它们与离子交换剂的相互作用。

具有两个 pK_a 值的典型氨基酸的逐步解离可表示如下:

$$NH_3^+CHRCOOH \xrightleftharpoons{K_{a1}} NH_3^+CHRCOO^- + H^+ \xrightleftharpoons{K_{a2}} NH_2CHRCOO^- + H^+ \quad (2.110)$$

上述解离通常表示为:

$$R^+COOH \xrightleftharpoons{K_{a1}} R^+COO^- + H^+ \quad (2.111)$$

$$R^+COO^- \xrightleftharpoons{K_{a2}} RCOO^- + H^+ \quad (2.112)$$

例题 2.10

丙氨酸(alanine)是氨基酸的一种,其两个酸解离常数如下:

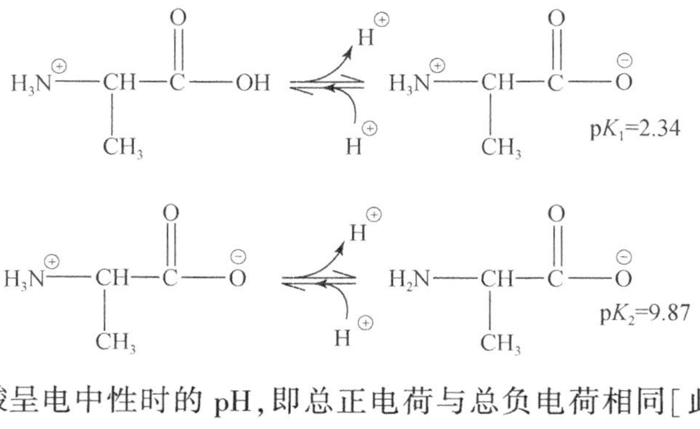

$pK_1 = 2.34$

$pK_2 = 9.87$

找出丙氨酸呈电中性时的 pH,即总正电荷与总负电荷相同[此刻的 pH 称为等电点(isoelectric point),简称 pI]。

答案：

pI 即 $[R^+COOH] = [RCOO^-]$ 时的 pH。

综上所述可以得到

$$pI = 等电点 = 当氨基酸为两性离子时的 pH$$

$$pI = \frac{1}{2}(pK_{a1} + pK_{a2})$$

$$pI_{丙氨酸} = \frac{1}{2}(2.34 + 9.69) = 6.0$$

当 pH 为 6.0 时，丙氨酸为呈电中性的两性离子。

值得注意的是，尽管丙氨酸整体呈电中性，但由于带负电荷的羧基和带正电荷的氨基的独立存在，丙氨酸可能被吸附在阳离子交换剂或阴离子交换剂上。氨基酸离子交换剂行为的复杂性也来自各种侧链，尤其是可以质子化/去质子化的侧链。氨基酸的侧链官能团可以显著改变氨基和羧基的 pK_a 值。表 2.4 列出了不同氨基酸的 pK_a 和 pI 值，包括具有解离侧链的氨基酸，即 pK_3 值。

表 2.4　氨基酸的 pK_a 与 pI 值

氨基酸	三字母代码	单字母代码	pK_a（α-羧酸）	pK_a（α-氨基）	pK_a（侧链）	pI
丙氨酸（alanine）	ALA	A	2.34	9.69		6.00
精氨酸（arginine）	ARG	R	2.17	9.04	12.48	10.76
天冬酰胺（asparagine）	ASN	N	2.02	8.80		5.41
天冬氨酸（aspartic acid）	ASP	D	1.88	3.65	9.60	2.77
半胱氨酸（cysteine）	CYS	C	1.96	8.18	10.28	5.07
胱氨酸（cystine）			<1.00	1.70	7.48, 9.02	4.60
谷氨酸（glutamic acid）	GLU	E	2.19	4.25	9.67	3.22
谷氨酰胺（glutamine）	GLN	Q	2.17	9.13		5.65
甘氨酸（glycine）	GLY	G	2.34	9.60		5.97
组氨酸（histidine）	HIS	H	1.82	6.00	9.17	7.59
羟脯氨酸（hydroxyproline）	HYP		1.92	9.73		5.83
异亮氨酸（isoleucine）	ILE	I	2.36	9.68		6.02
亮氨酸（leucine）	LEU	L	2.36	9.60		5.98
赖氨酸（lysine）	LYS	K	2.18	8.95	10.53	9.74
甲硫氨酸（methionine）	MET	M	2.28	9.21		5.74
苯丙氨酸（phenylalanine）	PHE	F	1.83	9.13		5.48
脯氨酸（proline）	PRO	P	1.99	10.96		5.48

氨基酸	三字母代码	单字母代码	pK_a （α-羧酸）	pK_a （α-氨基）	pK_a （侧链）	pI
丝氨酸(serine)	SER	S	2.21	9.15		5.68
苏氨酸(threonine)	THR	T	2.71	9.62		6.16
色氨酸(tryptophan)	TRP	W	2.38	9.39		5.89
酪氨酸(tyrosine)	TYR	Y	2.20	9.11	10.07	5.66
缬氨酸(valine)	VAL	V	2.32	9.62		5.96

- **与阳离子交换剂的相互作用：pH 的影响**

假设 $NH_2CHRCOO^-$（或 $RCOO^-$）对阳离子交换树脂没有亲和力。仅 R^+COOH 和 R^+COO^- 可能被吸附到阳离子交换剂上。

考虑到氨基酸的总浓度（C_T）在系统 pH 下主要由 R^+COOH 和 R^+COO^- 形式组成，且 $RCOO^-$ 的浓度可以忽略不计：

$$C_T = C_{R+COOH} + C_{R+COO^-} \tag{2.113}$$

另外，

$$K_{a_1} = \frac{C_{R+COO^-} \cdot C_H}{C_{R+COOH}} \tag{2.114}$$

将式(2.113)与式(2.114)结合并整理可得

$$C_{R+COO^-} = \frac{C_T \cdot K_{a_1}}{K_{a_1} + C_H} \tag{2.115}$$

$$C_{R+COOH} = \frac{C_T \cdot C_H}{K_{a_1} + C_H} \tag{2.116}$$

氨基酸的两种形式相对于钠的分离因数分别为

$$\alpha_1 = \frac{\overline{C_{R+COOH}} \cdot C_{Na}}{C_{R+COOH} \cdot \overline{C_{Na}}} \tag{2.117}$$

$$\alpha_2 = \frac{\overline{C_{R+COO^-}} \cdot C_{Na}}{C_{R+COO^-} \cdot \overline{C_{Na}}} \tag{2.118}$$

定义总浓度下氨基酸的综合分离因数 α_T：

$$\alpha_T = \frac{(\overline{C_{R+COOH} + C_{R+COO^-}}) \cdot C_{Na}}{(C_{R+COOH} + C_{R+COO^-}) \cdot \overline{C_{Na}}} \tag{2.119}$$

因此若消除所有水相和固相中的浓度项,综合分离因数 α_T 可以简化为 pH 和第一个 pK_a 值的表达式:

$$\alpha_T = \frac{\alpha_1 + \alpha_2 10^{(pH-pK_a)}}{1 + 10^{(pH-pK_a)}} \tag{2.120}$$

表观分离因数主要取决于 pH 和羧基的 pK_a 值,当 $pH \approx pK_a$ 时非常敏感。图 2.36 显示了不同 pH 时,苯丙氨酸(phenylalanine)的综合分离因数 α_T 的变化曲线[43];当 $pH \approx pK_a$(氨基)时,用阴离子交换树脂进行类似的分离是可行的[44]。

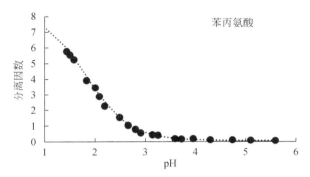

图 2.36 对于阳离子交换树脂,苯丙氨酸相对于钠的综合分离因数是 pH 的函数。数据经许可取自 Yu, Yang, Wang, 1987[43]

现在通过解答习题 2.1 来测试我们对本节的理解程度。

习题 2.1
(1) 使用图 2.36 中的数据,计算 α_1 和 α_2 值,并阐明所有假设条件(如果有)。
(2) 试推导式(2.120)。

2.13 溶液渗透压对离子交换的影响

渗透压(osmotic pressure)与冰点、沸点和蒸汽压一起被称为溶液的四种依数性(colligative properties),溶解于溶液中的非挥发性化合物可导致溶液的冰点降低、沸点升高以及蒸汽压下降。"依数性"一词源于拉丁文词根,表示"捆绑在一起"。将这四个特性结合在一起的标准是,对于理想的溶液,它们都取决于溶解颗粒的数量,即溶质的摩尔浓度。理想情况下,溶液的渗透压可由下式计算:

$$\Pi = \sum_{i=1}^{n} C_i RT \tag{2.121}$$

其中,C_i 是所溶解的溶质 i 的摩尔浓度。

而离子交换过程为离子间的等价交换。因此,通过使用二价或多价离子(如镁离子或硫酸根)型的离子交换剂与氯化钠(即溶液中仅存在 Na^+ 和 Cl^- 或一价阳离子与一价阴离子的比例为 1:1)溶液进行离子交换后能够大大降低溶液的渗透压。如图 2.37 所示(情况 A 和 B),通常当一价阳离子与一价阴离子组成的溶液向一价阳离子与二价阴离子或二价阳离子与二价阴离子的溶液转化时,溶液的渗透压降低。由于离子交换过程是可逆的,当反应反向进行时,则可以由 Na_2SO_4 或 $MgSO_4$ 生成氯化钠。

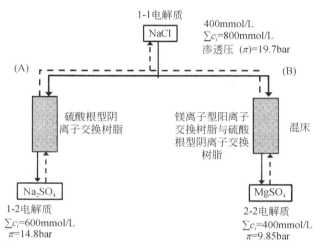

图 2.37 当氯化钠溶液通过二价离子预饱和的离子交换剂后,溶液的渗透压降低。数据经许可转载自 Sarkar,SenGupta,2008[45]

图 2.38(A)~(C)显示了将 560mmol/L NaCl 溶液通过硫酸根型的强碱阴离子交换树脂(Purolite A-850)的过柱示意图和出水曲线。560mmol/L NaCl 相当于约 32000mg/L NaCl(近似于海水浓度)。硫酸根和氯离子的出水浓度曲线如图 2.38(B)所示。注意,氯离子严格按当量交换为硫酸根。对于进料中每 2mol 的氯离子,在阴离子交换塔出口处产生 1mol 的硫酸根或 Na_2SO_4。经过阴离子交换树脂后溶液的渗透压从进水(NaCl)中的 24 bar 降至出水中的 15 bar(即 NaCl 转化为 Na_2SO_4)[图 2.38(C)]。

这种工艺(通过一价阳离子和一价阴离子发生离子交换而降低溶液渗透压)一直是复合离子交换-反渗透(HIX-RO)工艺的重点,以实现高效脱盐[45]。

下面通过解答习题 2.2 来测试我们对此理论的理解。

习题 2.2

地下苦咸水中主要离子的摩尔浓度如下所示:

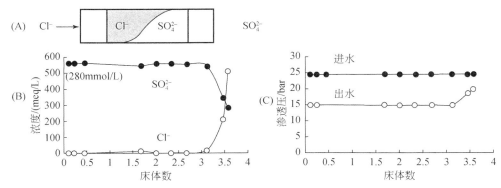

图 2.38 （A）阴离子交换树脂中氯离子与硫酸根的离子交换示意图；（B）硫酸根洗脱曲线，进水氯离子浓度为 560meq/L；（C）通过氯离子-硫酸根交换降低渗透压的证据。数据经许可转载自 Sarkar,SenGupta,2008[45]

阳离子	浓度/(mol/L)	阴离子	浓度/(mol/L)
Na^+	0.02	Cl^-	0.025
Mg^{2+}	0.005	HCO_3^-	0.001
Ca^{2+}	0.01	NO_3^-	0.002
K^+	0.001	SO_4^{2-}	0.012

（1）苦咸水应进行反渗透，以回收 75% 的渗透水。废水或浓缩液的渗透压是多少？

（2）如果过反渗透前使苦咸水先通过 Mg^{2+} 型的阳离子交换树脂和 SO_4^{2-} 型的阴离子交换树脂的混合床离子交换柱，那么现在浓缩液的渗透压是多少？

2.14 离子交换剂的催化作用

许多重要的有机和无机反应通常在酸性或碱性介质中催化。在溶液中引入酸（即 H^+）或碱（即 OH^-）也需要分别添加等量的阴离子（即 Cl^-）或阳离子（即 Na^+）以保持电中性。因此，此类额外的溶质（即 Cl^-、Na^+）会产生杂质和总溶解性固体，可能需要通过下游处理将其分离、去除。酯化（esterification）、酯水解（ester hydrolysis）、醇脱水（alcohol dehydration）和缩合反应（condensation reactions）都是酸/碱催化反应。强酸性阳离子交换树脂或强碱性阴离子交换树脂本质上是固体酸和固体碱，它们可以催化上述反应而不会在产物中引入任何杂质，单独的 H^+ 可以通过离子交换引入而没有任何伴随的阴离子。另外，离子交换树脂可以保留在填充床色谱柱中，与溶液相分离，重新加载 H^+ 后可以重复使用。

溶液中蔗糖（sucrose）的水解通常导致甜度、水分增加，结晶减少，如图 2.39 所示。

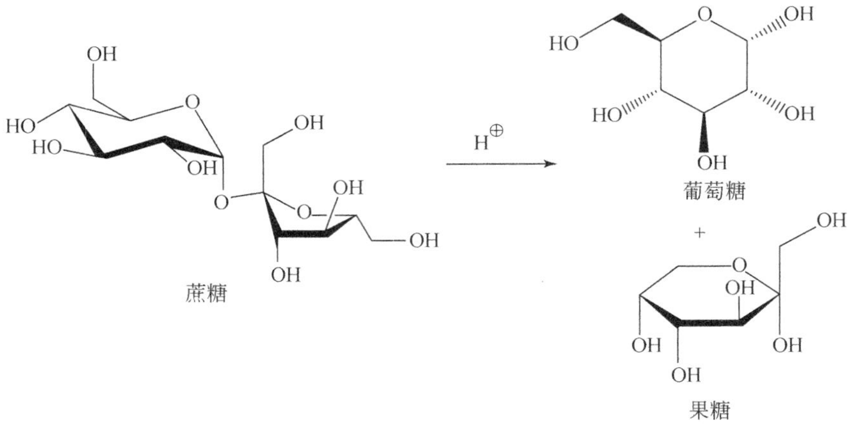

图 2.39 酸催化蔗糖转化为葡萄糖(glucose)和果糖(fructose)

强酸阳离子交换树脂的质子形式可以用于催化蔗糖的转化。使用阳离子交换剂将蔗糖异化水解为相应的单糖(葡萄糖和果糖)属于一级反应。该反应的速率随着温度的升高而增加，并且与树脂交联度和粒径成反比。通常优先选择大孔树脂，因为它们对高温和渗透压冲击具有更出色的抵抗力。使用 H 型的阳离子交换剂作为不溶性固体酸，与常规添加酸催化，之后用苛性钠中和的常规同化水解方法相比，可避免添加不需要的杂质。

许多对环境有重大影响的合成有机化合物(包括农药)会通过化学水解而降解，而化学水解强烈依赖于 pH。水解反应伴随着一个键的裂解，以及与水分子的组成部分(如 H^+ 或 OH^-)重新结合，如图 2.40 所示。

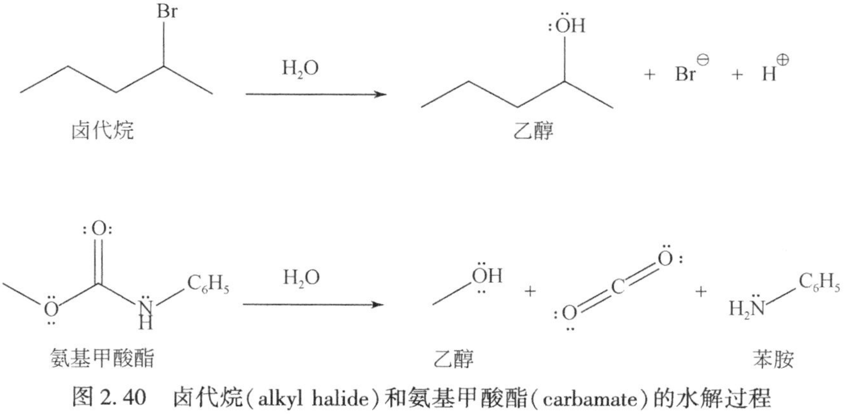

图 2.40 卤代烷(alkyl halide)和氨基甲酸酯(carbamate)的水解过程

这种水解裂解反应绝大多数遵循一级动力学。图 2.41 显示了两种意义重大的农药的一级动力学系数；这些系数在很大程度上取决于水相的 pH。

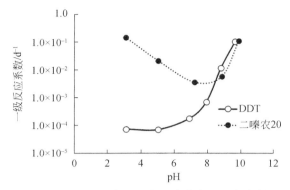

图 2.41 溶液 pH 对工业合成的有机农药水解速率常数的影响。
数据经许可取自 Sato, McKechnie, Schnoor, Sahoo, 1987[46]

可以理解,巧妙地应用固体酸(即 H 型阳离子交换剂)或固体碱(即游离碱/氢氧根型阴离子交换剂)可以大大提高难分解的工业合成有机化合物降解为对环境有益的产物的速率。

还应强调许多配体交换过程是 pH 相关的。因此,许多重要配体(如砷、氟化物、磷酸盐等)的吸附和解吸可以通过阳离子和阴离子交换剂来调节 pH。第 3 章将讨论受污染地下水中微量氟的吸附去除方法及相关的主题。

第 2 章摘要:十一个要点

- 离子交换过程总是伴随着离子交换树脂的溶胀或收缩,这是由水相和交换剂相之间的渗透压差导致的。在离子交换过程中,配对离子也会侵入离子交换剂内部。
- 分离因数$\left(\alpha_B^A = \dfrac{y_A}{x_A} \cdot \dfrac{x_B}{y_B}\right)$是平衡离子 A 和 B 对交换剂的相对亲和力的无量纲表达式,与蒸馏过程中的相对挥发性表达相同。对于同价交换,分离因数等于理想条件下的平衡常数,并且与水相电解质浓度 C_T 无关。但对于异价离子交换,分离因数取决于 C_T,该现象称为电选择性效应(electroselectivity effect)。例如,在高 C_T 值下,阳离子交换树脂对一价 Na^+ 的选择性高于二价 Ca^{2+},即 $\alpha_{Na}^{Ca}<1$。
- 对于仅涉及库仑相互作用的离子交换,平衡离子的选择性取决于价态和水合离子半径。对于相同价态的离子,较低的水合离子半径可提供更高的选择性。
- 导致唐南膜平衡的条件是由于固定的离子(即带电的官能团)无法从交换剂相扩散到水或其他极性溶剂中,从而在离子交换剂和水相界面处形成了虚拟的(即非物理的)半透膜。唐南膜效应可定量计算离子在离子交换剂中的排斥力,以及其与 C_T、交联度、Q 以及平衡离子和配对离子的价态之间的关系。
- 弱酸阳离子交换树脂在中性至碱性 pH 范围内使用,而弱碱性阴离子交换树

- 脂在酸性 pH 范围内使用。将弱酸和弱碱离子交换树脂与它们的强型交换剂结合在一起,可大大提高脱盐过程的再生效率。
- 随着越来越严格的环境法规和出于可持续性的考虑,离子交换过程的总体经济性通常取决于再生成本,而不是离子交换反应设备的固定成本。人们现在越来越重视开发高效和无须添加化学药品的再生工艺。
- 树脂变质是通过物理作用导致的,如渗透压冲击引起的膨胀-收缩循环(在弱酸/弱碱树脂中尤为明显)和热应力($>50℃$)。树脂的变质也可以通过化学作用导致,如暴露于氧化剂和紫外线中。大孔树脂比凝胶型树脂的机械结构更加坚固。阴离子交换树脂最容易受到热/化学降解,尤其是 OH 型树脂。不建议将阴离子交换树脂暴露于氧化剂和紫外线下,因为可导致连续流填充床系统中亚硝胺释放的可能性增加。
- 离子排斥和离子迟滞实质上是离子交换剂诱导的强电解质与弱电解质和非电解质的分离。在离子排斥过程中,强电解质会在弱电解质和非电解质之前从色谱柱中洗脱出来。洗脱顺序与离子迟滞相反。最重要的是,两种情况下均使用水(溶剂)作为洗脱液。
- 氨基酸是两性离子,可以同时作为阳离子和阴离子。它们对阳离子和阴离子交换剂的亲和力取决于 pH,可以通过适当改变洗脱液的 pH 将其分离。
- 由电解质组成的溶液的渗透压可以通过离子交换改变(增加或减少)。
- H 型强酸阳离子交换剂本质上是固体酸,而 OH 型强碱阴离子交换剂则是固体碱。它们通常可代替液体酸碱而被用作固体催化剂,以提高分离效率。

参 考 文 献

1 Gregor, H.P. (1948) A general thermodynamic theory of ion exchange processes. *Journal of the American Chemical Society*, **70** (3), 1293–1293.
2 Gregor, H.P. (1951) Gibbs-Donnan equilibria in ion exchange resin systems. *Journal of the American Chemical Society*, **73** (2), 642–650.
3 Lazare, L., Sundheim, B.R., and Gregor, H.P. (1956) A model for cross-linked polyelectrolytes. *The Journal of Physical Chemistry*, **60** (5), 641–648.
4 Sarkar, S., SenGupta, A.K., and Prakash, P. (2010) The Donnan membrane principle: opportunities for sustainable engineered processes and materials. *Environmental Science & Technology*, **44** (4), 1161–1166.
5 Calmon, C. (1952) Application of volume change characteristics of sulfonated low cross-linked styrene resin. *Analytical Chemistry*, **24** (9), 1456–1458.
6 Calmon, C. (1953) Application of volume characteristics of sulfonated polystyrene resins as a tool in analytical chemistry. *Analytical Chemistry*, **25** (3), 490–492.
7 Högfeldt, E. (1952) On ion exchange equilibria. II. Activities of the components in ion exchangers. *Akriv Kemi*, **5**, 147–171.
8 Hogfeldt, E. (1955) On ion exchange equilibria III. An investigation of some empirical equations. *Acta Chemica Scandinavica*, **9**, 151–165.

9 Soldatov, V. (1995) Application of basic concepts of chemical thermodynamics to ion exchange equilibria. *Reactive and Functional Polymers*, **27** (2), 95–106.
10 Soldatov VS. *Ion exchangers.* : Walter de Gruyter; 1991.
11 Davies CW. *Ion Association.* : Butterworths; 1962. p. 37–53.
12 Clifford, D.A. (1978) Nitrate Removal from Water Supplies by Ion Exchange. EPA-600/2-78-052.
13 Pigford, R., Baker, B. III,, and Blum, D. (1969) Equilibrium theory of parametric pump. *Industrial & Engineering Chemistry Fundamentals*, **8** (1), 144–149.
14 Wilhelm, R.H. and Sweed, N.H. (1968) Parametric pumping: separation of mixture of toluene and *n*-heptane. *Science*, **159** (3814), 522–524.
15 Sweed, N.H. and Wilhelm, R.H. (1969) Parametric pumping. Separations via direct thermal mode. *Industrial & Engineering Chemistry Fundamentals*, **8** (2), 221–231.
16 Khamizov, R.K., Ivanov, V.A., and Tikhonov, N.A. (2011) Dual temperature methods of separation and concentration of elements in ion exchange columns, in *Ion Exchange and Solvent Extraction: A Series of Advances Boca Raton* (ed. A.K. SenGupta), CRC Press, FL, pp. 171–231.
17 Vulava, V., Kretzschmar, R., Rusch, U. *et al.* (2000) Cation competition in a natural subsurface material: modeling of sorption equilibria. *Environmental Science & Technology*, **34** (11), 2149–2155.
18 Lehto, J. and Harjula, R. (1995) Proceedings of the Workshop on Uniform and Reliable Formulations, Nomenclature and Experimentation for Ion Exchange-Preface.
19 Mukherjee, P. and SenGupta, A.K. (2003) Ion exchange selectivity as a surrogate indicator of relative permeability of ions in reverse osmosis processes. *Environmental Science & Technology*, **37** (7), 1432–1440.
20 Helfferich, F.G. (1962) *Ion Exchange*, Courier Corporation.
21 Harned, H.S., Owen, B.B., and King, C. (1959) The physical chemistry of electrolytic solutions. *Journal of the Electrochemical Society*, **106** (1), 15C–15C.
22 Dilts, R.V. (1974) *Analytical Chemistry; Methods of Separation*, Van Nostrand Reinhold Company.
23 Blaney, L.M., Cinar, S., and SenGupta, A.K. (2007) Hybrid anion exchanger for trace phosphate removal from water and wastewater. *Water Research*, **41** (7), 1603–1613.
24 Greenleaf, J., Cumbal, L., Staina, I., and SenGupta, A.K. (2003) Abiotic As (III) oxidation by hydrated Fe (III) oxide (HFO) microparticles in a plug flow columnar configuration. *Process Safety and Environment Protection*, **81** (2), 87–98.
25 Donnan, F.G. (1911) Theorie der Membrangleichgewichte und Membranpotentiale bei Vorhandensein von nicht dialysierenden Elektrolyten. Ein Beitrag zur physikalisch-chemischen Physiologie. *Zeitschrift für Elektrochemie und Angewandte Physikalische Chemie*, **17** (14), 572–581.
26 Donnan, F. and Guggenheim, E. (1932) Exact thermodynamics of membrane equilibrium. *Zeitschrift für Physikalische Chemie*, **162**, 346–360.
27 Donnan, F.G. (1934) The thermodynamics of membrane equilibria. *Zeitschrift für Physikalische Chemie A.*, **A168**, 369–380.
28 Donnan, F.G. (1995) Theory of membrane equilibria and membrane potentials in the presence of non-dialysing electrolytes. A contribution to physical-chemical

physiology. *Journal of Membrane Science*, **100** (1), 45–55.

29 599Pepper, K., Reichenberg, D., and Hale, D. (1952) Properties of ion-exchange resins in relation to their structure. Part IV. Swelling and shrinkage of sulphonated polystyrenes of different cross-linking. *Journal of the Chemical Society (Resumed)*, **Part IV**, 3129–3136, DOI: 10.1039/JR9520003129.

30 690Topp, N. and Pepper, K. (1949) Properties of ion-exchange resins in relation to their structure. Part I. Titration curves. *Journal of the Chemical Society (Resumed)*, **Part I**, 3299–3303, DOI: 10.1039/JR9490003299.

31 Li, P. and SenGupta, A.K. (1998) Genesis of selectivity and reversibility for sorption of synthetic aromatic anions onto polymeric sorbents. *Environmental Science & Technology*, **32** (23), 3756–3766.

32 Khamizov, R.K., Ivanov, V.A., and Madani, A.A. (2010) Dual-temperature ion exchange: a review. *Reactive and Functional Polymers*, **70** (8), 521–530.

33 Li, P. and SenGupta, A.K. (2004) Sorption of hydrophobic ionizable organic compounds (HIOCs) onto polymeric ion exchangers. *Reactive and Functional Polymers*, **60**, 27–39.

34 Bolto, B.A. and Weiss, D.A. (1977) in *Ion Exchange and Solvent Extraction* (eds J.A. Marinsky and Y. Marcus), CRC Press, Boca Raton, FL, p. 222.

35 Magee, P. (1971) Toxicity of nitrosamines: Their possible human-health hazards. *Food and Cosmetics Toxicology*, **9** (2), 207–218.

36 Magee, P. (1996) Nitrosamines and human cancer: introduction and overview. *European Journal of Cancer Prevention*, **5**, 7–10.

37 Woods, G.C., Trenholm, R.A., Hale, B. *et al.* (2015) Seasonal and spatial variability of nitrosamines and their precursor sources at a large-scale urban drinking water system. *Science of the Total Environment*, **520**, 120–126.

38 Mitch, W. and Sedlak, D. (2002) Factors controlling nitrosamine formation during wastewater chlorination. *Water Science and Technology: Water Supply*, **2** (3), 191–198.

39 Mitch, W.A. and Sedlak, D.L. (2002) Formation of N-nitrosodimethylamine (NDMA) from dimethylamine during chlorination. *Environmental Science & Technology*, **36** (4), 588–595.

40 Flowers, R.C. and Singer, P.C. (2013) Anion exchange resins as a source of nitrosamines and nitrosamine precursors. *Environmental Science & Technology*, **47** (13), 7365–7372.

41 Khamizov, K.R., Krachak, A., and Khamizov, K.S. (2012) Separation of ionic mixtures in sorption columns with two liquid phases. *Proceedings of the IEX*, **71-72**, 14–23.

42 Hatch, M.J., Dillon, J.A., and Smith, H.B. (1957) Preparation and use of snake-cage polyelectrolytes. *Industrial & Engineering Chemistry*, **49** (11), 1812–1819.

43 Yu, Q., Yang, J., and Wang, N. (1987) Multicomponent ion-exchange chromatography for separating amino acid mixtures. *Reactive Polymers, Ion Exchangers, Sorbents*, **6** (1), 33–44.

44 Jandik, P., Cheng, J., and Avdalovic, N. (2004) Analysis of amino acid–carbohydrate mixtures by anion exchange chromatography and integrated pulsed amperometric detection. *Journal of Biochemical and Biophysical Methods*, **60** (3), 191–203.

45 Sarkar, S. and SenGupta, A.K. (2008) A new hybrid ion exchange-nanofiltration

(HIX-NF) separation process for energy-efficient desalination: process concept and laboratory evaluation. *Journal of Membrane Science*, **324** (1), 76–84.
46 Sato, C. McKechnie, D. Schnoor, J.L. and Sahoo, D. (1987) Processes, Coefficients, and Models for Simulating Toxic Organics and Heavy Metals in Surface Waters. Processes, coefficients, and models for simulating toxic organics and heavy metals in surface waters;EPA/600/3-87/015.

第 3 章 痕量离子交换

痕量离子交换指目标离子的浓度显著低于液相中其他离子的浓度时,目标离子的选择性去除工艺。因此,在水(或溶剂)相中将目标痕量离子与其他背景溶质分离或除去需要更高的选择性,即交换剂相对痕量离子的吸附更为有利。平衡这种痕量离子交换过程中目标离子的吸附和解吸是本章的重点。

痕量离子交换主要取决于以下三方面特性:
(1)目标痕量离子和溶液中其他竞争离子的化学特性。
(2)离子交换剂的特性。
(3)溶液的特性。

3.1 选择性的起源

对于这方面讨论,我们将把"离子交换剂"或吸附剂视为有机或无机的不溶性固相。所使用的科学方法也可以很容易地扩展到液态离子交换剂中。根据分离的需求和对实际应用的预期,目标离子可能存在多种化合物,如有毒金属、放射性核素、准金属、疏水可电离的有机化合物或疏水性可离子化有机化合物(HIOC)、有机或无机配体以及表面活性剂等。尽管离子交换过程始终涉及静电或库仑相互作用,但目标离子的高(或低)选择性源于溶质-吸附剂(即离子-离子交换剂)相互作用的性质和强度,而不仅仅是静电现象。表 3.1 列出了一组较为普遍的离子,并展示了可用于增强溶质-吸附剂相互作用而提高去除效率的内在物理化学性质[1-19]。选择性离子交换中最为常见的相互作用或静电力作用有:
(1)静电(库仑力)。
(2)疏水性(范德瓦耳斯力)。
(3)布朗斯特-劳里(Brønsted Lowry)酸碱反应(质子供体-受体)。
(4)路易斯(Lewis)酸碱反应(孤对电子供体-受体)。
(5)唐南效应/离子排斥(ion exclusion)。
(6)离子偶极性(dipole)(非液相或混合溶剂)。
(7)位阻效应(steric effect)/离子筛(ion sieving)。
(8)电荷密度(邻位电荷距离)。

表 3.2 提供了上述相互作用的具体示例的示意图。

表 3.1　特定离子的理化特性及相互作用的类型[1-19]

有机和无机离子	性质	备注
$Na^+, K^+, Ca^{2+}, Mg^{2+}$	硬阳离子；电子稳定性类似于惰性气体	仅存在静电力作用或库仑力作用
Cs^+, Ra^{2+}	电子稳定性与惰性气体相近	静电或库仑相互作用；选择性高于其他 ⅠA 或 ⅡA 组阳离子，即 $Ra^{2+}>Ca^{2+}, Mg^{2+}, Ba^{2+}$ 和 $Cs^+>Na^+, K^+, Li^+$
$Cu^{2+}, Ni^{2+}, Hg^{2+}, Co^{2+}$	过渡金属阳离子；电子轨道不完整；电子对受体，路易斯酸；有毒性	俗称重金属；静电力作用和路易斯酸碱作用
NO_3^-, ClO_4^-	弱水合阴离子；无法与金属离子形成络合物	具有疏水性官能团和基质的离子交换剂对其选择性较强
$HPO_4^{2-}, HAsO_4^{2-}$	这类阴离子所含的氧原子带有供体电子对，属于强配体	同时发生静电和金属-配体(即路易斯酸碱)相互作用
$HAsO_2, NH_3$	离子不带电；但能够从氧/氮原子上供出电子对	仅配体交换；无静电相互作用
U(Ⅵ)	通常以带有多个负电荷的碳酸铀酰复合物存在，如 $UO_2(CO_3)_2^{2-}$ 和 $UO_2(CO_3)_3^{4-}$ 等	静电相互作用；在稀溶液中的选择性远高于其他阴离子
萘磺酸盐（含 SO_3^- 的萘环结构）	疏水性的非极性部分和亲水性的磺酸基共存	同时存在疏水作用和静电相互作用
邻苯二甲酸根（苯环带两个 COO^-）	带有供体氧原子的羧基的非极性芳香族	疏水性静电作用与路易斯酸碱作用
$CH_3-(CH_2)_n-COO^-$	能够形成胶束的两性表面活性阴离子	在阴离子交换剂表面形成胶束
$-N(C_3H_7)_4^+$	有机季铵根阳离子	吸附到阳离子交换剂表面后可将亲水性表面转变为疏水性

表 3.2　不同的溶质(离子)与吸附剂的相互作用示意图

静电力(electrostatic force)或库仑力(coulomb force)

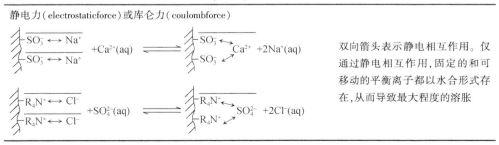

双向箭头表示静电相互作用。仅通过静电相互作用，固定的和可移动的平衡离子都以水合形式存在，从而导致最大程度的溶胀

续表

作用类型	说明
疏水(hydrophobic)作用 ≡R$_4$N$^+$ ↔ Cl$^-$ + C$_6$Cl$_5$O$^-$ (aq) ⇌ ≡R$_4$N$^+$ ⋯ O$^-$-C$_6$Cl$_5$ + Cl$^-$(aq)	虚线上的双向箭头表示聚合物基质与平衡离子的芳香烃部分之间的疏水相互作用。静电相互作用也同时存在
布朗斯特-劳里(Brønsted Lowry)酸碱反应 ≡CH$_2$COO$^-$ ↔ Na$^+$ + H$^+$(aq) ⟶ ≡CH$_2$COOH + Na$^+$(aq)	在氢离子存在时,羧基和钠离子之间的静电相互作用被更有利的酸碱反应所取代;羧基充当质子受体,因此为布朗斯特-劳里碱
路易斯(Lewis)酸碱反应 ≡(CH$_3$)$_3$N: + Cu^{2+}(aq) ⟶ ≡(CH$_3$)$_3$N:→Cu^{2+} ≡CH$_2$N⟨CH$_2$COO$^-$:/CH$_2$COO$^-$:⟩Ca^{2+} + Cu^{2+}(aq) ⟶ ≡CH$_2$N⟨CH$_2$COO$^-$:/CH$_2$COO$^-$:⟩Cu^{2+} + Ca^{2+}(aq)	单向箭头表示孤对电子向铜离子配位球的转移,即叔胺或亚氨基二乙酸酯官能团是电子对供体的路易斯碱,而铜是路易斯酸。路易斯酸碱相互作用也被广泛称为内球络合物(inner sphere complexes)。注意,对于叔铵基,不存在静电相互作用,而对于亚氨基二乙酸酯官能团,二者同时存在
离子筛(ion sieving) 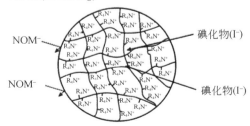	凝胶型阴离子交换树脂相通常不易被包括天然有机物(NOM$^-$)在内的较大阴离子所接近,例如,碘化物(I$^-$)可以在竞争性 NOM$^-$ 存在时由凝胶型阴离子交换树脂选择性地去除

续表

唐南效应/配对离子排斥效应

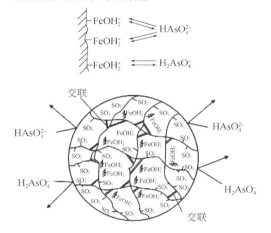

水合铁(Ⅲ)氧化物(HFO)颗粒的表面官能团对砷酸根具有很强的亲和力。但当 HFO 颗粒负载于阳离子交换剂中时,并不能有效地除去砷酸盐,这是由于唐南离子排斥的作用,砷化物被阳离子交换剂中带负电荷的固定官能团排斥

离子偶极性(ion dipole)或离子溶剂

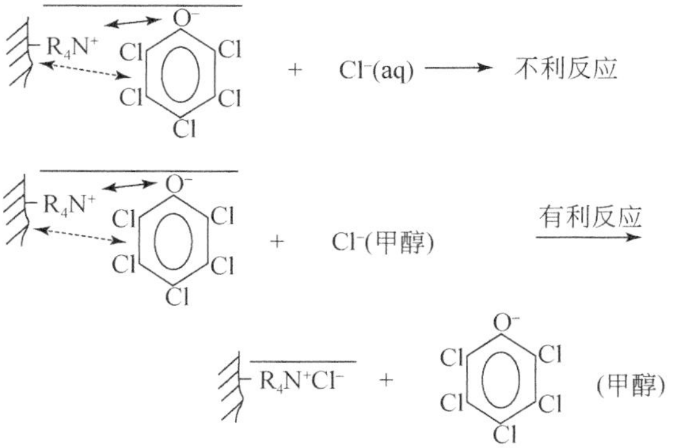

由于溶质的芳香结构与聚苯乙烯基质之间同时发生疏水相互作用,因此强碱性阴离子交换剂对五氯酚酸酯(PCP$^-$)具有非常高的亲和力。在水相中存在氯离子(Cl$^-$)的情况下,PCP$^-$ 的吸附基本上是不可逆的,即 PCP$^-$ 无法解吸。然而,在极性比水小得多的甲醇中,氯离子可以有效地与五氯苯酚交换。在非极性溶剂(如甲醇)存在的条件下,疏水性 PCP$^-$ 与离子交换剂基质的相互作用大大降低

电荷密度(相邻电荷间的距离)

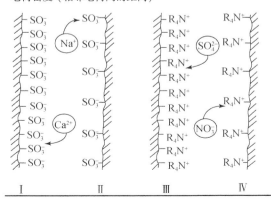

Ⅰ Ⅱ Ⅲ Ⅳ

第Ⅰ列和第Ⅲ列中相邻电荷间的距离较短(电荷密度较高),因此对二价离子(如 Ca^{2+} 和 SO$_4^{2-}$)的选择性高于一价离子(如 Na$^+$ 和 NO$_3^-$)

Ⅱ和Ⅳ列中具有较低电荷密度的离子交换剂则对一价离子的选择性更高

注意,对于单个溶质(或离子)的吸附(离子交换),通常存在不止一种相互作用。在这种情况下,自由能的变化是累加的,因此可以提高总的吸附亲和力。若从热力学角度来看,考虑一个简单的等价阴离子交换过程,在存在竞争性离子 A^- 的情况下,将平衡离子 B^- 从离子交换剂中去除。

$$\overline{R^+B^-} + A^-(aq) \rightleftharpoons \overline{R^+A^-} + B^-(aq) \tag{3.1}$$

反应式(3.1)也可以写成阳离子的交换反应。考虑到"n"种其他类型的相互作用与静电相互作用同时存在,则方程式(3.1)中标准状态下反应的总自由能变化可写为

$$\Delta G^\circ_{overall} = \Delta G^\circ_{el} + \sum_{i=1}^{i=n} \Delta G^\circ_i \tag{3.2}$$

其中,下标"el"是静电力或库仑相互作用的缩写;下标"i"~"n"是其他类型的相互作用。若忽略由于溶胀或收缩引起的离子交换剂的体积变化,可以将方程式(3.2)分解为以下几个平衡常数的表达式:

$$-RT\ln K_{overall} = -RT\ln K_{el} - RT\ln \prod_{i=1}^{i=n} K_i \tag{3.3}$$

或

$$K_{overall} = \prod_{i=1}^{i=n} K_i K_{el} \tag{3.4}$$

其中,R 为摩尔气体常数;T 为热力学温度。

无论何种相互作用,式(3.4)均可推导出以下等式:

(1)在没有其他任何相互作用时,

$$\sum_{i=1}^{i=n} \Delta G^\circ_i = 0 \tag{3.5}$$

因此,

$$\prod_{i=1}^{i=n} K_i = 1 \tag{3.6}$$

即

$$K_{overall} = K_{el} \tag{3.7}$$

(2)若所有的相互作用自由能变化存在并且是有利的(即 ΔG°_i 值均为负),则所有 K_i 值均大于1。因此产生协同作用,$K_{overall}$(阴离子 A^- 相对于阴离子 B^- 的选择性)将大大提高。类似地,若所有自由能的变化都是不利的(即 K_i 值小于1),则选择性将降低。

(3)若离子交换反应式(3.1)在理想条件下发生,

$$K_{overall} = \frac{q_A C_B}{q_B C_A} = \frac{y_A x_B}{y_B x_A} = \alpha_{AB} \tag{3.8}$$

其中,α_{AB} 是分离因数;q_i 和 C_i 是交换剂和溶液相中"i"的浓度;y_i 和 x_i 分别是交换

相和溶液相中"i"的当量分数。因此,无论溶质与吸附剂之间是否存在明显的相互作用,都会体现在分离因数的数值中。通过改变溶质-吸附剂相互作用以提高或改变分离因数值是选择性离子交换的主要目的。

3.2 痕量等温线

仍以离子交换反应式(3.1)为例,

$$\overline{R^+B^-} + A^-(aq) \Longleftrightarrow \overline{R^+A^-} + B^-(aq) \tag{3.9}$$

假设在水相和离子交换剂相均为理想状态,则上述反应的选择性系数(K_{AB})或分离因数相同,可通过下式计算:

$$K_{AB} = \frac{q_A C_B}{q_B C_A} = \alpha_{AB} \tag{3.10}$$

若所有浓度均以当量(即 meq/L 或 meq/g)为单位,那么,

$$q_A + q_B = Q \tag{3.11}$$

且

$$C_A + C_B = C^0 \tag{3.12}$$

其中,Q 和 C^0 分别代表总交换容量和水相阴离子浓度。式(3.8)可以变形为

$$K_{AB} = \frac{q_A}{Q - q_A} \frac{C^0 - C_A}{C_A} \tag{3.13}$$

经过整理,得

$$q_A = \frac{K_{AB} C_A Q}{C^0 + (K_{AB} - 1) C_A} \tag{3.14}$$

或

$$q_A = \frac{Q K_{AB} (C_A / C^0)}{1 + (K_{AB} - 1)(C_A / C^0)} \tag{3.15}$$

现在让我们考虑另一种情况,

案例 I. 痕量物质 A

在这种情况下,$C_A \ll C^0$。因此对于 K_{AB} 的实数值,式(3.15)变为

$$q_A = \left(\frac{K_{AB} Q}{C^0}\right) C_A \tag{3.16}$$

由于 K_{AB}、Q 和 C^0 均为常数,因此 q_A 和 C_A 呈线性相关,即线性等温线,

$$q_A = \lambda C_A \tag{3.17}$$

这样的线性关系与 A 和 B 的相对选择性无关,类似于亨利定律。图 3.1 中 A 展示了这种线性关系。

案例Ⅱ. 极高的选择性

如果交换剂对阴离子 A^- 的选择性远高于 B^-，即 $K_{AB}\gg 1$。根据式(3.14)或式(3.15)，

$$q_A = Q \tag{3.18}$$

式(3.18)类似于所谓的"矩形等温线"，并由图3.1中B表示。

案例Ⅲ. 非痕量状态

此条件下 $C_A \ll C^0$ 不再成立。$K_{AB}>1$ 时的等温线称为有利等温线，而与 $K_{AB}<1$ 对应的等温线则为不利等温线。图3.1中C和D展示了一些实际溶液中 K_{AB}、Q 和 C^0 的关系。

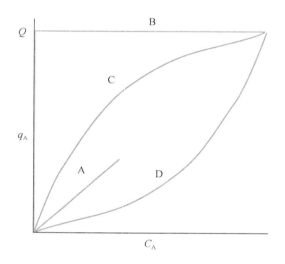

图3.1 不同类型的等温线图：A. 线性；B. 矩形；C. 有利吸附或凸型；D. 不利吸附或凹型

这些等温线的一阶导数(斜率)和二阶导数(曲率)存在一些明显的特征。正如本书后续章节将介绍的那样，它们会影响颗粒内扩散和固定床色谱柱的效果。

案例Ⅰ. 痕量物质

$$\frac{dq_A}{dC_A} = 常数，且 \frac{d^2 q_A}{d^2 C_A} = 0$$

案例Ⅱ. 矩形吸附等温线/极高的选择性

$$\frac{dq_A}{dC_A} = 0 \text{ 且 } \frac{d^2 q_A}{d^2 C_A} = 0$$

案例Ⅲ. 非痕量物质

当 $K_{AB}>1$ (有利吸附)

$$\frac{dq_A}{dC_A}>0 \text{ 且 } \frac{d^2q_A}{d^2C_A}<0$$

当 $K_{AB}<1$（不利吸附）

$$\frac{dq_A}{dC_A}>0 \text{ 且 } \frac{d^2q_A}{d^2C_A}>0$$

3.3 多溶质平衡

让我们考虑溶液中与离子交换剂平衡的多种离子 $i\cdots n$。假设条件如下：
(1) 瞬时传质（mass transfer）。
(2) 树脂不收缩、膨胀。
(3) 离子交换容量始终一致。
(4) 分离因数为常数。
当系统达到平衡时，

$$x_i = \frac{C_i}{C^0}, x_j = \frac{C_j}{C^0}, x_k = \frac{C_k}{C^0} \tag{3.19}$$

$$y_i = \frac{q_i}{Q}, y_j = \frac{q_j}{Q}, y_k = \frac{q_k}{Q} \tag{3.20}$$

且，

$$C_i + C_j + C_k + \cdots = C^0 \tag{3.21}$$

$$x_i + x_j + x_k + \cdots = 1 \tag{3.22}$$

$$q_i + q_j + q_k + \cdots = Q \tag{3.23}$$

$$y_i + y_j + y_k + \cdots = 1 \tag{3.24}$$

分离因数，

$$\alpha_{ij} = \frac{y_i x_j}{y_j x_i} = \frac{q_i C_j}{q_j C_i} = \frac{1}{\alpha_{ji}} \tag{3.25}$$

现在将式（3.25）中的相等条件代入式（3.24）中，

$$y_i + \frac{y_i x_j}{x_i}\alpha_{ji} + \frac{y_i x_k}{x_i}\alpha_{ki} + \cdots = 1 \tag{3.26}$$

$$y_i\left(1 + \frac{x_j}{x_i}\alpha_{ji} + \frac{x_k}{x_i}\alpha_{ki} + \cdots\right) = 1 \tag{3.27}$$

$$y_i = \frac{1}{1 + \sum_{j \neq i}\alpha_{ji}\frac{x_j}{x_i}} \tag{3.28}$$

$$y_i = \frac{x_i}{x_i + \sum_{j \neq i}\alpha_{ji}x_j} \tag{3.29}$$

与之类似,

$$y_j = \frac{x_j}{x_j + \sum_{n \neq i} \alpha_{nj} x_n} \tag{3.30}$$

因此,在多组分溶液达到平衡状态且各组分浓度已知,若分离因数为常数,则可以计算交换剂相的组成及浓度。最后,当总溶液浓度(C^0 值)因异价离子交换而变化时,"恒定分离因数"的假设无效。对于这种情况,需要在应用式(3.29)之前重新计算分离因数。第 2 章中包含相关例题。

例题 3.1:固定床系统

固定床阳离子交换柱被用于在 pH 为 6.6 的工业废水中去除 5mg/L 的 Cu^{2+},废水中还含有 300mg/L 的 Na^+ 和 100mg/L 的 Ca^{2+}。请按以下两种情况分别作答。

(1)带有磺酸官能团的阳离子交换树脂,其分离因数值为

$$\alpha_{Cu/Ca} = 1.1, \quad \alpha_{Ca/Na} = 5.0$$

(2)带有亚氨基二乙酸酯(iminodiacetate)官能团的螯合阳离子交换剂,其分离因数为

$$\alpha_{Cu/Ca} = 80.0, \quad \alpha_{Ca/Na} = 10.0$$

两种树脂的离子交换容量均为 1.2eq/L。

问题:

(1)分别计算平衡时两种树脂的 y_{Cu} 值。

(2)在铜从色谱柱穿透之前,每升树脂可以处理多少升或床体(BV)的废水?试作出出水曲线。

(3)废水中的阴离子是否对计算结果有影响?

请阐明假设条件。

解:

(1)平衡时各组分的浓度和比例如下表所示。

离子	质量浓度/(mg/L)	当量浓度/(meq/L)	当量比例/(x_i)
Ca^{2+}	100	5	0.275
Cu^{2+}	5	0.16	0.009
Na^+	300	13	0.716

运用式(3.29)和式(3.30),

$$y_{Ca} = \frac{x_{Ca}}{x_{Ca} + \alpha_{Cu/Ca} \cdot x_{Cu} + \alpha_{Na/Ca} \cdot x_{Na}}$$

$$y_{Cu} = \frac{x_{Cu}}{x_{Cu} + \alpha_{Ca/Cu} \cdot x_{Ca} + \alpha_{Na/Cu} \cdot \alpha_{Ca/Cu} \cdot x_{Na}}$$

$$y_{Na} = \frac{x_{Na}}{x_{Na} + \alpha_{Ca/Na} \cdot x_{Ca} + \alpha_{Cu/Ca} \cdot \alpha_{Ca/Na} \cdot x_{Cu}}$$

已知：

$$\alpha_{Na/Ca} \cdot \alpha_{Ca/Cu} = \alpha_{Na/Cu}$$

$$\alpha_{Cu/Ca} \cdot \alpha_{Ca/Na} = \alpha_{Cu/Na}$$

对于具有以下参数的强酸阳离子（SAC）交换树脂，

$$\alpha_{Cu/Ca} = 1.1, \quad \alpha_{Ca/Na} = 5.0, \quad Q = 1.2 \text{eq/L}$$

$$y_{Ca} = 0.643, \quad y_{Cu} = 0.022, \quad y_{Na} = 0.335$$

对于具有以下特性的亚氨基二乙酸（IDA）螯合树脂，

$$\alpha_{Cu/Ca} = 80.0, \quad \alpha_{Ca/Na} = 10.0, \quad Q = 1.2 \text{eq/L}$$

$$y_{Ca} = 0.265, \quad y_{Cu} = 0.666, \quad y_{Na} = 0.069$$

（2）磺酸基阳离子交换树脂交换容量为 $Q = 1.2 \text{eq/L}$ 时，$y_{Cu} = 0.022$，或者铜离子容量为 $0.027 \text{eq Cu}^{2+}/L$。亚氨基二乙酸盐阳离子交换树脂交换容量为 $Q = 1.2 \text{eq/L}$ 时，$y_{Cu} = 0.666$，即 $0.80 \text{eq Cu}^{2+}/L$。当进水浓度为 0.16meq/L 时，两种树脂分别可以处理 170BV（磺酸基）和 5081BV（亚氨基二乙酸酯）。若假设在理想状态下发生瞬时传质，则穿透曲线如下图。

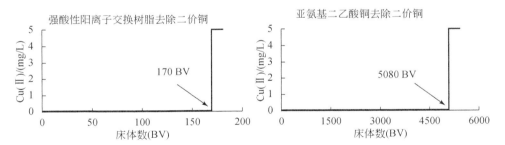

（3）水中的其他阴离子不会影响实验结果。分离因数和当量分数的计算仅基于溶液中的阳离子浓度。较低的 TDS 浓度下配对离子入侵的现象不明显，也不会影响平衡离子在粒子内的扩散。

3.4 与亨利定律相符

如果"i"是多组分系统中的痕量物质，则式（3.29）分母中的"x_i"项可以忽略不计，因此，

$$y_i = \frac{x_i}{\sum_{j \neq i} \alpha_{ji} x_j} \tag{3.31}$$

在选择性去除痕量离子的过程中,由于溶液相的组成基本保持不变并且分离因数值相对恒定,因此分母变为恒定值。如果"c"为该分母的倒数,

$$y_i = c \cdot x_i, \text{即} \frac{q_i}{Q} = c \cdot \frac{C_i}{C^0} \quad \text{或} \quad \frac{q_i}{C_i} = \text{常数} \tag{3.32}$$

该方程与式(3.17)相同,并且符合亨利定律(Henry's law),即两相之间溶质分布呈线性相关。某痕量污染物"i"穿透之前,在固定床色谱柱运行期间所能处理的床体(BV)数与 q_i/C_i 成正比。因此,所处理的床体数量不会随痕量污染物浓度的变化而变化。图 3.2 显示了三种不同进水浓度下 As(V)阴离子(砷酸根)的出水曲线[5]。注意,虽然进水中的砷浓度从 10μg/L 变为 2000μg/L,变化了 200 倍,但根据方程式(3.32)的预测,处理的床体数实际上保持不变。尽管进水中砷浓度的变化非常大,但在存在竞争性硫酸根和氯离子的情况下,砷酸根总是微量的,因此满足方程式(3.32)的要求条件。

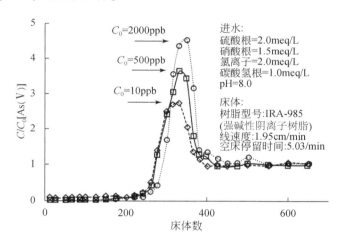

图 3.2 在相同的条件下,使用强碱性阴离子交换剂(IRA-958)在固定床色谱柱中运行三种不同痕量浓度的砷 As(V)的出水曲线。数据经许可转载自 SenGupta, Greenleaf, 2001[5]

对于高选择性的交换剂,目标溶质的吸附等温线(图 3.1)甚至在液相中仅存在痕量浓度的情况下也可能偏离线性关系。对于非线性等温线,处理床体数将随着进水浓度的变化而变化。例题 3.2 将作相关说明。

例题 3.2

若例题 3.1 中,铜离子的浓度变为 2mg/L,所有其他条件均保持不变,试对其进行解答并作必要说明。

解:

(1) 所有平衡条件如下

离子	质量浓度/(mg/L)	当量浓度/(meq/L)	当量比例/(x_i)
Ca^{2+}	100	5	0.277
Cu^{2+}	2	0.063	0.003
Na^+	300	13	0.720

运用与例题 3.1 相同的方法,仅当量比例不同:

对于 SAC 树脂,
$$y_{Ca}=0.651, \quad y_{Cu}=0.009, \quad y_{Na}=0.340$$

对于 IDA 树脂,
$$y_{Ca}=0.441, \quad y_{Cu}=0.444, \quad y_{Na}=0.115$$

(2) SAC 树脂交换容量 $Q=1.2\mathrm{eq/L}$ 时,$y_{Cu}=0.009$,即铜容量为 $0.011\mathrm{eq\ Cu^{2+}/L}$。IDA 树脂的交换容量 $Q=1.2\mathrm{eq/L}$ 时,$y_{Cu}=0.444$,即 $0.533\mathrm{eq\ Cu^{2+}/L}$。对于痕量离子选择性低的树脂,[如 SAC-Cu(Ⅱ)],离子在树脂内部仍然是痕量物质。但是,在高选择性[如 IDA-Cu(Ⅱ)]下,痕量离子则是内部的主要物质。当进水浓度为 $0.063\mathrm{meq/L}$ 时,树脂可以分别处理 172BV 阳离子交换树脂和 8466BV 亚氨基二乙酸酯基树脂。溶液浓度为之前溶液的 40%,并且在 SAC 上铜的当量分数为例题 3.1 中的 40%:处理的床体数保持恒定。亚氨基二乙酸酯树脂上的当量分数为例题 3.1 中的 67%:处理床体数增加了 67%。

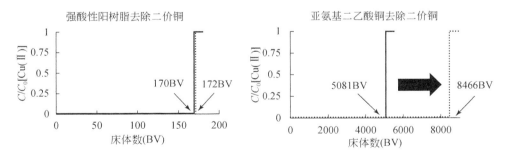

(3) 水中的阴离子不会影响计算结果。分离因数和当量分数的计算仅基于溶液中的阳离子浓度。当溶液中 TDS 浓度较低时配对离子入侵不明显,也不会影响平衡离子在粒子内的扩散。

3.5　多痕量溶质：洗脱色谱法的基本原理

请考虑以下情况：i 和 j 是水相中的痕量物质，而 k、l、m 和 n 的浓度较高。根据式(3.29)，

$$y_i = \frac{x_i}{x_i + \sum_{j \neq i} \alpha_{ji} x_j} \tag{3.33}$$

由于 j 也是痕量溶质，可以将上面的等式整理为

$$y_i = \frac{x_i}{x_i + \alpha_{ji} x_j + \sum_{k \neq i, j \neq i} \alpha_{ki} x_k} \tag{3.34}$$

由于 x_i 和 x_j 都极小，

$$y_i = \frac{x_i}{\sum_{k \neq i, k \neq j} \alpha_{ki} x_k} \tag{3.35}$$

因此，交换相中 i 的浓度 y_i 不会受痕量溶质 j 的影响。同样，y_j 也不受 x_i 的影响。

$$y_j = \frac{x_j}{\sum_{k \neq i, k \neq j} \alpha_{kj} x_k} \tag{3.36}$$

因此，在多组分系统中，单个痕量物质的表现不受其他痕量离子的影响。因此，大量的"k、l、m"能够"拆分"痕量物质 i 和 j，即抑制它们之间的相互作用。这种数学关系虽然无法直观地被认识到，却是洗脱法或离子色谱法分析技术的核心[20-22]。

为了更易于理解上述等式，可以参考图3.3中几种阴离子的离子色谱图，离子色谱使用碳酸氢根或碳酸氢根-碳酸根溶液用作洗脱液或流动相。洗脱顺序与痕量物质的 y_i/x_i 值成反比，即具有最低 y_i/x_i 值的物质将在色谱图中最先出现，因为其相对于所填装的阴离子交换剂（固定相）的亲和力最低。但是，离子色谱法的重复性或精确度取决于方程式(3.35)和式(3.36)中与痕量离子交换有关的参数。注意，除了碳酸氢根以外，所有其他离子在洗脱液中基本上都是痕量物质，即 y_i/x_i 和 y_j/x_j 基本上是恒定的。因此，任何一种物质的洗脱时间均与其他物质的存在无关，即其他条件不变的情况下，硝酸根峰将在色谱图中同时出现，仿佛它是溶液中唯一的离子。在某种程度上，不同阴离子的洗脱时间与它们在样品中的浓度无关，并且如果吸附剂（如阴离子交换剂）和洗脱剂保持不变，则洗脱时间相同。

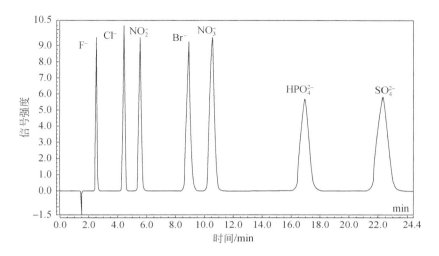

图 3.3 典型常见阴离子的离子色谱图

- **由洗脱色谱图(elution chromatogram)确定分离因数**

色谱图中不同离子的洗脱时间可用于确定其相对亲和力(即分离因数)。包含两种分析物(离子 A 和 B)的样品的典型洗脱色谱图如图 3.4 所示。

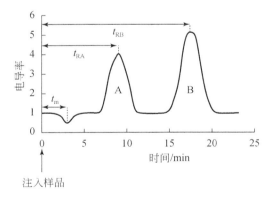

图 3.4 该图显示了离子 A 和 B 的出峰图。请注意:基线电导率是由洗脱液引起的。t_m 处的负峰或"水浸"是由样品中电导率较低的溶剂(如水)从色谱柱中流出而引起的。

如果 Z 为填装高度,则载体溶剂(水)流速为

$$u_w = \frac{Z}{t_m} \tag{3.37}$$

因此离子 A 的平均流速为

$$v_A = \frac{Z}{t_{RA}} \tag{3.38}$$

离子 B 的流速为

$$v_B = \frac{Z}{t_{RB}} \tag{3.39}$$

可以理解,离子 A 和 B 被保留在固定相(离子交换剂)中,这就是离子 A 和 B 的流动速度都比载体溶剂慢的原因。在这两个离子中,B 的保留时间比 A 长。若单独考虑离子 A,其在水和交换剂之间的分布符合:

$$\lambda_A = \frac{\overline{C_A}}{C_A} \tag{3.40}$$

其中,$\overline{C_A}$ 和 C_A 分别是交换剂相和水相中 A 离子的平衡浓度。现在我们假设离子交换柱内液体流动为塞流,并且两相之间的 A 平衡瞬时建立。基于这些假设,A 的质量平衡或连续性方程可由偏微分方程给出:

$$\frac{\partial C_A}{\partial t} + \frac{(1-\epsilon)}{\epsilon} \frac{\partial \overline{C_A}}{\partial t} = -u \frac{\partial C}{\partial Z} \tag{3.41}$$

式(3.41)左侧的第一项和第二项分别表示溶质 A 在流动相和固定相中的积累。右边的表达式表示对流传质。现在将式(3.41)中的 $\frac{1-\epsilon}{\epsilon}$ 项替换为 H,得到

$$\frac{\partial C_A}{\partial t}[1 + H\lambda_A] = -u \frac{\partial C}{\partial Z} \tag{3.42}$$

式(3.42)的解析解为

$$\left(\frac{\partial Z}{\partial t}\right)_A = \frac{u}{1 + H\lambda_A} \tag{3.43}$$

此外,

$$\left(\frac{\partial Z}{\partial t}\right)_A = V_A = \frac{Z}{t_{RA}} \tag{3.44}$$

因此,

$$t_{RA} = \frac{Z}{u}[1 + H\lambda_A] \tag{3.45}$$

根据式(3.37),$t_m = \frac{Z}{u}$,因此

$$t_{RA} = t_m[1 + H\lambda_A] \tag{3.46}$$

类似地,可以得到
$$t_{RB} = t_m [1 + H\lambda_B] \tag{3.47}$$
结合式(3.46)和式(3.47),
$$\frac{t_{RA} - t_m}{t_{RB} - t_m} = \frac{\lambda_A}{\lambda_B} = \frac{\overline{C_A} C_B}{\overline{C_B} C_A} \tag{3.48}$$
等式的最后一项即 A 与 B 的分离因数 α_{AB}。
因此,
$$\alpha_{AB} = \frac{t_{RA} - t_m}{t_{RB} - t_m} \tag{3.49}$$
因此,可以通过色谱图中离子 A、B 和水的保留时间来计算 α_{AB}。

例题 3.3:由洗脱色谱图求解分离因数

参考图 3.3 中的离子色谱图,即从阴离子交换柱上洗脱各种阴离子的不同出峰时间。

已知:稀释的碳酸钠和碳酸氢钠混合溶液洗脱液(载液)以 4.8m/h 的线速度通过 15cm 长的离子交换柱,然后经过末端的离子检测器。计算该离子交换剂中 NO_3^-/Cl^-、HPO_4^{2-}/Cl^- 和 SO_4^{2-}/Cl^- 的分离因数(α)。

解:

阴离子	出峰时间/min
Cl^-	4.1
NO_3^-	8.2
HPO_4^{2-}	10.5
SO_4^{2-}	12.6

可以观察到流动相停留时间的负峰出现在 1.8min 处,即 $t_m = 1.8$min。

$$\alpha_{AB} = \frac{t_{RA} - t_m}{t_{RB} - t_m}$$

$$\alpha_{N/C} = \frac{t_{RN} - t_m}{t_{RC} - t_m} = \frac{8.2 - 1.8}{4.1 - 1.8} = 2.8$$

同理可得,
$$\alpha_{P/C} = 3.8, \quad \alpha_{S/C} = 4.7$$

补充阅读材料 S3.1:色谱法(chromatography)

洗脱(elution)、置换(displacement)和迎头色谱(frontal Chromatography)均为分离过程,其中液体(流动相)中的溶质在通过填装有吸附剂(固定相)的色谱柱时被分离。在希腊语中,"chromatos"一词的意思是"颜色"。色谱法一词由俄罗斯科学家茨维特(Tswett)于一百多年前首次使用,该方法用填装有固体无机吸附剂的固定柱来分离颜料[23]。在这一部分中,我们将简要讨论这三类色谱法的基本概念,并使用包含三种溶质(A、B 和 C)且选择性顺序为 A>B>C 的溶液作为示例进行讲解。

洗脱色谱(elution chromatography)如图 S3.1 所示,其中将含有 A 和 B 的溶液从含有吸附剂的色谱柱的顶部注入。然后用含有高浓度溶质 C 且亲和力低于 A 和 B 的洗脱液冲洗色谱柱。由于溶质 A 的吸附力强于 B,因此 A 在色谱柱中的移动速度比 B 慢,并在 B 之后出现于色谱柱底部。

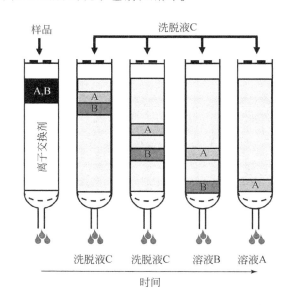

图 S3.1 使用固定相(如离子交换树脂),通过洗脱色谱法分离 A 和 B 离子

洗脱色谱法通常用于分析,吸附剂不需要很高的容量。通常使用的洗脱液 C 的浓度明显高于分析物中 A 和 B 的浓度。

置换色谱(displacement chromatography)是将溶质(B+C)的混合物从色谱柱的顶部注入,然后用 A 溶液将其推出或置换出固定相的方法,A 离子的亲和力高于 B 和 C。B 和 C 分离后经出口先后流出,如图 S3.2 所示。

置换色谱法主要应用于 B 和 C 的大规模工业分离。因此固定相的容量越高越好。在循环结束时,将混合物 B 和 C 再次注入塔顶,然后用 A 置换。置换所用的洗脱液 A 通常可以保持较高纯度而被回收并重复使用。

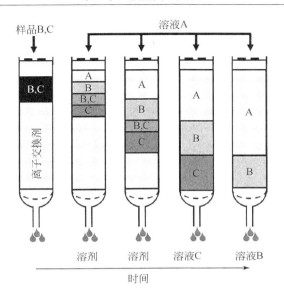

图 S3.2 通过置换色谱法(选择性顺序为 A>B>C)分离溶质 B 和 C

迎头色谱(frontal chromatography)是将所有要分离的溶质(A+B+C)的混合物连续通过含有吸附剂的色谱柱(固定相)的过程,此过程不需任何洗脱液。吸附剂亲和力最低的溶质首先被洗出,其他溶质也会以亲和力的顺序依次洗出,如图 S3.3 所示。

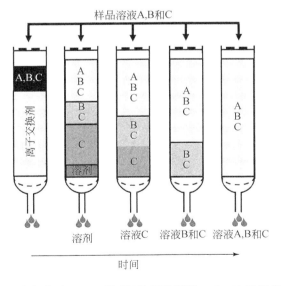

图 S3.3 用迎头色谱对 A、B、C 溶质(选择性顺序 A>B>C)进行分离的示意图

迎头色谱最常见的形式就是广泛使用的固定床或填充床处理工艺。与洗脱和置换色谱法不同,迎头色谱法需要在每个处理循环后再生固定相,如使用选择性较低的 C 的浓溶液对色谱柱进行再生。以下两个参考文献对该主题进行了更深入和详细的讨论:

Ion exchange chromatography of proteins. S. Yamamato, K. Nakanishi, R. Matsuno, Marcel Decker. New York. 1988.

Ion chromatography (modern analytical chemistry). H. Small. Springer. New York. 1989.

3.6 痕量离子的上向运输:唐南膜效应

根据热力学第二定律,在任何溶液中溶质将自发地从较高浓度的区域移动到较低浓度的区域,以平衡浓度梯度,该过程称为扩散(diffusion)。溶液中的离子交换剂(虚拟半透膜)的存在可能彻底改变这种移动方式,即痕量离子可能自发地从较低浓度流向较高浓度,这一现象看似与常理相违背。为了使该概念更易于理解,请考虑当氯化铜($CuCl_2$,完全电离的 2:1 电解质)和盐酸(HCl,1:1 的电解质)同时溶于水中。考虑案例 1,其中虚拟半透膜(即阻隔层)将溶液中的 $0.001\,mol/L$ $CuCl_2$ 与 $0.1\,mol/L$ HCl 分离,如图 3.5 所示。

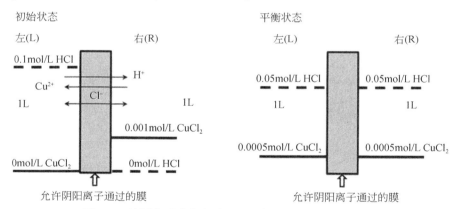

图 3.5 使用全透膜分离稀 $CuCl_2$ 溶液的示意图(案例 1)

该膜可渗透所有的阳离子和阴离子,并且膜两侧的溶液体积相同(同为 1.0L)。在平衡状态下,阳离子和阴离子会在渗透膜两侧重新分布,最终各种物质的浓度在膜的两侧相同,即

$$\frac{[Cu^{2+}]_R}{[Cu^{2+}]_L} = \frac{[H^+]_R}{[H^+]_L} = \frac{[Cl^-]_R}{[Cu^-]_L} = 1 \tag{3.50}$$

可以理解图3.5(案例1)中的示例非常普通且符合常理。但是若全透膜被只对阳离子具有渗透性且不允许任何阴离子通过的阳离子交换膜所代替，则膜两侧的 Cu^{2+} 分布会大大改变。在平衡状态下，膜左侧(LHS)溶液中铜离子 Cu^{2+} 的电化学势 η_{Cu} 与膜右侧(RHS)溶液中溶质的电解势相同，

$$\eta_{Cu}^{L} = \eta_{Cu}^{R} \tag{3.51}$$

$$\mu_{Cu}^{0} + RT\ln a_{Cu}^{L} + zF\phi^{L} = \mu_{Cu}^{0} + RT\ln a_{Cu}^{R} + zF\phi^{R} \tag{3.52}$$

其中，上标"0"、"L"和"R"分别代表标准状态、左侧和右侧；μ、a、F 和 ϕ 分别表示化学势、活度、法拉第常数(Faraday's constant)和电势；R 是摩尔气体常数；"z"是指离子所带电荷数，如 Cu^{2+} 的 z 值为+2。膜两侧的铜离子的活度符合式(3.52):

$$\frac{F(\phi^{R} - \phi^{L})}{RT} = \ln\left(\frac{a_{Cu}^{L}}{a_{Cu}^{R}}\right)^{1/2} \tag{3.53}$$

同理可得，膜两侧氢离子符合：

$$\frac{F(\phi^{R} - \phi^{L})}{RT} = \ln\left(\frac{a_{H}^{L}}{a_{H}^{R}}\right) \tag{3.54}$$

在理想状态下，整理式(3.53)和式(3.54)得到

$$\left(\frac{C_{Cu}^{L}}{C_{Cu}^{R}}\right) = \left(\frac{C_{H}^{L}}{C_{H}^{R}}\right)^{2} \tag{3.55}$$

如果两侧氢离子浓度比 $\left(\frac{C_{H}^{L}}{C_{H}^{R}}\right) = 10$，则意味着左侧铜离子浓度 C_{Cu}^{L} 将比右侧 C_{Cu}^{R} 高100倍。因此，通过在膜的左侧保持较高的氢离子浓度，铜离子可以逆浓度梯度从右侧向左侧转移，即从较低浓度的溶液移动至右侧更高浓度的溶液中。氯离子在此过程中作为配对离子，由于唐南离子排斥效应，其在阳离子交换膜两侧的浓度保持不变。因此根据电中性可以推出以下等式：

$$2[Cu^{2+}]_{R} + [H^{+}]_{R} = [Cl^{-}]_{R} = 0.002 \tag{3.56}$$

且

$$2[Cu^{2+}]_{L} + [H^{+}]_{L} = [Cl^{-}]_{L} = 0.1 \tag{3.57}$$

图3.6(案例2)显示了当溶液被阳离子交换膜分开并达到平衡时，铜离子和氢离子的分布状态。阳离子交换障碍，或更确切地说是唐南电势梯度允许较高价的离子逆着其自身的浓度梯度移动。如果案例中的 Cu^{2+} 被 Al^{3+} 代替，根据以下等式铝离子的浓度会更高：

$$\left(\frac{C_{Al}^{L}}{C_{Al}^{R}}\right) = \left(\frac{C_{H}^{L}}{C_{H}^{R}}\right)^{3} \tag{3.58}$$

上述高价离子浓缩的原理构成了唐南透析(Donnan dialysis)或唐南膜分离过程的理论基础[24-27]。渗透离子的电荷数是唐南透析过程的唯一驱动力，而与其化学性质无关。任何二价阳离子(如 Ca^{2+}、Mg^{2+}、Zn^{2+}、Ni^{2+})代替 Cu^{2+} 均会产生相同的结果。

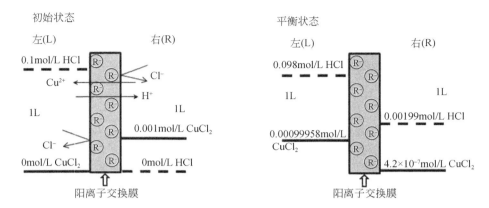

图 3.6 使用阳离子交换膜通过唐南膜效应分离稀 $CuCl_2$ 的示意图(Cl^-无法通过阳离子交换膜)

待解决的问题

计划从工厂的 100L 0.01mol/L $AlCl_3$ 清洗液中提取铝。现有 10.0L 0.5mol/L 的 H_2SO_4 溶液。

绘制唐南透析过程示意图。计算平衡时硫酸溶液中铝的浓度。尝试计算两侧溶液的 pH。

3.7 痕量泄漏

与式(3.1)中的二元离子交换反应相比,由于很难完全再生,处理过程中离子交换剂很少以单一离子的形式存在。出于经济考虑,这种不完全再生也具有存在的意义,且所使用的再生剂不可能是纯净的。再生剂中与 B^-(或在阳离子交换的情况下为 B^+)一起存在的其他平衡离子也可能是处理周期中泄漏的来源。术语"痕量泄漏"(trace leakage)是指某种离子从交换相中泄漏到没有该种离子的溶液中。为了解释这个问题,让我们考虑一个再生后含有 i、j、k 等离子的交换剂,那么

$$y_i + y_j + y_k + \cdots = 1 \tag{3.59}$$

当离子交换剂与不含"k"离子的溶液(但含有 i、j 等离子)接触时,有

$$x_i + x_j + x_l + \cdots = 1 \tag{3.60}$$

"k"离子的初始痕量泄漏,x_k 值可通过以下等式计算

$$y_k = \frac{x_k}{x_k + \sum_{j \neq k} \alpha_{jk} x_j} \tag{3.61}$$

若假设溶液中仅有"i"和"j"两种离子,那么

$$y_k = \frac{x_k}{x_k + \alpha_{ik} x_i + \alpha_{jk} x_j} \tag{3.62}$$

若考虑此痕量泄漏的具体情况,可知 $x_k \ll x_i, x_k \ll x_j$
因此,
$$x_k = y_k(\alpha_{jk}x_j + \alpha_{ik}x_i) \tag{3.63}$$

痕量泄漏很大程度上取决于分离因数或选择性,即"k"的亲和力越低,其泄漏就越多。需要注意的是,首先,"痕量泄漏"是一种平衡现象,不能与由动力学限制引发的"痕量突破"概念混淆。其次,痕量泄漏是一种非稳态现象,即 y_k 值会随泄漏而下降,从而导致 k 的泄漏持续降低。最后,对于异价离子交换,可能需要根据总电解质浓度的变化重新计算式(3.61)~式(3.63)中的分离因数值。

例题 3.4

Na 型强酸性阳离子交换剂用于去除溶液中的 Ca^{2+},其溶液组成如下:

$Ca^{2+} = 1.5\text{meq/L}$ $SO_4^{2-} = 1.0\text{meq/L}$

$Na^+ = 9.5\text{meq/L}$ $Cl^- = 10.0\text{meq/L}$

$C_T = 11.0\text{meq/L}$ $C_T = 11.0\text{meq/L}$

该种阳离子交换树脂的参数如下:

选择性系数(selectivity coefficient), $K_{Ca/Na} = 2.6$

总离子交换容量, $Q = 2.0\text{eq/L}$

为了提高工艺的经济性,决定用过量海水再生阳离子交换柱,海水成分如下:

$Na^+ = 25000\text{mg/L}$(以 $CaCO_3$ 计)或 500meq/L

$Ca^{2+} = 1000\text{mg/L}$(以 $CaCO_3$ 计)或 20meq/L

由于再生剂(海水)中存在钙离子,因此在使用的初期,处理出水中会有钙离子泄漏。

试计算钙离子的泄漏量,以 mg/L $CaCO_3$ 单位表示。

解:

再生剂组分:

$$[Na^+] = 500\text{meq/L}$$
$$[Ca^{2+}] = 20\text{meq/L}$$

因此,总浓度 $C_T = 520\text{meq/L} = 0.52\text{eq/L}$

对于 Ca^{2+}-Na^+ 之间的离子交换,

$$K_{Ca/Na} = \frac{y_{Ca}}{(1-y_{Ca})^2} \frac{x_{Na}^2}{x_{Ca}} \frac{C_T}{Q}$$

已知 $K_{Ca/Na}$、C_T 和 Q,可得

$$x_{Na} = \frac{500}{520} = 0.96$$

$$x_{Ca} = \frac{20}{520} = 0.04$$

因此,

$$2.6 = \frac{y_{Ca}}{(1-y_{Ca})^2} \frac{0.96^2}{0.04} \frac{0.52}{2.0}$$

通过迭代法计算数值解,

$$y_{Ca} = 0.242$$
$$y_{Na} = 1 - 0.242 = 0.758$$

注意,将近25%的离子交换位点被钙离子占据。在生产周期的初始阶段,处理出水将与再生树脂建立平衡,即

$$C_T = 11\,\text{meq/L} = 0.011\,\text{eq/L}$$
$$y_{Na} = 0.758$$
$$y_{Ca} = 0.242$$

因此,

$$2.6 = \frac{0.242}{0.758^2} \frac{(1-x_{Ca})^2}{x_{Ca}} \frac{0.011}{2.0}$$

$$x_{Ca} = 0.00089$$

$$[Ca^{2+}] = 0.00089 \times 11\,\text{meq/L} = 0.01\,\text{meq/L}$$
$$= 0.5\,\text{mg/L}(\text{以 } CaCO_3 \text{ 计})$$

假设再生后重新启动色谱柱并达到平衡状态后,处理出水中含有 0.5mg/L 以 $CaCO_3$ 计的钙离子。对于同价离子交换,采用式(3.63)计算分离因数更为适合。

3.8 天然有机物造成的痕量污染

离子交换剂污损是指存在痕量污染溶质的情况下离子交换剂母体的化学性质发生缓慢且不可逆的变化。交换剂污损也会导致其交换能力的持续下降。天然有机物(natural organic matter,NOM)对阴离子交换树脂造成的污损是脱盐过程中存在的主要问题。在这里,我们将讨论 NOM 导致交换剂污损的潜在基本原理。NOM 是一种高分子量有机化合物,树叶的氧化和植被腐烂的过程中均能形成,因此普遍存在于地表水中。NOM 分为腐殖酸(humic acid)和富里酸(fulvic acid)两大类,但两者都不具有特定的化学式。在这两类 NOM 中,腐殖酸在酸性 pH 下溶解度较低且分子量较高,而富里酸可在很大的 pH 范围内溶解并且分子量相对较低。由于其较高的溶解度,分子量为 500~10000Da 且大小在 5~200nm 的富里酸是有机物污损的主要原因。地表水中的 NOM 浓度若以溶解的有机碳(DOC)计,浓度范围大多在 2~10mg/L,并且呈季节性变化,通常在秋季附近达到峰值。常见的引起污损的 NOM 是具有芳香结构的聚合阴离子。因此从原则上讲,它可以通过疏水作用、库仑力或静电力以及路易斯酸碱作用与吸附剂结合。图 3.7(A)展示了 NOM 大分

子的一种典型结构；此分子中羧基与芳香结构的疏水作用同时存在。图3.7（B）为富里酸的一种形式，其中矩形代表连接到羧基侧链的疏水核心。由于带有大量负电荷而产生很大排斥性，因此富里酸形成胶束的能力极其有限。

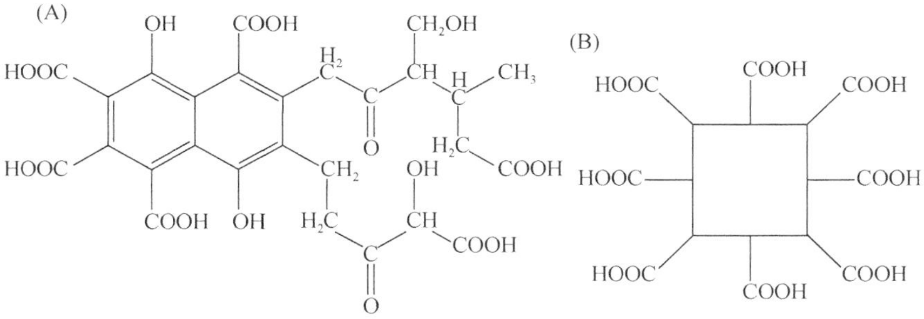

图3.7 （A）某种富里酸的结构示意图；（B）富里酸的广义结构示意图

天然有机物 NOM 在中性至弱碱性 pH 附近主要以阴离子形式存在，由于唐南排斥效应会被阳离子交换树脂排斥。因此阳离子交换树脂一般不受 NOM 污染，而只有阴离子交换剂容易受到有机污染。为了阐明不可逆污损和容量逐渐降低的主要机理，让我们考虑 NOM 分子中的两个主要组成：一个疏水核心以及一个带负电的羧基。由于强烈的静电力和疏水作用，NOM 对阴离子交换树脂表现出很高的亲和力，且远高于水中常见的硫酸根和氯离子。因此在常规的氢氧化钠再生过程中，NOM 无法完全解吸。附着在阴离子交换剂上的许多 NOM 的羧基侧链能充当阳离子交换位点，并在再生过程中吸收钠离子。在再生后的润洗过程中，这些钠盐形式的羧基发生水解并缓慢释放氢氧化钠，如图3.8 所示。

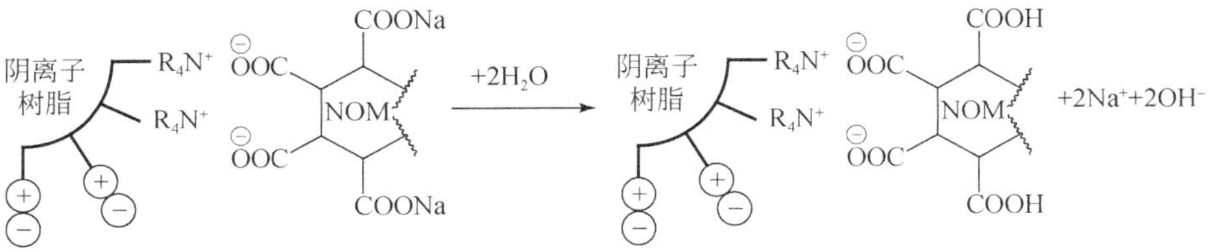

图3.8 润洗过程中 NaOH 从阴离子交换树脂结合的 NOM 中逐渐释放出来，从而引起出水电导率升高

由于存在 Na^+ 和 OH^-，润洗水中的电导率长时间维持在很高的状态。但与此同时，润洗水中存在的其他阴离子会严重消耗阴离子交换剂的容量。因此阴离子交换剂的总处理能力大大降低。在再生过程中，NOM 的不完全解吸伴随缓慢的水解是树脂污损的主要原因，即交换容量的损失。

NOM 的分子量较大而且扩散性较低；它们主要结合在阴离子交换树脂的外

围,并且只有一部分羧基被阴离子交换剂上的官能团中和。由于不完全再生,NOM会在多个处理循环中持续积累,因此可以产生过量的带负电的羧基,该基团逐渐将阴离子交换剂的外围转变为阳离子交换剂。因此根据唐南膜原理,阴离子将被阴离子交换剂母体排斥。图 3.9 说明了这种现象。

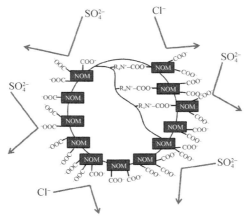

图 3.9　未中和的羧基在树脂外围积累,因此产生了阳离子交换剂的
性质并通过唐南排斥效应导致树脂对阴离子排斥

为了使被 NOM 污染的阴离子交换树脂恢复交换能力,可以长时间使用热 NaCl 和 NaOH 的混合溶液浸泡和冲洗树脂。升高温度(约 40℃)能够增加 NOM 的扩散性,从而促进其解吸。非极性助溶剂的加入可通过降低溶剂的介电常数和提高亲水性进而产生排斥力来增强再生过程的热力学,具体可参考第 2 章的"再生"部分。大孔树脂的扩散路径较短,因此不易受 NOM 污染。对于 NOM 含量相对较高的地表水,通常使用大孔阴离子交换树脂来缓解由 NOM 造成的长期污染。

3.9　离子交换过程中伴随的化学反应

离子交换过程中伴随的化学反应能够改变其平衡状态,如沉淀(precipitation)、络合(complexation)、中和涉及平衡离子的氧化还原反应(redox reaction)等。整个过程可以看作是勒夏特列原理(Le Châtelier's principle)的扩展,在该过程中平衡离子通过一系列化学反应被去除,从而更有利地完成了离子交换过程。常见的伴随化学反应如下。

3.9.1　沉淀

若使用碳酸钠再生二价金属阳离子(Me^{2+}),而其中金属碳酸盐的溶解度极低,

那么

$$CO_3^{2-} + 2Na^+ + \overline{(R^-)_2Me^{2+}} \rightleftharpoons CO_3^{2-} + Me^{2+} + 2\overline{(R^-)Na^+} \ (K_{IX}) \quad (3.64)$$

$$Me^{2+} + CO_3^{2-} \rightleftharpoons MeCO_3(s) \ (1/K_{sp}) \quad (3.65)$$

总反应式为

$$CO_3^{2-} + 2Na^+ + \overline{(R^-)_2Me^{2+}} \rightleftharpoons MeCO_3(s) + 2\overline{(R^-)Na^+} \ (K_{overall}) \quad (3.66)$$

因此,

$$K_{overall} = \frac{K_{IX}}{K_{sp}} \quad (3.67)$$

对于微溶的固体,K_{sp}要比1低几个数量级。因此,由于伴随的沉淀反应,整体平衡常数$K_{overall}$大大提高。为了量化沉淀反应对离子交换的影响,请考虑二价金属阳离子Ca^{2+}的情况。根据文献考证,K_{IX}的值约为0.25[6,28],而K_{sp}为$10^{-8.3}$。因此,$K_{overall} = \frac{0.25}{10^{-8.3}} = 5 \times 10^7$。而对于$CdCO_3$,$K_{sp}$值为$5.2 \times 10^{-12}$。因此,整体平衡常数将更大。从平衡的观点来看,由于伴随沉淀反应,因此正反应是极其有利的(不可逆的)。就动力学而言,沉淀比离子交换要慢得多,并且需要成核作用来引发沉淀过程。即使对于固定床离子交换,沉淀也可以发生在色谱柱外。上述概念构成了离子交换诱导过饱和(IXISS)的基础,并且该工艺适用于多种环境工程应用。类似的工艺同样适用于痕量目标金属离子的选择性去除,之后作为不溶性碳酸盐[6,28,29]进行再生和回收。

另外,当$MeCO_3$沉淀并过滤分离后,再生剂可以经过回收重新利用,因为再生废液中几乎不含Me^{2+}。从可持续性的角度来看,这种减少再生剂消耗并同时回收产品的工艺(复合离子交换工艺)正在受到全球的关注和认可。

3.9.2 络合反应

由于唐南效应,阳离子交换剂能够排斥络合的阴离子配体L^{n-}。但其形成稳定络合物的能力可以通过用阴离子配体L^{2-}取代沉淀剂(如CO_3^{2-})[式(3.64)]而使平衡右移。

$$L^{2-} + 2Na^+ + \overline{(R^-)_2Me^{2+}} \rightleftharpoons L^{2-} + 2Me^{2+} + 2\overline{(R^-)Na^+} \quad (3.68)$$

$$L^{2-} + 2Me^{2+} \rightleftharpoons (MeL^0) \quad (3.69)$$

总反应为

$$L^{2-} + 2Na^+ + \overline{(R^-)_2Me^{2+}} \rightleftharpoons 2\overline{(R^-)Na^+} + (MeL^0) \quad (3.70)$$

因此,较高的金属-配体稳定性常数(K_{st})将大大提高通过钠盐从阳离子交换剂中再生Me^{2+}的效率。

3.9.3 氧化还原反应

在前两种情况下,离子交换之后才发生伴随的化学反应,即沉淀和络合。在实际工程中,还可以在离子交换之前进行此类反应,以改善吸附性能。元素汞(Hg^0)和亚砷酸(H_3AsO_3)均呈电中性,因此不能参与离子交换。然而,若将氧化剂(如二氧化锰纳米颗粒)加载到阳离子和阴离子交换剂中,可以氧化目标物质,然后进行选择性离子交换[30]。对于元素汞,

$$Hg^0 + MnO_2(s) + 4H^+ \rightleftharpoons Hg^{2+} + Mn^{2+} + 2H_2O \tag{3.71}$$

$$\overline{4R^-Na^+} + Hg^{2+} + Mn^{2+} \rightleftharpoons \overline{(R^-)_2Hg^{2+}} + \overline{(R^-)_2Mn^{2+}} \tag{3.72}$$

总反应为

$$Hg^0 + MnO_2(s) + \overline{4R^-Na^+} + 4H^+ \rightleftharpoons \overline{(R^-)_2Hg^{2+}} + \overline{(R^-)_2Mn^{2+}} + 4Na^+ \tag{3.73}$$

同理,对于非离子态的亚砷酸,

$$HAsO_2 + MnO_2(s) + H^+ \rightleftharpoons H_2AsO_4^- + Mn^{2+} \tag{3.74}$$

$$\overline{(R^+)Cl^-} + H_2AsO_4^- \rightleftharpoons \overline{(R^+)H_2AsO_4^-} + Cl^- \tag{3.75}$$

总反应为

$$HAsO_2 + MnO_2(s) + \overline{(R^+)Cl^-} + 4H^+ \rightleftharpoons \overline{(R^+)H_2AsO_4^-} + Mn^{2+} + Cl^- \tag{3.76}$$

前述示例表明,通过使其他化学反应过程与离子交换过程串联,可以极大地提高热力学效率。离子交换诱导性沉淀也为合成纯化学品提供了新的工艺路线[30]。

3.10 一价–二价离子的选择性

在之前第 2 章关于异价离子交换过程中选择性逆转的讨论中,随着交换容量 Q 的增加,二价抗衡离子的选择性比其一价竞争者变大。但式(2.34)并未提供这种现象的科学解释。简单说来,随着 Q 的增加,交换剂每单位体积带电官能团的数量增加,从而减少了两个相邻离子交换位点之间的平均距离。因此,交换剂可以以较少的工作量填充并平衡交换剂中的固定电荷,进而对二价离子(阳离子或阴离子)的选择性更高。当库仑或静电相互作用是主要的离子交换机制时,先前的研究表明,离子交换剂中固定电荷分离的距离是决定二价/一价离子选择性的主要因素[31-33]。具有负官能团紧密间隔的阳离子交换剂具有非常高的二价离子选择性,非常符合电荷平均距离理论。这些市售的阳离子交换剂的结构,如羧基、氨基膦酸基和亚氨基二乙酸基,见图 3.10。由于其电荷间距很小,对二价离子的选择性更高,因此常用于从苦咸水中去除 Ca^{2+} 和 Mg^{2+}。相反,具有磺酸官能团且具有更大电荷分离距离的商业强酸性阳离子交换剂对于 Ca^{2+}-Na^+ 的选择性较低。值得注意的是,Ca^{2+} 和 Na^+ 都是具有相同外壳电子构型的硬阳离子。库仑相互作用是两种平衡

离子的主要离子交换机制。

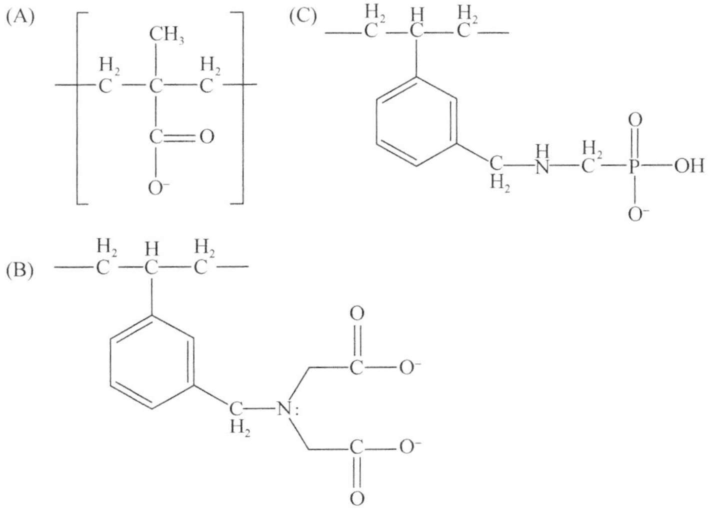

图 3.10 三种商业化的阳离子交换剂官能团,即对二价阳离子具有较高选择性的钠型树脂:(A)羧基、(B)氨基膦酸基和(C)亚氨基二乙酸基

3.10.1 电荷分离效应:机理

增大固定电荷之间距离的方法提供了一种提高一价离子选择性的工具。为了深入了解两个相邻位点之间的电荷分离距离的作用,让我们首先考虑图 3.11 中案例 1 所示的钠型阳离子交换剂,其中两个交换位点彼此紧邻。两个一价 Na^+ 平衡离子与二价 Ca^{2+} 的交换遵循经典的离子交换,在该经典离子交换中,配对离子(Cl^-)仅存在于液相中,并且固液相中均保持电中性。

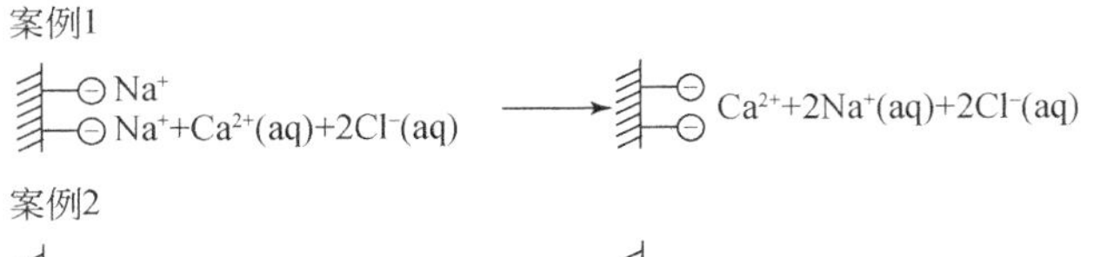

图 3.11 案例 1 中,钠型阳离子交换剂的两个交换位点彼此紧邻;而在案例 2 中,只存在一个交换位点

案例 2 中的阳离子交换剂只有一个离子交换位点,所有其他条件与案例 1 相同。为了使 Ca^{2+} 从离子交换位点取代 Na^+ 并同时保持电中性,必须从水相带入一个 Cl^- 到交换剂相中。Ca^{2+} 与 Na^+ 交换后,原本的阳离子交换位点由于引入过多的

正电荷转变成阴离子交换位点。依据库仑定律[如式(2.40)所示],将 Cl^- 移动至阳离子交换位点所需的额外功或自由能变化为

$$\Delta G^\circ = \frac{-e^2}{(r_{Ca}+r_{Cl})\epsilon_D} \tag{3.77}$$

其中,r_{Ca} 和 r_{Cl} 分别是钙和氯离子的水合离子半径;ϵ_D 是交换剂的介电常数;e 是电子所带的电荷量。

从热力学角度来看,由于要做额外的功或消耗额外的能量[根据式(3.77)],因此案例2中的交换反应不如案例1有利。因此,对于案例2,钙对钠的选择性显著降低。从更广泛的角度来看,随着两个相邻位点之间距离的增加,对二价离子的亲和力降低。具体地说,当该距离接近或超过1nm或10Å时,二价离子的选择性基本上消失。

为了从科学的角度验证该假设,现考虑典型的强酸性阳离子和强碱性阴离子交换树脂的情况。一般说来,每单位体积的阳离子交换容量约为阴离子交换容量的两倍,这意味着阳离子交换剂中两个相邻位点之间的距离更短。因此在其他条件相同的前提下,阳离子交换的二价/一价选择性(如 Ca^{2+}/Na^+)显著大于阴离子交换剂(如 SO_4^{2-}/Cl^-)。

3.10.2 阴离子交换中硝酸根/硫酸根以及氯离子/硫酸根的选择性

硝酸根/硫酸根的选择性系数是离子交换法去除硝酸根工艺设计的重要参数之一,该工艺旨在从离子强度较低的受污染地下水中选择性去除硝酸盐,即总溶解性固体的浓度低于500mg/L。静电相互作用是阴离子交换树脂的主要结合机理,因而稀溶液中常见阴离子的选择性顺序如下:

$$SO_4^{2-} > NO_3^- > Cl^-$$

除了容量降低外,固定床色谱柱进水中硫酸根的存在还导致硝酸根的色谱洗脱,即经过离子交换柱的出水中的硝酸根长时间显著大于其进水浓度。对于阴离子交换树脂处理硝酸根的工艺,若硝酸根选择性大于硫酸根,该工艺将具有明显的优势。克利福德(Clifford)[34-36]深入研究了影响硝酸根/硫酸根选择性的树脂参数。同样,硫酸根/氯离子的选择性针对海水脱盐过程中钙和钡的沉淀具有重大意义,是阴离子交换对海水脱硫非常重要的参数。目前已经开展了很多针对较高离子强度下硫酸根/氯离子选择性的研究[37-40]。

先前的研究表明,基质和官能团均会影响阴离子交换树脂对一价/二价离子的选择性。这些研究为开发和合成新的硝酸根、高氯酸根和铬酸根选择性阴离子交换树脂奠定了理论基础。图3.12～图3.15展示了克利福德(Clifford)和韦伯(Weber)[31]在5meq/L或0.005N的水相电解质浓度下的硫酸根与硝酸根的吸附等温线的实验结果。特别是,图3.12和图3.13证明了树脂基质(苯乙烯与丙烯

酸)对硫酸根/硝酸根等温线的影响,图 3.14 和图 3.15 显示了不同的官能团影响硫酸根/硝酸根选择性的方式。这些实验观察结果与"电荷距离"的概念以及离子交换树脂的特性非常吻合,在本章中有关二价/一价离子选择性的章节中已对此进行了探讨具体展示了:

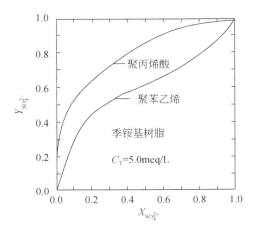

图 3.12 树脂基质对液相总盐浓度为 5.0meq/L 的季铵基树脂的二价/一价离子(SO_4^{2-}/NO_3^-)的选择性的影响。数据经许可取自 Clifford, Weber, 1983[31]

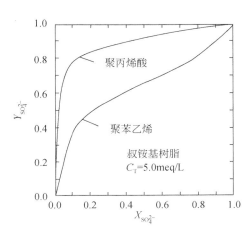

图 3.13 两种基质的叔铵基树脂对二价/一价离子(SO_4^{2-}/NO_3^-)的选择性的差异。数据经许可取自 Clifford, Weber, 1983[31]

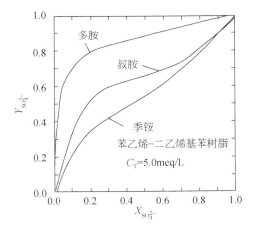

图 3.14 不同氨基对聚苯乙烯树脂的二价/一价离子(SO_4^{2-}/NO_3^-)的选择性的影响。数据经许可取自 Clifford, Weber, 1983[31]

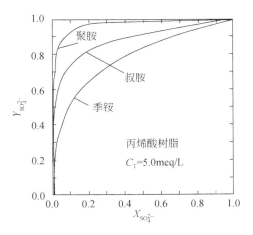

图 3.15 不同氨基对聚丙烯酸树脂的二价/一价离子(SO_4^{2-}/NO_3^-)的选择性的影响。数据经许可取自 Clifford, Weber, 1983[31]

(1) 在聚苯乙烯和聚丙烯酸基质之间，后者更具亲水性，并且单位体积具有较高浓度的固化官能团。因此，对于聚丙烯酸基质，相邻官能团之间的电荷分离距离较小，对二价硫酸根离子具有更高的选择性。

(2) 对于相同的基质(聚苯乙烯或聚丙烯酸酯)，较低的碱度(如叔铵基相较于季铵基)可提供更高浓度的官能团，即相邻位点之间的电荷分离距离更短，也能够提供更大的硫酸根选择性。

尽管上述现象很难量化，但为硝酸根选择性阴离子交换树脂的研发奠定了理论基础。

3.10.3 硝酸根选择性树脂的机理

硝酸根选择性树脂是指在溶液离子强度小于 0.01mol/L 时对硝酸根的选择性大于硫酸根(即 $\alpha_{N/S}$ 大于 1)的阴离子交换树脂。这些阴离子交换树脂以聚苯乙烯为基质合成，通过改变季铵基的烷基化程度改变树脂的选择性，如图 3.16 所示。表 3.3 列出了当树脂的烷基化程度改变(由甲基化逐渐变为丁基化)时，其交换容量以及硝酸根-硫酸根的选择性系数的数据[41]。

$$\overline{(R^+)_2 SO_4^{2-}} + NO_3^- \rightleftharpoons \overline{2R^+ NO_3^-} + SO_4^{2-} \tag{3.78}$$

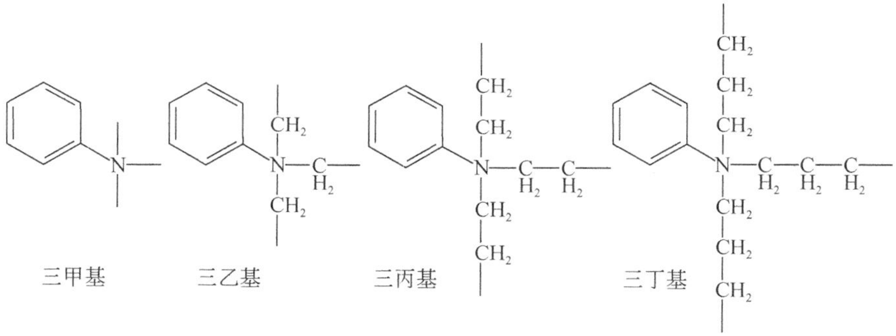

图 3.16 具有三甲基(trimethyl)、三乙基(triethyl)、三丙基(tripropyl) 和
三丁基(tributyl) 官能团的强碱阴离子交换树脂

表 3.3 硝酸盐选择性阴离子交换剂的选择性系数和交换容量数据表[41]

季铵基的烷基化形式	树脂湿度/%	离交容量/(eq/L)	$K_{N/S}^{Se}$
甲基(methyl)	57.0	1.41	100
乙基(ethyl)	48.0	1.2	1000
丙基(propyl)	30.4	0.84	1100
丁基(butyl)	33.0	0.66	11000

注意,随着烷基的大小从甲基到乙基再到丙基再到丁基,树脂对硝酸根的选择性稳定地增加。硝酸根选择性的提高可以归因于以下两个原因:

(1)按照电荷间距离对树脂选择性的影响,交换容量的降低提高了树脂对硝酸根的选择性。

(2)与一价的硝酸根相比,更强的疏水性和更大的体积的烷基(如丙基相比于甲基)对水合态更高的二价硫酸根离子具有较大的空间位阻(steric hindrance)。

古特(Guter)经过长期实验室和现场的实验及观察,开发了聚苯乙烯基质和三丁基季铵基的强碱阴离子交换树脂,且之后成功商业化生产[33]。图3.17(A)和(B)显示了来自加利福尼亚州麦克法兰(McFarland,California)的代表性地下水样品在色谱柱运行过程中硫酸根和硝酸根的穿透数据。进水中的硫酸根和硝酸根浓度分别约为375mg/L和110mg/L。请注意,对于具有三甲基烷基的强碱性阴离子交换树脂而言,硝酸盐在约150床体处穿透,而三丁基官能团使硝酸根的穿透床体数增加至250。两种树脂在实验开始前均完全再生成氯型。还应注意,市售树脂的硝酸根去除通常能呈现出色谱洗脱(chromatographic elution)作用,即穿透时硝酸根浓度变得明显大于其进水浓度。对于具有三丁基官能团的硝酸根选择性树脂,未观察到色谱洗脱的现象,进一步证实了该树脂对硝酸根的选择性高于硫酸根。

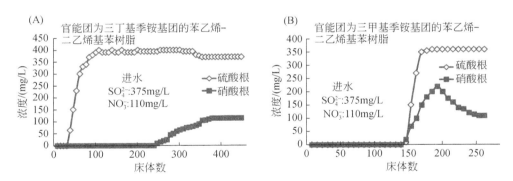

图3.17 (A)具有三丁基季铵基的苯乙烯-二乙烯基苯树脂(硝酸根选择性树脂)的硫酸根(50BVs)和硝酸根(>250BVs)的穿透曲线;(B)具有三甲基季铵基的苯乙烯-二乙烯基苯树脂(Ⅰ型阴离子交换树脂)的硫酸根(150BVs)和硝酸根(150BVs)的穿透曲线。数据经许可取自Guter,1995[33]

3.10.4 铬酸根离子的选择性

与硝酸根类似,对于特殊的离子交换树脂,铬酸根($HCrO_4^-$)(chromate)一价离子的选择性将高于竞争性的二价硫酸根离子。铬酸根的化学性质比较特殊,它在接近中性的pH下会发生以下解离：
$$HCrO_4^- \rightleftharpoons H^+ + CrO_4^{2-}, \quad pK_a = 6.5 \qquad (3.79)$$

在高于中性的pH下，溶液中的二价铬酸根（CrO_4^{2-}）占主导，而在酸性pH下，一价铬酸根（$HCrO_4^-$）将成为主要存在形式。因此铬酸根的这种化学性质为证实3.10.2节中有关烷基化程度在季铵官能团中的作用提供了一个很好的机会，可以进一步探究其理论依据。图3.18显示了两种强碱阴离子交换树脂在恒定背景硫酸根浓度下$HCrO_4^-/SO_4^{2-}$等温线的比较：其中一种树脂带有三丙基官能团，而另一种则带有三甲基官能团［罗本哈斯（Rohm and Haas Co., Philadelphia）的IRA-900型树脂］[42]。与硝酸根/硫酸根选择性的发现相一致，三丙基官能团对一价$HCrO_4^-$的选择性比硫酸根更高。

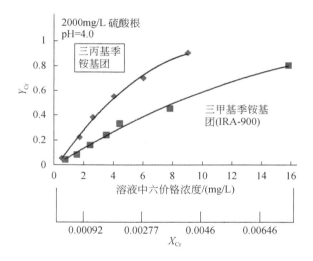

图3.18 在相同的实验条件下，带有三丙基季铵官能团的新型树脂和IRA-900（三甲基季铵官能团）在pH 4.0下的铬酸根/硫酸根等温线（23℃±2℃）的比较。数据经许可转载自SenGupta, Roy, Jessen, 1988[42]

为了进一步确定树脂的烷基化程度与一价/二价离子选择性的关系，实验针对CrO_4^{2-}/Cl^-等温线进行了测试，使用除烷基化程度外其他参数均相同的两种阴离子交换树脂，且在碱性pH下，二价CrO_4^{2-}占主导地位。需要注意的是，在该实验条件下铬酸盐（CrO_4^{2-}）是二价阴离子，而竞争性的氯离子是一价阴离子。图3.19显示，根据一价/二价阴离子的选择性机理，三甲基季铵官能团对CrO_4^{2-}（二价）的选择性高于三丙基。

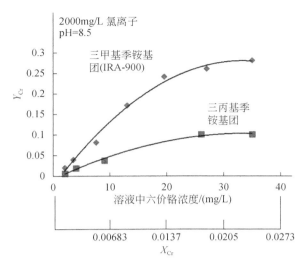

图 3.19 在相同的实验条件下,新型树脂(三丙基季铵官能团)和 IRA-900(三甲基季铵官能团)在 pH 8.5 下的铬酸根/氯离子等温线(23℃±2℃)的比较。数据经许可转载自 SenGupta,Roy,Jessen,1988[42]

3.11 熵驱动的选择性离子交换：疏水性可离子化有机化合物(HIOC)的实验案例

吸附过程的本质为溶质分子或离子从溶剂相转移到吸附相的过程。当溶质与吸附位点结合时,溶质分子旋转和平移的自由度均降低,因此吸附过程中的熵变化(ΔS)为负。为了使吸附能够进行,吉布斯自由能变化(ΔG)必须为负,而根据$\Delta G = \Delta H - T\Delta S$,即要求焓变($\Delta H$)为负。一般来说,所有有利的吸附过程都符合该特征,即吸附过程为放热反应,并伴随着熵的降低。图 3.20 展示了这种焓驱动(enthalpy-driven)的吸附过程。

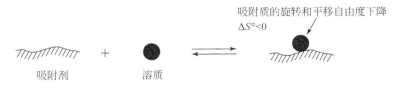

$\Delta G° = \Delta H° - T\Delta S°$

有利吸附:$\Delta G° < 0$

$\Delta H° < 0$（放热以及焓驱动吸附过程）

图 3.20 放热(exothermic)及焓驱动的吸附过程示意图

目前得到普遍认可的离子交换过程的概念,是基于静电相互作用的等电荷离子交换。例如,聚苯乙烯的强碱阴离子交换剂中硝酸根与氯离子(NO_3^-：Cl^-)间的离子交换,如下所示：

$$\overline{R^+NO_3^-} + Cl^- \rightleftharpoons \overline{R^+Cl^-} + NO_3^- \qquad (3.80)$$

在 25℃时,标准状态下 1mol 的 NO_3^-：Cl^- 交换过程中的能量的变化证明了反应为放热的,$\Delta G^\circ = -3.4 kJ$,$\Delta H^\circ = -8.7 kJ$,$T\Delta S^\circ = -5.3 kJ$。

总体而言,几乎所有有利的无机离子(阳离子和阴离子)间的均价离子交换反应都是放热的。

由于存在羧基、酚基和磺酸基部分,许多合成的芳香族化合物表现出酸性特征,并且由于各种取代基对电子的吸引作用,它们的酸性得到格外增强。例如,苯酚的 pK_a 值(即酸解离常数的负对数)为 9.3,而五氯苯酚或 PCP 的 pK_a 值为 4.75。结果导致在木材防腐行业中广泛使用的五氯苯酚进入地表或地下水等中性 pH 环境时以阴离子形式存在于被污染的水体中。因此,与其他非离子化疏水性芳香族化合物不同,五氯酚酸酯或 PCP^- 在自然环境中流动性更强,无法通过传统的疏水性吸附剂(如活性炭)有效去除。像 PCP^- 一样,许多其他工业上广泛使用的芳香族化合物(如萘磺酸盐和季铵化合物)往往以离子形式存在于水相中,通常被称为疏水性可电离有机化合物或 HIOC[43,44]。虽然芳香族化合物具有疏水性或非极性特性,但这些化合物所带的离子化电荷通过与水分子的离子-偶极相互作用(ion-dipole interaction)而增强了亲水性。因此当环境 pH 大于 pK_a 值时,弱酸性 HIOC 化合物的溶解度会显著增加。

由于芳香族阴离子的非极性部分(NPM)而使其同时具有疏水性和离子性,因此芳香族阴离子的吸附将受到疏水性和离子性的同时影响。与非离子型疏水性芳香族化合物不同,芳香族阴离子的吸附不是物理吸附过程。这种过程的特征是在液相和离子交换剂固相之间进行离子种类的等价交换,但是除静电作用之外,离子交换的选择性也会受同时存在的疏水作用影响[45]。

3.11.1 研究重点及相关意义

本节将讨论几种对环境具有重大意义的 HIOC 的有利吸附或离子交换行为,这些 HIOC 是芳香族阴离子,如五氯酚酸酯(pentachlorophenate)、氯酚酸酯(chlorophenate)、苯(benzene)和萘磺酸盐(naphthalene sulfonates)。但此类有利的吸附平衡非常独特,它们均为吸热过程伴随正熵变。离子交换基质的溶剂介电常数、极性或含水量以及芳族阴离子的非极性部分(NPM)是控制总体吸附平衡的三个基本变量。在随后的章节中,将对 HIOC 吸附行为的机理进行扩展研究,旨在对天然有机物(NOM)、药物和个人护理产品(PPCP)等污染物的阴树脂吸附进行预测、建模和量化。从本质来看,NOM 和许多 PPCP 溶质均与 HIOC 化合物相似,它们都含有带负电荷的疏水性芳香族内核。

本部分研究了两种类型的芳香族阴离子:氯酚(chlorophenols)和磺基芳香族阴离子(sulfonated aromatic anions)。氯酚包括五氯苯酚(pentachlorophenol)、2,4,6-三氯苯酚(2,4,6-trichlorophenol)、2,6-二氯苯酚(2,6-dichlorophenol)等。磺基芳香族阴离子包括1-磺基萘(naphthalene-1-sulfonate)、1,5-二磺基萘(naphthalene-1,5-disulfonate)和苯磺酸盐(benzene sulfonate)等。表3.4和表3.5列出了氯酚和磺基芳香族阴离子的相关信息。由于Cl取代基的吸电子效应,苯酚的pK_a值随着更多的Cl取代基的引入而降低。在表3.4中,辛醇/水分配系数($K_{O/W}$)的值随Cl取代基数目的增加而增加。$K_{O/W}$值的高低代表疏水性的强弱,酚的疏水性随Cl原子取代基的增加而增强。萘磺酸和苯磺酸是强酸,其pK_a值很低。1-磺基萘和苯磺酸根是一价阴离子,1,5-二磺基萘是二价阴离子。

表3.4 氯酚(chlorophenols)的性质[44]

名称	分子结构	分子量	pK_a	$\lg K_{O/W}$
五氯苯酚	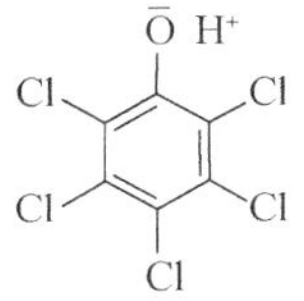	266.5	4.8	5.2
2,4,6-三氯苯酚	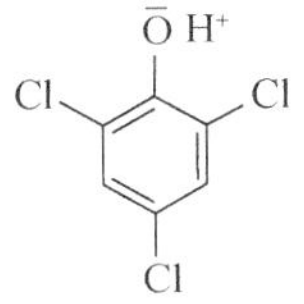	197.5	6.1	3.7
2,6-二氯苯酚	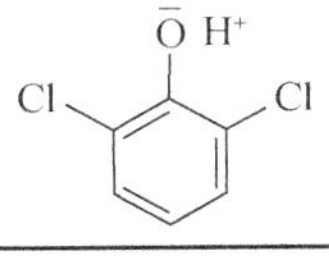	163	6.9	2.6

数据经许可取自 Jafvert et al.,1990[44]

表3.5 磺基芳香酸的性质[46]

名称	分子式	分子量	pK_a
1-萘磺酸	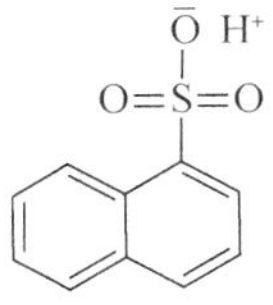	208	0.17

续表

名称	分子式	分子量	pK_a
1,5-萘二磺酸	(结构式)	284	−3.37, −2.64
苯磺酸	(结构式)	158	0.7

表 3.6 列出了两种类型的离子交换树脂，即 IRA-900 和 IRA-958 的树脂特性。IRA-900 和 IRA-958 是强碱阴离子交换剂。两个阴离子交换剂均具有季铵官能团，但 IRA-900 的基质是聚苯乙烯（polystyrene），而 IRA-958 的基质是聚丙烯酸（polyacrylic）。与聚丙烯酸基质相比，聚苯乙烯基质的非极性和疏水性更强。

表 3.6 聚合阴离子交换剂的显著特性

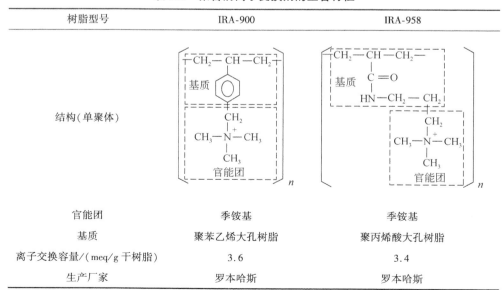

树脂型号	IRA-900	IRA-958
结构(单聚体)	(聚苯乙烯季铵结构)	(聚丙烯酸季铵结构)
官能团	季铵基	季铵基
基质	聚苯乙烯大孔树脂	聚丙烯酸大孔树脂
离子交换容量/(meq/g 干树脂)	3.6	3.4
生产厂家	罗本哈斯	罗本哈斯

3.11.2 溶质–吸附剂及溶质–溶剂相互作用的特性

具有固定正电荷的聚合阴离子交换剂能够吸附芳香族阴离子,如五氯酚酸酯和萘磺酸酯。五氯酚盐(PCP^-)与氯离子(Cl^-)之间的典型阴离子交换反应可表示如下:

$$\overline{R^+Cl^-} + PCP^- \rightleftharpoons \overline{R^+PCP^-} + Cl^- \qquad (3.81)$$

其中,横线代表交换剂相,R^+代表具有固定正电荷的阴离子交换剂。氯离子(Cl^-)和五氯酚盐(PCP^-)均产生相同的静电相互作用,即均带一个负电荷。从静电或库仑相互作用的角度严格来说,在竞争性氯离子存在下,聚合阴离子交换剂对PCP^-的选择性并不高。但是,先前的研究表明,聚合物交换剂对氯代苯酚和芳香族阴离子的选择性远高于氯离子和其他无机阴离子[47-49]。对于具有长烷基链的脂族阴离子,也具有较高的离子交换选择性[50,51]。通常,这种高吸附亲和力归因于芳族阴离子的非极性部分(NPM)产生的疏水相互作用。一般观点认为,NPM-溶剂和NPM-基质之间的相互作用是离子交换过程中芳香族离子高吸附亲和力的两个主要因素。基质不仅是聚合物离子交换剂中有机骨架组分,其内还固定有带电的官能团。假设氯离子的水合半径在水相和离子交换剂相之间变化不大,则以下离子交换半反应则成为反应式(3.81)中反应总体平衡的主要决定因素:

$$\overline{R^+} + PCP^-(aq) \rightleftharpoons \overline{R^+PCP^-} + H_2O \qquad (3.82)$$

由于PCP^-的吸附是有利的,所以方程式(3.82)的总自由能变化为负。标准状态下的自由能变化(ΔG°)为

$$\Delta G^\circ = \Delta H^\circ - T\Delta S^\circ \qquad (3.83)$$

因此,焓变(ΔH°)和熵变(ΔS°)将一同决定交换过程中的离子选择性。标准状态的定义可能会改变离子交换剂相中离子的活度系数,但对整个平衡的相对焓变和熵变没有影响。为了在方程式(3.82)中阐明PCP^-吸附中的相互作用,可以将吸附过程分为两个连续的步骤:首先,PCP^-脱离溶剂,而后PCP^-吸附到阴离子交换剂上。

PCP^-脱离溶剂过程中的相互作用:由于NPM无法与极性水分子形成氢键,当含有NPM的离子引入到水(一种极性溶剂)中时,水分子趋向于远离NPM并通过氢键结合成团簇。因此,由于这些自缔合水分子的自由度降低,系统的整体熵降低。弗兰克(Frank)和维恩(Wen)[52]首先提出了簇状结构分子在疏水性溶质周围形成的概念,随后那麦斯(Némethy)和施拉格(Scheraga)[53]以及其他科研人员[54-56]对其进行了详细的研究和讨论。由于在离子交换过程中PCP^-离开水相,因此会导致熵的整体增加。由于溶剂相需要吸收热量以破坏高度结合的水分子的簇状结构,因此该过程是吸热(endothermic)的。

PCP⁻分子与聚合物交换剂间的相互作用:当 PCP⁻分子进入交换剂相并与固定的正电荷结合,其 NPM 就会与离子交换剂的非极性基质直接接触。此外由于交换相与溶剂之间的渗透压差,导致极性的水分子受到排斥而脱离交换相。尽管交换剂中的这种局部脱水需要热能,但是这两种非极性物质(PCP⁻的 NPM 部分和树脂基质)之间的直接接触而导致系统的总熵增加,使得该结合在能量上是有利的[57]。

图 3.21 给出了上述吸附过程中两个步骤的机理解释。注意系统中的疏水相互作用既包括 NPM-溶剂相互作用又包括 NPM-基质相互作用。尽管没有单独说明,溶剂与基质相互作用的影响也体现在图 3.21 中。溶剂与基质的相互作用越弱,将溶剂分子从基质中驱出所需的能量就越小,因此吸附过程也越有利。

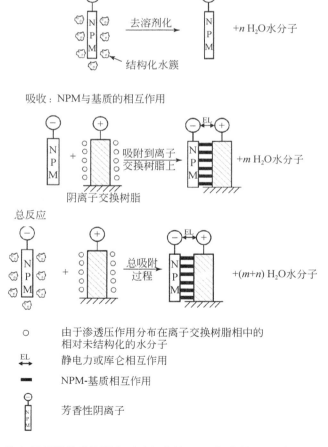

图 3.21 从水相吸附芳香族阴离子过程中的 NPM 与溶剂、NPM 与基质间的静电相互作用示意图。经许可转载自 Li, SenGupta, 2001[58]

若不考虑聚合交换剂的溶胀/收缩，NPM 与平衡离子的离子交换反应的总自由能变化是由静电力（EL）、NPM-溶剂和 NPM-基质的相互作用共同决定的。

$$\Delta G^\circ_{\text{overall}} = \Delta G^\circ_{\text{el}} + \Delta G^\circ_{\text{NPM-溶剂}} + \Delta G^\circ_{\text{NPM-基质}} \tag{3.84}$$

若将方程式（3.84）应用于反应式（3.81）中的同价 PCP^--Cl^- 交换时，由于静电相互作用而产生的自由能变化被抵消，可以得到以下结果：

$$\begin{aligned}\Delta G^\circ_{\text{overall}} &= \Delta G^\circ_{\text{NPM-溶剂}} + \Delta G^\circ_{\text{NPM-基质}} \\ &= (\Delta H^\circ_{\text{NPM-溶剂}} + \Delta H^\circ_{\text{NPM-基质}}) - (T\Delta S^\circ_{\text{NPM-溶剂}} + T\Delta S^\circ_{\text{NPM-基质}})\end{aligned} \tag{3.85}$$

目前只能通过实验确定吸附过程中的焓变和熵变。然而通过改变溶质的非极性部分、溶剂的介电常数和基质的极性，可以评估 NPM-溶剂和 NPM-基质相互作用对整体自由能变化的相对贡献。总体自由能变化与反应式（3.81）的平衡常数 K 相关，如下所示：

$$\Delta G^\circ_{\text{overall}} = -RT\ln K \tag{3.86}$$

其中，R 为摩尔气体常数；T 为热力学温度。对于等价的 PCP^--Cl^- 交换，可以计算平衡常数 K：

$$K_{\text{PCP/Cl}} = \frac{y_{\text{PCP}} \cdot f_{\text{PCP}}}{y_{\text{Cl}} \cdot f_{\text{Cl}}} \cdot \frac{x_{\text{Cl}} \cdot \gamma_{\text{Cl}}}{x_{\text{PCP}} \cdot \gamma_{\text{PCP}}} \tag{3.87}$$

其中，y_i 和 x_i 分别代表交换离子相和水相中平衡离子"i"的当量分数，而 f_i 和 γ_i 分别代表相应两相中的活度系数。对于具有相同电荷数的离子，稀溶液中的活度系数趋于相等，即 $\gamma_{\text{PCP}}/\gamma_{\text{Cl}}$ 值为一[59]。PCP^-/Cl^- 的分离因数可以在特定的树脂负载量下通过实验确定，计算方法如下：

$$\alpha_{\text{PCP/Cl}} = \frac{y_{\text{PCP}} \cdot x_{\text{Cl}}}{y_{\text{Cl}} \cdot x_{\text{PCP}}} \tag{3.88}$$

因此用于 PCP^--Cl^- 交换的交换剂相负荷变化在 $y_{\text{PCP}}=0$ 和 $y_{\text{PCP}}=1.0$ 之间。对于等价离子交换，平衡常数可以近似为平均分离因数值，对整个交换剂相的组成进行积分可得

$$\ln K_{\text{PCP/Cl}} = \frac{\int_0^1 \ln\alpha_{\text{PCP/Cl}} \mathrm{d}y_{\text{PCP}}}{\int_0^1 \mathrm{d}y_{\text{PCP}}} = \int_0^1 \ln\alpha_{\text{PCP/Cl}} \mathrm{d}y_{\text{PCP}} \tag{3.89}$$

可计算 PCP^-：Cl^- 交换的总体自由能变化为

$$\begin{aligned}\Delta G^\circ_{\text{overall}} &= -RT\ln K = -RT\int_0^1 \ln\alpha_{\text{PCP/Cl}} \mathrm{d}y_{\text{PCP}} \\ &= -RT\int_0^1 \ln\frac{y_{\text{PCP}} \cdot (1-x_{\text{PCP}})}{(1-y_{\text{PCP}}) \cdot x_{\text{PCP}}} \mathrm{d}y_{\text{PCP}}\end{aligned} \tag{3.90}$$

可以根据二元吸附等温线数据计算上述积分。

如果在约 298K 的不同温度下确定平衡常数值，并且可以将标准焓变

($\Delta H_{overall}^{\circ}$)视为常数,通过范托夫公式(van't Hoff equation)计算某温度下的平衡常数:

$$\frac{d(\lg K)}{d(1/T)} = -\frac{\Delta H_{overall}^{\circ}}{2.3R} \tag{3.91}$$

其中,T是热力学温度,单位为K。反应的标准焓变可以通过$\lg K$与$1/T$的斜率计算。先前已经使用了相似的方法来确定环境温度下吸附过程中的ΔH°值[50,60]。以此计算的焓变与使用微卡路里测量技术实际测得的值吻合度极高[60]。随后可以根据以下关系式确定在298K[$T\Delta S_{overall}^{\circ}$]时的标准熵贡献:

$$T\Delta S_{overall}^{\circ} = \Delta H_{overall}^{\circ} - \Delta G_{overall}^{\circ} \tag{3.92}$$

带有非极性部分的平衡离子的选择性较高是由疏水相互作用导致的,这又体现在反应的焓变和熵变上[61,62]。因此该类离子交换反应具有三个独立的过程变量,即溶质的疏水性、离子交换剂基质的极性和影响特定芳香族阴离子选择性的溶剂介电常数。

3.11.3 实验观察:化学计量、亲和性顺序以及助溶剂的作用

图3.22展示了IRA-900逐步吸附PCP$^-$以及逐步释放Cl$^-$进入水相的过程,图中的单位为毫当量或meq。可以发现,该关系曲线基本上是一条通过原点且斜率为1的完美直线。因此交换剂对PCP$^-$的吸收总是伴随着等当量Cl$^-$的解吸。通过实验,萘磺酸盐(NS)与Cl$^-$之间的离子交换过程也符合该化学计量比[10,58]。

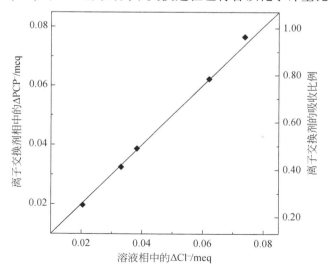

图3.22 毫当量的PCP$^-$逐步吸收到阴离子交换剂上,而等当量的Cl$^-$逐步释放到水相中。经许可转载自Li,SenGupta,2001[58]

为了研究 pH 对芳香族阴离子吸附的影响,实验分别测试了离子交换剂(IRA-900)和合成吸附剂(XAD-2)在不同 pH 下对五氯苯酚(PCP)的吸附效果。IRA-900 和 XAD-2 都具有相同的大孔聚苯乙烯基质并通过二乙烯基苯交联,但 XAD-2 不含阴离子交换位点。图 3.23(A)为 IRA-900 和 XAD-2 的静态吸附结果,图 3.23(B)显示了中性离子(PCP^0)和阴离子(PCP^-)存在的 pH 区间。五氯苯酚是一种弱酸,其 pK_a 值(酸解离常数的负对数)为 4.75。如图 3.23(B)所示,当水溶液的 pH 大于 pK_a 值时,PCP^- 占主导,而当水溶液的 pH 小于 pK_a 值时,PCP^0 为主要存在形式。当以阴离子 PCP^- 的形式存在于水相中时,离子交换剂对其吸附能力较高,但当以中性 PCP^0 存在于溶液中时,离子交换剂将丧失吸附能力。然而当中性物质 PCP^0 在液相中占主导地位时,合成吸附剂将获得更高的吸附性能。实验结果表明,两种类型的吸附剂(离子交换剂 IRA-900 和合成吸附剂 XAD-2)对 PCP 的吸附机理截然不同。PCP 吸附到 IRA-900 上的机理是离子交换,而 PCP 吸附到 XAD-2 上的机理为物理吸附。因此,当液相中的 pH 高于母体芳香酸的 pK_a 值时,离子交换机制占主导地位。

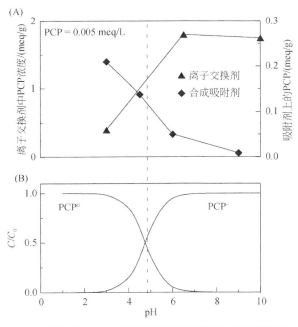

图 3.23 (A)不同 pH 下离子交换剂和合成吸附剂对五氯苯酚的吸附效果;(B)不同 pH 时中性物质(PCP^0)和阴离子物质(PCP^-)的理论形态分布。数据经许可转载自 Li,SenGupta,2001[58]

图 3.24 显示了使用 IRA-900(聚苯乙烯基质、季铵基官能团)运行的固定床色谱柱的完整出水曲线,进水中含有痕量浓度的 PCP^-(2.7mg/L 或 0.01mmol/L)以及高浓度的竞争性碳酸氢根、氯离子和硫酸根离子。请注意,虽然包括二价硫酸根在内的

无机阴离子可以快速穿透,但在运行超过 10000 床体时一价 PCP⁻ 依然可以被完全去除,色谱柱能够持续运行数月。一价 PCP⁻ 的选择性高于二价硫酸根表明,在该类离子交换过程中,静电或库仑相互作用不是离子选择性的主要决定因素。

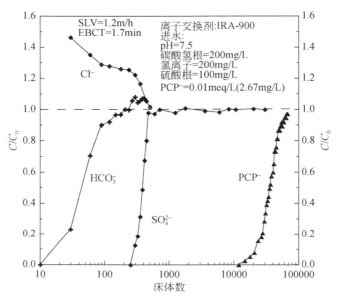

图 3.24 将氯型的 IRA-900 树脂填装于固定床中运行时,PCP⁻ 和其他竞争性无机阴离子的完整穿透曲线。经许可转载自 Li, SenGupta, 2001[10]

图 3.25 给出了对数坐标下分离因数($\alpha_{PCP/Cl}$)与介电常数较低的各种有机溶剂的体积分数(f_c)之间的关系,如甲醇(methanol)、丙酮(acetone)和二噁烷

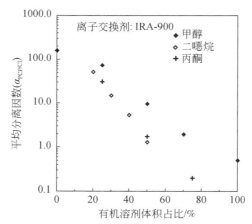

图 3.25 分离因数($\alpha_{PCP/Cl}$)与水中有机溶剂的体积分数之间的关系。经许可转载自 Li, 1999[6]

(dioxane)。对于这些有机溶剂,$\lg(\alpha_{PCP/Cl})$ 随 f_c 的增加而降低,并且 $\lg(\alpha_{PCP/Cl})$ 与 f_c 之间呈线性关系。第 2 章也曾介绍了使用助溶剂可以增强阴离子交换过程中 PCP^- 的再生效率。

3.11.4 吸附过程中的能量变化

HIOC 在阴离子交换剂上吸附过程的放热(exothermicity)或吸热(endothermicity)受三个变量控制,即树脂基质、溶剂的极性或介电常数以及溶质(即 HIOC)的非极性部分,如图 3.26 所示。

图 3.26　控制 HIOC 在阴离子交换剂上吸附过程的热力学的三个主要因素

图 3.27(A)~(C)提供了三种不同温度下二元 PCP^-/Cl^- 的离子交换等温线(离子交换剂相中 PCP^- 的当量比(y_{PCP})与液相中 PCP^- 当量的分数(x_{PCP})的关系曲线):①IRA-900 型树脂和水;②IRA-958 型树脂和水;③IRA-900 型树脂和甲醇/水混合溶剂(体积比为 50%/50%)。请注意,当纯水为溶剂时,IRA-900 对 PCP 的吸附容量会随着温度的升高而强烈增加,而 IRA-958 对 PCP^- 的吸附容量则随温度的升高微微提高。但当用甲醇-水溶剂代替纯水溶剂时,温度对 IRA-900 的作用恰恰相反。

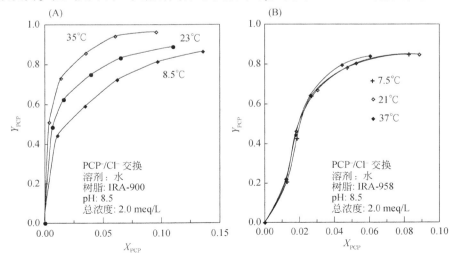

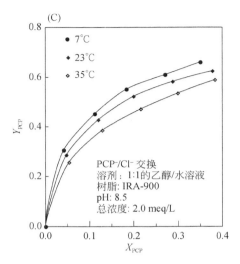

图 3.27 三种不同温度下 PCP^-/Cl^- 的离子交换等温线：(A)IRA-900 和水；(B)IRA-958 和水；(C)IRA-900 和甲醇/水混合溶剂。数据经许可转载于 Li，SenGupta，1998[10]

对于图 3.27 中的三个系统，可以通过方程式(3.89)和式(3.90)计算其平衡常数(K)和自由能变化($\Delta G°$)值。利用范托夫方程(van't Hoff equation)[式(3.91)]，由 $\ln K$ 与 $1/T$ 的关系曲线计算反应焓变($\Delta H°$)。上述二元离子交换的反应焓变 $\Delta H°$ 可通过直线$-\Delta H°/R$ 的斜率计算得出。图 3.28 显示了上述三个离

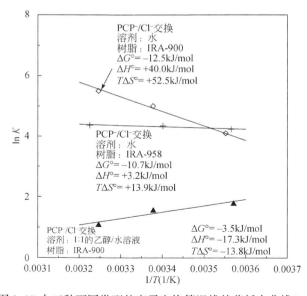

图 3.28 图 3.27 中三种不同类型的离子交换等温线的范托夫曲线($\ln K$ 对 $1/T$)。数据经许可转载自 Li，SenGupta，1998[10]

子交换等温线的范托夫曲线(lnK 对 1/T)。通过式(3.92)可计算反应的熵变($\Delta S°$)。图 3.28 列出了 $\Delta G°$、$\Delta H°$ 和 $T\Delta S°$ 的估值。

以下为此过程中的重要发现：

(1)对于这三个系统,交换剂对于 PCP$^-$ 的吸附均优先于 Cl$^-$,即反应的 lnK 大于零且 $\Delta G°$ 值为负。在纯水系统中,IRA-900 的 $\Delta H°$ 值较大,而 IRA-958 的 $\Delta H°$ 值仅略大于零。具有正熵变(吸热)且自发进行的离子交换型吸附非常少见,但之前的研究对长链烷磺酸盐和季铵化合物的这种特性有所论述[50,63-65]。当其他条件保持相同时,具有非极性聚苯乙烯基质的 IRA-900 的熵变($T\Delta S°$)明显大于具有极性基质的 IRA-958。由于与 IRA-900 的交换反应为吸热反应,因此当温度降低时 PCP 的吸附能力减弱。如图 3.28 所示,IRA-900 和 IRA-958 的范托夫曲线在 11℃ 处相交,即从热力学的角度讲,当温度低于 11℃ 时,IRA-958 对 PCP 的吸附比 IRA-900 更有利。

(2)与纯水系统相反,IRA-900 在混合溶剂(50%甲醇+50%水)中的范托夫曲线斜率为正,即 PCP$^-$-Cl$^-$ 交换为放热反应,并伴随着负熵变。在纯水系统中,由于熵变为正,导致反应自由能 $\Delta G°$ 为负,因此 PCP 的有利吸附是熵驱动的过程。相反,甲醇-水溶剂的负自由能变化是焓驱动的过程。

此外图 3.29 中绘制了三种温度下其他三个含有 HIOC 溶质的二元体系的范托夫曲线(lnK 与 1/T 的对应关系),包括苯磺酸盐/氯化物(BS$^-$/Cl$^-$)、1-萘磺酸盐/氯化物(NS$^-$/Cl$^-$)和 1,5-萘二磺酸盐/氯化物(NDS^{2-}/Cl$^-$)。使用的阴离子交

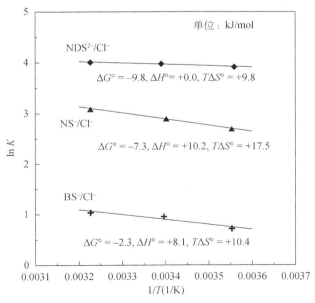

图 3.29　磺化芳香族阴离子的范托夫曲线(lnK 与 1/T 的关系曲线)。
数据经许可转载自 Li,1999[6]

换树脂是聚苯乙烯基质的 IRA-900,用纯水作为溶剂。图 3.29 中同样列出了 $\Delta G°$、$\Delta H°$ 和 $T\Delta S°$ 的估值。可以看到,阴离子交换树脂对三种磺酸盐的吸附选择性均高于氯离子,而此类反应能够进行仅依赖其正熵变驱动。

3.11.5 疏水相互作用:从气–液系统到液–固系统

为了理解在吸附芳香族阴离子过程中各种通过实验计算的 $\Delta H°$ 和 $T\Delta S°$ 值的重要性,我们将介绍非极性气体甲烷(methane)在环己烷(cyclohexane,非极性、非缔合溶剂)和水(极性、自缔合溶剂)中溶解的经典案例[66]。图 3.30(A)中列出了甲烷从水中向环己烷转移过程中的 $\Delta H°$ 和 $T\Delta S°$ 值,其中下标"S"和"W"分别代表环己烷和水溶剂。可以看出,甲烷从极性水溶剂转移到非极性环己烷溶剂的焓变和熵变均为正。由于总的自由能变化($\Delta G°_{W \to S}$)为负,因此甲烷的转移是吸热并且由熵驱动的有利吸附。为了评估不同相互作用的相对强度,同一图中还包含了不同条件下芳香族阴离子和氯离子的离子交换过程的 $\Delta H°$ 和 $T\Delta S°$ 值。以下提供了在不同条件下确定焓变和熵变的通用分析方法。

(1)如图 3.30(B)所示,IRA-900 的聚苯乙烯基质具有很高的疏水性,与图 3.30(A)中的非极性环己烷类似。类似于图 3.30(A)所示的甲烷转移过程,IRP-900 上的 PCP⁻ 吸附在热力学上是利于进行的($\Delta G°$ 值为负)并且为吸热反应,通过正熵变驱动。

(2)如图 3.30(C)所示,IRA-958 的基质极性更大,即等效于图 3.30(A)中用极性更大的溶剂代替环己烯。因此尽管反应是有利的,但 PCP⁻ 吸附过程中的吸热大大降低($\Delta H°$ 几乎为零),并且正熵变对反应的驱动作用相对较低。

(3)在图 3.30(D)中,使用介电常数更低($\varepsilon = 55$)的 50/50 甲醇–水混合溶剂代替纯水溶剂,类似于在甲烷转移过程中使用非极性溶剂代替水。如图 3.28 所示,PCP⁻ 在与溶剂分离的过程中不会导致溶剂分子结构的破坏。因此,去溶剂化过程中的正熵变急剧减小。同样,由于不需要能量以破坏溶剂分子的结构,因此反应需要吸收的热量更低。总而言之,反应的总体平衡变得不利于 PCP⁻ 吸附(即负 $\Delta G°$ 值更接近零),并且该反应过程是放热的(即 $\Delta H°$ 值为负)。

(4)图 3.30(E)显示了与图 3.30(B)极为相似的吸附过程,不同之处在于溶质 PCP⁻ 被三氯苯酚(或 TCP⁻)代替。通过对比其 K_{ow} 值,TCP⁻ 非极性部分的疏水性弱于 PCP⁻。因此 TCP⁻ 的吸附是自发反应,并且 $\Delta H°$ 和 $T\Delta S°$ 的值均为正,但其绝对值低于 PCP⁻。

(5)为了区分无机离子交换和芳香族阴离子交换之间的区别,图 3.30(F)中包括了硝酸根与氯离子(NO_3^-/Cl^-)交换的结果。其他条件(离子交换剂和溶剂)均与图 3.30(B)中相同。硝酸根的吸附过程是有利的,即自由能变化为负。但是与 PCP⁻ 或 TCP⁻ 的吸附不同,其有利的平衡是由负焓变驱动的,即硝酸根–氯离子的交

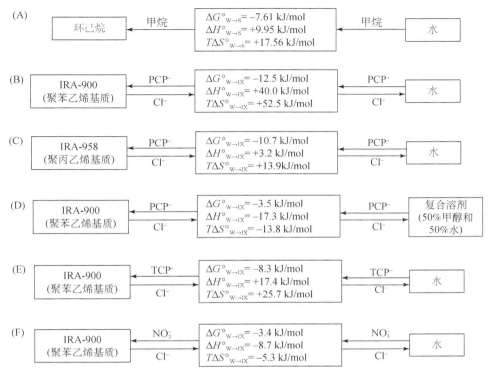

图 3.30 （A）甲烷在水相与环己烷相间转移的能量变化与 HIOC 在水相与交换剂相转移的对比；(B~E) 不同条件下，PCP⁻ 或 TCP⁻ 吸附过程中的焓变和熵变及其与甲烷在环己烷和水相之间转移的关系；(F) 水中的硝酸根-氯离子通过阴离子交换剂发生的离子交换。数据经许可转载自 Li, SenGupta, 1998[10]

换本质上是放热过程，同时伴随着总熵降低。上述现象大多适用于典型无机阴、阳离子的交换过程，其溶剂化所需的能量是平衡离子的相对选择性的主要决定因素[67,68]。与 HIOC 吸附过程不同，水相中 HIOC 周围簇状结构化的水分子在其被吸附后的分解在这里并不存在[69-72]。

3.11.6 聚合基质与溶质疏水性对离子交换的影响

图 3.31 列出了实验所使用的两种聚合阴离子交换剂（IRA-900 和 IRA-958）的平均 PCP⁻/Cl⁻ 分离因数值（$\alpha_{PCP/Cl}$）。两种阴离子交换剂的 $\alpha_{PCP/Cl}$ 值均远大于 1，清楚地表明了其对 PCP⁻ 的选择性高于 Cl⁻。但具有更高极性的聚丙烯酸酯基质的 IRA-958 相比于具有聚苯乙烯基质的 IRA-900，$\alpha_{PCP/Cl}$ 值明显更低。该结果证明，如图 3.21 所示，溶质-基质（即 NPM-基质）相互作用有效提高了 PCP⁻ 的相对选择性。两种交换剂中固定的正官能团均位于凝胶相中，这也是 PCP⁻ 吸附发生的主要部

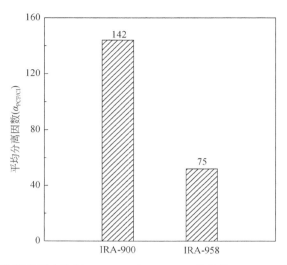

图 3.31　两种阴离子交换剂 IRA-900 和 IRA-958 的平均 PCP^-/Cl^- 分离因数值。数据经许可转载自 Li,1999[6]

位。对于聚丙烯酸和聚苯乙烯基体,前者由于其含有羰基的开链脂族结构而具有更大的极性(即疏水性较小)。因此聚丙烯酸酯树脂倾向于在交换剂相中吸收更多的水分子。将吸收到极性更强的 IRA-958 基质中的水分子重新排出是非常困难的,因此 PCP^- 对 IRA-958 的亲和力明显低于具有非极性聚苯乙烯基质的 IRA-900。

对于某种溶剂(如水)和聚合阴离子交换剂(如 IRA-900),溶质的亲和力与其 NPM 的疏水性密切相关。未离解氯酚的辛醇-水分配系数(K_{ow})可作为其 NPM 疏水性的度量。一价疏水性阴离子与氯离子交换过程中的自由能变化相对于其 $\ln K_{ow}$ 的导数为常数,即

$$\frac{d \Delta G^\circ}{d \ln K_{ow}} = 常数 \tag{3.93}$$

$$-RT \frac{d \ln K}{d \ln K_{ow}} = 常数 \tag{3.94}$$

或

$$\frac{d \ln K}{d \ln K_{ow}} = 常数 \tag{3.95}$$

因此 $\ln K$ 和 $\ln K_{ow}$ 理论上呈线性关系。图 3.32 显示了 IRA-900 对三种不同的氯酚吸附的实验测定 K 值及其对应的 K_{ow} 值曲线。该曲线所展示的实际测量值与式(3.95)的计算值十分接近。值得注意的是,随着 $\log K_{ow}$ 值下降到 2.0 附近,疏水相互作用与静电相互作用相比不再占主导地位,$\ln K$ 趋于为零(或 K 值接近于1)。这时 NPM-溶剂和 NPM-基质相互作用的基本前提不再满足。当 $\log K_{ow}$ 值略低于

2.0(或 ln K_{OW} 低于 4.6)时,有利吸附的 ΔH° 将由正转负,并且交换反应将放热。

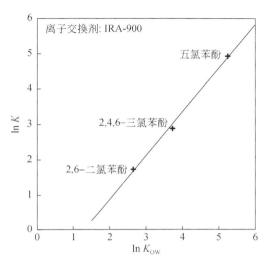

图 3.32 三种氯酚的实验测定 ln K 值与其 ln K_{OW} 的关系曲线。
数据经许可转载自 Li, SenGupta, 1998[10]

3.12 线性自由能关系和相对选择性

根据线性自由能关系(linear free energy relationship,LFER),两个不同相(如水和离子交换树脂)中相同反应的标准状态自由能变化(ΔG°)彼此呈线性关系[73]。因此现有的水相平衡数据可以用于推测或验证其在离子交换剂相中的相应数据。如在水相中的金属-配体反应:

$$M^{2+}(aq) + L^{2-}(aq) \rightleftharpoons ML^0(aq) \quad (3.96)$$

与此类似的离子交换剂相中配体通过共价键连接的反应为

$$M^{2+}(aq) + \overline{L^{2-}}(IX) \rightleftharpoons \overline{ML^0}(IX) \quad (3.97)$$

根据 LFER,

$$\frac{\Delta G^\circ_{IX}}{\Delta G^\circ_{aq}} = a\,(常数) \quad (3.98)$$

因此,$-RT\ln K_{IX} = -aRT\ln K_{aq}$ 且

$$\log K_{IX} = a\log K_{aq} \quad (3.99)$$

以下实验数据解释了如何利用水相平衡关系进一步预测交换器相的选择性。

图 3.33 展示了三个商业螯合交换剂的铜/钙分离因数值与配体的水相稳定性常数值之间的关系[4]。值得注意的是,随着图 3.20 中官能团的组成从硬的氧供体原子(如羧酸根)变为相对较软的氮供体原子(二甲基吡啶胺,bispicolylamine),Cu(Ⅱ)(路易斯酸)的亲和力会大大增强而超过硬阳离子 Ca^{2+}。因此,通过调整螯合交换剂中官能团的组成,可以提高其对靶金属离子的亲和力。

同样,图 3.34 显示了具有羧基官能团的弱酸阳离子交换树脂(IRC DP-1, Rohm and Haas Co., philadelphia)中五种不同重金属阳离子的分离因数值。可以看出,重金属的相对亲和力排序与它们的水相金属乙酸盐稳定性常数值密切相关[74]。

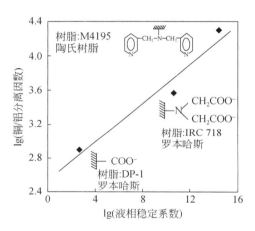
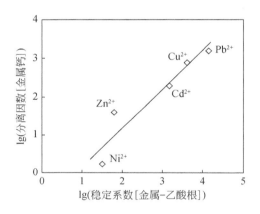

图 3.33 三种商业螯合交换剂的铜/钙分离因数与螯合剂中配体的水相稳定性常数的关系曲线。数据经许可转载自 SenGupta,2001[4]

图 3.34 弱酸阳离子交换剂的金属/钙分离因数(羧基官能团)与水相金属乙酸盐稳定性常数的关系曲线。数据经许可转载自 SenGupta,2001[4]

在聚合配体交换(polymeric ligand exchange,PLE)中,配体或路易斯碱是可交换的阴离子,而金属(如 Cu^{2+})是固定在聚合相上的路易斯酸。图 3.35[74]绘制了实验确定的二价阴离子配体丁二酸根(succinate)、顺丁烯二酸根(maleate)、草酸根(oxalic)和磷酸根(phosphate)相对于硫酸根的二元分离因数值与铜-配体稳定性常数值的关系图。同样可以观察到,其呈线性关系。

如前几节所述,由于离子的芳香族部分与非极性基质之间存在疏水相互作用,聚合阴离子交换剂对芳香族阴离子选择性较高。且平衡离子的疏水性越大,其选择性就越大。当苯酚的氢原子逐渐被更多的吸电子氯原子取代,氯酚的疏水性增强;上一节中的图 3.31 显示了不同氯酚的分离因数值与其 K_{ow} 值之间呈线性关系。

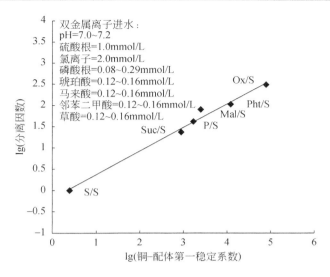

图 3.35 二价阴离子配体的二元分离因数与相应的铜配体稳定性常数值的关系曲线。数据经许可转载自 Zhao,SenGupta,1998[74]

3.13 同时去除目标金属阳离子和阴离子

原则上,由于唐南配对离子排斥效应,离子交换剂不能同时去除阳离子和阴离子,几乎所有离子交换剂都符合该特性。一些经过特殊官能化处理的聚合物可能带有氮、氧或硫供体原子的电中性螯合基团,它们可以与过渡金属阳离子(如 Cu^{2+})形成配位键。一旦固定在聚合物中,过渡金属阳离子就可以用作阴离子交换的位点。显然,具有较高配体强度的阴离子如砷酸根、磷酸根和铬酸根比其他阴离子更容易被吸附。图 3.36 显示了可用于顺序去除过渡金属阳离子和阴离子配体的聚合吸附剂的各种结构组成。

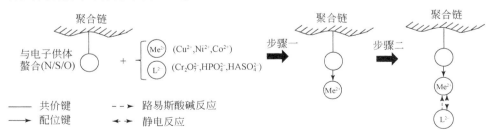

图 3.36 用于依次去除过渡金属阳离子和阴离子配体的聚合吸附剂的各种成分。数据经许可转载自 Zhao,SenGupta,1998[74]

具有含氮原子供体的:甲基吡啶胺(bispicolylamine)官能团的螯合聚合物(M-4195,Dow Chemical Co.,michigan)满足处理要求。图3.37显示了进水中包含Cu(Ⅱ)和Cr(Ⅵ)以及其他竞争性阳离子和阴离子的色谱柱出水曲线[74]。可以看到该树脂在运行的超过2500个床体中同时去除了95%以上的Cu(Ⅱ)和Cr(Ⅵ)。其他阳离子和阴离子,如钙、钠、氯和硫酸根,则很早就穿透了。从机理上讲,这种现象可以根据图3.36进行如下解释:首先,Cu(Ⅱ)将优先于其他竞争性阳离子被选择性吸附在螯合聚合物上。其次,Cu(Ⅱ)一旦吸附到螯合聚合物上,就优先于氯离子和硫酸根充当铬酸盐的选择性阴离子交换位。其他阴离子配体,如砷酸根、磷酸根和草酸根也可以通过类似于铬酸根[74]的方式选择性去除。

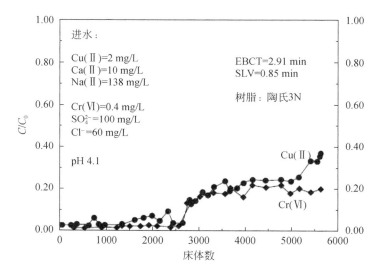

图3.37 使用聚合物吸附剂去除进水中的铜(Ⅱ)和六价铬(Ⅵ),进水中的其他竞争性阳离子和阴离子已经在图中列出。数据经许可转载自Zhao,SenGupta,1998[74]

具有亚氨基二乙酸酯(iminodiacetate)、硫醇(thiol)、氨基膦酸酯(aminophosphonate)和羧基(carboxylate)官能团的其他市售螯合交换剂无法同时去除过渡金属阳离子和铬酸盐。这些具有金属选择性的螯合交换剂的官能团带负电,因此由于唐南离子排斥作用,此类交换剂将排斥铬酸根阴离子。

3.14 与亨利定律的偏差

如前所述,痕量离子吸附符合亨利定律(Henry's Law),即水相和交换相的浓度呈线性相关。

$$q_A = \lambda C_A \tag{3.100}$$

假设 A 的选择性高于其他竞争离子,随着负载的增加,吸附等温线会根据朗缪尔(Langmuir)现象由线性变为逐渐向上凸(有利)的曲线。当 q_A 值较低时,交换剂中的 A 类物质距离较远且彼此独立,因此不存在横向相互作用。图 3.38 说明了选择性较高的物质的逐步吸附过程。在几乎所有痕量离子的选择性离子交换中,上述现象极为常见。本节中的示例将明显不符合亨利定律。

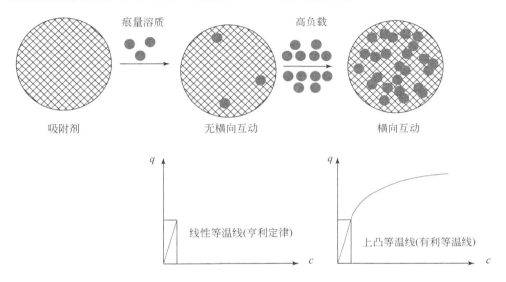

图 3.38 具有较高吸附亲和力的物质的逐步吸附过程示意图

- **离子形成的多核(polynuclear)物质**

在高浓度和特定 pH 范围内,铬酸盐(chromates)、钼酸盐(molybdates)、钨酸盐(tungstates)、铋(bismuth)和其他几种金属离子可形成多核物质,即单个离子物质中可存在多个金属原子,如下所示[75]:

$$2HCrO_4^- \Longleftrightarrow Cr_2O_7^{2-} + H_2O \quad (3.101)$$

$$7MoO_4^{2-} + 8H^+ \Longleftrightarrow Mo_7O_{24}^{6-} + 4H_2O \quad (3.102)$$

$$6WO_4^{2-} + 7H^+ \Longleftrightarrow HW_6O_{21}^{5-} + 3H_2O \quad (3.103)$$

$$6Bi^{3+} + 12H_2O \Longleftrightarrow Bi_6(OH)_{12}^{6+} + 12H^+ \quad (3.104)$$

上述反应有两个共同点:①当金属离子的浓度较高时,容易形成多核物质;②多核物质比单核物质具有更高的电荷。离子交换剂可以看作阳离子或阴离子的聚电解质凝胶,其浓度高达 1.2eq/L 或 $1.2N$。因此,在离子交换过程中,这些金属以多核分子的形式存在于交换剂中,而单核分子则是它们在水相中的主要存在形

式。我们将以铬酸盐离子交换为例,以下为该离子交换过程中几个重要的平衡反应[73,76]:

反应	lg K(25℃)	
$H_2CrO_4 \rightleftharpoons H^+ + HCrO_4^-$	−0.8	(3.105)
$HCrO_4^- \rightleftharpoons H^+ + CrO_4^{2-}$	−6.5	(3.106)
$2HCrO_4^- \rightleftharpoons Cr_2O_7^{2-} + H_2O$	1.52	(3.107)

铬酸盐的存在形式主要取决于 pH 和总铬酸盐或 Cr(Ⅵ)的浓度,图 3.39 是各种 Cr(Ⅵ)种类的分布图[15,73]。水平虚线和横坐标之间的区域表示铬的铬酸盐浓度范围在 100μg/L~20mg/L。请注意,在此总 Cr(Ⅵ)浓度下,$HCrO_4^-$ 和 CrO_4^{2-} 是最主要的存在形式。而且只有在酸性 pH 下,$HCrO_4^-$ 才能形成二核的 $Cr_2O_7^{2-}$。阴离子交换剂对二价 $Cr_2O_7^{2-}$ 的选择性高于一价 $HCrO_4^-$。

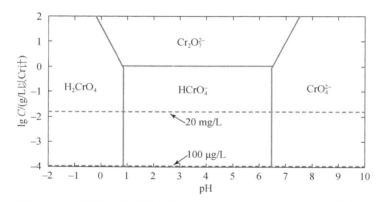

图 3.39 Cr(Ⅵ)的存在形式分布图(predominance diagram)。数据经许可转载自 SenGupta,Clifford,1986[69]

图 3.40 说明了两相中多种离子的存在形式,并指出尽管在水相中几乎不存在 $Cr_2O_7^{2-}$,但该种形式大量存在于阴离子交换剂内。

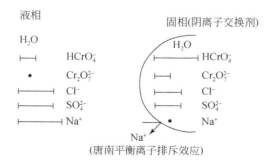

图 3.40 液相中和阴离子交换剂(带固定的正电荷)中不同的 Cr(Ⅵ)以及其他背景阳离子和阴离子的存在形式,水平线段代表相对浓度

当在水相中存在高浓度氯离子或硫酸根的情况下,而铬酸根或六价铬(Cr)为痕量溶质时,交换剂和水相中铬酸根的浓度呈以下关系:

$$q_{Cr} = A_1 C_{Cr} + A_2 C_{Cr}^2 \tag{3.108}$$

或

$$y_{Cr} = A_1 C_{Cr} + A_2 C_{Cr}^2 \tag{3.109}$$

其中,q_{Cr}是以 meq/g 为单位的交换剂相浓度;y_{Cr}表示交换剂相中的当量分数。对于现有的阴离子交换剂和溶液组成,A_1 和 A_2 在痕量条件下为常数。式(3.108)和式(3.109)均符合该情况,且呈抛物线形而非线性,正如亨利定律在痕量条件下所预测的那样。方程式(3.108)的推导可在公开文献中找到[15],但由于其在证实本节主要主题(即在痕量条件下偏离亨利定律)方面无所帮助而在此处略过。图 3.41 和图 3.42 显示了在痕量条件下,几种阴离子交换树脂在高浓度竞争性硫酸根或氯离子存在时铬酸根离子交换等温线的实验结果[15,77]。很明显,根据式(3.108)和式(3.109)的预测,铬酸根等温线始终是抛物线形的,即在痕量 Cr(Ⅵ)浓度下也向下凹陷。对于图 3.41 和图 3.42 中的等温线,铬酸根的选择性高于竞争性硫酸根和氯离子,即铬酸根/氯离子和铬酸根/硫酸根的分离因数值远大于 1。因此,该等温线是不利的,它们在固定床色谱柱运行过程中会表现出缓慢的铬酸根穿透[15,76,77]。其他研究表明,类似于铬酸根,钨酸根在酸性 pH 下也表现出不利的离子交换等温线。

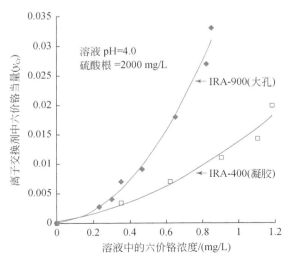

图 3.41 高硫酸根浓度背景值下,大孔和凝胶型阴离子交换剂的痕量铬酸根离子交换等温线。数据经许可转载自 SenGupta,Subramonian,Clifford,1988[77]

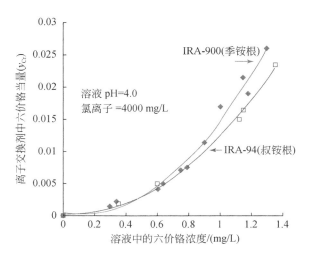

图 3.42　在高氯离子浓度背景值下,大孔和凝胶型阴离子交换剂对痕量铬酸根的离子交换等温线。数据经许可转载自 SenGupta,Subramonian,Clifford,1988[77]

但是,在碱性 pH 下,铬酸根仅以 CrO_4^{2-} 的形式存在,它无法在阴离子交换剂中产生二聚体,但其选择性仍高于竞争性硫酸根和氯离子。因此铬酸根的离子交换等温线在碱性 pH 下是有利的,并且在微量浓度下符合亨利定律。图 3.43[77] 显示

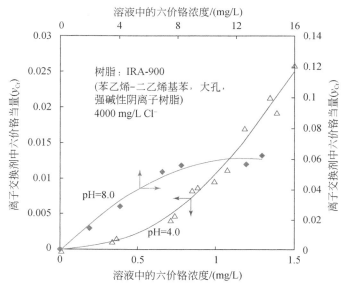

图 3.43　背景氯离子浓度较高时,大孔强碱性阴离子交换剂在酸性和碱性条件下对痕量铬酸根的离子交换等温线。数据经许可转载自 SenGupta,Subramonian,Clifford,1988[77]

了在酸性和碱性 pH 下的铬酸根/氯离子等温线,可以明显观察到两个等温线的曲率差异[73]。由于等温线在碱性 pH 条件下是有利的,因此固定床色谱柱运行过程中铬酸根的穿透是瞬时的。在这种情况下,预测处理的时长相对简单[78]。

3.15 两性金属氧化物的可调吸附行为

几种高价金属氧化物,如 Fe(Ⅲ)、Zr(Ⅳ)、Ti(Ⅳ) 和 Al(Ⅲ) 的氧化物无毒无害、廉价易得,且具有表面吸附性能。这些金属氧化物颗粒表现出两性吸附行为,即它们可以通过形成内球络合物(inner sphere complexes)来选择性地结合路易斯酸或过渡金属阳离子(如 Cu^{2+})以及路易斯碱或阴离子配体(如砷酸盐或 $HAsO_4^{2-}$)[79-81]。因此 Cu^{2+} 作为一种路易斯酸和一种环境标准严格的重金属,其选择性高于其他竞争碱金属和碱土金属阳离子(如 Na^+、Ca^{2+}、Mg^{2+})。与水中常见的阴离子如硫酸根、氯离子和碳酸氢根相比,具有氧原子供体的阴离子配体砷酸根的选择性更高。惰性电解质(如硝酸钠、高氯酸钠等)中的晶体或无定形氧化铁纳米颗粒的零电势点位于 $7.0 \sim 8.5$ 的 pH 范围内[9,80]。在环境 pH 下且存在常见竞争离子时,氧化铁纳米颗粒可同时选择性地吸收 Cu^{2+} 和 $HAsO_4^{2-}$,而其他竞争离子只能通过库仑相互作用形成外球络合物(outer sphere complexes)。锆(Ⅳ)、钛(Ⅳ) 和铝(Ⅲ) 的氧化物也对路易斯酸和路易斯碱具有良好的吸附效果[8,82-85]。由于吸附或结合位点仅存在于表面,因此更高的表面积与体积比的纳米级金属氧化物颗粒可显著提高吸附能力。然而这些金属氧化物纳米颗粒无法将过渡金属阳离子与阴离子配体分开。由于纳米颗粒会在固定床色谱柱或任何处理系统中引起异常高的水头损失,因此研究尝试将金属氧化物纳米颗粒加载到活性炭、藻酸盐、壳聚糖、纤维素和聚合吸附剂中[16-19,83]。这些基质材料改善了处理系统的渗透性,但不能改变或影响金属氧化物的吸附行为,如从路易斯碱中分离路易斯酸。

若将 HFO 或其他金属氧化物纳米颗粒加载到阳离子或阴离子交换剂中,则根据唐南配对离子排斥效应,阴离子或阳离子将被相应的离子交换剂排斥。因此,原则上,两性金属氧化物纳米颗粒可以调整为仅具有金属离子选择性的吸附剂或仅具有配体选择性的交换剂,图 3.44(A) ~ (C) 对此进行了说明[86]。

为了验证以上说法,使用三个独立的固定床反应器进行实验:①反应器中填装有从美国滤料公司(US Filter Co.)购买的颗粒氢氧化铁(GFH),没有任何离子交换剂载体材料;②将水合 Fe(Ⅲ)氧化物(HFO)纳米颗粒加载到阳离子交换剂中,称为复合型阳离子交换剂(HCIX-Fe);③将 HFO 纳米颗粒加载到阴离子交换剂中(复合型阴离子交换剂,HAIX-Fe)。在所有三种情况下,进水组成均相同,溶液中含有痕量浓度的阴离子 As(Ⅴ) 和阳离子 Cu^{2+} 以及其他电解质。图 3.45(A) ~

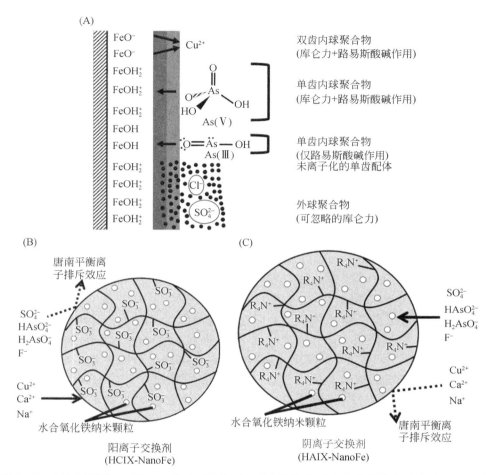

图 3.44 (A)在不同 pH 下 HFO 的表面官能团与重金属阳离子和配体的结合示意图;(B)阳离子交换剂加载 HFO 纳米颗粒后对金属阳离子(如 Cu^{2+})的选择性结合;(C)阴离子交换剂加载 HFO 后与配体(如 $HAsO_4^{2-}$)的选择性结合。数据经许可转载自 Puttamraju,SenGupta,2008[86]

(C)显示了色谱柱运行结果,可以发现:①GFH 相当大地去除了 As(V)阴离子和 Cu^{2+};②HCIX 选择性地去除了超过 2000 床体积的 Cu^{2+},但未吸附任何 As(V)阴离子;③HAIX 表现出了极强的 As(V)吸附能力,在运行近 5000 个床体后仍未穿透,而 Cu^{2+} 则立即穿透[86]。具有磺酸官能团的母体阳离子交换剂只能通过静电相互作用吸附阳离子,因此在存在更高浓度的其他竞争性阳离子(如钙和钠)时,对 Cu^{2+} 的选择性较低。同样,在存在竞争性硫酸根阴离子的情况下,具有季铵官能团的阴离子交换剂对阴离子砷酸根的选择性也极低。

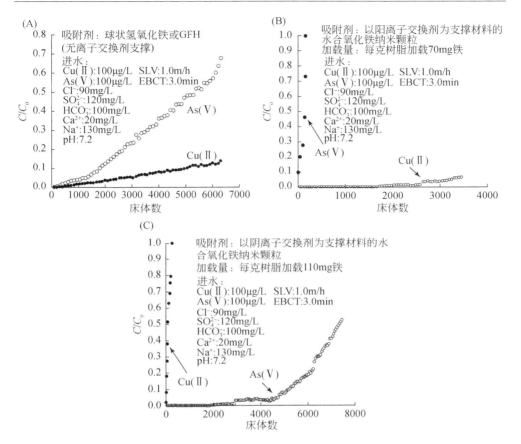

图 3.45 当进水状况完全相同时,使用不同固定床填料的出水曲线:(A)GFH、(B)HCIX-Nano Fe 和(C)HAIX-Nano Fe。数据经许可转载自 Puttamraju,SenGupta,2008[86]

与 HFO 相似,氧化锆(ZrO_2)纳米颗粒的两性吸附行为也可以通过离子交换剂载体进行调节。当将氧化锆纳米颗粒加载到一种凝胶型阳离子交换剂中时,所得的复合型阳离子交换剂(HCIX-Zr)用于静态吸附研究,且溶液中铜离子和砷酸根都以痕量浓度存在。图 3.46 显示铜浓度在实验进行 1h 内下降到几乎为零,而 As(Ⅴ)浓度基本保持不变[86]。

上述示例中,两性 HFO 或氧化锆纳米颗粒可通过离子交换剂载体施加的唐南膜效应进行调节。可以将离子交换剂的凝胶相视为电解质,其中的官能团(阴离子交换剂的季铵基和阳离子交换剂的磺酸基)通过共价键连接并固定于凝胶相中。唐南效应在两种类型离子交换剂中的作用如下:①阳离子交换剂中高浓度不可扩散的带负电荷的磺酸官能团,将排斥包括砷酸根在内的阴离子,因此无法渗透到凝胶相中,所以 HFO 纳米颗粒对砷的吸附作用可以忽略不计;②相反,阴离子交换剂

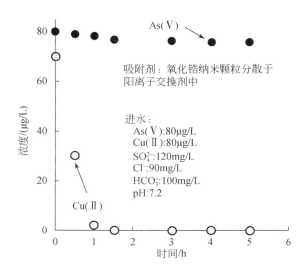

图 3.46 As(Ⅴ)和 Cu(Ⅱ)在加载 ZrO_2 后的阳离子交换剂(HCIX-Nano Zr)上的批量吸附研究结果。数据经许可转载自 Puttamraju,SenGupta,2008[86]

中高浓度带正电荷的不可扩散的季铵基团将吸引砷酸根进入交换剂相,但排斥 Cu^{2+}。但是导致唐南膜平衡的条件并非通过半透膜或表面带电的物理膜。

3.16 离 子 筛

当某种离子的尺寸导致其不能扩散到交换剂内部时,基于离子的大小差异而进行的筛分或分离会非常有效。当交换剂的结构仅能交换较小的平衡离子时,可以利用此特点排除较大的平衡离子从而与较小的平衡离子分离。天然沸石(zeolite)和菱沸石(chabazite)能够吸收铵根离子(NH_4^+),如表 3.7 所示,随着 NH_4^+ 中的氢被甲基(—CH_3)取代,吸附能力会降低[91]。

表 3.7 不同离子半径与其在菱沸石中所占用容量的百分比之间的关系[91]

离子	离子半径/Å	所占容量百分比/%
NH_4^+	2.90	100
$CH_3NH_3^+$	3.18	21
$(CH_3)_2NH_2^+$	5.94	9
$(CH_3)_3NH^+$	6.54	9
$(CH_3)_4N^+$	6.98	4

如图 3.47 所示，随阳离子的尺寸增大，磺酸基离子交换剂 Amberlite IRC 120 的离子交换容量也在降低。

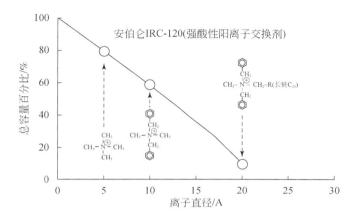

图 3.47　阳离子的离子半径对交换容量的影响。注意：Na^+ 和 Ca^{2+} 的离子交换容量为 100%。数据经许可取自 Kunin, Myers, 1950[91]

这些数据表明离子交换剂可用于从复杂的有机离子中分离相对较小的无机离子。由于大的离子可能会在交换剂表面吸附并发生离子交换，因此要使用的交换剂粒径必须足够大，足以使其表面吸附忽略不计。500μm 或更大的离子交换树脂粒径通常能够达到使用要求。在 3.8 节中，讨论了由天然有机物或 NOM 引起的阴离子交换剂的痕量污损。由于离子半径大，NOM 吸附仅发生于阴离子交换树脂的表面。

补充阅读材料 S3.2：离子交换反应器的种类：连续搅拌反应器（CSTR）与平推流反应器（PFR）

本书的重点为离子交换科学及其在环境工程中的应用。离子交换过程中设备的设计和流程通常与其他吸收/吸附过程非常相似。在文献[87,88]中已经有关于此类常见问题的详细讨论，所以本书不会在这些领域展开长篇幅讨论。但是我们有必要掌握两种化学反应器在离子交换工艺中的应用：连续搅拌反应器（CSTR）和平推流反应器（PFR）。当其他条件不变时，离子交换容量的利用在很大程度上取决于反应器的选择。

补充阅读材料 S3.3：离子交换容量的有效利用

图 S3.4(A)~(B) 分别显示了理想条件下的 CSTR（混合沉降反应器）和 PFR（固定床），图 S3.4(C) 提供了目标污染物 "i" 的离子交换等温线。由于 CSTR（即混合器）的出水浓度即为离子交换剂平衡时的液相浓度 C_e，正好对应于离子交换树脂所达到的平衡容量 q_e。相反，PFR 中的离子交换树脂始终平衡于进水浓度 C_I，因此离子交换树脂达到平衡时的容量 q_I 与 C_I 对应。而 C_I 大于 C_e，因此 $q_I > q_e$。所以当需要去除的污染物"i"一定时，原则上平推流反应器所需离子交换树脂的填装体积更少，以下例题将对此进行详细说明。

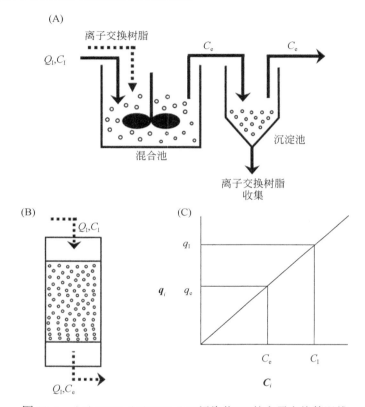

图 S3.4　(A)CSTR；(B)PFR；(C)污染物"i"的离子交换等温线

例题 S3.1

废水中含有 5mg/L 的三氯酚（TCP）阴离子。若废水流量为 5m³/h，且计划去除废水中 80% 的 TCP，试计算以下两种处理方式所需阴离子交换树脂的填装量：(a) 混合沉降反应器和 (b) 固定床。

废水中 TCP 的离子交换等温线呈线性，

$$q_{TCP}\left(\frac{mgTCP}{g\ 树脂}\right) = 0.1 \times C_{TCP}\left(\frac{mgTCP}{L}\right)$$

请阐明所有假设条件。

解：

若将混合沉降器考虑为理想条件下的 CSTR，而固定床是理想的 PFR。去除 80% 后，出水中的 TCP 浓度为 1mg/L。

混合-沉降(CSTR)

当 TCP 的平衡浓度为 1mg/L 时,树脂的交换容量为

$$q_{TCP}\left(\frac{mgTCP}{g 树脂}\right) = 0.1 \times 1mg/L = 0.1mg/g$$

由反应器内的质量守恒,可得

$$Q(C_I - C_e) = P \cdot q_e$$

其中,Q 为废水的流量;P 是离子交换剂的添加剂量,因此,

$$P = \frac{Q(C_I - C_e)}{q_e}$$

$$= \frac{5\frac{m^3}{h} \times 1000\frac{L}{m^3}(5mg/L - 1mg/L)}{0.1L/g \times 1mg/L}$$

$$= 200000 \frac{g}{h} = 200 \frac{kg}{h}$$

假设离子交换剂的比重为 1.0,则所需离子交换剂的体积为 200L/h。沉淀池仅用于从溶液中物理分离离子交换树脂,不存在任何 TCP 的吸附。

离子交换树脂投加量 = P/Q = 200kg/5m³ = 40g 树脂/L 废水

固定床(PFR)

根据质量守恒,

$$QC_I = P \cdot q_I$$

$$P = \frac{QC_I}{0.1 \cdot C_I}$$

$$= \frac{5\frac{m^3}{h} \times 1000\frac{L}{m^3}(5mg/L)}{0.1L/g \times 5mg/L}$$

$$= 50000 \frac{g}{h} = 50 \frac{kg}{h}$$

即所需树脂质量为 50kg/h。

离子交换树脂投加量 = P/Q = 50/5kg/m³ = 10g 树脂/L 废水

注意,可以发现,固定床所需的树脂体积远小于混合沉降反应器。假设两个反应器达到平衡均不受动力学限制。

例题 S3.2

如下图所示,计算两段式混合沉降反应器所需的离子交换剂的量,其中二号沉降池用于回收离子交换树脂。

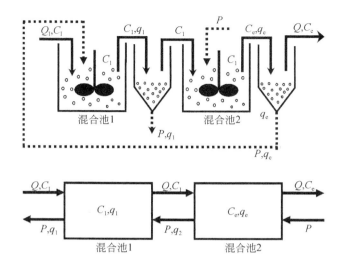

根据两池中的质量守恒关系，

$$Q(C_I - C_e) = P \cdot q_1$$

$$Q(C_I - C_e) = P \times 0.1 \times C_1 \quad (1)$$

由于 Q、C_I 和 C_2 已知，而 P 和 C_1 均未知，因此需要列出第二个方程。根据 2 号混合器的质量守恒，可得

$$Q(C_1 - C_e) = P \cdot q_e$$

$$Q(C_1 - C_e) = P \times 0.1 \times C_e$$

$$C_1 = \frac{C_e(P \times 0.1 + Q)}{Q}$$

将 C_1 代入公式 1 可得

$$Q(C_I - C_e) = P \times 0.1 \times \frac{C_e(P \times 0.1 + Q)}{Q}$$

$$\frac{Q^2(C_I - C_e)}{0.1 \times C_e} = P \cdot (P \times 0.1 + Q)$$

$$0 = 0.1 \times P^2 + QP - \frac{Q^2(C_I - C_e)}{0.1 \times C_e}$$

$$P = \frac{-5000\,\frac{L}{h} + \sqrt{\left(5000\,\frac{L}{h}\right)^2 + 4 \times 0.1 \times \frac{\left(5000\,\frac{L}{h}\right)^2(5\text{mg/L} - 1\text{mg/L})}{0.1 \times 1\text{mg/L}}}}{0.2\,\frac{L}{g}}$$

$$P = 78078\text{g/h} = 78\text{kg/h}$$

$$\text{离子交换树脂投加量} = \frac{P}{Q} = \frac{78\text{kg/h}}{5\text{m}^3/\text{h}} = 15.6\text{g/L}$$

$$C_1 = \frac{C_e(P \times 0.1 + Q)}{Q} = \frac{1\text{mg/L}(78078\text{g/h} \times 0.1\text{L/g} + 5000\text{L/h})}{5000\text{L/h}}$$

$$C_1 = 2.56\text{mg/L}$$

注意,通过将混合沉降反应器从一段式增加到两段式,离子交换树脂的需求将大大降低(从 200kg/h 降至 78kg/h)。理想条件下,若将 CSTR 划分为无限个阶段将使树脂投加量等于 PFR。

3.17 痕量离子的去除

本节仅简要讨论去除对环境有重大影响的痕量离子所面临的挑战和基本原理。

3.17.1 铀(Ⅵ)

铀在水中可能以不同的氧化态存在,但是 U(Ⅵ)在常见的 pH 和氧化还原环境下是最稳定的。它是自然界中最重的放射性元素,对氧气具有很高的亲和力。在酸性条件下且水中总盐度(TDS)较低时,铀酰离子(UO_2^{2+})形式在水中最稳定。但是,在中性至弱碱性 pH 环境下,UO_2^{2+} 与硬阴离子如 CO_3^{2-} 形成不稳定的铀酰碳酸酯络合物。

$$UO_2^{2+} + 2CO_3^{2-} \rightleftharpoons [UO_2(CO_3)_2]^{2-}, \quad K_{a1} = 1.67 \times 10^{16} \quad (3.110)$$

$$[UO_2(CO_3)_2]^{2-} + CO_3^{2-} \rightleftharpoons [UO_2(CO_3)_3]^{4-}, \quad K_{a2} = 3.0 \times 10^5 \quad (3.111)$$

美国西部的许多地下水源都被天然存在的放射性铀污染。由于其致癌性以及对肾脏的化学毒性严重影响人们的健康,美国环境保护署(EPA)提出铀的最大污染物水平(MCL)为 20μg/L,并致力于实现铀的污染水平降至零[92-95]。美国目前有近 2000 个社区面临着地下饮用水铀污染的风险。

在目前所有可用技术中,固定床阴离子交换工艺特别有效,即使存在其他电解质的情况下依然能够选择性除去痕量铀,并且整套工艺操作简单。强碱阴离子交换树脂通过库仑相互作用对碳酸铀酰平衡离子产生较高的亲和力:

$$\overline{2R^+Cl^-} + UO_2(CO_3)_2^{2-} \rightleftharpoons \overline{R_2UO_2(CO_3)_2} + 2Cl^- \quad (3.112)$$

$$\overline{4R^+Cl^-} + UO_2(CO_3)_3^{4-} \rightleftharpoons \overline{R_4UO_2(CO_3)_3} + 4Cl^- \quad (3.113)$$

克利福德(Clifford)与其同事对铀的去除进行了广泛的实验室和现场研究[96,97]。图 3.48 展示了在现场条件下两个不同的 pH(即 pH=8.0 和 pH=4.3)下铀的去除效果。

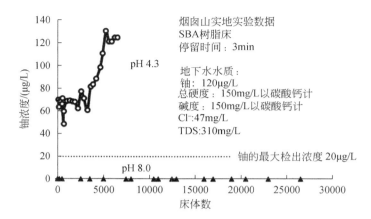

图 3.48 在 pH 分别为 4.3 和 8.0 时,含铀地下水通过 SBA 树脂床后的处理状况。数据经许可取自 Clifford,Zhang,1995[98]

可以发现,当 pH=8.0 时,固定床运行 25000 BV 后才观察到铀穿透,但在 pH=4.3 时,铀穿透几乎发生在初始阶段,并且在不到 5000 个床体时,铀已完全穿透。需要指出,两个实验中仅存在 pH 的差异,进水的其他各个方面条件完全一致。在 pH=4.3 时,几乎所有的碳酸氢盐(HCO_3^-)都转化为 H_2CO_3 并从水中释放,因而进水中基本上不存在阴离子碳酸铀酰复合物,因此大大降低了阴离子交换剂对铀的去除效果。

负载有 U(Ⅵ)的 SBA 树脂可以通过盐水或 NaCl 溶液再生。图 3.49 显示了用

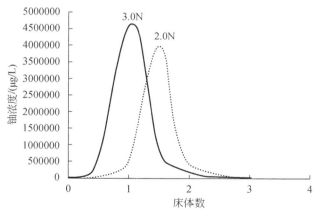

图 3.49 当 SBA 树脂床运行 30000 BV 并且完全穿透后进行首次再生,分别用 2.0N 和 3.0N 的 NaCl 溶液洗脱铀。再生液用量为 10eq Cl^-/eq 树脂(36lb NaCl/ft³ 树脂)。数据经许可取自 Clifford,Zhang,1995[98]

$2.0N$ 和 $3.0N$ 的 NaCl 溶液对已穿透的树脂进行有效的再生。当再生溶液中不存在碳酸盐时，碳酸铀酰 $[UO_2(CO_3)_2]^{2-}$ 发生水解，因此有利于以下解吸过程：

$$\overline{(R^+)_2[UO_2(CO_3)_2]^{2-}} + 2Cl^- \rightleftharpoons \overline{2R^+Cl^-} + [UO_2(CO_3)_2]^{2-} \quad (3.114)$$

$$[UO_2(CO_3)_2]^{2-} + 2H_2O \rightleftharpoons UO_2^{2+} + 2HCO_3^- + 2OH^- \quad (3.115)$$

请注意，铀在酸性条件下的一种主要存在形式 UO_2^{2+} 为阳离子，因此由于唐南离子排斥作用而被阴离子交换剂完全排斥，所以铀再生非常高效且在 5 个床体内方可完成。

3.17.2 镭

镭是一种放射性碱土金属，与钙、镁和钡一起存在于元素周期表的 ⅡA 组中。在所有放射性同位素中，Ra-226 的半衰期最长（$t_{1/2}$ = 1600 年），并且其在饮用水中的污染受人关注。像其他碱土金属离子一样，镭以二价阳离子 Ra^{2+} 的形式存在于水相中，可以通过阳离子交换过程除去。而在具有磺酸官能团的合成阳离子交换树脂中，Ra^{2+} 是选择性最高的碱土金属阳离子，其选择性顺序如下：$Ra^{2+} > Ba^{2+} > Sr^{2+} > Ca^{2+} > Mg^{2+}$。但是，由于地下水中竞争性 Ca^{2+} 和 Mg^{2+} 离子的浓度很高，因此钠型固定床色谱柱的运行时间很短，NaCl 的再生效率很低。此外含镭废液的处理也带来很大的环境挑战。

为了提高除镭效率并且避免再生废液的产生，陶氏化学公司（Dow Chemical Co.）开发了一种加载了硫酸钡（$BaSO_4$）的阳离子交换剂[99,100]。该材料称为镭选择性络合剂（RSC），利用 $RaSO_4$（K_{sp} = 4.2×10^{-11}）比 $BaSO_4$（K_{sp} = 1.08×10^{-10}）更低的溶度积（K_{sp}）从而对镭优先去除。

阳离子交换树脂对镭（Ra^{2+}）的去除分为两步：①离子交换；②沉淀/溶解。首先 Ra^{2+} 通过离子交换以非常快的动力学吸附到阳离子交换位点上，随着 Ra^{2+} 从离子交换位点洗脱，由于 $RaSO_4$ 的形成对热力学有利，因此它们在固相中沉淀并取代了 Ba^{2+}。具体去除步骤如下：

步骤 1. 离子交换

$$\overline{2(RSO_3^-)Na^+} + Ra^{2+} \rightleftharpoons \overline{(RSO_3^-)_2Ra^{2+}} + 2Na^+ \quad (3.116)$$

步骤 2. 解吸并沉淀

$$\overline{(RSO_3^-)_2Ra^{2+}} + Ca^{2+} \rightleftharpoons \overline{(RSO_3^-)_2Ca^{2+}} + Ra^{2+} \quad (3.117)$$

$$Ra^{2+} + BaSO_4(s) \rightleftharpoons RaSO_4(s) + Ba^{2+} \quad (3.118)$$

$$\overline{2(RSO_3^-)Na^+} + Ba^{2+} \rightleftharpoons \overline{(RSO_3^-)_2Ba^{2+}} + 2Na^+ \quad (3.119)$$

总反应：

$$4(\overline{RSO_3^-})Na^+ + \overline{BaSO_4(s)} + Ra^{2+} + Ca^{2+} \rightleftharpoons (\overline{RSO_3^-})_2Ba^{2+} + (\overline{RSO_3^-})_2Ca^{2+} + \overline{RaSO_4(s)} + 4Na^+ \quad (3.120)$$

图 3.50 为 Ra^{2+} 的去除过程示意图。

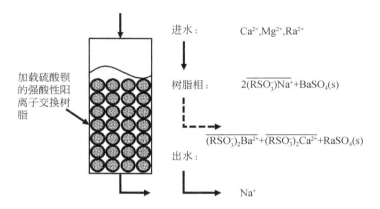

图 3.50 用钠型强酸性阳离子交换剂去除镭的示意图，该交换剂中加载有硫酸钡沉淀

由于运行寿命大大增加且基于对固体废弃物放射性的控制考虑，RSC 在穿透后不会再生而直接当做放射性固体废弃物处置。由于美国市场对镭污染地下水的处理需求有限，因此使用 RSC 的意义不大。但从科学的角度讲，RSC 是可以在同一反应器中完成离子交换和沉淀的第一种吸附剂，但随着溶液总溶解固体的增加，处理效率将越来越低。

3.17.3 硼

硼广泛分布于环境中，且主要以硼酸或硼酸盐的形式存在。世界卫生组织(WHO)建议的饮用水中硼浓度的限值为 0.5mg/L[101]。摄入过量的硼可能导致急性硼中毒，并伴有恶心、头痛、腹泻和肾脏损害等。此外，大多数农作物对灌溉水中的硼含量敏感。通常灌溉作物，尤其是柑橘类植物的灌溉水含硼水平需要保持在 1.5mg/L 以下。

硼广泛分布在岩层中，由于其对氧的高亲和力，硼主要以硼酸或 $B(OH)_3$、H_3BO_3 的形式存在。硼酸是一种弱酸，会分解成硼酸根阴离子($pK_a = 9.1$)。

$$B(OH)_3 + H_2O \longrightarrow B(OH)_4^- + H^+, \quad pK_a = 9.1 \quad (3.121)$$

在中性 pH 下，硼酸[$B(OH)_3$]是硼的主要存在形式。早就知道，硼酸或硼酸盐会与多元醇迅速形成非常稳定的络合物，且其酸性远强于硼酸[102]。甘油

(glycerol)是一种通常被用于分析中的多元醇,所得的强酸可以用 NaOH 溶液滴定。罗本哈斯公司(Rohm and Haas Company)的库宁(Kunin)和普利休斯(Preuss)利用分析化学中的这一原理,通过 N-甲基-D-葡萄糖胺(N-methyl-D-glucamine,NMDG)官能团将氯甲基化的苯乙烯-二乙烯基苯(chloromethylated styrene-divinylbenzene)共聚物胺化以合成硼选择性树脂(BSR)[103-105]。该种硼选择性树脂即现在市售的 Amberlite-743 型树脂,目前大多数树脂生产商均生产类似功能的树脂产品。图 3.51 提供了具有聚苯乙烯基底和二乙烯基苯交联的硼选择性 Amberlite-743 型树脂的结构组成。

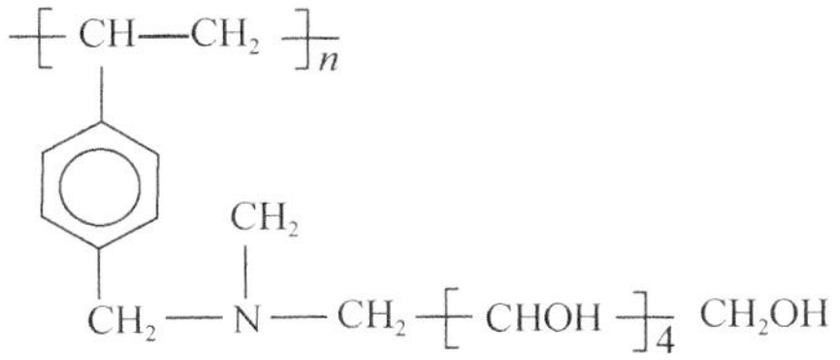

图 3.51 硼选择性树脂的结构,其中重复的多元醇结构用于硼螯合

与标准离子交换过程不同,BSR 的 NMDG 部分通过配位络合与硼结合,而非库仑相互作用。硼可以在很大的 pH 范围被去除,pH 约 8.0 时硼的去除效果最佳。从机理上讲,$B(OH)_3$ 的硼酸与 NMDG 官能团的两个山梨糖醇基团络合,释放的质子被弱碱性阴离子交换剂的叔氨基保留。BSR 的再生首先通过酸洗使硼酸水解进而从树脂解吸,之后用 NaOH 溶液冲洗使弱碱性阴离子交换树脂去质子化。图 3.52 为其吸附、再生过程的示意图[103]。

西蒙诺(Simonnot)等证实在 5.5~8.0 的 pH 范围内 BSR 的除硼能力基本不变,且不受水相中 NaCl 浓度的影响[105]。由于硼的吸附机理并不基于离子交换,因此该过程在动力学上很慢。硼的吸附容量取决于流速或接触时间:随着流速的增加或接触时间的减少,除硼能力迅速下降。文献中提供了多种处理模式以及使用复合工艺去除硼的最新进展[106]。

海水中硼的浓度约为 5mg/L。由于硼主要以非离子态的硼酸形式存在,因此对于反渗透(RO)脱盐工艺,硼的去除效率明显低于氯化物。因此经反渗透处理的饮用水依然存在硼超标的风险。在 10~45℃,随着进水温度的升高,反渗透膜对硼的去除能力降低。BSR 是处理含硼反渗透产水的最有效方法之一。

3.17.4 高氯酸根

高氯酸根(perchlorate,ClO_4^-)为一价阴离子,在稀溶液中高氯酸盐非常稳定,不易与其他溶质发生反应,无法通过共沉淀去除。由于美国过去对高氯酸铵

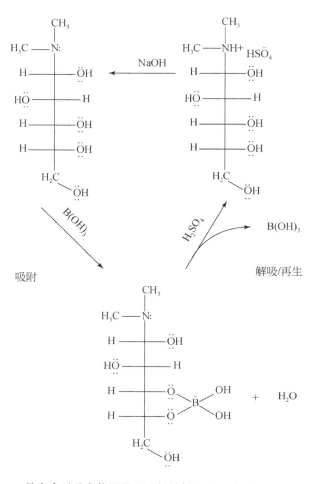

图3.52 具有多元醇官能团的硼选择性树脂的吸附和解吸过程示意图

(ammonium perchlorate)燃料的不当使用,已经有30多个州检测到受高氯酸盐污染的水源。由于其对人类健康造成的影响,美国 EPA 已将高氯酸盐添加到饮用水的污染物清单中,但截至2016年尚未设定最大污染物水平(MCL)或 MCL 目标值(MCLG)[107]。由于高氯酸盐的存在,加州的许多地下水井都处于闲置状态,加州 EPA 的环境健康危害评估办公室(OEHHA)在2015年将高氯酸根的公共健康目标值(PHG)设定为 1μg/L[108]。高氯酸盐的流动性很强,土壤或天然有机物(NOM)对其吸附可忽略不计。高氯酸盐中氯的价态为+7。但高氯酸盐的还原是一个动力学十分缓慢的过程。使用阴离子交换树脂进行选择性吸附是目前处理受污染地下水和其他废水中高氯酸盐的较为可行的选择。

从阴离子交换的角度来看,硝酸根和高氯酸根非常相似。两者都是疏水性一价阴离子,无法与阳离子形成络合物。因此控制离子交换选择性的规则或方法(如 3.10 节中有关硝酸根的描述)也适用于高氯酸根。表 3.8 总结了阴离子交换树脂的不同组成变量影响高氯酸根/氯离子分离因数或选择性的方式。

表 3.8 树脂结构对 ClO_4^-/Cl^- 选择性的影响

树脂结构	$\alpha_{ClO_4^-/Cl^-}$
聚丙烯酸(亲水)相比于聚苯乙烯(疏水)基质	增加
交联度增加	增加
三甲基季胺官能团相比于三乙基季胺官能团	增加

若所有其他条件不变,高氯酸根的选择性高于硝酸根。图 3.53 解释了增加强碱阴离子交换剂烷基化程度与高氯酸根选择性的关系[89]。

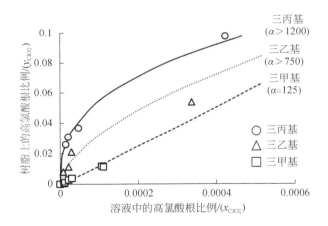

图 3.53 三种不同烷基化程度的聚苯乙烯树脂在 20℃ 时的高氯酸根-氯离子的二元离子交换等温线,平衡时间均为 24h。图中已标注每种树脂的高氯酸根分离因数。数据经许可取自 Tripp,Clifford,2004[89]

具有三乙基铵(Amberlite IRA-996)和三丙基铵(Ionac SR-7)的阴离子交换树脂现已工业化生产并销售,因而从受污染的地下水中选择性去除痕量高氯酸根挑战性不大,具有聚苯乙烯基质和三甲基季胺官能团的传统阴离子交换树脂对其去除便非常有效。然而更大的挑战在于阴离子交换剂的有效再生和重复利用。图 3.54 显示了使用 $1N$ 的 NaCl 溶液作再生剂,在三种不同温度下从强碱阴离子交换剂洗脱/再生高氯酸根的过程。

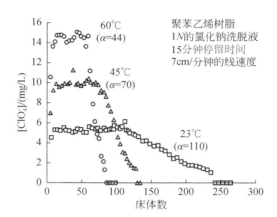

图 3.54 不同温度下,使用 1N 氯化钠溶液从聚苯乙烯树脂中洗脱高氯酸根的出水曲线。图中标注了每种温度下的高氯酸根-氯离子的分离因数 α 值。数据经许可取自 Tripp, Clifford, 2004[89]

与其他有利的一价无机离子交换过程类似,高氯酸根-氯离子的交换是放热过程。因此,随着温度的升高,高氯酸根的选择性降低,并且随着温度从 23℃ 升高到 60℃,再生效率逐渐提高。

通过使用不同长度的烷基生产了一种多功能的强碱阴离子交换树脂,以提高高氯酸根的选择性且不影响其吸附动力学[109,110]。多功能高氯酸根选择性树脂现在可以从美国的漂莱特公司(Purolite Co.)购得,如 Purolite A-530E。目前开发出的一种新技术,可以有效地再生负载高氯酸根的 I 型强碱阴离子交换树脂。该技术使用 $FeCl_3$ 和 HCl 的混合溶液,通过加入过量 Cl^- 离子而形成四氯化铁离子(tetrachloroferrate, $FeCl_4^-$):

$$FeCl_3(aq) + Cl^- \longrightarrow FeCl_4^- \tag{3.122}$$

$FeCl_4^-$ 的性质与 ClO_4^- 相似,是一种尺寸较大而水合程度较低的阴离子,与 Cl^- 或大多数其他平衡离子相比,可以更有效地从阴离子交换树脂中置换出 ClO_4^-。在实际应用中,1mol/L 的 $FeCl_3$ 和 4mol/L 的 HCl 混合溶液可有效地从穿透的树脂床中洗脱 ClO_4^-。再生过程中吸附的 $FeCl_4^-$ 可通过水洗而发生水解,继而从树脂中去除。

$$FeCl_4^- \longrightarrow Fe^{3+} + 4Cl^- \tag{3.123}$$

由于唐南排斥效应,所产生的 Fe^{3+} 易于解吸,阴离子交换树脂恢复为氯离子形式。文献中对再生过程的更多细节进行了详细论述[111,112]。

3.17.5 新型污染物及多污染物系统

包括饮用水在内的几乎所有水环境中都发现了来自农业生产、人为使用以及废物中的药物、个人护理产品及其代谢产物[113-120]。人们已经在其进入天然水体之前便采取措施对其进行拦截。其中一种处理工艺是通过吸附并浓缩后,使用强氧化性物质(如臭氧、过氧化氢、催化金属氧化物和 UV 等)的组合进行生物或化学氧化。图 3.55 涵盖了全球水体中存在的一些主要的药物化合物,它们均被广泛使用。

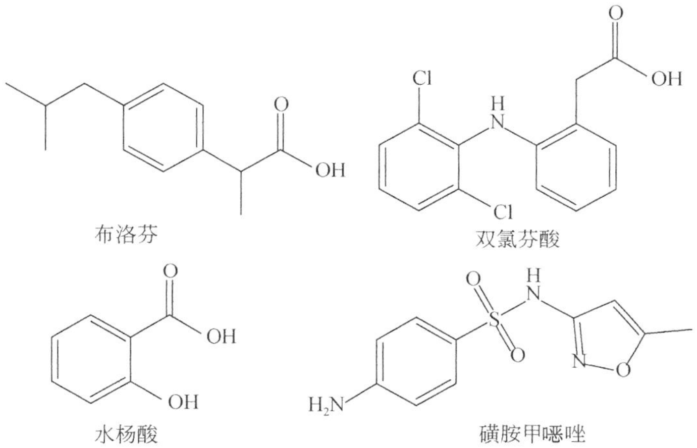

布洛芬　　　　　　　　　　双氯芬酸

水杨酸　　　　　　　　　　磺胺甲噁唑

图 3.55　布洛芬(如泰诺)、双氯芬酸(如 NSAID)、水杨酸(常见于护肤品中)和磺胺甲噁唑(如抗生素,bactrim)的结构

由于这类物质多为弱酸或弱碱化合物,因此在特定 pH 范围内,它们也可以以阳离子或阴离子的形式存在。因此,它们实质上是具有非极性部分(NPM)的疏水性可电离有机化合物(HIOC)。它们的吸附亲和力及解吸再生能力与 3.11 节中讨论的氯酚盐、苯甲酸盐和萘磺酸盐类似。文献[119-122]中提供了此类离子化合物物理化学性质的综述。

尿液的分离处理与合并处理相比是一种更可持续的废水管理方法[123-125]。可以使用复合型 HAIX-Nano Fe 吸附剂去除并回收磷酸盐,并同时去除污水中的药物残留,如双氯芬酸(diclofenac,DCF)等,这种复合型吸附剂本质上是一种强碱阴离子交换剂,其中水合铁(Ⅲ)氧化物(HFO)纳米颗粒已被加载并固定在离子交换剂中[18]。HAIX-Nano Fe 材料中具有两种官能团:对疏水性阴离子具有高亲和力的季铵基团及对配体具有高亲和力的 HFO 纳米颗粒。图 3.56 显示了 HAIX-Nano Fe 去除了磷酸盐和双氯芬酸的机理。

可以看出,磷酸盐和双氯芬酸被同时高效去除,且两者之间不存在明显的竞争关系。可以预测,其他带负电荷的药物,如布洛芬(ibuprofen)、萘普生(naproxen)和酮洛芬(ketoprofen)等,也将被 HAIX-Nano Fe 有效去除。

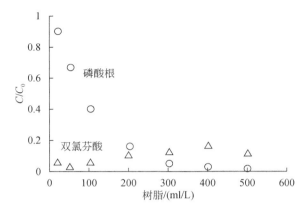

图3.56 使用复合型阴离子交换树脂从尿液中同时去除双氯芬酸和磷酸盐。实验条件：200r/min下振荡2h。初始浓度：0.204mmol/L 的双氯芬酸，以磷计704mg/L 的磷酸盐。数据经许可取自 Sendrowski,Boyer,2013[125]

在加利福尼亚州伊莎贝拉湖(Lake Isabella,California)周围，地下水受到铀和砷的污染。加州干旱的气候引起严重缺水，因此希望尝试利用此类受污染水源。美国 EPA 主持在该地区进行了现场试验，以评估 HAIX-Nano Fe 从污染水源中同时去除铀和砷的性能。图3.57(A)和(B)分别显示了现场示范工程的装置照片和设备运行的出水结果。

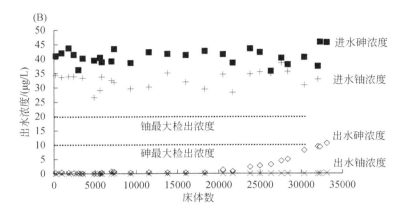

图 3.57 (A)在加州伊莎贝拉湖的橇装 HAIX-Nano Fe 反应器,用于 EPA 评估;(B)HAIX-Nano Fe 同时去除铀和砷的现场进水及出水数据。数据经许可转载自 Wang,Chen,Lewis,2010[126]

现场的地下水中,铀以三碳酸铀酰[$UO_2(CO_3)_3^{4-}$]的形式存在,对强碱阴离子交换树脂具有非常高的亲和力。地下水中几乎所有砷均为 As(V),属于路易斯碱配体,对氧化铁纳米颗粒具有极高的亲和力。HAIX-Nano Fe 去除铀和砷的机理不同,且能够同时控制两种污染物浓度在其 MCL 以下并持续大于 30,000BV。第 6 章将详细介绍 HIX 纳米技术的概念、基础理论和处理能力。

3.17.6 砷和磷:As(V)、P(V)和 As(Ⅲ)

在地下水中存在的所有天然污染物中,砷是迄今为止毒性最强、分布最广的污染物。尽管在 30 年前还不为人所知,但 50 多个国家和地区的近 1 亿人因饮用受污染的地下水而导致砷中毒。根据 WHO 和美国 EPA 的说法,饮用水中砷的 MCL 为 10μg/L。砷和磷都在元素周期表的 V 组中,其化学性质非常相似。但磷不具有毒性,是造成池塘、湖泊和河道藻华及富营养化的元素。因此即使在痕量浓度下,水体除磷意义重大。砷主要以+5 和+3 价态存在,而磷普遍以+5 价态存在。砷和磷均以含氧酸或含氧阴离子的形式存在,均为配体或路易斯碱,能够提供孤对电子。表 3.9 总结了在酸性和碱性的 pH 下,常见的 As(V)、P(V)和 As(Ⅲ)化合物的显著特性以及主要的区别。

在 3.15 小节中,已经讨论了各种阴离子配体在多价金属氧化物上的吸附。氧化铁已被广泛用于去除痕量浓度的砷酸盐、亚砷酸盐和磷酸盐。第 6 章将讨论一种新型的复合型阴离子交换剂(HAIX-Nano Fe),其中氧化铁纳米粒子分散在聚合阴离子交换剂中。磷酸盐和砷酸盐的吸附特性几乎相同:复合型吸附剂 HAIX 已实际应用于去除砷酸盐和磷酸盐[127-129]。

表 3.9 As(Ⅴ)和 As(Ⅲ)的含氧酸及共轭阴离子

含氧酸	pK_a 值	pH 5.5 时的主要存在形式	pH 8.5 时的主要存在形式
As(Ⅴ):H_3AsO_4	$pK_{a1} = 2.2$ $pK_{a2} = 6.98$ $pK_{a3} = 11.6$	一价单齿配体	二价双齿配体
P(Ⅴ):H_3PO_4	$pK_{a1} = 2.12$ $pK_{a2} = 7.21$ $pK_{a3} = 12.67$	一价单齿配体	二价双齿配体
As(Ⅲ):$HAsO_2$	$pK_{a1} = 9.2$	O=As—OH 非电离单齿配体	O=As—OH 非电离单齿配体

路易斯酸碱相互作用是这种选择性分离的主要吸附机理，而离子交换或库仑相互作用与其相比仅占很小的比例。在常见的竞争性阴离子中，硫酸根是二价的，由于库仑或静电相互作用存在显著的竞争性。图 3.58 显示，当硫酸根浓度从 120mg/L 增加至 240mg/L 时，HAIX 对磷酸盐的吸附能力几乎不受影响。

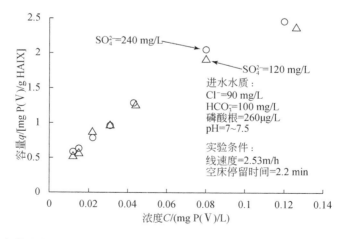

图 3.58 当其他条件保持不变，仅改变硫酸根浓度时 HAIX 的磷酸根吸附等温线对比。数据经许可转载自 Blaney, Cinar, SenGupta, 2007[128]

在过柱实验中,HAIX 能够连续多循环从伯利恒废水处理厂(WWTP)的二沉池出水中去除磷酸根。当吸附磷酸根饱和后,2% NaCl/2% NaOH 的混合溶液能够有效地再生吸附剂,并从反应器中回收了 95% 以上的磷酸盐。图 3.59 和图 3.60 显示了过柱运行和间歇再生的实验结果[128]。

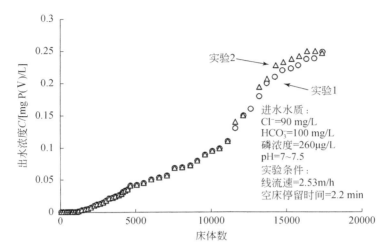

图 3.59 使用全新的 HAIX(第一次运行)和再生后的 HAIX(第二次运行),连续两个循环处理来自伯利恒污水处理厂(美国宾夕法尼亚州伯利恒市)的二沉池出水的磷酸根出水曲线。数据经许可取自 Blaney,Cinar,SenGupta,2007[128]

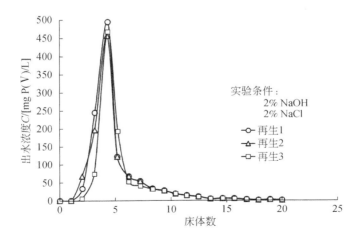

图 3.60 HAIX 树脂再生过程中的磷酸根的洗脱曲线,当再生运行 12 个床体后磷酸根的回收效率极高(>95%)。数据经许可取自 Blaney,Cinar,SenGupta,2007[128]

P(V)和As(V)的化学性质几乎相同,因此通过吸附去除的机理非常类似,由于As(V)的分子量更大且水合离子半径较小,因此亲和力比P(V)稍大。选择性除去As(Ⅲ)的方法虽然也是通过路易斯酸碱相互作用,但其与P(V)和As(V)的吸附作用存在明显差异,主要的两个原因如下:①As(Ⅲ)或亚砷酸盐未被电离;②与砷酸盐或磷酸盐相比,As(Ⅲ)是一种相对较软的路易斯碱。在氧化铁和氧化铝之间,前者是一种相对较软的路易斯酸。因此,亚砷酸对Fe(Ⅲ)的吸附亲和力比Al(Ⅲ)高。图3.61表明,在所有其他条件保持不变的情况下,基于氧化铁的HAIX-Nano Fe所具有的As(Ⅲ)吸附能力比活性氧化铝(AA)高近两个数量级。

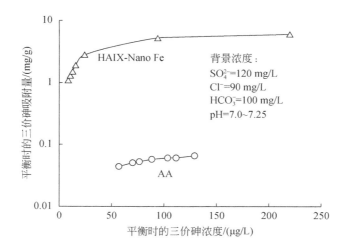

图3.61 HAIX和活性氧化铝(AA)对As(Ⅲ)的吸附等温线。数据经许可转载自Sarkar,Blaney,Gupta,Ghosh,SenGupta,2007[130]

由于地下水的氧化还原环境导致其中亚砷酸盐或砷(Ⅲ)的占比远高于砷酸盐或砷(V)。因此砷的去除必须预先将As(Ⅲ)氧化为As(V)或使用其他具有高As(Ⅲ)去除能力的吸附剂。

3.17.7 氟(F^-)

由于自然的地质变化和土壤流失,氟化物存在于世界各地的许多地下水中,尤其是在亚洲和非洲大陆。尽管从威胁生命的角度来看,氟的毒性远低于砷,但长期饮用氟化物污染的地下水会导致牙齿斑点和骨骼变形,通常分别称为氟斑牙和氟骨病。在非洲和亚洲许多偏远村庄中,受氟化物污染的地下水是唯一的饮用水源,大多数人由于长期饮用污染的地下水而造成健康损害。1.5mg/L的氟化物浓度是世界卫生组织建议的饮用水标准,但数千口正在使用的水井氟化物浓度超标。目前由于氟化物污染的地下水造成的全球范围内的用水危机绝大部分仍未得到解决。本书将在第 6 章讨论一种新型的复合型离子交换剂,该复合离子交换剂已经过实验室设计、现场测试和商品化生产,可用于水体除氟。这种新型吸附剂的主要特性是:①极高的氟离子选择性;②多个循环的可再生性,且吸附能力保持稳定;③实现同时脱盐功能。该工艺产水率超过 95%,有兴趣的读者可以在第 6 章进一步阅读。

第 3 章摘要:十个要点

- 选择性离子交换不仅利用库仑或静电相互作用,而且存在路易斯酸碱和疏水性相互作用等,且多种作用经常同时存在并共同提高选择性。
- 与水相和交换相中的竞争离子相比,当目标离子的浓度相对较低时,则认为该离子是痕量的。痕量离子的吸附等温线呈线性,并且对其去除不影响其他痕量离子的去除能力。
- 痕量物质的洗脱离子色谱基于痕量离子交换的原理。由于具有线性等温线,因此 2.0mg/L 的 NO_3^- 将与 1.0mg/L NO_3^- 同时出峰,且峰高为后者的两倍。
- 在不施加电场的情况下痕量离子能够逆浓度梯度通过离子交换膜传输。这是一种热力学上有利的过程,称为唐南透析。
- 在稀溶液中,由于电选择性效应,阴离子交换树脂对二价阴离子的选择性高于一价阴离子,如 SO_4^{2-} 与 NO_3^- 同时存在时,$\alpha_{S/N}>1$。通过增加强碱阴离子交换剂季铵官能团的烷基化程度,即使在稀溶液中,也可以逆转硫酸根-硝酸根的选择性,如用丁基取代甲基后 $\alpha_{S/N}<1$。
- 疏水性可离子化有机化合物(HIOC),如五氯酚酸酯等,由于带有芳香族基团因而具有非极性部分。HIOC 对聚合阴离子交换树脂具有很高的吸附亲和力。这种有利的吸附过程是吸热的并且受正熵变驱动。
- 线性力能量关系(LFER)可用于根据水相稳定性常数或缔合常数来预测目标溶质的离子交换亲和力。
- Fe(Ⅲ)、Zr(Ⅳ)和 Ti(Ⅳ)的氧化物具有两性表面官能团,可以去除过渡金属阳离子[如 Cu(Ⅱ)和 Pb(Ⅱ)等]以及阴离子配体(如砷酸盐、草酸盐和磷酸盐等)。通过适当地选择阳离子交换剂或阴离子交换剂作为主体材料,可以将两性金属氧化物的离子选择性调整为单一吸附阳离子或阴离子。
- 当所有其他条件保持不变时,平推流反应器(PFR)比连续搅拌反应器(CSTR)系统提供更高的离子交换容量。
- 地下水中的铀以碳酸铀酰四价阴离子[$UO_2(CO_3)_3^{4-}$]的形式存在,并能够被大多数阴离子交换剂选择性地去除。通过形成具有多元醇官能团的稳定络合物,可以选择性去除水体中的硼酸盐。但与其他离子交换过程相比,硼的吸附动力学要慢得多。

参 考 文 献

1. Pearson, R.G. (1968) Hard and soft acids and bases, HSAB, Part I: fundamental principles. *Journal of Chemical Education*, **45** (9), 581.
2. Pearson, R.G. (1968) Hard and soft acids and bases, HSAB, Part II: underlying theories. *Journal of Chemical Education*, **45** (10), 643.
3. Nieboer, E. and Richardson, D.H. (1980) The replacement of the nondescript term 'heavy metals' by a biologically and chemically significant classification of metal ions. *Environmental Pollution. Series B: Chemical and Physical*, **1** (1), 3–26.
4. SenGupta, A.K. (2001) Chapter 1: Principles of heavy metal separation: an introduction, in *Environmental Separation of Heavy Metals: Engineering Processes* (ed. A.K. SenGupta), CRC Press, Boca Raton, FL, pp. 1–14.
5. SenGupta, A.K. and Greenleaf, J.E. (2001) Chapter 8: arsenic in subsurface water: its chemistry and removal by engineered processes, in *Environmental Separation of Heavy Metals: Engineering Processes* (ed. A.K. SenGupta), CRC Press, Boca Raton, FL, pp. 265–306.
6. Li, P. (1999) *Sorption of Synthetic Aromatic Anions onto Polymeric Ion Exchangers: Genesis of Selectivity and Effects of Equilibrium Process Variables on Sorption Kinetics*, PhD dissertation, Lehigh University, Bethlehem, PA.
7. Helfferich, F.G. (1962) *Ion Exchange*, Dover Publications, New York.
8. Cotton, F.A., Wilkinson, G., Murillo, C.A. *et al.* (1999) *Advanced Inorganic Chemistry*, Wiley, New York.
9. Stumm, W. and Morgan, J.J. (1996) *Aquatic Chemistry: Chemical Equilibria and Rates in Natural Waters*, 4th edn, John Wiley & Sons, New York.
10. Li, P. and SenGupta, A.K. (1998) Genesis of selectivity and reversibility for sorption of synthetic aromatic anions onto polymeric sorbents. *Environmental Science & Technology*, **32** (23), 3756–3766.
11. Bolto, B., Dixon, D., Eldridge, R. *et al.* (2002) Removal of natural organic matter by ion exchange. *Water Research*, **36** (20), 5057–5065.
12. Zhao, D. and SenGupta, A.K. (1998) Ultimate removal of phosphate from wastewater using a new class of polymeric ion exchangers. *Water Research*, **32** (5), 1613–1625.
13. Wang, L., Chen, A.S., Lewis, G.M., Sorg, T.J., and Supply W. (2008) Arsenic and Uranium Removal from Drinking Water by Adsorptive Media: US EPA Demonstration Project at Upper Bodfish in Lake Isabella, CA: Final Performance Evaluation Report. National Risk Management Research Laboratory, Office of Research and Development, US Environmental Protection Agency.
14. Drever, J.I. (1988) *The Geochemistry of Natural Waters*, Prentice Hall, New Jersey.
15. SenGupta, A.K. (1995) Chapter 3: Chromate ion exchange, in *Ion Exchange Technology: Advances in Pollution Control* (ed. A.K. SenGupta), Technomic Publishing Co., Lancaster, PA, pp. 115–148.

16 Jang, M., Chen, W., and Cannon, F.S. (2008) Preloading hydrous ferric oxide into granular activated carbon for arsenic removal. *Environmental Science & Technology*, **42** (9), 3369–3374.

17 DeMarco, M.J., SenGupta, A.K., and Greenleaf, J.E. (2003) Arsenic removal using a polymeric/inorganic hybrid sorbent. *Water Research*, **37** (1), 164–176.

18 Cumbal, L. and SenGupta, A.K. (2005) Arsenic removal using polymer-supported hydrated iron(III) oxide nanoparticles: role of Donnan membrane effect. *Environmental Science & Technology*, **39** (17), 6508–6515.

19 SenGupta, A.K., Cumbal, L.H., inventors. SenGupta A.K., assignee (2007) Hybrid anion exchanger for selective removal of contaminating ligands from fluids and method of manufacture thereof. US Patent 7,291,578 B2. Nov. 6, 2007.

20 Fritz, J.S. and Gjerde, D.T. (2009) *Ion Chromatography*, 4th edn, John Wiley & Sons.

21 Skoog, D.A., Holler, F.J., and Crouch, S.R. (2007) *Principles of Instrumental Analysis*, 6th edn, Brooks Cole, Canada.

22 Small, H., Stevens, T.S., and Bauman, W.C. (1975) Novel ion exchange chromatographic method using conductimetric detection. *Analytical Chemistry*, **47** (11), 1801–1809.

23 Tswett, M.S. (1905) "О новой категории адсорбционных явлений и о применении их к биохимическому анализу" (O novoy kategorii adsorbtsionnykh yavleny i o primenenii ikh k biokkhimicheskomu analizu (On a new category of adsorption phenomena and on its application to biochemical analysis)), Труды Варшавскаго общества естествоиспытателей, отделении биологии. *Trudy Varshavskago Obshchestva Estestvoispytatelei, Otdelenie Biologii (Proceedings of the Warsaw Society of Naturalists [i.e., Natural Scientists], Biology Section)*, **14** (6), 20–39.

24 Donnan, F.G. (1911) Theorie der Membrangleichgewichte und Membranpotentiale bei Vorhandensein von nicht dialysierenden Elektrolyten. Ein Beitrag zur physikalisch-chemischen Physiologie. *Zeitschrift für Elektrochemie und Angewandte Physikalische Chemie*, **17** (14), 572–581.

25 Donnan, F. and Guggenheim, E. (1932) Exact thermodynamics of membrane equilibrium. *Zeitschrift fur Physikalische Chemie A*, **162**, 346–360.

26 Donnan, F.G. (1934) The thermodynamics of membrane equilibria. *Zeitschrift fur Physikalische Chemie A*, **A168**, 369–380.

27 Donnan, F.G. (1995) Theory of membrane equilibria and membrane potentials in the presence of non-dialysing electrolytes. A contribution to physical–chemical physiology. *Journal of Membrane Science*, **100** (1), 45–55.

28 C.E. Harland. *Ion Exchange: Theory and Practice*. : Royal Society of Chemistry; 1994.

29 Muraviev, D.N. and Khamizov, R. (2004) Ion-exchange isothermal supersaturation: concept, problems, and applications, in *Ion Exchange and Solvent Extraction. A Series of Advances*, vol. **16** (eds A.K. SenGupta and Y. Marcus), Marcel Dekker, New York, pp. 119–210.

30 Greenleaf, J.E., Cumbal, L., Staina, I., and SenGupta, A.K. (2003) Abiotic As(III) oxidation by hydrated Fe(III) oxide(HFO) microparticles in a plug flow columnar configuration. *Process Safety and Environmental Protection*, **81** (2), 87–98.

31 Clifford, D. and Weber, W.J. (1983) The determinants of divalent/monovalent selectivity in anion exchangers. *Reactive Polymers, Ion Exchangers, Sorbents*, **1** (2), 77–89.

32 Li, P. and SenGupta, A.K. (2004) Sorption of hydrophobic ionizable organic compounds (HIOCs) onto polymeric ion exchangers. *Reactive and Functional Polymers*, **60**, 27–39.

33 Guter, G.A. (1995) Nitrate removal from contaminated groundwater by anion exchange, in *Ion Exchange Technology – Advances in Pollution Control* (ed. A.K. SenGupta), Technomic Publishing Co., Inc., Lancaster, PA, pp. 61–113.

34 Clifford, D. and Liu, X. (1993) Ion exchange for nitrate removal. *Journal American Water Works Association*, **85** (4), 135–143.

35 Subramonian, S. and Clifford, D. (1988) Monovalent/divalent selectivity and the charge separation concept. *Reactive Polymers, Ion Exchangers, Sorbents*, **9** (2), 195–209.

36 Horng, L. and Clifford, D. (1997) The behavior of polyprotic anions in ion-exchange resins. *Reactive and Functional Polymers*, **35** (1), 41–54.

37 Liberti, L. and Passino, R. (1974) Chloride-sulphate exchange on anion-exchange resins: kinetic investigations. I. *Journal of Chromatography A*, **102**, 155–164.

38 Sarkar, S. and SenGupta, A.K. (2009) A hybrid ion exchange-nanofiltration (HIX-NF) process for energy efficient desalination of brackish/seawater. *Water Science and Technology: Water Supply*, **9** (4), 369–377.

39 Aveni, A., Boari, G., Liberti, L. et al. (1975) Sulphate removal and dealkalization on weak resins of the feed water for evaporation desalting plants. *Desalination*, **16** (2), 135–149.

40 Boari, G., Liberti, L., Merli, C., and Passino, R. (1974) Exchange equilibria on anion resins. *Desalination*, **15** (2), 145–166.

41 Guter GA, inventor (1984) The United States of America as Represented by the Administrator Environmental Protection Agency, assignee. Removal of nitrate from water supplies using a tributyl amine strong base anion exchange resin. US Patent 4,479,877 A. Oct. 30, 1984.

42 SenGupta, A.K., Roy, T., and Jessen, D. (1988) Modified anion-exchange resins for improved chromate selectivity and increased efficiency of regeneration. *Reactive Polymers, Ion Exchangers, Sorbents*, **9** (3), 293–299.

43 Matzner, R.A., Hunter, D.R., and Bales, R.C. (1991) The effect of pH and anions on the solubility and sorption behavior of acridine, in *Organic Substances and Sediments in Water, Volume 2: Processes and Analytical* (ed. R.A. Baker), Lewis Publishers, Chelsea, MI, p. 365.

44 Jafvert, C.T., Westall, J.C., Grieder, E., and Schwarzenbach, R.P. (1990) Distribution of hydrophobic ionogenic organic compounds between octanol and water: organic acids. *Environmental Science & Technology*, **24** (12), 1795–1803.

45 Stahl, P.H. and Wermuth, C.G. (2008) Monographs on acids and bases, in *Handbook of Pharmaceutical Salts Properties, Selection, and Use*, 2nd revised edn (eds P.H. Stahl and C.G. Wermuth), John Wiley & Sons, New York, pp. 327–422.

46 Gustafson, R. and Lirio, J. (1968) Adsorption of organic ions by anion exchange

resins. *Industrial & Engineering Chemistry Product Research and Development*, **7** (2), 116–120.

47 Hinrichs, R. and Snoeyink, V. (1976) Sorption of benzenesulfonates by weak base anion exchange resins. *Water Research*, **10** (1), 79–87.

48 Lee, K. and Ku, Y. (1996) Removal of chlorophenols from aqueous solution by anion-exchange resins. *Separation Science and Technology*, **31** (18), 2557–2577.

49 Janauer, G.E. and Turner, I.M. (1969) Selectivity of a polystyrene-benzyl-trimethyl-ammonium-type anion-exchange resin for alkanesulfonates. *The Journal of Physical Chemistry*, **73** (7), 2194–2203.

50 Gregory, J. and Semmens, M. (1972) Sorption of carboxylate ions by strongly basic anion exchangers. *Journal of the Chemical Society, Faraday Transactions 1: Physical Chemistry in Condensed Phases*, **68**, 1045–1052.

51 Frank, H.S. and Wen, W. (1957) Ion–solvent interaction. Structural aspects of ion–solvent interaction in aqueous solutions: a suggested picture of water structure. *Discussions of the Faraday Society*, **24**, 133–140.

52 Némethy, G. and Scheraga, H.A. (1962) Structure of water and hydrophobic bonding in proteins. I. A model for the thermodynamic properties of liquid water. *The Journal of Chemical Physics*, **36** (12), 3382–3400.

53 Huque, E.M. (1989) The hydrophobic effect. *Journal of Chemical Education*, **66** (7), 581.

54 Israelachvili, J.N. (1985) *Intermolecular and Surface Forces with Applications to Colloidal and Biological Systems*, Academic Press, New York.

55 Valsaraj, K.T. and Melvin, E.M. (1995) *Elements of Environmental Engineering: Thermodynamics and Kinetics*, Lewis Publishers, Boca Raton.

56 Lüning, U. (1989) Chr. Reichardt: solvents and solvent effects in organic chemistry, second, completely revised and enlarged edition, VCH Verlagsgesellschaft, Weinheim, Basel, Cambridge, New York 1988. 534 Seiten, Preis: DM 148. *Berichte der Bunsengesellschaft für Physikalische Chemie*, **93** (3), 416.

57 Li, P. and SenGupta, A.K. (2001) Entropy-driven selective ion exchange for aromatic ions and the role of cosolvents. *Colloids and Surfaces A: Physicochemical and Engineering Aspects*, **191** (1), 123–132.

58 Stumm, W. and Morgan, J.J. (1996) *Aquatic Chemistry: Chemical Equilibria and Rates in Natural Water*, 4th edn, Wiley-Interscience Publication, New York.

59 Maity, N., Payne, G.F., Ernest, M.V., and Albright, R.L. (1992) Caffeine adsorption from aqueous solutions onto polymeric sorbents: the effect of surface chemistry on the adsorptive affinity and adsorption enthalpy. *Reactive Polymers*, **17** (3), 273–287.

60 Mackay, D., Shiu, W.Y., and Ma, K. (1997) *Illustrated Handbook of Physical–Chemical Properties of Environmental Fate for Organic Chemicals*, CRC Press, Boca Raton.

61 Dean, J.A. and Lange, N.A. (1992) *Lange's Handbook of Chemistry*, 14th edn, McGraw Hill, New York.

62 Boyd, G.E. and Larson, Q.V. (1967) Binding of quaternary ammonium ions by polystyrenesulfonic acid type cation exchangers. *Journal of the American Chemical Society*, **89** (24), 6038–6042.

63 Ide, M., Maeda, Y., and Kitano, H. (1997) Effect of hydrophobicity of amino acids on the structure of water. *The Journal of Physical Chemistry B*, **101** (35), 7022–7026.
64 Feitelson, J. (1969) in *Ion Exchange, Version 2* (ed. J.A. Marinsky), Marcel Dekker, New York, pp. 135–166.
65 Franks, F., Mathias, S.F., Galfre, P. *et al.* (1983) Ice nucleation and freezing in undercooled cells. *Cryobiology*, **20** (3), 298–309.
66 Eisenman, G. (1962) Cation selective glass electrodes and their mode of operation. *Biophysical Journal*, **2** (2 Pt 2), 259–323.
67 SenGupta, A.K. and Clifford, D. (1986) Some unique characteristics of chromate ion exchange. *Reactive Polymers, Ion Exchangers, Sorbents*, **4** (2), 113–130.
68 Akhadov, Y.Y. (1981) *Dielectric Properties of Binary Solutions: A Data Handbook*, Pergamon Press, Oxford.
69 Burger, K. (1983) *Solvation, Ionic and Complex Formation Reactions in Non-aqueous Solvents – Experimental Methods for Their Investigation*, Elsevier, Amsterdam.
70 Krygowski, T.M., Wrona, P.K., Zielkowska, U., and Reichardt, C. (1985) Empirical parameters of Lewis acidity and basicity for aqueous binary solvent mixtures. *Tetrahedron*, **41** (20), 4519–4527.
71 Zhao, D., SenGupta, A.K., and Stewart, L. (1998) Selective removal of Cr(VI) oxyanions with a new anion exchanger. *Industrial and Engineering Chemistry Research*, **37** (11), 4383–4387.
72 Zhao, D. and SenGupta, A.K. (2000) Ligand separation with a copper(II)-loaded polymeric ligand exchanger. *Industrial and Engineering Chemistry Research*, **39** (2), 455–462.
73 Roy, T.K. (1989) *Chelating Polymers: Their Properties and Applications in Relation to Removal, Recovery and Separation of Toxic Metals*, MS thesis, Lehigh University.
74 Butler, J.N. (1964) *Ionic Equilibrium: A Mathematical Approach*, Addison-Wesley, Reading, MA.
75 SenGupta, A.K., Subramonian, S., and Clifford, D. (1988) More on mechanism and some important properties of chromate ion exchange. *Journal of Environment Engineering*, **114** (1), 137–153.
76 SenGupta, A.K., Clifford, D., and Subramonian, S. (1986) Chromate ion-exchange process at alkaline pH. *Water Research*, **20** (9), 1177–1184.
77 Clifford, D.A. (1999) Chapter 9: Ion exchange and adsorption of inorganic contaminants, in *Water Quality & Treatment Handbook*, 5th edn (ed. R.D. Letterman), McGraw-Hill Professional, pp. 9.1–9.91.
78 Dzombak, D.A. and Morel, F.M. (1990) *Surface Complexation Modeling: Hydrous Ferric Oxide*, John Wiley & Sons.
79 Dutta, P.K., Ray, A.K., Sharma, V.K., and Millero, F.J. (2004) Adsorption of arsenate and arsenite on titanium dioxide suspensions. *Journal of Colloid and Interface Science*, **278** (2), 270–275.
80 Lieser, K.H. (1991) Non-siliceous inorganic ion exchangers, in *Ion Exchangers* (ed. K. Dorfner), Walter de Gruyter, pp. 519–546.
81 Yuchi, A., Ogiso, A., Muranaka, S., and Niwa, T. (2003) Preconcentration of

phosphate and arsenate at sub-ng ml^{-1} level with a chelating polymer-gel loaded with zirconium(IV). *Analytica Chimica Acta*, **494** (1), 81–86.

82 Blaney, L.M., Cinar, S., and SenGupta, A.K. (2007) Hybrid anion exchanger for trace phosphate removal from water and wastewater. *Water Research*, **41** (7), 1603–1613.

83 Sarkar, S., Blaney, L.M., Gupta, A. *et al.* (2008) Arsenic removal from groundwater and its safe containment in a rural environment: validation of a sustainable approach. *Environmental Science & Technology*, **42** (12), 4268–4273.

84 Puttamraju, P. and SenGupta, A.K. (2006) Evidence of tunable on–off sorption behaviors of metal oxide nanoparticles: role of ion exchanger support. *Industrial and Engineering Chemistry Research*, **45** (22), 7737–7742.

85 Yang, R.T. (2013) *Gas Separation by Adsorption Processes*, Butterworth-Heinemann, Oxford.

86 Suzuki, M. (1990) *Adsorption Engineering*, vol. **551**, Kodansha, Tokyo, pp. 128–132.

87 Tripp, A.R. and Clifford, D.A. (2004) Selectivity considerations in modeling the treatment of perchlorate using ion-exchange processes, in *Ion Exchange and Solvent Extraction: A Series of Advances* (eds A.K. SenGupta and Y. Marcus), CRC Press, New York, pp. 267–338.

88 Bonnesen, P.V., Brown, G.M., Alexandratos, S.D. *et al.* (2000) Development of bifunctional anion-exchange resins with improved selectivity and sorptive kinetics for pertechnetate: batch-equilibrium experiments. *Environmental Science & Technology*, **34** (17), 3761–3766.

89 Kunin, R. and Myers, R.J. (1950) *Ion Exchange Resins*, John Wiley & Sons, Inc., New York.

90 Cothern, R.C. and Lappenbusch, W.L. (1983) Occurrence of uranium in drinking water in the US. *Health Physics*, **45** (1), 89–99.

91 Kurttio, P., Auvinen, A., Salonen, L. *et al.* (2002) Renal effects of uranium in drinking water. *Environmental Health Perspectives*, **110** (4), 337.

92 Zamora, M.L., Tracy, B.L., Zielinski, J.M. *et al.* (1998) Chronic ingestion of uranium in drinking water: a study of kidney bioeffects in humans. *Toxicological Sciences*, **43** (1), 68–77.

93 Kurttio, P., Komulainen, H., Leino, A. *et al.* (2005) Bone as a possible target of chemical toxicity of natural uranium in drinking water. *Environmental Health Perspectives*, **1**, 68–72.

94 Sorg, T.J. (1988) Methods for removing uranium from drinking water. *Journal American Water Works Association*, **80**, 105–111.

95 Zhang, Z. and Clifford, D.A. (1994) Exhausting and regenerating resin for uranium removal. *Journal of the American Water Works Association*, **86** (4), 228–241.

96 Clifford, D.A. and Zhang, Z. (1995) Chapter 1: Removing uranium and radium from groundwater by ion exchange resins, in *Ion Exchange Technology: Advances in Pollution Control* (ed. A.K. SenGupta), Technomic Publishing Co., Lancaster, PA, pp. 1–60.

97 Rozelle, R.E. and Ma, K.W. (1983) *A New Potable Water Radium/Radon Removal System*, Dow Chemical Co., Midland, MI.
98 Hatch, M, inventor (1984) The Dow Chemical Company, assignee. Removal of metal ions from aqueous medium using a cation-exchange resin having water-insoluble compound dispersed therein. EP Patent 0,071,810 A1. Aug. 3, 1981.
99 World Health Organization (2004) *Guidelines for Drinking-Water Quality: Recommendations*, World Health Organization. REF Cotton, Wilkinson. Inorganic Chemistry Handbook.
100 Cotton, A.F., Wilkinson, G., and Gaus, P.L. (1995) *Basic Inorganic Chemistry*, 3rd edn, Wiley, New York, NY.
101 Xu, Y. and Jiang, J.Q. (2008) Technologies for boron removal. *Industrial & Engineering Chemistry Research*, **47** (1), 16–24.
102 Vanhoorne, P., Schelhaas, M., inventors. Lanxess Deutschland Gmbh, assignee (2010) Boron-selective resins. US Patent 20,110,108,488 A1. May 12, 2011.
103 Simonnot, M., Castel, C., Nicolai, M. *et al.* (2000) Boron removal from drinking water with a boron selective resin: is the treatment really selective? *Water Research*, **34** (1), 109–116.
104 Ipek, I., Guler, E., Kabay, N., and Yuksel, M. (2016) Removal of boron from water by ion exchange and hybrid processes, in *Ion Exchange and Solvent Extraction: A Series of Advances*, vol. **22** (ed. A.K. SenGupta), CRC Press, Boca Raton, pp. 33–64.
105 Beauvais, J. (2016) Request for nominations for peer reviewers for EPA's draft biologically based dose–response (BBDR) model for perchlorate, draft model support document and draft approach for deriving a maximum contaminant level goal (MCLG) for perchlorate in drinking water. FR Doc. 2016-12724.
106 State of California Environmental Protection Agency. (2015) *Public Health Goal for Perchlorate in Drinking Water*. OEHHA, Pesticide and Environmental Toxicology Branch.
107 Gu, B., Brown, G.M., Bonnesen, P.V. *et al.* (2000) Development of novel bifunctional anion-exchange resins with improved selectivity for pertechnetate sorption from contaminated groundwater. *Environmental Science & Technology*, **34** (6), 1075–1080.
108 Barrett, J., Lundquist, E., Miers, J., Pafford, M., Carlin, W., inventors. Henry, B.J., Gustave, L.E., Alfred, M.J., Mary, P.M., and Harris, C.W., assignees (2004) High selectivity perchlorate removal resins and methods and systems using same. US Patent 20,040,256,597 A1. Dec. 23, 2004.
109 Gu, B., Bohlke, J.K., Sturchio, N.C. *et al.* (2011) Applications of selective ion exchange for perchlorate removal, recovery, and environmental forensics, in *Ion Exchange and Solvent Extraction: A Series of Advances*, vol. **20** (ed. A.K. SenGupta), CRC Press, Boca Raton, pp. 117–144.
110 Gu, B., Brown, G.M., and Chiang, C. (2007) Treatment of

perchlorate-contaminated groundwater using highly selective, regenerable ion-exchange technologies. *Environmental Science & Technology*, **41** (17), 6277–6282.

111 Bhattarai, B., Muruganandham, M., and Suri, R.P. (2014) Development of high efficiency silica coated β-cyclodextrin polymeric adsorbent for the removal of emerging contaminants of concern from water. *Journal of Hazardous Materials*, **273**, 146–154.

112 Chimchirian, R.F., Suri, R.P., and Fu, H. (2007) Free synthetic and natural estrogen hormones in influent and effluent of three municipal wastewater treatment plants. *Water Environment Research*, **79** (9), 969–974.

113 Qu, W., Suri, R.P., Bi, X. *et al.* (2010) Exposure of young mothers and newborns to organochlorine pesticides (OCPs) in Guangzhou, China. *The Science of the Total Environment*, **408** (16), 3133–3138.

114 He, K., Soares, A.D., Adejumo, H. *et al.* (2015) Detection of a wide variety of human and veterinary fluoroquinolone antibiotics in municipal wastewater and wastewater-impacted surface water. *Journal of Pharmaceutical and Biomedical Analysis*, **106**, 136–143.

115 Van Epps, A. and Blaney, L. (2016) Antibiotic residues in animal waste: occurrence and degradation in conventional agricultural waste management practices *Current Pollution Reports*, **2**, 135–155.

116 Hopkins, Z.R. and Blaney, L. (2016) An aggregate analysis of personal care products in the environment: identifying the distribution of environmentally-relevant concentrations. *Environment International*, **92**, 301–316.

117 Jadbabaei, N. and Zhang, H. (2014) Sorption mechanism and predictive models for removal of cationic organic contaminants by cation exchange resins. *Environmental Science & Technology*, **48** (24), 14572–14581.

118 O'Neal, J.A. and Boyer, T.H. (2013) Phosphate recovery using hybrid anion exchange: applications to source-separated urine and combined wastewater streams. *Water Research*, **47** (14), 5003–5017.

119 Landry, K.A. and Boyer, T.H. (2013) Diclofenac removal in urine using strong-base anion exchange polymer resins. *Water Research*, **47** (17), 6432–6444.

120 Sendrowski, A. and Boyer, T.H. (2013) Phosphate removal from urine using hybrid anion exchange resin. *Desalination*, **322**, 104–112.

121 Wang, L., Chen, A.S.C., and Lewis, G.M. (2010) Arsenic and Uranium Removal from Drinking Water by Adsorptive Media. Final performance evaluation report for contract no. 68-C-00-185. *Battelle*; EPA/600/R-10/165.

122 Sengupta, S. and Pandit, A. (2011) Selective removal of phosphorus from wastewater combined with its recovery as a solid-phase fertilizer. *Water Research*, **45** (11), 3318–3330.

123 Cumbal, L., Greenleaf, J., Leun, D., and SenGupta, A.K. (2003) Polymer supported inorganic nanoparticles: characterization and environmental applications. *Reactive and Functional Polymers*, **54** (1), 167–180.

124 Sarkar, S., Blaney, L.M., Gupta, A. *et al.* (2007) Use of ArsenXnp, a hybrid anion exchanger, for arsenic removal in remote villages in the Indian subcontinent. *Reactive and Functional Polymers*, **67** (12), 1599–1611.

125 Sankar, M.U., Aigal, S., Maliyekkal, S.M., Chaudhary, A., Kumar, A.A., Chaudhari, K., and Pradeep, T. (2013) Biopolymer-reinforced synthetic granular nanocomposites for affordable point-of-use water purification. *Proceedings of the National Academy of Sciences.* **110** (21), 8459–8464.

126 Ravenscroft, P., Brammer, H., and Richards, K. (2009) *Arsenic Pollution: A Global Synthesis*, John Wiley & Sons.

127 De, S. and Maiti, A. (2012) *Arsenic Removal from Contaminated Groundwater*, The Energy Resources Institute (TERI), New Delhi.

128 German, M. (2017) *Hybrid anion exchange nanotechnology (HAIX-Nano) for concurrent trace contaminant removal with partial desalination*, PhD dissertation, Lehigh University, Bethlehem, PA.

第4章 离子交换的动力学基础:粒子间扩散效应

与其他吸附过程相似,由于动力学限制,无论设备配置如何,在现实生活中的离子交换过程中都无法达到平衡或接近平衡的容量。离子交换反应的进行速度是几个相互关联过程的复杂函数,这些过程可能受以下因素的单独或综合影响:

(1)离子交换剂的性质(如容量、官能团、孔隙率等)。
(2)外部流体力学(如雷诺数)。
(3)流体特性(如浓度、pH、温度等)。
(4)平衡离子特性(如扩散性、吸附亲和力、疏水性等)。
(5)两相中的浓度梯度。
(6)两相中的电荷梯度。

离子交换是一个耦合过程:每个平衡离子的吸附总是伴随着等电量其他平衡离子的解吸。对于现实生活中的离子交换过程,质量和电荷转移的时间依赖性耦合是复杂且难以通过数学计算的,异价离子交换过程则更为复杂。通过数学模型量化离子交换过程耗时耗力且收效甚微。然而对离子交换动力学的理解的意义主要体现在以下两方面:①充分理解控制总反应速率的机理;②有效改善离子交换工艺中的动力学。

4.1 离子选择性的影响

为说明离子交换过程中选择性和动力学之间的关系,可以考虑一个典型的平衡离子 A^+ 和 B^+ 的交换反应,如下所示:

$$\overline{R^-B^+} + A^+(aq) \Longleftrightarrow \overline{R^-A^+} + B^+(aq) \tag{4.1}$$

该离子交换过程中,离子交换剂对 A^+ 的吸收以及 B^+ 的释放可大致分为以下六个连续步骤:①将平衡离子 A^+ 从水相传输到离子交换剂表面液膜中;②A^+ 跨膜层扩散到离子交换剂的表面;③离子交换剂中 A^+ 通过粒子内扩散移动到官能团 $\overline{R^-}$ 上;④在离子交换剂的特定位置进行离子交换;⑤B^+ 通过粒子内扩散移动至离子交换剂的表面液膜中;⑥B^+ 从交换剂表面液膜移动至溶液相中。图4.1说明离子交换过程中,离子 A^+ 的通量与 B^+ 相等,但运输方向相反,并且保持了电中性。几乎所有的选择性离子交换的限速步骤是交换剂内平衡离子的运输,即粒子内扩散。因此对离子交换过程动力学改进的任何调整都必须提高粒子内扩散速度

(intraparticle diffusivity)。

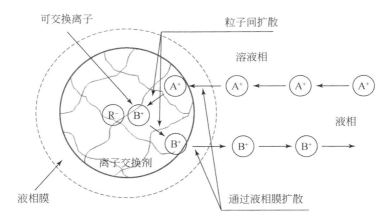

图 4.1　离子交换反应中平衡离子在溶液(液相)和离子交换剂(固相)之间的迁移，其中交换剂中的平衡离子 B^+ 逐渐被 A^+ 取代

首先通过一组易于理解的实验数据解释粒子内扩散在选择性离子交换中的作用，如图 4.2(A)和(B)所示。两图均以相同格式显示阴离子交换的结果：标准化的吸附比例与反应时间的关系。吸附比例在 0~1 之间；其中，吸附比例等于 1，表示平衡时的容量，或在实验条件下反应经过无限时间后的容量。图 4.2(A)表示了不同硫同位素(S^{32} 和 S^{34})组成的硫酸根离子分别在两种不同阴离子交换树脂中的离子交换过程。同位素交换可以研究两种相同性质平衡离子之间的离子交换过程，其分离因数等于 1，即理想条件下的非选择性离子交换[1]。而图 4.2(B)显示了五氯苯酚(PCP^-)和氯离子(Cl^-)之间选择性离子交换的动力学研究结果。PCP^- 是一种芳香族阴离子，具有比 Cl^- 更高的亲和力，且 PCP^-/Cl^- 分离因数($\alpha_{PCP/Cl}$)远高于 100[2,3]。这两种阴离子交换反应如下所示：

$$\overline{(R^+)_2SO_4^{2-}}+S^*O_4^{2-}(aq) \rightleftharpoons \overline{(R^+)_2S^*O_4^{2-}}+SO_4^{2-}(aq) \quad (4.2)$$

$$\overline{(R^+)Cl^-}+PCP^-(aq) \rightleftharpoons \overline{R^+(PCP^-)}+Cl^-(aq) \quad (4.3)$$

其中，* 代表不同原子量的硫同位素。

这两个反应均为同价阴离子交换，但平衡离子选择性差异很大。请注意，在 15min 内，同位素 $S^*O_4^{2-}/SO_4^{2-}$ 交换达到了 80% 以上的平衡容量(即吸附比例 $F>0.8$)[图 4.2(A)]。而当所有其他实验条件几乎相同，即使反应进行 12h 后，PCP^-/Cl^- 交换也只能达到 55%[图 4.2(B)]。在静态吸附实验中，将搅拌器速度从 1000r/min 增加到 1500r/min，两离子交换反应的速率均没有明显增加。

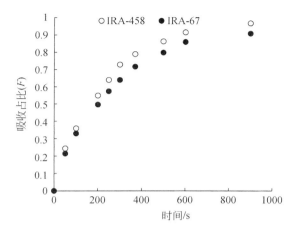

图 4.2(A) 在相同的实验条件和流体力学条件下,阴离子交换剂 IRA-458 和 IRA-67 上 $S^*O_4^{2-}/SO_4^{2-}$ 的同位素交换吸附比例与反应时间的关系图。数据经许可摘自 Liberti,1983[1]

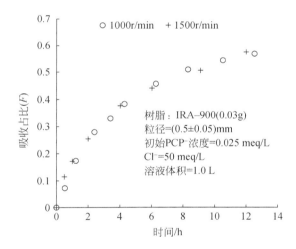

图 4.2(B) 在两种不同的搅拌速度下,阴离子交换剂 IRA-900 中 PCP^-/Cl^- 交换的吸附比例与反应时间的关系图。数据经许可摘自 Li,SenGupta,2000[3]

这两种情况中,阴离子交换剂内部的传输过程(粒子内扩散)为限速步骤,但是,PCP-Cl 交换明显慢于同位素交换。PCP^- 和 Cl^- 与阴离子交换剂交换位点的吸附亲和力的差异使该过程异常缓慢。那么选择性更高的平衡离子为何能阻碍离子交换的速度或动力学?为回答这个问题,首先要理解粒子内扩散在选择性离子交换中的特殊意义。除了选择性之外,含水量、孔隙率和交联度也影响着粒子内扩散速度。

在本章中,我们将首先介绍与各个过程变量相关的实验现象(如物理现象等)。之后将尝试提供有关选择性离子交换的数学模型。就目前而言,建议读者牢记图4.2中最重要的一点:平衡离子的吸附亲和力差异会强烈影响离子交换的动力学,并且必须保持交换过程中的电中性。

下面提供的补充材料S4.1提供了相关的背景材料和例题。对离子交换或吸附过程有足够了解的读者可以略过该补充材料,而不影响对之后章节的理解。

补充阅读材料S4.1:序批式动力学测试和吸附比例曲线的构建

图S4.1展示了由克利斯曼(Kressman)[4,5]最先开发使用的序批式动力学测试设备。将已知浓度和体积的电解质溶液放入序批式反应器中,将质量已知的离子交换材料放在聚丙烯网(细孔)笼内,该笼构成离心式搅拌器的中心部分。将搅拌器浸入电解质溶液中,然后在序批式反应器中搅拌。放置在笼子内部的离子交换材料会经受溶液的快速循环流动。溶液会从笼体的底部被吸入,流过吸附剂后通过壳体侧面的开口沿径向排出。以不同的时间间隔从溶液中提取少量水样,并分析溶质的浓度以计算离子交换速率。

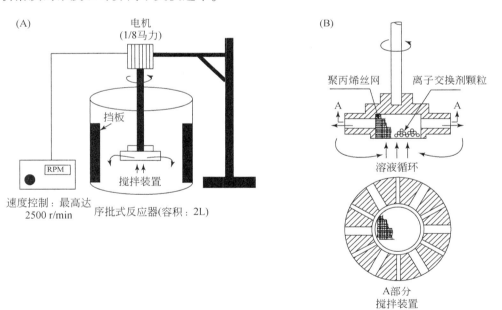

图S4.1 (A)序批式动力学测试装置;(B)搅拌器组件的截面图。
资料经许可转载自 Kressman,1949[4]

图S4.2描述了当溶液中存在竞争的钙离子和钠离子时,实验室制备的无机复合型离子交换材料(HIM)选择性吸收 Zn(Ⅱ)的动力学测试的结果,图中标注了实验条件[6]。使用搅拌器以1600r/min的速度连续搅拌溶液,溶液中锌的浓度从初始浓度0.25mg/L(250μg/L)迅速降低至0.10mg/L,并随时间的延长,吸附速率逐渐下降,直到达到平衡浓度0.081mg/L。离子交换剂的吸附比例指自实验开始经过时间"t"时,离子交换材料吸收的溶质质量与无限时间后达到平衡时吸收质量的比值。

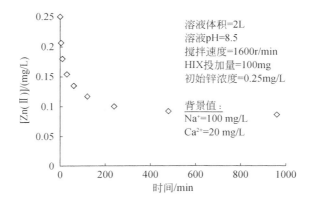

图S4.2　在1600r/min的搅拌速度下,HIM吸附Zn(Ⅱ)的动力学测试中溶液的浓度与经过时间的关系。数据经许可转载自Chatterjee,2011[6]

例题S4.1:吸收比例(fractional uptake)曲线的构建

该静态动力学测试中,2L溶液的初始状态包含0.25mg/L的Zn(Ⅱ)以及100mg/L的Na^+和20mg/L的Ca^{2+},通过HIM从溶液中选择性吸附锌的质量与时间的关系确定其动力学。将约100mg的HIM颗粒置于搅拌器笼内并以1600r/min旋转。表S4.1提供了溶液中Zn的浓度与时间的关系。平衡浓度(即72h后溶液中的Zn浓度)为0.081mg/L[6]。绘制Zn吸收比例曲线,计算半平衡时间($t_{1/2}$)。半平衡时间定义为离子交换剂达到其平衡容量的50%所需的时间。

表S4.1　HIM动力学测试时溶液中Zn(Ⅱ)的浓度与反应时间的关系

时间/min	Zn(Ⅱ)浓度/[mg/L(C_t)]
0	0.250
5	0.207
10	0.180
30	0.158
60	0.135
120	0.117
240	0.100
480	0.092

解：该动力学测试中，离子交换剂质量为"m"，溶液体积为"V"，初始溶质浓度为"C_0"，经过时间"t"后，溶质浓度为"C_t"，交换剂吸收的质量浓度为"q_t"（如 mg 溶质/g 离子交换剂）。

$$q_t = \frac{V}{m}(C_0 - C_t) \tag{S4.1}$$

反应达到平衡时，溶液中的溶质浓度为 C_e（即无限时间后的浓度），离子交换剂吸收的溶质的质量 q_∞ 为：

$$q_\infty = \frac{V}{m}(C_0 - C_e) \tag{S4.2}$$

离子交换剂的吸收比例 F_t，定义为自实验开始时间"t"时的目标溶质（如锌）的质量吸收与无限时间后的平衡溶质吸收容量之比。

因此 t 时的吸收比例为，

$$F_t = \frac{q_t}{q_\infty} = \frac{C_0 - C_t}{C_0 - C_e} \tag{S4.3}$$

根据式（S4.3），可以针对上述问题中 $C_0 = 0.25$ mg/L、$C_e = 0.081$ mg/L 和表中不同反应时间所对应的 C_t 值计算吸附比例。表 S4.2 列出了在时间"t"处计算得到的"F_t"。F_t 与 t 的关系如图 S4.3 所示，$F_t = 0.5$ 时半反应时间（$t_{1/2}$）约为 20min。

表 S4.2　HIM 吸附 Zn(Ⅱ)的吸附比例与反应时间的对应关系

时间/min	$F_t = (C_0 - C_t)/(C_0 - C_e)$
0	0
5	0.254
10	0.414
30	0.568
60	0.680
120	0.787
240	0.887

例题 S4.2：搅拌速度与速率限制现象

图 S4.4 显示了使用先前介绍的实验设置（图 S4.1）在不同搅拌速度下测试 HIM 吸附锌的动力学测试中锌浓度与时间的关系曲线。除搅拌速度外，其他实验条件均保持不变。实验结果表明，随着搅拌速度的提高，吸收速率更快。对图 S4.4 中的数据进行分析后可以提出以下两个问题：

（1）为何浓度-时间曲线（即离子交换剂对锌的吸收）随着搅拌速度从 500r/min 到 800r/min 再到 1200r/min 的变化而改变？

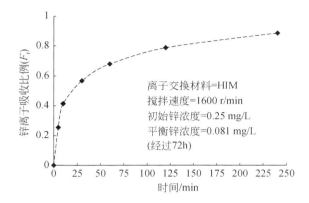

图 S4.3 HIM 吸附 Zn(Ⅱ)过程中的吸附比例(F_t)与时间的关系图。
数据经许可转载自 Chatterjee,2011[6]

(2)为何将搅拌速度从 1200r/min 提高到 1600r/min 对 Zn 浓度曲线(或对锌的吸附速率)没有影响?

通过文字描述和作图从概念上进行解释。

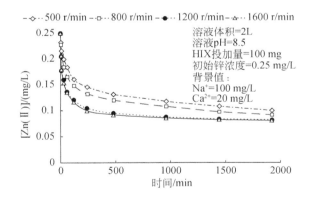

图 S4.4 不同的搅拌速度下 HIM 吸附 Zn(Ⅱ)的动力学测试的浓度-时间曲线。
数据经许可转载自 Chatterjee,2011[6]

解:离子交换的控制或限速步骤由两种传输过程中较慢的过程决定,即外部液相膜扩散和粒子内扩散,而离子交换的"化学反应"非常快,从未成为该过程中的限速步骤。对于当前的间歇反应器装置,较低的搅拌速度(如 500r/min 和 800r/min)使外部"膜扩散"成为限速步骤。薄膜扩散一词通常用于描述当传质(或传输)的阻力在固液界面处横穿液膜时的状态,此时浓度梯度仅存在于围绕每个颗粒的液膜上。相比之下,粒子内扩散明显快于薄膜扩散,因此,树脂颗粒内的浓度差沿半径瞬间变平,如图 S4.5 所示。

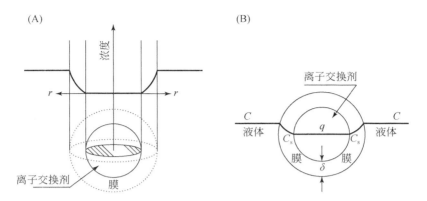

图 S4.5 (A)膜扩散限速的离子交换剂的径向浓度分布;(B)围绕离子交换剂颗粒的整个薄膜的浓度梯度图。其中 C 为溶液中的溶质(锌)浓度;C_s 是固液界面的浓度;q 是与 C_s 平衡的锌的固相浓度

搅拌速度的增加会在搅拌器腔室的水中产生更多的搅动或湍流(增加雷诺数),从而减小薄膜厚度(δ),进而提高输送速度。这种现象说明,随着搅拌器速度从 500r/min 逐渐增加到 800r/min,然后增加到 1200r/min,吸收速率增加,外部膜扩散是速率限制步骤。

然而当搅拌速度从 1200r/min 增加到 1600r/min,没有观察到浓度分布(即吸附速率)的变化。超过 1200r/min 的搅拌器速度,HIM 的粒子内运输过程阻力要大于外部液膜。浓度梯度仅存在于颗粒内部,且粒子内扩散成为限速步骤。图 S4.6 为该条件下的浓度梯度示意图。粒子内扩散不受溶液相中搅拌速度的影响。因此,浓度与时间的关系曲线在搅拌器速度为 1200r/min 和 1600r/min 时几乎保持相同。

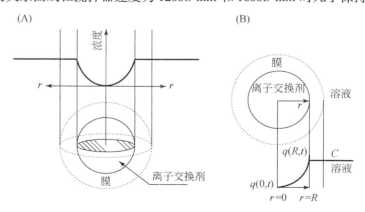

图 S4.6 (A)粒子内扩散控制的径向浓度曲线;(B)粒子内扩散控制的离子交换剂中浓度梯度示意图

4.2 离子交换材料中的水分子状态

对于同位素交换,抗衡离子之间没有相对选择性的差异,离子交换剂内部的粒子内扩散速率始终低于相应的水相值,并且受交换剂含水率的影响很大。离子"i"的粒子内扩散系数($\bar{D}_i$)与其溶剂或水相扩散系数(D_i)有关。两种最常见的模型如下[7,8]:

$$\bar{D}_i = \frac{D_i \cdot \epsilon}{2} \tag{4.4}$$

$$\bar{D}_i = D_i \left(\frac{\epsilon}{2-\epsilon}\right)^2 \tag{4.5}$$

其中,ϵ 是交换剂的孔隙率,且 ϵ 随离子交换剂内游离水分子的增加而增加。以上两个模型的相似之处为,$\bar{D}_i$ 将随 ϵ 的增加而增加。因此,选择性离子交换的动力学很大程度上取决于交换器的含水率和溶胀度。可以理解,控制离子交换剂的溶胀/收缩的参数直接影响粒子内扩散的速率,如交换容量、交联度等。

离子交换剂内部的水分子状态并不完全相同,它们常以四种不同的状态存在。第一,水分子通过离子-偶极相互作用,呈球形围绕在固化离子和扩散平衡离子的水合范围内。第二,水分子通过氢键或偶极-偶极相互作用(对于聚丙烯酸酯基体非常明显,但对于聚苯乙烯基体微不足道)吸附到聚合物基体上。第三,水分子形成了电解质的水合球状结构,违反唐南排斥效应而进入离子交换剂的凝胶相。第四,由于渗透作用,即离子交换剂与外部溶液之间的渗透压差,大量水分子存在于离子交换剂内部。大孔离子交换剂的大孔结构中的水分子与外部溶液具有相同的活度。

离子交换剂内的所有水分子类型中,第四种是由渗透压差引起的,它在交换器内结构最简单(即流动性最强)且占比最大。它们填充了离子交换剂中平衡离子在各个交换位点间移动的通道,无论选择性或非选择性离子交换,这些自由水分子都会显著影响粒子内扩散速率。图 4.3 描绘了离子交换剂中不同类型的水分子。

读者可以参考第 2 章中的例题 2.1,在具有磺酸官能团的典型阳离子交换树脂中,游离水占离子交换剂中所有水分的 90% 以上。图 4.4 表明 $\bar{D}_i/D_i$ 比随 ϵ 值的减小而迅速降低。渗透压的差异决定了树脂相中自由水分子的数量,因此可以通过在选择性离子交换过程中利用这一现象来增强粒子内扩散,本章的结尾部分提供了相应的示例。若将非选择性磺酸官能团与弱酸膦酸螯合基团同时引入,有效的粒子内扩散速率大大提高[9,10]。

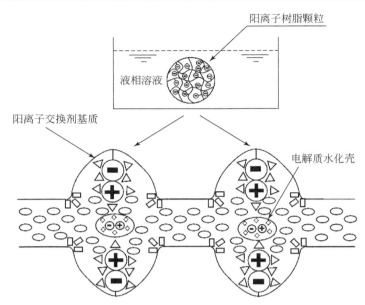

△ 水分子与固定的平衡离子和抗衡离子结合（离子-偶极相互作用）
□ 水分子与聚合物的基质结合（偶极相互作用）
◇ 水分子在电解质的水化壳中（违反道南排斥效应）
◯ 水分子由于渗透压存在于离子交换剂的空隙中

图 4.3　阳离子交换剂内部不同类型的水分子

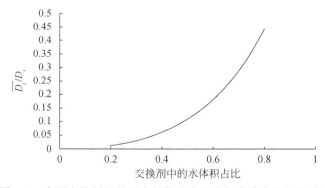

图 4.4　离子交换剂的粒子内扩散速率和内部孔隙率之间的关系

除了容量和交联度外，螯合离子交换剂的溶胀还受金属平衡离子的相对亲和力影响，较低的亲和力导致更大的溶胀。使用具有亚氨基二乙酸酯官能团的螯合离子交换剂（IRC 718，Rohm and Haas Co.）进行实验，将两个大小相同的树脂颗粒（H 型）分别浸入两种溶液中：①200mg/L $CaCl_2$；②200mg/L $CuCl_2$[6,11-13]，并在高分辨率显微镜下监测树脂的溶胀率。尽管铜和钙的价数相同，但 IRC-718 通过路易斯酸碱相互作用对铜的亲和力更高。在图 4.5 中，当其他条件相同时，树脂颗粒在铜溶液中的溶胀明显小于钙溶液中。树脂和铜之间形成的内球络合物将螯合交换剂内部的水合水释放回溶液中。相反,钙离子仅形成外球络合物,并保持高度水合状态。因此负载铜的螯合交换剂的渗透压显著低于钙的螯合交换剂,故溶胀较小。图 4.6 提供了从 H 型到 Ca 型的渗透压变化示意图。原则上,导致树脂溶胀的相互作用或现象以及交换相中游离水分子的增加,都会提高粒子内扩散速率。

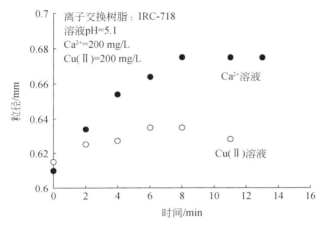

图 4.5 具有亚氨基二乙酸酯官能团的螯合离子交换剂树脂在 Ca(Ⅱ) 和 Cu(Ⅱ) 溶液中的溶胀实验结果。数据经许可转载自 Chatterjee,2011[6]

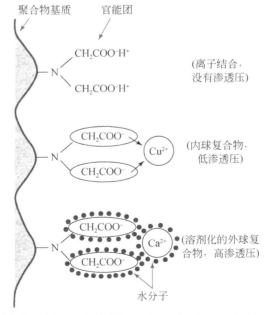

图 4.6 螯合交换剂从 H 型转变为 Cu 型和 Ca 型时渗透压增加的示意图

4.3　离子交换剂中的活化能水平：化学动力学

尽管离子交换过程可逆，且参与离子之间不发生电子转移，但离子交换与化学反应过程类似。可以理解，在第二次世界大战期间离子交换技术的早期发展过程中，化学反应被认为是离子交换动力学的主要机理[14]。随着对扩散控制的传输过程的发现，如外膜扩散和粒子内扩散，人们对离子交换有了进一步的认识和理解[15]。但确定某种离子交换反应速率的限制步骤的方法仍然是经验性的，通常需要以下步骤：首先，假设离子交换的三个限制机制之一（如外部膜扩散、粒子内扩散以及化学反应）；其次，推导近似的数学解，并根据浓度与时间图确定其线性关系；再次，进行离子交换实验；最后，根据实验数据与模型预测之间的最佳拟合来确定主要的限速机制[16,17]。这种方法中，实验需要在单一温度下进行，数据收集和趋势拟合过程中的微小误差可能会导致完全错误的结论，类似的例子在文献中比比皆是。活化能值（kJ/mol 反应物）是确定化学反应中限速步骤的最重要参数[18]。

- **通过实验确定反应活化能**

普锐斯（Price）、海博迪西（Hebditch）和斯瑞特（Streat）[19,20]使用带有氨基膦酸官能团的大孔结构螯合离子交换剂研究了镍-钠离子交换。

$$2\overline{RNa} + Ni^{2+} \rightleftharpoons \overline{R_2Ni} + 2Na^+ \tag{4.6}$$

反应式（4.6）中的二阶双分子反应速率模型为

$$r = -\frac{d[Ni^{2+}]}{dt} = k_2[\overline{RNa}][Ni^{2+}] \tag{4.7}$$

在 5~55℃ 的温度范围内通过实验测定了反应的动力学数据，结果如图 4.7 所示。利用式（4.7）的双分子速率模型拟合每个温度下的实验结果，以获得最准确的速率常数 k_2。

根据阿伦尼乌斯定律（Arrhenius rate law），

$$k_2 = A e\left(\frac{-E_a}{RT}\right) \tag{4.8}$$

式（4.8）可以通过以下方法线性化：

$$\ln k_2 = \ln A - \frac{E_a}{RT} \tag{4.9}$$

其中，E_a 是活化能；R 是摩尔气体常数；T 是热力学温度；A 是化学反应的特征频率常数。使用比速率常数构建阿伦尼乌斯曲线，即 $-\ln k_2$ 与 $1/T$ 的关系曲线，如图 4.8 所示。

Ni^{2+} 与 Na^+ 交换的活化能为 22.8kJ/mol。该交换过程较低的活化能值（≤100kJ/mol）是扩散控制过程的特征，因此也符合扩散速率限制机理。可以发

第4章 离子交换的动力学基础:粒子间扩散效应

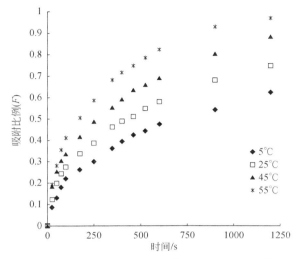

图 4.7 带有氨基膦酸官能团的 Na 型螯合离子交换剂对 Ni(Ⅱ)吸附的吸附与温度的关系。
数据经许可摘自 Price,Hebditch,Streat,1988[19]

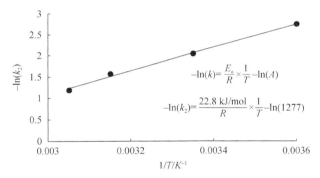

图 4.8 Na/Ni 交换的阿伦尼乌斯曲线显示了温度对离子交换速率常数的影响。
数据经许可摘自 Price,Hebditch,Streat,1988[19]

现,高选择性离子交换过程不受反应动力学的限制,除非交换过程中伴有氧化还原反应。在离子交换的早期历史中,学者们经历很长时间才接受"化学反应"不是离子交换过程中的限速步骤。以下例题涉及使用复合型离子交换剂选择性吸附阴离子配体砷酸根,并通过动力学数据计算活化能。

例题 4.1

在三个不同的温度下(5℃、22℃和35℃),在可控的实验室条件下,使用基于三氧化二铁的吸附剂(复合型阴离子交换剂)吸附并去除砷酸盐[As(Ⅴ)],并进行相关的动力学测试。所用吸附剂的质量为 0.04g,吸附剂颗粒的直径为(0.5±0.05)mm。砷的初始浓度约为 100μg/L,硫酸根作为竞争性背景离子,其浓度为

200mg/L。溶液的体积为1.0L,并且在测试期间溶液的pH保持在7.0±0.5。按反应时间分别从溶液中取出1mL水样进行分析。例题表1显示了不同温度下砷浓度与时间的关系。该反应的平衡时间为5天(120h)[实验数据来自Lehigh大学尚未发表的论文]。

试确定控制砷吸附动力学的因素是扩散还是化学反应。提供必要的计算过程和文字说明。

例题表1　三种温度下溶液中砷的浓度与反应时间的关系

温度/℃	时间/h	溶液中As(V)的浓度/[μg/L(ppb)]
5	0	111.0
	0.5	105.0
	1.0	100.0
	1.5	95.2
	2.0	92.6
	3.0	87.1
	4.0	82.7
	5.0	80.3
	6.5	75.1
	120(平衡)	30.9
22	0	105.0
	0.5	93.0
	1.0	87.1
	1.5	82.3
	2.0	76.9
	3.0	71.0
	4.0	65.7
	5.0	58.3
	6.0	55.8
	120(平衡)	7.6
35	0	103.0
	0.25	97.6
	0.5	91.9
	1.0	86.1
	1.5	77.2
	2.0	75.0
	3.0	65.1
	4.0	60.1
	6.0	51.9
	120(平衡)	10.2

解：
步骤1. 计算在不同温度不同时间下交换反应的吸附比例。
根据式(S4.3),不同时间t的吸附比例(F_t)可根据下式计算:

$$F_t = \frac{q_t}{q_e} = \frac{V_t(C_0 - C_t)}{V_e(C_0 - C_e)} \tag{1}$$

若忽略取出水样的体积,即 V_t 等于 V_e。其中,C_0 是初始溶液浓度($t=0$),C_t 是在时间 t 时的溶液浓度,C_e 是平衡时(即5天后)的溶液浓度。

根据例题表中的数据,当温度为5℃且反应时间 $t=2\text{h}$ 时,$C_0=111.0\,\mu\text{g/L}$,$C_t=92.6\,\mu\text{g/L}$,$C_e=30.9\,\mu\text{g/L}$:

$$F_t = \frac{111.0-92.6}{111.0-30.9} = 0.230 \tag{2}$$

同理,35℃时,$t=6\text{h}$,$C_0=103.0\,\mu\text{g/L}$,$C_t=51.9\,\mu\text{g/L}$,$C_e=10.2\,\mu\text{g/L}$:

$$F_t = \frac{103.0-51.9}{103.0-10.2} = 0.551 \tag{3}$$

例题表2列出了计算得出的吸附比例

例题表2　三种温度下计算得出的吸附比例

时间/h	F_t		
	5℃	22℃	35℃
0.25	—	—	0.058
0.5	0.075	0.123	0.120
1.0	0.137	0.184	0.182
1.5	0.197	0.233	0.278
2.0	0.230	0.289	0.302
3.0	0.298	0.349	0.408
4.0	0.353	0.403	0.462
5.0	0.383	0.479	—
6.0	—	0.505	0.551
6.5	0.448	—	—

将例题表2中的数据作图,如例题图1所示。

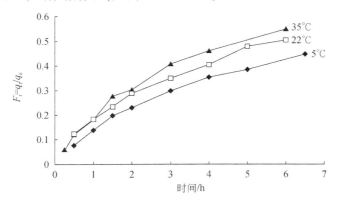

例题图1　三同温度下砷的吸附比例与时间的关系

步骤 2. 计算 As 吸附在三氧化二铁基表面的双分子反应的比速率常数 (specific rate constants)。

三氧化二铁吸附剂吸附 As(V) 的过程可表示为

$$As(V) + \overline{Fe} \rightleftharpoons \overline{Fe:As(V)} \tag{4}$$

其中,上横线代表固相或交换剂相,该吸附反应的双分子速率(bi-molecular rate)可以表示为

$$r = -\frac{d[As(V)]}{dt} = k[As(V)][\overline{Fe}] \tag{5}$$

其中,k 是比反应速率常数,$[As(V)]$ 是时间 t 时溶液中砷酸根的浓度,$[\overline{Fe}]$ 表示吸附剂对砷酸根的实际吸附容量。假设可用的吸附容量 $[\overline{Fe}]$ 远高于此问题中的砷负载量,则 $[\overline{Fe}]$ 是常数,且可以与反应常数合并以形成拟一级反应:

$$\frac{d[As(V)]}{dt} = -k_{obs}[As(V)] \tag{6}$$

其中,k_{obs} 是观察到的反应速率系数,求解可得

$$\ln[As(V)] = -k_{obs}t + \ln[As(V)]_0 \tag{7}$$

其中,$[As(V)]_0$ 是起始时间或氧化铁吸附剂刚刚添加到含砷酸根的溶液中时的砷浓度,若将 $[As(V)]$ 与时间作图可得一条斜率为 $-k_{obs}$ 的直线。

例题图 2 为 5℃时的实验数据绘制的曲线。

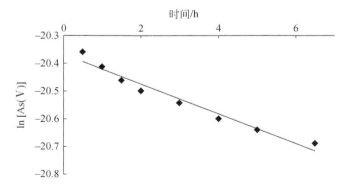

例题图 2 5℃时 ln[As(V)] 与时间的关系曲线

该线的斜率等于 $-k_{obs}$,在 5℃下计算得 $0.056h^{-1}$。随后,分别计算 22℃ 和 35℃ 时的 k_{obs} 值,如例题表 3 所示。

例题表 3　三种温度下的 k_{obs} 值

$T/℃$	k_{obs}/h^{-1}
5	0.056
22	0.099
35	0.105

步骤 3. 计算比速率常数 k (specific rate constant)

比速率常数 k 通过 k_{obs} 除以 $[\overline{Fe}]$ 来计算，其中 $[\overline{Fe}]$ 为恒定值，等于 0.04g/L。例题表 4 列出了三种不同温度下的 k。

例题表 4　不同温度下的 k 值

$T/℃$	k_{obs}/h^{-1}	$k/[L/(g·h)]$
5	0.056	1.40
22	0.099	2.47
35	0.105	2.63

步骤 4. 计算吸附反应的活化能值

根据阿伦尼乌斯定律(Arrhenius rate law)，

$$k = Ae^{-E_a/RT} \quad (8)$$

其中，E_a 为反应的活化能；A 为指前因子(frequency factor)；R 是摩尔气体常数；T 是热力学温度。上式可以进一步线性化表示为

$$\ln k = \ln A - \frac{E_a}{RT} \quad (9)$$

$\ln k$ 与 $1/T$ 的关系是一条斜率为 (E_a/R) 且截距为 $\ln A$ 的直线，如例题图 3 所示。

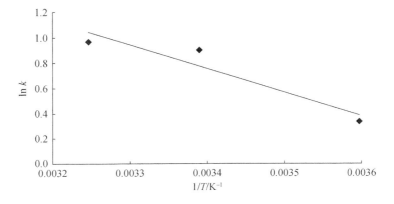

例题图 3　活化能的计算方法

根据线性关系，As(Ⅴ)吸附到三氧化二铁吸附剂或复合型阴离子交换剂(HAIX)上的活化能 E_a 为 15.5kJ/mol(3.72kcal/mol)。

步骤 5. 反应性质的讨论

较低的活化能(远低于 50kJ/mol)表明吸附动力学限速过程为扩散过程。这样的吸附过程不涉及永久的化学变化，且吸附过程是可逆的。在实际应用中，通过将 pH 从接近中性转变为碱性 pH 以解吸 As(Ⅴ)，从而使基于三氧化二铁的吸附剂(HAIX)得到再生并可以重新使用。

4.4 离子交换剂的物理特性：凝胶、大孔和纤维形态

通常粒子在交换剂内部的扩散或运输是交换过程的限速步骤，因此离子交换剂的形态或物理结构在影响离子交换速率方面起着重要作用。凝胶型、大孔型和纤维是最常见的物理形态，本节将逐一讨论这些结构，并分别介绍其独特性。

4.4.1 凝胶型树脂颗粒

凝胶结构或凝胶型(gel-type)离子交换剂是首先被合成并实际应用的树脂结构，由于其交换容量高、生产成本低，目前仍是使用最广泛的类型。凝胶型离子交换剂，也称为微孔(microporous)或等孔(isoporous)交换剂，可以看作浓度很高的交联聚电解质。在结构上，大量的带电官能团已经通过共价键连接到三维交联的基质上。凝胶结构也是其他形态的重要组成部分，如大孔型和树脂纤维。与大多数吸附剂(如去除非极性有机物最常用的活性炭)不同，凝胶型离子交换剂或凝胶树脂不具有任何内表面积。在凝胶型离子交换剂内部基本上不存在由氮的吸附脱附性质确定的 BET 比表面积(BET 是三位科学家 Brunauer、Emmett 和 Teller 的首字母缩写)，其中 BET 比表面积是界定不同活性炭特性的重要参数。离子交换剂内的游离水分子由于渗透作用在凝胶型离子交换剂内形成了孔结构。这些水分子形成的连续体正是吸附-解吸过程中平衡离子在固相中的离子交换位点间移动的介质。

离子交换剂和活性炭的吸附动力学或反应速率通常受粒子内扩散过程控制。但活性炭是疏水性吸附剂，几乎不膨胀或收缩。活性炭的大孔、中孔和微孔连接而成的网络通路提供了溶质的运输途径：含水量很少影响活性炭的表面扩散速率。相反，凝胶型离子交换剂的粒子内扩散受其含水率的影响。"比表面积"参数对于凝胶型离子交换剂没有任何意义，并且因为树脂颗粒在没有水的情况下会塌陷，几乎不可能通过常规技术测定。与大孔树脂和纤维相比，在凝胶型树脂中，粒子内扩散路径较长(将在本节后部分介绍)，因此吸附-解吸速率

更慢。

4.4.2 大孔型离子交换树脂

大孔离子交换剂可以看作数百万个相互连接的微小凝胶颗粒的集合。大孔离子交换剂通常使用悬浮聚合法制备,使其中的凝胶转变成微型球体。虽然大孔颗粒的直径在 0.2~1.0mm 之间波动,但微型凝胶球体的尺寸(<100nm)要小得多[21-29]。大孔树脂的离子交换容量大多产生于微凝胶内,且凝胶相位于大孔树脂颗粒内部,且凝胶微粒间存在连续的孔隙通道(10~100nm)。图 4.9 中提供了凝胶和大孔阴离子交换剂的透射电子显微照片(TEM)以及示意图。通过透射电镜照片发现,大孔阴离子交换剂(如罗本哈斯的 IRA-900 型树脂)为具有连续孔结构的微凝胶颗粒组成的双相(biphasic)聚合物。

原则上,大孔(双相)交换剂内部的溶质运输可以同时通过孔隙和凝胶相。对于选择性离子交换,可以考虑以下阴离子交换反应,其中交换剂中的 B^- 被选择性更高的 A^- 取代。如反应式(4.10)所示。

$$\overline{R^+B^-} + A^-(aq) \rightleftharpoons \overline{R^+A^-} + B^-(aq) \qquad (4.10)$$

图 4.10(A)描绘了当粒子内扩散为离子交换过程的限速步骤时,在具有微凝胶的大孔型交换剂内部 A^- 的浓度梯度。图 4.10(B)显示了平衡离子 A^- 和 B^- 如何通过微凝胶和大孔扩散。

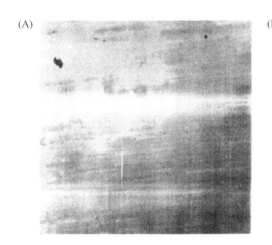

图 4.9 凝胶(A)和大孔(B)阴离子交换剂的透射电子显微照片。
图片经许可转自 Li,SenGupta,2000[3]

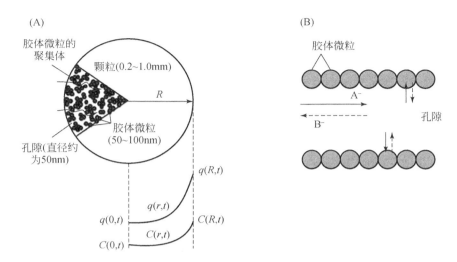

图 4.10 （A）含有微凝胶的大孔树脂的示意图，粒子内扩散为限速步骤；(B)解释平衡离子 A^- 和 B^- 如何通过微凝胶和大孔结构扩散。图片经许可转载自 Li,SenGupta,2000[3]

例题 4.2：微凝胶数量和相邻位点之间的平均距离

实验使用干燥后的具有聚苯乙烯-DVB 基质和季铵官能团（罗本哈斯生产的 IRA-900 型树脂）的大孔阴离子交换剂。交换剂的离子交换容量为 3.6meq/g，干密度为 $1100kg/m^3$。对于直径为 $0.5mm(500\mu m)$ 的球形树脂颗粒，试估算树脂颗粒内的微凝胶数以及相邻离子交换位点之间的平均距离。

解：
（1）阴离子交换树脂颗粒中的微凝胶数量
直径为 0.5mm 的单个离子交换树脂的体积为

$$\frac{4}{3}\times\pi\times\left(\frac{0.5\times10^{-3}m}{2}\right)^3 = 6.5\times10^{-11}m^3 \tag{1}$$

直径约为 $0.07\mu m$ 的微凝胶的体积为

$$\frac{4}{3}\times\pi\times\left(\frac{0.07\times10^{-6}m}{2}\right)^3 = 1.8\times10^{-22}m^3 \tag{2}$$

因此，单个树脂颗粒中紧密堆积的微凝胶的数量（假设孔隙率为0.3）可以计算为

$$\frac{6.5\times10^{-11}m^3\times(1-0.3)}{1.8\times10^{-22}m^3} = 2.5\times10^{11} = 250\times10^9 \tag{3}$$

(2) 微凝胶中电荷或官能团的数量

若树脂密度为 1100kg/m^3，则单个树脂颗粒的质量为

$$1100 \times 10^3 \frac{\text{g}}{\text{m}^3} \times 6.5 \times 10^{-11} \text{m}^3 = 7.2 \times 10^{-5} \text{g} \quad (4)$$

因此单个颗粒中的电荷数可以计算为

$$3.6 \times 10^{-3} \frac{\text{eq}}{\text{g}} \times 7.2 \times 10^{-5} \text{g} \times 6.02 \times 10^{23} \text{charge/eq} = 1.6 \times 10^{17} \text{电荷} \quad (5)$$

可以计算单个微凝胶中的电荷数：

$$\frac{1.6 \times 10^{17} \text{电荷}}{2.5 \times 10^{11} \text{微凝胶颗粒}} = 6.4 \times 10^5 = 640000 \text{ 电荷/微凝胶} \quad (6)$$

(3) 微凝胶个体中官能团之间的平均距离

若假设 640000 个带电球填充在微凝胶中，其空隙率约为 0.3，则该球的平均半径 r 为

$$r = \sqrt[3]{\frac{3}{4\pi} \cdot \left[\frac{1.8 \times 10^{-22} \text{m}^3 \times (1-0.3)}{640000}\right]} = 3.6 \times 10^{-10} \text{m} = 0.36 \text{nm} \quad (7)$$

因此，两个相邻电荷之间的平均距离为 $2 \times 3.6 \times 10^{-10}$ m 或 7.2Å 或 0.72nm。注意，两个相邻离子交换位点之间的平均距离与典型无机离子的水合离子半径处于相同数量级。但即使是单个离子交换颗粒也不是均匀的，因此在凝胶相中相邻位点之间的距离变化很大，这可能是导致不理想状态的主要原因。

4.4.3 离子交换纤维

减少扩散路径长度可增强粒子内扩散的动力学，且可以通过减小球形树脂珠的粒径来实现。但典型固定床色谱柱中的压降或压头损失与粒径的平方成反比。因此过度降低树脂粒度是不切实际的，并且是高能耗的，这就是大多数商业离子交换树脂的粒度都不小于 500μm 的主要原因。直径相对较小 (10~50μm) 的离子交换材料的丝状结构 (通常称为离子交换纤维或 IX 纤维) 往往具有一定的优势。在典型的固定床中，使用 IX 纤维时床体的空隙率较高，因此压降不会显著增加。图 4.11 显示了球形树脂颗粒和离子交换纤维的形态对比。聚丙烯和玻璃已广泛用作承载共价连接的官能团的母体基质[30-32]。表 4.1 列出了弱酸 IX 纤维与树脂颗粒的性能对比，且两者的化学成分和交换容量几乎相同。

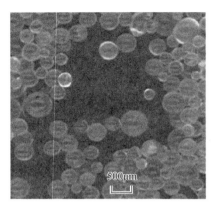

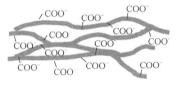

图 4.11 球形离子交换树脂和离子交换纤维的形态对比。
图片经许可转载自 Greenleaf,Lin,SenGupta,2006[32]

表 4.1 弱酸离子交换纤维和弱酸离子交换树脂颗粒的性能对比

特性	弱酸离子交换纤维(Fiban K-4)	弱酸离子交换树脂颗粒
直径	$10\sim50\mu m$	$500\sim1200\mu m$
形状	圆柱体	球体
官能团	羧基(COO^-)	羧基(COO^-)
交换容量(干燥)	$4\sim5meq/g$	$5\sim8meq/g$
适用设备	固定床	固定床

为比较纤维和颗粒构型之间的粒子内扩散现象,需要首先了解半扩散路径长度或 $d_{1/2}$ 的概念,它对应于当交换容量等于总交换容量的一半时,材料外侧到中心的距离(球形和纤维)。图 4.12 显示了树脂和纤维的球形及圆柱形结构,并说明了平衡离子吸收过程中的径向传输。

假设电荷分布均匀,那么当外壳(转换后)体积 V_s 等于总交换剂体积的一半时(当 r_0 为纤维半径,r 为未转换部分树脂纤维半径,h 为纤维长度),

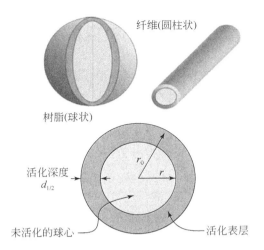

图 4.12 球形树脂颗粒和圆柱形离子交换纤维在离子交换过程中径向传输示意图

$$V_s = \frac{1}{2}\pi r_0^2 h \tag{4.11}$$

V_s 也是总纤维体积与未转换纤维的差值,

$$V_s = \pi r_0^2 h - \pi r^2 h \tag{4.12}$$

若结合式(4.11)和式(4.12),

$$r = r_0 \sqrt{\frac{1}{2}} \tag{4.13}$$

若对球形树脂颗粒进行类似的计算可得

$$r = r_0 \sqrt[3]{\frac{1}{2}} \tag{4.14}$$

当达到球形或圆柱形交换剂结构的半容量时,在半转换点或半扩散路径长度 $d_{1/2}$ 处的壳深度可以表示为

$$d_{1/2} = r_0 - r \tag{4.15}$$

若纤维和树脂颗粒的半径分别为 $25\mu m$ 和 $500\mu m$,对应于半容量状态,可以计算得出半扩散路径长度如下:

$$d_{1/2}(丝状纤维) = 7.3\mu m$$
$$d_{1/2}(球形颗粒) = 103\mu m$$

可以看出交换纤维的 $d_{1/2}$ 值比球形树脂颗粒低了一个数量级以上,因此离子交换纤维的吸附/解吸动力学要明显优于球形树脂颗粒[33-35]。

4.5 色谱柱中断测试:扩散机理的决定因素

色谱柱中断测试(interruption test)是一种可以独立确定吸附过程中限速步骤的更准确的技术,并且可以在必要时与其他方法结合使用。该方法由克利斯曼(Kressman)[4]首先提出,该测试手段相比于传统方法仅需要进行一次实验,因此测试更为简便。在正常的条件下,若离子交换树脂为固定相,进水溶液为流动相,整个实验通过以下操作:①中断进水(如12~24h),从而使交换剂停止工作;②随后按照之前的实验条件重新启动液相的流动;③分析出水的平衡离子;④将进水中断后的出水浓度曲线与中断前的曲线进行比较。可能出现以下两种情况:

(1)如果该速率主要由外部薄膜扩散控制,则离子交换剂内部不存在浓度梯度;离子传输的阻力存在于液膜中。重新启动后色谱柱浓度梯度即刻重新建立。因此,当所有其他流动条件保持相同时,树脂的吸收速率保持不变。即在中断前后,样品的浓度基本上保持相同,进水的中断对交换过程没有影响。

(2)若交换速率通过粒子内扩散控制,则交换剂内存在浓度梯度,则交换剂与液相接触的表面浓度(q_S)大于中心浓度。因此,在进水中断期间,尽管没有溶液流动,但是交换剂内的浓度梯度逐步趋于平衡。因此平衡离子的交换相浓度在交换剂的表面下降。当重新开始进水时,交换剂-水界面处的浓度梯度立即达到最高,因此溶质吸收率显著增加,导致溶液相中平衡离子浓度急剧下降。

因此,若中断进水导致液相平衡离子浓度的急剧下降,则表明该反应的限速步骤为粒子内扩散,而当液相浓度没有明显变化则表明外部膜扩散是反应的主要限速步骤[36]。并且该测试可以在固定床运行过程中进行,而无需从柱中取出离子交换树脂进行单独实验。图4.13(A)~(D)说明了当粒子内扩散是限速步骤时,在进水中断的各个阶段中离子交换剂中浓度梯度的变化。可以发现,尽管在中断期间交换剂内部的浓度梯度逐渐趋于平稳,但在色谱柱重新启动时达到最高值,即图4.13(C)中dq/dr为最大值。图4.13(E)中描述了实验各个阶段dq/dr的变化情况。当外部薄膜扩散是限速步骤时,在交换剂颗粒中断之前和之后,浓度梯度基本上保持相同,如图4.13(F)所示。当重新启动色谱柱后,未观察到出水浓度的显著下降[37]。

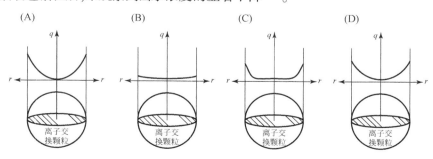

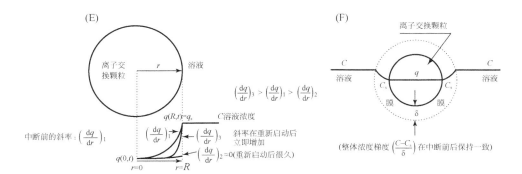

图 4.13 通过中断测试判断粒子内扩散是否为反应限速步骤的示意图,该测试显示了不同阶段离子交换树脂内的浓度梯度变化:(A)中断前;(B)中断后;(C)重新启动瞬间;(D)重新启动很长时间之后;(E)在中断测试的不同阶段的浓度斜率;(F)液膜扩散为限速步骤的浓度曲线(中断前后交换剂内的浓度梯度没有变化)。数据经许可转载自 Li,SenGupta,2000[37]

图 4.14 显示了当存在更高浓度的氯离子和硫酸根时,为去除五氯酚阴离子(PCP$^-$)而进行的色谱柱运行中断试验的实验结果。图中显示了进水成分和流体

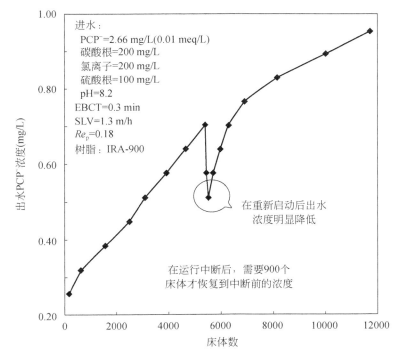

图 4.14 PCP$^-$浓度与运行床体的关系曲线。色谱柱中断 24h 后,重新启动时 PCP$^-$浓度显著下降。该浓度曲线说明了粒子内扩散为该过程的限速步骤。数据经许可转载自 Li,SenGupta,2000[37]

力学条件(如空床接触时间,EBCT;线流速,SLV)。在中断 24h 后,重新启动色谱柱,可以观察到出水 PCP⁻浓度显著下降,这表明粒子内扩散为该反应的限速步骤。应注意以下几点:

(1)尽管由于粒子内扩散为限速步骤,中断试验后出水浓度急剧下降,但交换剂的总容量不会增加。

(2)若利用粒子内扩散的限速步骤进行间歇性中断操作,可以延长达到特定出水浓度的运行时长。

(3)当扩散路径变短,粒子内扩散的阻力会迅速下降。因此,对于潜壳树脂(官能团主要位于树脂的外壳)、纳米离子交换纤维和纳米树脂颗粒,即便是高选择性离子交换,往往液膜扩散是限速步骤。

4.6 与离子交换动力学有关的现象

目前离子交换动力学领域的研究大多为经验性的,无法进行准确的量化。导致该现状的原因主要是离子交换过程中同时发生的多种反应而引起的系统复杂性:如耦合传输、唐南排斥效应、电中性定律和多种平衡离子的存在及其相对选择性的差异。由于缺乏严格的数学模型,离子交换过程的动力学研究大多通过经验性的逻辑分析和科学分析。本节中包含了来自不同离子交换动力学研究的六个具体案例,这些案例均与直觉相违背,因此需要进一步的科学验证。

在本书的后续章节中将针对粒子内扩散和痕量离子交换推导演化相关的量化模型。在本章的最后部分,将通过使用简单易懂的数学模型验证每个实验的结果,使读者进一步理解和应用此类定量方法。

4.6.1 浓度对半反应时间($t_{1/2}$)的影响

如前所述,半反应时间($t_{1/2}$)是达到半平衡容量所需的时间,其与交换过程的动力学成反比。在特定的实验条件下,若粒子内扩散是唯一的限速步骤,$t_{1/2}$与水相中的溶质浓度无关,即粒子内扩散速率保持恒定。图 4.15 显示了当存在更高浓度的竞争离子 Na^+ 时,不同的平衡镍浓度下螯合离子交换剂从溶液中吸附镍(Ni^{2+})的 $t_{1/2}$ 值。通过改变搅拌速度证实,粒子内扩散仍然是限速步骤。注意,随着平衡 Ni^{2+} 浓度从 0.006mol/L 增加到 0.1mol/L,$t_{1/2}$值从 600s 显著下降至 80s。该实验结果表明,Ni^{2+}的粒子内扩散系数随水相镍浓度的增加而增加,那么如何科学地解释该实验结果呢?

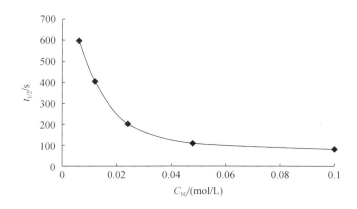

图 4.15 当溶液中的背景 Na^+ 浓度远高于 Ni 时,不同平衡 Ni 浓度时螯合离子交换剂吸收 Ni 的 $t_{1/2}$ 值变化曲线。数据经许可转载自 Price,Hebditch,Streat,1988[19]

4.6.2 离子交换速率的主要差异

表 4.2 为库宁(Kunin)[38]对 H 型、Na 型、弱酸和强酸阳离子交换树脂的实验结果。可以发现,使用 KOH 中和弱酸阳离子交换树脂(R—COOH)花费的时间最长(7 天),而其他阳离子交换反应均在 2min 内达到平衡。众所周知,中和反应或弱酸(如 CH_3COOH)与强碱(如 KOH)之间的常规滴定几乎瞬时完成。那么现在的问题是:为何弱酸阳离子交换树脂的酸碱中和需要这么长时间?

表 4.2 弱酸和强酸阳离子交换的反应速率。数据经许可转载自 Kunin,Barry,1949[38]

平衡反应	平衡时间	溶液密度/(g/mL)
RCOOH+KOH	7d	0.4
RSO_3H+KOH	2min	0.435
$RCOONa+CaCl_2$	2min	0.3
$RSO_3Na+CaCl_2$	2min	0.5

4.6.3 化学性质相似的平衡离子的粒子内扩散速率的显著差异

氯酚是合成的芳香族化合物,在中性至碱性 pH 条件(pH>7)下主要以一价阴离子形式存在于水相中。它们是农业和工业应用中杀虫剂的主要成分,广泛被用于木材的防腐。随着取代氯原子数量的增加,其药性也会增强,由于辛醇/水分配系数值(K_{ow})较高,氯酚通过生物放大作用进入食物链的可能性也会增加。但作为一价阴离子,其水相扩散系数值几乎相同,且与氯离子(Cl^-)相近。表 4.3 包括三种氯酚阴离子,二氯酚(DCP^-)、三氯酚(TCP^-)和五氯酚(PCP^-)的酸解离常数(K_a)和辛醇-水分配系数($\lg K_{ow}$)[2,39]。其扩散系数值几乎相同,均为 $10^{-6}\,cm^2/s$ 数量级。

向溶液中加入一定浓度的竞争性氯离子以测定具有聚苯乙烯基体和季铵官能团的阴离子交换树脂中 DCP^-、TCP^- 和 PCP^- 的粒子内扩散速率。图 4.16 显示了三种氯酚的有效粒子内扩散率($\bar{D}_{eff}$)与辛醇-水分配系数(K_{ow})的关系图。可以发现 PCP^- 的 $\bar{D}_{eff}$ 值比 DCP^- 低一个数量级,并且三种氯酚(DCP^-、TCP^- 和 PCP^-)的粒子内扩散率与 K_{ow} 成反比。具有几乎相等的扩散系数且化学性质相似的化合物的粒子内扩散速率的巨大差异的原因是什么呢?

表 4.3 疏水芳香族阴离子氯代酚的主要参数

氯酚	分子式	分子量	pK_a(解离常数)	$\lg K_{ow}$
五氯酚(PCP)	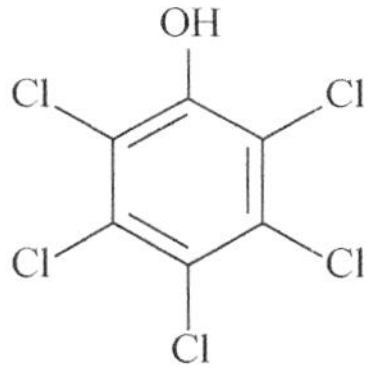	266.5	4.8	5.2
2,4,6-三氯酚(TCP)	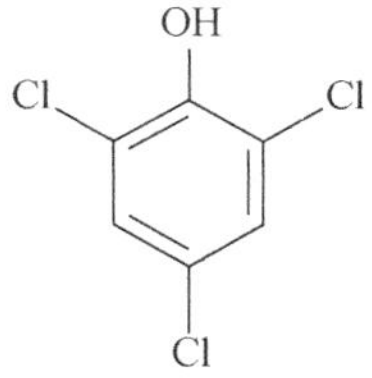	197.5	6.1	3.7
2,6-二氯酚(DCP)	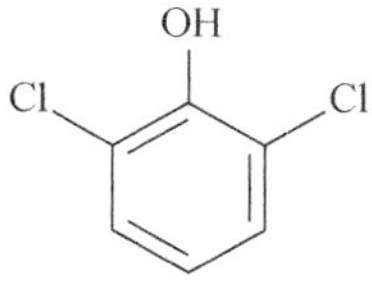	163	6.9	2.6

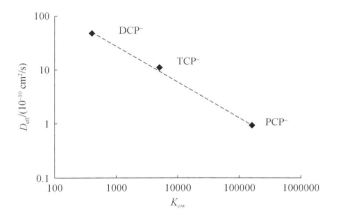

图 4.16　三种氯代酚的粒子内扩散系数与辛醇-水分配系数的关系图。
数据经许可转载自 Li,SenGupta,2000[3]

4.6.4　竞争离子浓度的影响:凝胶型与大孔型树脂

当 PCP^- 为痕量阴离子,且溶液中竞争氯离子浓度不同的情况下进行动力学测试,其中使用的阴离子交换剂是:①大孔型(Amberlite IRA-900);②凝胶型(Biorad AG 1-X8)。图 4.17 和图 4.18 显示了在不同氯离子浓度(50meq/L 和 100meq/L)下这两种阴离子交换剂的动力学测试结果(PCP^- 的吸收比例与时间的关系)[37]。实验发现 IRA-900 和 AG 1-X8 的速率曲线存在明显差异。当竞争性氯离子浓度从 50meq/L 增加到 100meq/L 时凝胶阴离子交换剂(AG 1-X8)的 PCP^- 吸收速率的影

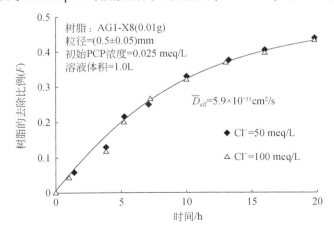

图 4.17　在两种氯离子浓度下,凝胶型阴离子交换剂的 PCP^- 吸收比例与时间的关系。
数据经许可转载自 Li,SenGupta,2000[37]

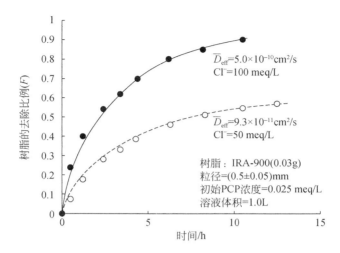

图 4.18 不同氯离子浓度下,大孔阴离子交换剂的 PCP⁻ 吸收比例与时间的关系曲线。数据经许可转载自 Li,SenGupta,2000[37]

响可忽略不计,但当氯离子浓度从 50meq/L 增加到 900meq/L 时大孔型 IRA-900 的 PCP⁻ 吸收速率显著增加。通过实验数据计算的有效粒子内扩散率($\overline{D}_{eff}$)也显示出相应的影响,即凝胶型树脂影响不大,而大孔树脂的 $\overline{D}_{eff}$ 随竞争氯离子浓度的增加而增加。那么不同离子交换剂形态(凝胶与大孔)的粒子内扩散速率受竞争离子浓度影响的原因是什么呢?

4.6.5 再生过程中的粒子内扩散

离子交换的主要应用形式为循环过程,即每个产水周期后都伴随着相对较短的再生过程。通常通过提高水相中的电解质浓度以加快再生过程。图 4.19 显示,当溶液中氯化钠的浓度从 0.5mol/L 增加到 5.0mol/L 时,Na 型强酸性凝胶型阳离子交换剂中钠($\overline{D}_{Na}$)的粒子内扩散系数值降低至 1/2[40]。因此,由于 $\overline{D}_{Na}$ 的降低,一定程度上削弱了使用高浓度再生剂的效果,本节将对此现象进行科学解释。

4.6.6 壳层级进动力学与缓扩散溶质

壳层级进动力学或核收缩现象是粒子内扩散的一种特例,该现象发生于矩形等温线所表示的平衡条件,其中离子的穿透曲线为一条垂直线段。与其他二价碱土金属阳离子相比,氢离子对弱酸阳离子交换树脂具有非常高的亲和力,近似于第 3 章中讨论的矩形等温线的情况:

$$\overline{(R-COO^-)_2Ca^{2+}} + 2H^+ \Longleftrightarrow 2\overline{(R-COOH)} + Ca^{2+} \quad (4.16)$$

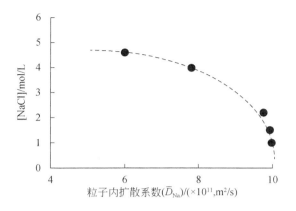

图 4.19　Na 型强酸性凝胶型阳离子交换剂中钠离子的粒子内扩散系数($\overline{D}_{Na}$)与氯化钠(NaCl)溶液浓度的关系曲线。数据经许可取自 Slater,1991[40]

某凝胶型弱酸阳离子交换剂最初为钙离子型,将其置于酸性溶液中。凝胶相中的 Ca^{2+} 离子被氢离子逐渐洗脱,从树脂边界向中心进行。随着时间的延续,原本加载钙离子的核心逐渐收缩直至最终消失。图 4.20 提供了由霍尔(Hoell)及其同事拍下的证明核心收缩离子交换动力学的照片[41]。关于螯合离子交换剂对铜的吸收,菲尔普斯(Phelps)和鲁思文(Ruthven)[42]也观察到了类似的核心收缩现象。

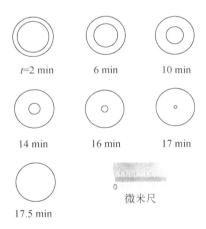

图 4.20　Amberlite IRC-84 型弱酸阳离子交换剂在 1mol/L HNO_3 溶液中的 Ca^{2+}-H^+ 交换过程中的核心收缩离子交换动力学照片。图片经许可转载自 Höll,1984[41]

由于总扩散系数低,在逐渐吸收缓扩散物质的过程中也可能会观察到壳层级进现象。司垂特(Streat)[43]研究了在酸性 pH 下用硝酸盐预饱和的弱碱阴离子交换树脂上硝酸钚[plutonium(Ⅳ)nitrate]的交换过程中,放射自显影胶片上 α 粒子的放射速率。图 4.21 显示了从 7.5mol/L 硝酸溶液中吸附钚离子过程中,弱碱阴离子交换树脂的放射自显影照片。照片显示直到 48h,钚的吸收都遵循核收缩现象。然而在壳层和未反应的核心之间的明显边界在 48~336h 逐渐模糊,这表示反应由壳层级进动力学转换为规则的粒子内扩散。问题是:弱酸性阳离子交换(WAC)树脂的质子化过程中的核心收缩动力学是否与图 4.21 中的钚离子的吸收特征相似?钚离子的吸收动力学机理是否随其从外壳向中心的发展而改变?

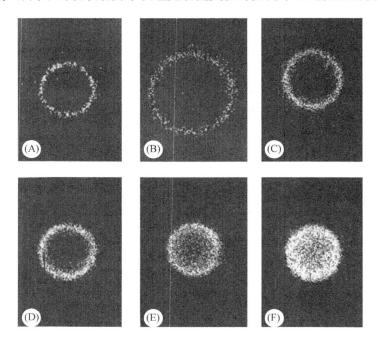

图 4.21 不同反应时间中 Ionac XAX 1284 型树脂从 7.5mol/L 硝酸溶液中吸附钚(Ⅳ)的放射自显影照片:(A)1h;(B)7h;(C)24h;(D)48h;(E)336h;(F)547h。照片经许可转载自 Streat,1984[43]

到目前为止本章中尚未涉及粒子内扩散控制的离子交换动力学的数学解释。取而代之的是,本章重点介绍了实验现象,并根据这些现象提出了关于离子交换速率问题。现在我们将逐步研究定量模型,并最终在 4.10 节将尝试使用数学模型解释本节中实验现象的原因。

4.7　粒子内扩散的互扩散系数

平衡离子耦合运输的物理机理构成了离子交换动力学中粒子内扩散的基础。两种平衡离子的扩散通量的差异均会在消除该差异并保持电中性的方向上产生电势梯度。电势梯度的最影响是,各平衡离子的交换剂相扩散系数均受其他平衡离子传输的影响。

离子交换剂中平衡离子 i 的通量需要同时考虑其电荷数和电势梯度,可以通过能斯特–普朗克(Nernst-Planck)方程量化计算:

$$\bar{J}_i = -\bar{D}_i \mathrm{grad} q_i - \bar{D}_i Z_i q_i \left(\frac{F}{RT}\right) \mathrm{grad} \phi \tag{4.17}$$

其中,F 是法拉第常数;R 是摩尔气体常数;T 是热力学温度;ϕ 是电势。对于粒子内扩散,人们往往忽略交换剂内部的配对离子,并且假定交换容量恒定。对于平衡离子 A 和 B 的交换,存在以下等式。

保持系统电中性:

$$Z_A q_A + Z_B q_B = nQ \tag{4.18}$$

其中,n 是固定电荷的符号(阳离子交换剂为 -1,阴离子交换剂为 $+1$);Q 是离子交换剂的容量。

当没有电流存在时:

$$Z_A J_A + Z_B J_B = 0 \tag{4.19}$$

通过式(4.18)和式(4.19)消除电势项后,可以将式(4.17)中平衡离子 A 和 B 的两个方程式结合。求解 J_A 得

$$J_A = -\frac{\bar{D}_A \bar{D}_B (Z_A^2 q_A + Z_B^2 q_B)}{Z_A^2 q_A \bar{D}_A + Z_B^2 q_B \bar{D}_B} \mathrm{grad} q_A \tag{4.20}$$

将该方程视为传统菲克第一定律(Fick's first law)的一种特殊形式,可以使用组合扩散系数来表示耦合互扩散系数,如下所示:

$$\bar{D}_{AB} = \frac{\bar{D}_A \bar{D}_B (Z_A^2 q_A + Z_B^2 q_B)}{Z_A^2 q_A \bar{D}_A + Z_B^2 q_B \bar{D}_B} \tag{4.21}$$

然而对于相同交换剂的平衡离子 A 和 B,互扩散系数(interdiffusion coefficients)$\bar{D}_{AB}$ 并不恒定,它取决于交换剂中 A 和 B 的组成或相对分布,即 q_A 和 q_B。若考虑非常极端的情况:

当 $q_A \gg q_B$(B 为痕量溶质),

$$\bar{D}_{AB} = \bar{D}_B \tag{4.22}$$

同理,当 $q_B \gg q_A$,

$$\bar{D}_{AB} = \bar{D}_A \tag{4.23}$$

粒子内扩散过程中浓度较低的离子趋于控制相互扩散系数。图 4.22 显示了当 $q_B \gg q_A$ 时,互扩散系数随交换剂相的组成而变化,即 $\bar{D}_{AB}$ 逐渐趋于 $\bar{D}_A$,如前所述交换剂相中 A 的自扩散系数将决定互扩散系数。同样当 $q_A \gg q_B$ 时,$\bar{D}_{AB} = \bar{D}_B$。可

观察到另一个现象:当 $q_A = q_B$, $\bar{D}_{AB}$ 会接近于扩散更慢的平衡离子(即具有较低扩散系数的离子)的扩散系数。对于选择性离子交换,尤其是对于痕量溶质,粒子内扩散往往是最主要的限速步骤。在本章的后续内容中,上述观察将为受粒子内扩散控制的离子交换动力学的量化提供基础。

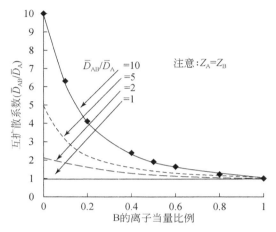

图 4.22　离子交换剂的组成与其互扩散系数变化的关系曲线;当 $q_B \gg q_A$ 时,$\bar{D}_{AB}$ 趋于 $\bar{D}_A$

补充阅读材料 S4.2:通过动力学实验确定有效的粒子内扩散系数
例题 S4.3

图 S4.7 给出了平均粒径为 250μm 的复合型无机材料(HIM)对 Zn(Ⅱ)的吸附结果,当所有其他实验条件相同时,在 1600r/min 和 2000r/min 下分别进行动力学测试。图中列出了具体的实验条件。试求有效粒子内扩散系数并展示计算步骤,并阐明所有假设条件。

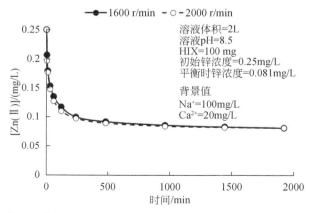

图 S4.7　当粒子内扩散为限速步骤时,HIM 吸附 Zn(Ⅱ)的浓度与时间的关系。
数据经许可转载自 Chatterjee,2011[6]

第4章 离子交换的动力学基础:粒子间扩散效应

在动力学实验中,在 1600r/min 和 2000r/min 的不同搅拌速度下,浓度与时间的关系保持相同,证明粒子内扩散是限速步骤。假设离子交换树脂颗粒为球形,且扩散发生在径向(如图 S4.6 所示),则恒定有效粒子内扩散系数模型可表达如下:

$$\frac{\partial q}{\partial t} = \overline{D}_{\text{eff}} \left(\frac{\partial^2 q}{\partial r^2} + \frac{2}{r} \frac{\partial q}{\partial r} \right) \tag{S4.4}$$

其中,"r"是径向空间坐标(粒子的半径);q 是在时间 t 时离子交换剂相中溶质的浓度。

步骤 1:

使用式(S4.1)~式(S4.3)将图 S4.7 中的实验数据转换为吸收比例 F_t 与时间的关系曲线,如图 S4.8 所示。

步骤 2:

若吸附剂颗粒半径为"r"且实验开始前未与溶液接触,在时间 t 时吸附剂吸收的溶质质量(q_t)与经过无穷时间后的吸收质量(q_∞)之比即为吸收比例(F_t)[5]。

$$q_t = \frac{V}{m}(C_0 - C_t) \tag{S4.5}$$

$$q_\infty = \frac{V}{m}(C_0 - C_\infty) \tag{S4.6}$$

$$F_t = \frac{q_t}{q_\infty} = 1 - \sum_{n=1}^{\infty} \frac{6\omega(\omega+1)\exp\left(-\dfrac{\overline{D}_{\text{eff}}\beta_n^2 t}{r^2}\right)}{9 + 9\omega + \omega^2 \beta_n^2} \tag{S4.7}$$

其中,C_t 是时间 t 时水相中溶质的浓度,可通过图 S4.7 获取;"m"是用于测试的吸附剂质量,且 $m = 0.1\text{g}$;β_n 是以弧度表示的非零根,表达式如下:

$$\tan\beta_n = \frac{3\beta_n}{3 + \omega\beta_n^2} \tag{S4.8}$$

其中,参数 ω 为离子交剂平衡时的吸收比例,符合以下等式:

$$\frac{q_\infty}{VC_0} = \frac{C_0 - C_\infty}{mC_0} = \frac{1}{1+\omega} \tag{S4.9}$$

q_∞ 由平衡 72h 后的水相浓度($C_e = 0.081\text{mg/L}$)计算得出,该值即平衡时离子交换剂中锌(目标离子)的含量。

$$q_\infty = \frac{V}{m}(C_0 - C_e) = \frac{2\text{L}}{0.1\text{g}}(0.25\text{mg/L} - 0.081\text{mg/L}) = 3.38\text{mg/g} \tag{S4.10}$$

根据方程(S4.9),$\omega = 0.478$。

通过式(S4.8)可以进一步计算 β_n 的值。

注意:可以计算更大 n 值时的 β 并将其代入式(S4.7)中,但后续计算对公式中求和的贡献微不足道。

步骤 3：

可以使用方程式（S4.7）计算不同扩散系数（$\overline{D}_{eff}$）下的特定时间的吸收比例（F_t），其中粒子半径 $r=125\mu m$，$\omega=0.478$，β_n 的值如步骤 2 中表 S4.3 所示。若设定不同的有效扩散率值，可以构建吸收比例与时间的关系曲线（F_t 对 t），并将其与实验确定的图 S4.8 的曲线进行比对。

表 S4.3 计算得出的 β_n 值

n	β_n
1	3.987
2	6.956
3	9.959
4	13.001
5	16.07
6	19.16
7	22.26
8	25.37
9	28.48
10	31.61

表 S4.4 模型预测和实验测定的 F_t 值

时间/min	假设 $\overline{D}_{eff}=7.5\times10^{-10}\,cm^2/s$，模型计算的 F_t 值 $$F_t = 1-\sum_{n=1}^{\infty}\frac{6\omega(\omega+1)\exp\left(-\frac{\overline{D}_{eff}\beta_n^2 t}{R^2}\right)}{9+9\omega+\omega^2\beta_n^2}$$	实验测得的 F_t 值 $$F_t=\frac{C_0-C_t}{C_0-C_e}$$
2.5	0.24	
5	0.32	0.313
10	0.41	0.430
20	0.515	
30	0.59	0.600
40	0.64	
60	0.71	0.727
90	0.77	
120	0.82	0.828
180	0.875	
240	0.91	0.905

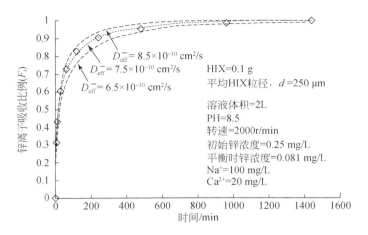

图 S4.8 实验测得的吸收比例(F_t)与时间的关系曲线以及模型预测结果。数据经许可转载自 Chatterjee,2011[6]

步骤 4：

图 S4.8 展示了锌吸收比例与时间的关系曲线。虚线表示不同有效粒子内扩散系数的模型预测。根据拟合计算,有效粒子内扩散系数为 7.5×10^{-10} cm²/s。

注意： 当溶液体积无限大时,交换剂表面的浓度与溶液中的浓度相同,并且不随时间变化。此时方程式(S4.4)对吸收比例具有更简单的解析解,如下所示[5]：

$$F_t = 1 - \frac{6}{\pi^2} \sum_{n=1}^{\infty} \frac{1}{n^2} \exp\left(-\frac{\overline{D}_{\text{eff}} t n^2}{r^2}\right) \quad (S4.11)$$

其中,F_t 为特定时间 t 时的吸收比例;$\overline{D}_{\text{eff}}$ 为粒子内扩散系数;r 为粒子半径。

例题 S4.4：交换剂粒径的影响

使用例题 S4.3 中选择性锌交换的有效粒子内扩散系数(7.5×10^{-10} cm²/s)。当交换剂的粒径分别为 100μm、200μm、300μm 和 500μm 时,若假设溶液体积无限大,绘制每种粒径的 F_t-t 曲线。

(1) 计算每种粒径的半反应时间 $t_{1/2}$ 值。

(2) 绘制 $t_{1/2}$ 与 r(离子交换剂颗粒的半径)的关系图,并阐述颗粒大小对粒子内扩散速率的影响。

解：

(1) 当溶液体积无穷大时,通过方程式(S4.11)计算 F_t 值。根据有效扩散系数 $\overline{D}_{\text{eff}} = 7.5 \times 10^{-10}$ cm²/s,针对不同时间的不同粒度计算出 F_t 值见表 S4.5。

表 S4.5　计算所得不同粒径的吸收比例值(F_t)

时间/s	吸收比例(F_t)			
	$r=50\mu m=0.005cm$ (直径=100μm)	$r=100\mu m=0.01cm$ (直径=200μm)	$r=150\mu m=0.015cm$ (直径=300μm)	$r=250\mu m=0.025cm$ (直径=500μm)
0	0	0	0	0
5	0.099	0.051	0.037	0.029
20	0.193	0.099	0.067	0.042
60	0.321	0.168	0.114	0.069
100	0.402	0.214	0.146	0.089
140	0.464	0.251	0.171	0.105
168	0.500	0.273	0.187	0.114
300	0.627	0.354	0.245	0.151
500	0.748	0.442	0.310	0.193
670	0.816	0.500	0.353	0.221
900	0.879	0.562	0.402	0.254
1200	0.929	0.627	0.454	0.290
1510	0.959	0.681	0.500	0.322
2000	0.983	0.748	0.559	0.365
4190	0.999	0.908	0.732	0.500

图 S4.9 显示了不同粒径下的吸收比例(F_t)与时间的关系。图片清楚地说明吸收比例随粒径的减小而增加。

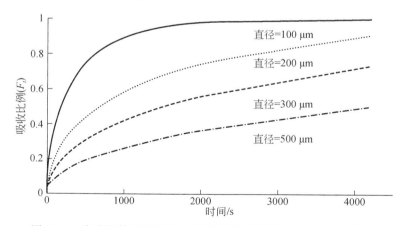

图 S4.9　当溶液体积无限大时,不同粒径时吸收比例与时间的关系

(2)计算不同的粒径的 $t_{1/2}$ 值,即完成50%吸收的时间如表 S4.6 所示。

表 S4.6　不同粒径的半反应时间

颗粒半径/μm	$t_{1/2}$/s
50	168
100	670
150	1510
250	4190

图 S4.10 在对数坐标系中展示了 $t_{1/2}$ 相对于粒子半径的关系曲线。接近 2.0 的斜率表明半反应时间内的吸收比例随粒子半径的平方递增。

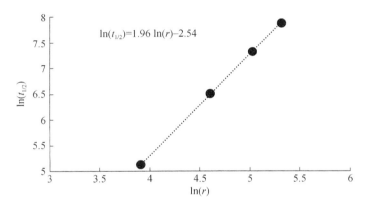

图 S4.10　图片显示了粒径(离子交换颗粒半径)对 $t_{1/2}$ 的影响，即达到 50% 平衡容量所需的反应时间

4.8　痕量离子交换动力学

第 3 章专门讨论了痕量离子交换的平衡。在本节将建立由粒子内扩散控制的痕量离子交换动力学的数学模型。并且将提供实验结果，以验证模型的准确性并强化对机理的理解。

4.8.1　目标痕量离子:氯代酚

痕量离子交换的关键实验参数之一，pH 能够影响甚至改变目标痕量离子的选择性，过渡金属(阳离子)和配体(阴离子)的吸附亲和力随溶液 pH 的变化而发生巨大改变。这种现象是由 H^+ 或 OH^- 在选择性离子交换过程中对金属或配体吸附的强大竞争作用引起的。因此需要严格控制实验条件以在特定的 pH 下进行实验数据的收集。为了克服这一困难,实验使用合成有机化合物-氯代酚,其在很宽的 pH 范围内以一价阴离子的形式存在。氯酚通常被称为疏水性可电离有机化合物。聚合物阴离子交换剂对氯酚酸根阴离子的选择性高于氯离子或硫酸根阴离子,且 pH 对平衡没有明显影响。表 4.3 包括三种疏水性芳族化合物的相关性质:五氯酚酸酯(PCP^-)、三氯酚酸酯(TCP^-)和二氯酚酸酯(DCP^-)。第 3 章中曾经介绍过,阴离子交换剂对氯酚阴离子(如 PCP^-)的吸收确实是一种阴离子交换反应,伴随着等量竞争离子(如氯离子)的解吸。交换反应如下:

$$\overline{(R^+)Cl^-} + PCP^-(aq) \rightleftharpoons \overline{(R^+)PCP^-} + Cl^-(aq) \quad (4.24)$$

假设在水相和离子交换剂两相中均为理想状态,则在式(4.24)中交换反应的伪平衡常数($\alpha_{PCP/Cl}$)或分离因数可通过下式计算:

$$\alpha = \frac{q_{PCP} C_{Cl}}{C_{PCP} q_{Cl}} \quad (4.25)$$

其中,q_i 和 C_i 分别是交换相(meq/g)和水相(meq/L)中的溶质 i 浓度。然而在二元吸附过程中,离子交换剂的总交换容量 Q 和总水相浓度 C_T 保持不变,即 $Q = q_{PCP} + q_{Cl}$ 和 $C_T = C_{PCP} + C_{Cl}$ 均成立。代入这些等式后,式(4.25)可以整理为

$$q_{PCP} = \frac{\alpha C_{PCP}}{C_T + (\alpha - 1) C_{PCP}} Q \quad (4.26)$$

PCP^- 的芳香族部分与阴离子交换剂基质之间的相互作用,使 PCP^- 比 Cl^-(即 $\alpha \gg 1$)具有更高的选择性。从而,

$$q_{PCP} = \frac{\alpha C_{PCP}}{C_T + \alpha C_{PCP}} Q \quad (4.27)$$

或

$$\frac{q_{PCP}}{Q} = \frac{\alpha x_{PCP}}{1 + \alpha x_{PCP}} \quad (4.28)$$

或

$$y_{PCP} = \frac{\alpha x_{PCP}}{1 + \alpha x_{PCP}} \quad (4.29)$$

其中,x_{PCP} 为水相 PCP^- 的浓度比例或 C_{PCP}/C_T;y_{PCP} 为交换剂相中 PCP^- 的浓度比例或 q_{PCP}/Q。

根据方程式(4.27)~式(4.29),PCP^- 的吸附行为是非线性的,并且符合朗缪尔(Langmuir)等温线。在环境分离过程中,目标污染物的浓度非常低,或为痕量污染物时,$\alpha x_{PCP} \ll 1$,因此,

$$y_{PCP} = \alpha x_{PCP} \quad (4.30)$$

或

$$q_{PCP} = \frac{\alpha Q C_{PCP}}{C_T} \tag{4.31}$$

或

$$q_{PCP} = K C_{PCP} \tag{4.32}$$

即等温线是线性的,且分配系数 K 为

$$K = \frac{\alpha Q}{C_T} \tag{4.33}$$

这一部分将展开介绍分配系数(K)和竞争离子浓度($C_T \sim C_{Cl}$)在痕量离子交换过程中如何影响粒子内扩散速率。值得注意的是,数学处理和得出的结论不限于 $PCP^- \rightleftharpoons Cl^-$ 交换,同样适用于其他选择性痕量离子交换过程。

4.8.2 大孔离子交换剂内的粒子内扩散

根据 4.4.2 节中所述的大孔离子交换剂的物理形态,大孔(双相)吸附剂内部的溶质传输可以通过相互连接的孔和相邻的凝胶相同时进行。图 4.23(A)描绘了在粒子内扩散为限速步骤时大孔交换剂内的微凝胶体,图 4.23(B)显示了偶联的平衡离子 PCP^- 和 Cl^- 如何通过微凝胶体和大孔结构扩散。图 4.23 与图 4.10 相似,其中 PCP^- 和 Cl^- 为交换平衡离子。

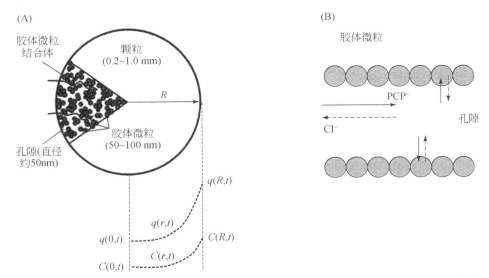

图 4.23 (A)含有微凝胶的大孔颗粒的示意图,其中粒子内扩散为限速步骤;(B)通过微凝胶和大孔同时传输的平衡离子 PCP^- 和 Cl^- 的偶联扩散过程。数据经许可转载自 Li,SenGupta,2000[37]

假设①微凝胶与相邻微孔中的溶液之间存在局部平衡,②平衡离子通过微凝胶和微孔同时扩散,如图 4.23(B)所示,③PCP^- 是痕量溶质,其扩散系数等于互扩

散系数,则 PCP⁻在单个大孔颗粒中的传输可以写为

$$\epsilon_P \frac{\partial C_{PCP}}{\partial t} + \rho_P \frac{\partial q_{PCP}}{\partial t} = \epsilon_P D_P \left(\frac{\partial^2 C_{PCP}}{\partial r^2} + \frac{2}{r} \frac{\partial C_{PCP}}{\partial r} \right) + D_g \rho_P \left(\frac{\partial^2 q_{PCP}}{\partial r^2} + \frac{2}{r} \frac{\partial q_{PCP}}{\partial r} \right) \quad (4.34)$$

两侧的第一项代表孔结构内扩散,第二项对应于 PCP⁻的固相扩散。ϵ_P 和 ρ_P 分别表示大孔颗粒的空隙率和密度,而 D_P 和 D_g 分别是在孔中和在凝胶相中的扩散系数。C_{PCP} 表示与凝胶相浓度 q_{PCP}(离子交换剂的每单位质量所含的 PCP⁻质量)处于平衡状态的液相浓度(每单位体积的液体的 PCP⁻质量)。

注意:对于干燥的大孔颗粒,等式左右两侧的第二项都会出现一个附加的 $(1-\epsilon_P)$。

当 PCP⁻为痕量溶质时,根据式(4.32),

$$q_{PCP} = K C_{PCP} \quad (4.35)$$

因此,

$$\frac{\partial q_{PCP}}{\partial t} = K \frac{\partial C_{PCP}}{\partial t} \quad (4.36)$$

且

$$\frac{\partial^2 q_{PCP}}{\partial r^2} = K \frac{\partial^2 C_{PCP}}{\partial r^2} \quad (4.37)$$

将上述等式代入式(4.34)并整理可得

$$\frac{\partial q_{PCP}}{\partial t} = \frac{D_P \epsilon_P + K D_g \rho_P}{\epsilon_P + K \rho_P} \left(\frac{\partial^2 q_{PCP}}{\partial r^2} + \frac{2}{r} \frac{\partial q_{PCP}}{\partial r} \right) = \bar{D}_{eff} \left(\frac{\partial^2 q_{PCP}}{\partial r^2} + \frac{2}{r} \frac{\partial q_{PCP}}{\partial r} \right) \quad (4.38)$$

有效粒子内扩散系数为

$$\bar{D}_{eff} = \frac{D_P \epsilon_P + K D_g \rho_P}{\epsilon_P + K \rho_P} \quad (4.39)$$

式(4.38)的特征类似于例题 S4.3 中所示的具有球形几何形状的固相扩散。

对于选择性离子交换,$K\rho_P \gg \epsilon_P$,

因此,

$$\bar{D}_{eff} = D_g + \frac{D_P \epsilon_P}{K \rho_P} \quad (4.40)$$

根据式(4.33),$K = \frac{\alpha Q}{C_T}$,

PCP⁻在孔结构中的扩散系数为

$$D_P = \frac{D_P^0}{\tau} \quad (4.41)$$

其中,D_P^0 和 τ 分别表示溶质的液相扩散系数和微孔吸附剂颗粒的曲折因数 (tortuosity factor),因此得出:

$$\bar{D}_{eff} = D_g + \frac{D_P^0 \epsilon_P C_T}{\tau \rho_P \alpha Q} \quad (4.42)$$

对于并行传输,如果凝胶相扩散明显快于孔隙扩散,则对于凝胶型离子交换剂:

$$\overline{D}_{\text{eff}} = D_{\text{g}} \quad (4.43)$$

同理,当孔隙扩散是限速步骤时,

$$\overline{D}_{\text{eff}} = \frac{D_{\text{P}}^0 \epsilon_{\text{P}} C_{\text{T}}}{\tau \rho_{\text{P}} \alpha Q} \quad (4.44)$$

4.8.3 吸附亲和力对粒子内扩散的影响

实验使用阴离子氯酚作为痕量平衡离子,以验证吸附亲和力与粒子内扩散之间的关系。图 4.24 显示了三种不同的阴离子氯酚的二元氯酚-氯离子在 23℃ 时的离子交换等温线,其中包括五氯苯酚(PCP⁻)、2,4,6-三氯苯酚(TCP⁻)和 2,6-二氯苯酚(DCP⁻)。在 pH 8.5 下进行等温线测试,其中所有氯酚主要以阴离子形式存在。这三个等温线均符合朗缪尔(Langmuir)型,根据方程式(4.29)计算出的最佳拟合公式为

$$Y_{\text{PCP}} = \frac{403 \cdot X_{\text{PCP}}}{1 + 403 \cdot X_{\text{PCP}}} \quad (4.45)$$

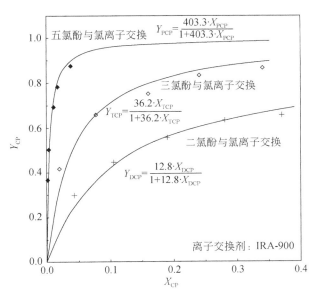

图 4.24 三种不同氯酚在 pH=8.5 时氯酚-氯离子的二元离子交换等温线,其中所有氯酚均以一价阴离子形式存在。数据经许可转载自 Li,SenGupta,2000[3]

$$Y_{\text{TCP}} = \frac{36.2 \cdot X_{\text{TCP}}}{1 + 36.2 \cdot X_{\text{TCP}}} \quad (4.46)$$

$$Y_{\text{DCP}} = \frac{12.8 \cdot X_{\text{DCP}}}{1 + 12.8 \cdot X_{\text{DCP}}} \quad (4.47)$$

且 $\alpha_{\text{PCP/Cl}} = 403$, $\alpha_{\text{TCP/Cl}} = 36.2$, $\alpha_{\text{DCP/Cl}} = 12.8$。

吸附亲和力的顺序 PCP$^-$>TCP$^-$>DCP$^-$ 与母体苯酚的氯代度的增加相符,从而导致其非极性部分的疏水性或辛醇–水分配系数增加。分别用 DCP$^-$、TCP$^-$ 和 PCP$^-$ 进行了三组动力学实验。在每组实验中,竞争氯离子的浓度(50meq/L)均相同,且远高于氯酚阴离子的浓度(2000×),即可以认为氯酚为痕量溶质。图 4.25 绘制了三种氯酚的吸收比例与时间的关系。该图还展示了每种氯酚的有效粒子内扩散系数($\bar{D}_{\text{eff}}$)的最佳拟合值。$\bar{D}_{\text{eff}}$ 值与其吸附亲和力成反比。该研究中使用的三种阴离子氯酚均为含一个芳香环的一价阴离子,其液相自扩散系数(D_{P}^0)几乎相同。所使用的离子交换剂(即 IRA-900),ϵ_{P}、ρ_{P}、Q 和 τ 基本恒定;且所有动力学实验中,总水相浓度 C_{T} 也恒定为 50meq/L。因此,根据式(4.44)得

$$\bar{D}_{\text{eff}} = \frac{\text{常数}}{\alpha_{\text{CP}}} \quad (4.48)$$

$$\ln \bar{D}_{\text{eff}} = \text{常数} - \ln \alpha_{\text{CP}} \quad (4.49)$$

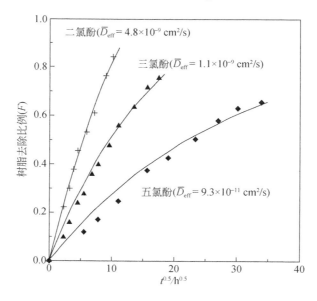

图 4.25 阴离子交换剂 IRA-900 的三种不同氯酚的吸收比例与时间的平方根的关系。数据经许可转载自 Li,SenGupta,2000[3]

图 4.26 显示了三种氯酚的实验测定的 $\bar{D}_{\text{eff}}$ 与 α_{CP} 的双对数坐标图。$\lg \bar{D}_{\text{eff}}$ 与 $\lg \alpha_{\text{CP}}$ 的曲线为一条负斜率的直线,与方程式(4.49)计算一致。未解离氯酚的辛醇-水分配系数(K_{OW})也是非极性部分疏水性的代表指标,并且与氯酚的吸附亲和力相关:

$$\frac{\lg \alpha_{\text{CP}}}{\lg K_{\text{OW}}} = 常数 \tag{4.50}$$

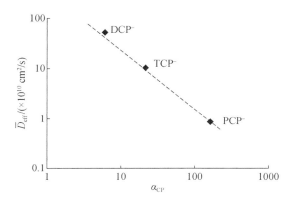

图 4.26　氯苯甲酸酯-氯离子的分离因数(α_{CP})与其有效粒子内扩散系数的关系曲线。数据经许可转载自 Li, SenGupta, 2000[3]

图 4.26 显示了三种氯酚的 $\lg \bar{D}_{\text{eff}}$ 与 $\lg K_{\text{OW}}$ 值的关系曲线。如式(4.50),曲线的线性验证了 $\bar{D}_{\text{eff}}$ 对 K_{OW} 的依赖性。该实验结果表明,具有较大 K_{OW} 的目标芳香族阴离子将导致较低的 $\bar{D}_{\text{eff}}$ 值,并在固定床色谱柱运行过程中产生较长的传质过渡区。该溶质的色谱柱穿透曲线将更加缓慢。

一般来说,选择性阳离子交换也可以得出类似的推论。对于具有亚氨基二乙酸酯官能团的螯合交换剂,三种二价阳离子的选择性顺序如下:$Cu^{2+} > Ni^{2+} \gg Ca^{2+}$。因此痕量离子交换过程中粒子内扩散的顺序为

$$\bar{D}_{\text{Cu}} < \bar{D}_{\text{Ni}} \ll \bar{D}_{\text{Ca}}$$

若使用式(4.44),以提供粒子内孔扩散模型的进一步定量验证:

$$\bar{D}_{\text{eff}} = \frac{D_{\text{P}}^0 \epsilon_{\text{P}} C_{\text{T}}}{\tau \rho_{\text{P}} Q} \frac{1}{\alpha_{\text{PCP}}} \tag{4.51}$$

或

$$D_{\text{PCP}}^0 = \bar{D}_{\text{eff}} \frac{\tau \rho_{\text{P}} Q \alpha_{\text{PCP}}}{\epsilon_{\text{P}} C_{\text{T}}} \tag{4.52}$$

根据动力学试验和平衡等温线数据:$\bar{D}_{\text{eff}} = 9.3 \times 10^{-11} \text{ cm}^2/\text{s}$,$\alpha_{\text{PCP}} = 403$,$C_{\text{T}} =$

50meq/L，$Q_{wet} = 1.1$ meq/g，且 $\rho_P = 1100$ g/L。对于一价离子交换过程，吉田（Yoshida）等[44]通过实验确定 IRC-200 的 ϵ_P 和 τ 值，该树脂为大孔型且具有双相结构，类似于 IRA-900：

$\epsilon_P = 0.29$ 且 $\tau = 3$。

由式(4.52)计算得出 PCP⁻ 的液相自扩散系数为

$$D_{PCP}^0 = 6.7 \times 10^{-6} \text{ cm}^2/\text{s} \tag{4.53}$$

为了进行比较，现在使用修正的维克-陈（Wilke-Cheng）相关性对水中 PCP⁻ 的自扩散系数进行独立计算，如下所示[45]：

$$D_{PCP}^0 = 0.9 \times 7.4 \times 10^{-2} \frac{T(2.6M_w)^{1/2}}{\mu V_B^{0.6}} \tag{4.54}$$

其中，M_w 为水的摩尔质量；T 是热力学温度（K）；μ 是水的黏度，单位为厘泊（centipoise）；V_B 是在正常沸点下的摩尔体积。V_B 的值通过勒巴斯（LeBas）方法计算[46]，等于 227.5 cm³/mol。因此，

$$D_{PCP}^0(\text{维克-陈}) = 4.7 \times 10^{-6} \text{ cm}^2/\text{s} \tag{4.55}$$

通过维克-陈相关性独立计算的 PCP⁻ 的自扩散系数与使用粒子内孔扩散模型由动力学数据计算出的扩散系数非常相近（相同数量级）。

4.8.4 溶质浓度效应

在大孔离子交换剂的两相物理形态下，孔扩散通常是选择性离子交换中痕量目标溶质（A）的限速步骤。因此，A 的粒子内扩散可以表示为

$$\epsilon_P \frac{\partial C_A}{\partial t} + \rho_P \frac{\partial q_A}{\partial t} = \epsilon_P D_A \left(\frac{\partial^2 C_A}{\partial r^2} + \frac{2}{r} \frac{\partial C_A}{\partial r} \right) \tag{4.56}$$

其中，D_A 是平衡离子"A"的孔扩散系数。对于包括朗缪尔（Langmuir）类型的一般等温线，可以写为

$$\frac{\partial q_A}{\partial t} = \frac{\partial q_A}{\partial C_A} \frac{\partial C_A}{\partial t} \tag{4.57}$$

将式(4.57)代入式(4.56)，可得

$$\frac{\partial C_A}{\partial t} = \frac{\epsilon_P D_A}{\epsilon_P + \rho_P \frac{\partial q_A}{\partial C_A}} \left(\frac{\partial^2 C_A}{\partial r^2} + \frac{2}{r} \frac{\partial C_A}{\partial r} \right) = \bar{D}_{eff} \left(\frac{\partial^2 C_A}{\partial r^2} + \frac{2}{r} \frac{\partial C_A}{\partial r} \right) \tag{4.58}$$

式(4.58)中的 $\bar{D}_{eff}$ 为有效粒子内扩散系数，可以写为

$$\bar{D}_{eff} = \frac{\epsilon_P D_A}{\epsilon_P + \rho_P \frac{\partial q_A}{\partial C_A}} \tag{4.59}$$

有效的粒子内扩散系数 $\bar{D}_{\text{eff}}$ 受到等温线的斜率 $\frac{\partial q_A}{\partial C_A}$ 的影响强烈。因此在朗缪尔等温线的线性范围内，C_A 浓度非常低时，$\bar{D}_{\text{eff}}$ 最小，且斜率最大。随着浓度的增加，斜率在非线性范围内逐渐减小，$\bar{D}_{\text{eff}}$ 增加。在朗缪尔等温线的最高处，$\frac{\partial q_A}{\partial C_A} \approx 0$ 且 $\bar{D}_{\text{eff}}$ 等于孔扩散系数 D_A。

4.9 矩形等温线和壳层级进动力学

平衡离子的矩形等温线可以视为平衡状态下离子具有极高的吸附亲和力，几乎占据交换剂中的所有结合位点，而与水相浓度无关。图 4.27 包括矩形等温线和典型的朗缪尔等温线。在任何大于零的水相浓度下，矩形等温线的斜率为零，即 $\frac{\partial q_A}{\partial C_A} = 0$。

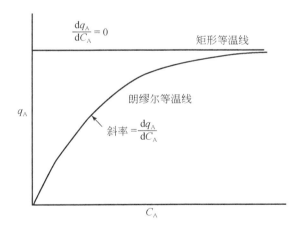

图 4.27　矩形等温线和朗缪尔等温线示意图

为了理解壳层级进动力学的物理现象与其数学机理，以孔扩散为限速步骤的球形离子交换树脂颗粒为例。

根据式(4.59)，

$$\bar{D}_{\text{eff}} = \frac{\epsilon_P D_A}{\epsilon_P + \rho_P \frac{\partial q_A}{\partial C_A}} \tag{4.60}$$

对于矩形等温线 $\frac{\partial q_A}{\partial C_A} = 0$，因此 $\bar{D}_{\text{eff}} = D_A = \frac{D_A^0}{\tau}$

其中, D_A^0 为溶质 A 的液相扩散系数; τ 为离子交换剂的曲折度(tortuosity)。

因此每个树脂颗粒的交换剂相中"A"的浓度梯度不存在。然而,随着垂直边界的离子交换反应的进行,大孔中的溶液浓度从外围到内部逐渐下降。这种行为——由于快速离子交换过程而在边界内发生急剧变化的粒子内扩散——形成了与矩形等温线相对应的"核收缩"或"壳层级进"动力学的基础。此情形代表进入交换剂相的平衡离子"A"比离子交换剂中预饱和离子的亲和力更高。图 4.28 描绘了球形大孔离子交换剂颗粒中 A 和 B 的浓度随壳层级进的动力学变化。如果 R-A 和 R-B 在树脂相中具有不同的颜色,则对于"核收缩"情况,对比度将清晰可见。根据经验,朗缪尔方程中的无量纲参数 $b_A C_A$ 应该大于 20 才能表现出核收缩现象[47]。核收缩现象在吸附过程中很普遍,铃木(Suzuki)[48] 提供了详细的综述。

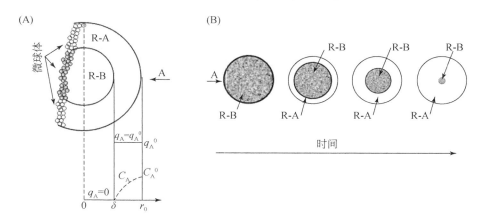

图 4.28　球形大孔离子交换剂颗粒中 A 和 B(平衡离子)的浓度变化示意图,根据核收缩或壳层级进动力学:A 的亲和力远大于 B 的亲和力

4.9.1　溶质到达顺序产生的异常

此节将讨论朗缪尔等温线与矩形等温线之间粒子内溶质传输现象的显著差异。考虑以下两种情况,其中"A"在预先用 B 饱和的离子交换树脂颗粒内部进行粒子内扩散:

(1)先到先得(FCFO,或依序性)。
(2)后到先得(LCFO,或逆序性)。

在平衡过程中,平衡离子进入离子交换树脂后从一个位置向另一位置移动直到移动至树脂中心。对于粒子内扩散控制的动力学,交换剂相中的抗衡离子按顺序进行,即较早进入交换剂内部的平衡离子(如 A_1)始终比其他离子(如 A_2、A_3、A_4 等)更早到达树脂中心,并同时置换出 B 离子。图 4.29(A)说明平衡离子遵守时

间顺序并遵循"先到先得"的运输方式转移到离子交换位点。原则上,粒子内扩散过程严格遵守 FCFO 或平衡离子进入的先后顺序进行。

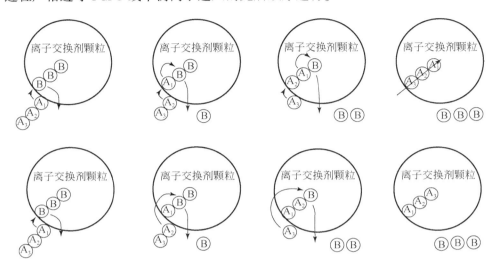

图 4.29 B 型的离子交换颗粒中平衡离子 A 的粒子内扩散运输示意图
(1)先到先得(A-上图);(2)后到先得(B-下图)

但对核收缩或壳层级进动力学,FCFO 无法与该现象准确吻合。当第一个平衡离子(即 A_1)移动至离子交换树脂最外层的离子交换位点,并且与 B 交换后,A_1 就被不可逆地吸附在当前位点。由于交换剂相浓度梯度为零,根据矩形等温线的特性,当随后进入的 A_2 经过 A_1 位点时无法将其解吸。相反,A_2 通过交换剂中的溶剂/水的孔隙经过 A_1,并继续移动直至与下一个 B 型离子交换位点结合。同理,平衡离子 A_3 经过 A_1 和 A_2 并与下一个离子交换位点产生不可逆的结合。若根据 LCFO(逆序性)情况,在 A_1 和 A_2 之后进入交换剂的 A_3 在更靠近树脂中心的离子交换位点处产生永久性结合。由此可得,最后一个进入的平衡离子与在树脂中心的离子交换位点结合,此后树脂便达到饱和状态。图 4.29(B)强调了矩形等温线的以下两个独特特征:

(1)平衡离子"A"从溶液传输到离子交换位点遵循后到先得(LCFO)的原则。

(2)交换剂中待交换的平衡离子及预饱和离子之间存在清晰的边界,导致核收缩或壳层级进现象。

通常伴随快速化学反应的离子交换过程通常表现出壳层级进动力学,与矩形等温线相似。所伴随的化学反应通常具有较高的平衡常数和较有利的热力学性质,如酸碱中和反应、弱酸/弱碱络合反应等。下面简要列出一些化学反应示例:

(1) H^+ 与 OH^- 的中和过程：

$$\overline{R-SO_3^-H^+} + Na^+ + OH^- \longrightarrow \overline{R-SO_3^-Na^+} + H_2O \qquad (4.61)$$

$$\overline{R-N(CH_3)_3^+OH^-} + H^+ + Cl^- \longrightarrow \overline{R-N(CH_3)_3^+Cl^-} + H_2O \qquad (4.62)$$

(2) 弱酸树脂与氢离子的结合过程：

$$\overline{R-COO^-Na^+} + H^+ + Cl^- \longrightarrow \overline{R-COOH} + Na^+ + Cl^- \qquad (4.63)$$

$$\overline{R-N(CH_2-COO^-)_2Ni^{2+}} + 2H^+ + 2Cl^- \longrightarrow \overline{R-N(CH_2COOH)_2} + Ni^{2+} + 2Cl^- \qquad (4.64)$$

(3) 与交换剂的螯合反应：

$$\overline{R-N(CH_2-COO^-)_2Ca^{2+}} + Cu^{2+} + 2Cl^- \longrightarrow \overline{R-N(CH_2COO^-)_2Cu^{2+}} + Ca^{2+} + 2Cl^- \qquad (4.65)$$

需要注意，除非 pH 发生显著变化，否则此类离子交换反应基本上都是不可逆的。

4.9.2 量化解释

根据核收缩动力学的前提，核外围发生的反应速度非常快（与扩散相比），以至于平衡离子（A）在向树脂中心运输之前就已经被离子交换位点立即消耗了。如图 4.27 所示，对于矩形等温线，平衡离子的交换剂相浓度在整个壳层内的分布是均匀的，并且等于 q_A^o，即树脂的总交换容量 Q。因此在树脂壳层的大孔结构中（$r=\delta$），平衡离子 A 被完全吸收。在边界条件下，若按伪稳态考虑，方程式 (4.56) 的左侧等于零。对此类情况，吉田（Yoshida）和鲁斯文（Ruthven）对系统的初始条件和边界条件提供了以下代数解[49]：

$$\frac{6\epsilon_P D_P C_0}{\rho q_o r_o^2} t = 1 + 2\times(1-F) - 3\times(1-F)^{2/3} \qquad (4.66)$$

其中，F 为时间 t 的分数转换，达到 50% 摄取量的半反应时间 $t_{1/2}$ 可表示为 $F=0.5$，如下式：

$$t_{1/2} = 0.11 \frac{q_o}{C^o \sigma \epsilon_P} \frac{r_o^2}{D_P} = 常数 \times \frac{r_o^2}{D_P} \qquad (4.67)$$

矩形等温线的壳层级进动力学是粒子内扩散的特例，半反应时间 $t_{1/2}$ 将随 r_o^2 或离子交换剂颗粒的尺寸而改变，与例题 S4.4 的结论一致。

4.10 对 4.6 节观察结果的进一步讨论

4.7~4.9 节建立了离子交换动力学的量化理论且进行了公式推导，并重点讨论了粒子内扩散。本节将在量化模型的帮助下,对4.6节中的实验结果进行科学解释。

4.10.1 浓度对半反应时间($t_{1/2}$)的影响

根据方程式(4.59),

$$\overline{D}_{eff} = \frac{\epsilon_P D_A}{\epsilon_P + \rho_P \dfrac{\partial q_A}{\partial C_A}} \tag{4.68}$$

当反应符合朗缪尔等温线,当溶液中存在其他背景离子且目标污染物Ni的浓度降低时,斜率$\partial q_A/\partial C_A$增大,导致$\overline{D}_{eff}$降低。因此,在朗缪尔等温线的低浓度范围内,溶质的吸收动力学变慢。$\partial q_A/\partial C_A$随着目标溶质(如Ni)浓度的升高而降低,因此$\overline{D}_{eff}$升高。当所有其他实验条件不变,镍浓度降低时镍的吸收速率将降低(即$t_{1/2}$增加),如图4.15所示。在高浓度下,朗缪尔等温线趋于平缓,即斜率($\partial q_A/\partial C_A$)趋于零,并且$\overline{D}_{eff}$增加到接近$D_A$值。

以上分析可以帮助理解再生过程中从交换剂相中解吸出极小比例的痕量溶质异常困难且通常无法实现的原因。在再生过程的最初阶段,由于溶质吸收或交换相的浓度很高,$\overline{D}_{eff}$非常高。相反,当交换剂仅含有痕量的目标溶质时,$\overline{D}_{eff}$在再生的最后阶段降低到最小值(即最高斜率,$\partial q_A/\partial C_A$)。因此该阶段的再生效率非常低,对于许多实际生产中的情况,再生过程在目标溶质完全解吸之前便终止。

4.10.2 弱酸树脂的缓慢动力学

若将水相中的配对离子与平衡离子分开考虑,表4.2中最后的三个反应如下:

$$\overline{R-SO_3^-H^+} + K^+ + OH^- \longrightarrow \overline{R-SO_3^-K^+} + H_2O \tag{4.69}$$

$$\overline{2R-COO^-Na^+} + Ca^{2+} + 2Cl^- \longrightarrow \overline{(R-COO^-)_2Ca^{2+}} + 2Na^+ + 2Cl^- \tag{4.70}$$

$$\overline{2R-SO_3^-Na^+} + Ca^{2+} + 2Cl^- \longrightarrow \overline{(R-SO_3^-)_2Ca^{2+}} + 2Na^+ + 2Cl^- \tag{4.71}$$

上述离子交换反应的进行并不取决于阳离子交换剂内部配对离子的渗入(如OH^-和Cl^-):反应仅涉及平衡离子的交换。

为了进行离子交换反应,弱酸官能团需要通过以下反应去质子化:

$$\overline{R-COOH} + K^+ + OH^- \longrightarrow \overline{R-COO^-K^+} + H_2O \tag{4.72}$$

但由于以下两个原因,该反应无法进行:

(1)与强酸阳离子(SAC)交换树脂不同,弱酸阳离子(WAC)树脂对H^+的亲和力比K^+高。因此,除非通过中和反应去除H^+,仅通过K^+无法解吸H^+。因此,需要在阳离子交换位点附近加入OH^-。

(2)为了发生中和反应,OH^-必须靠近由 K^+ 平衡的固定离子化羧基(R-COO^-)。但由于唐南排斥效应,OH^- 被交换相排斥,因此无法与 H^+ 中和。

对于 WAC 树脂,由于固定 $RCOO^-$ 产生的唐南离子排斥作用,在交换相中 OH^- 被排斥而导致 K^+ 对 H^+ 的解吸是一个极其缓慢且不利的过程。图 4.30 说明了反应进行过程中动力学缓慢的原因。水相中 KOH 浓度的增加将提高交换速率。需要注意的是,该过程的逆反应,即 H^+ 从 WAC 中解吸 K^+ 是非常快的,因为它不需要阴离子进入交换剂内进行。

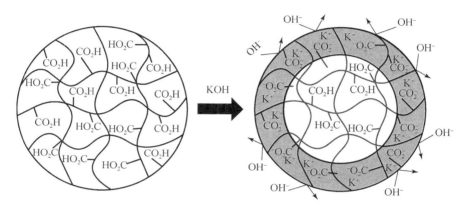

图 4.30　由于唐南离子排斥效应导致 OH^- 离子无法进入树脂相发生反应而引起的反应动力学缓慢

4.10.3　化学性质相似的平衡离子:粒子内扩散系数的巨大差异

对于方程式(4.44)推导的痕量离子交换,$\bar{D}_{eff}$ 与分离因数 α 成反比。随着氯原子在苯酚上的取代数量增加,所得氯酚的非极性部分变得疏水性更强。如之前章节所述,氯酚对阴离子交换剂的相对亲和力随着 NPM-基质相互作用的增加而增加。因此,吸附亲和力或分离因数遵循 $PCP^- > TCP^- > DCP^-$ 的顺序,如 4.8.3 节所述,这会影响其粒子内扩散系数 $\bar{D}_{eff}$。可以看出,$\bar{D}_{eff}$ 的顺序与分离因数相反,如式(4.48)~式(4.50)所示。这些氯酚在水相中的自扩散系数不受上述非极性现象的影响,并且水相的自扩散系数几乎恒定。

4.10.4　凝胶型与大孔型树脂

式(4.43)和式(4.44)表明,对于凝胶型离子交换剂,$\bar{D}_{eff}$ 与总电解质浓度 C_T 无关,但是对于大孔离子交换剂,$\bar{D}_{eff}$ 与 C_T 成正比。对于大孔阴离子交换剂,$\bar{D}_{eff}$ 随

C_T 的增加而增加,导致吸收加快,如图 4.18 所示。但图 4.17 中 C_T 的等量增加并未使凝胶型阴离子交换树脂的吸收速度变快,这一发现说明,通过观察 C_T 对吸收速率的影响,可以判断离子交换剂的孔结构(凝胶或大孔)。换言之,通过宏观动力学数据可以判断吸附剂结构的微观信息。

4.10.5 再生过程中的粒子内扩散

图 4.19 中,凝胶型阳离子交换剂与不同浓度的钠离子发生离子交换的过程中,Na^+ 的粒子内自扩散系数降低的原因并不是其吸附亲和力较低,而是由于外部溶液浓度的增加导致凝胶离子交换树脂收缩,如 4.2 节所述,凝胶相中的孔隙水含量(ϵ)降低。根据麦基(Mackie)方程,粒子内自扩散系数也会降低:

$$\bar{D}_i = D_i \left(\frac{\epsilon}{2-\epsilon} \right)^2 \tag{4.73}$$

图 4.31 同时绘制了如图 4.19 所示的粒子内扩散系数与溶液 NaCl 浓度的关系曲线与树脂体积分数的变化[40]。可以发现扩散系数降低(即较慢的颗粒内扩散)与外部溶液浓度增加引起的树脂收缩有关。

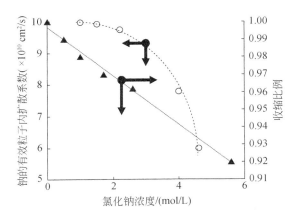

图 4.31 钠型强酸阳离子交换剂的体积收缩率、钠的粒子内扩散系数(D_{Na})与氯化钠溶液浓度之间的关系。数据经许可转载自 Slater,1991[40]

4.10.6 核收缩或壳层级进动力学

如 4.9 节所述,矩形等温线的平衡条件是核收缩或壳层级进动力学的起源。如图 4.20 所示,在具有垂直边界的 Ca^{2+}-H^+ 交换过程中,WAC 树脂的质子化证明了 4.9 节中讨论的理论。注意:WAC 树脂对 H^+ 的选择性远高于 Ca^{2+}($\alpha \gg 1$),并且 H^+ 与 Ca^{2+} 的离子交换等温线为矩形。

图 4.21 中用硝酸钚(Ⅳ)[Pu(NO$_3$)$_5^-$]的动力学行为,即尖锐的壳层级进逐渐变得模糊,无法仅通过矩形等温线来解释。根据 Streat 的研究[43],通过放射自显影的观察,交换剂离子组成的逐渐变化,能够导致交换离子扩散速率(或迁移速率)的显著差异。弱碱阴离子交换树脂用硝酸根(M_W=62)预饱和,其中硝酸盐的扩散速率比硝酸钚(M_W=554)大几个数量级,其中一价阴离子:$D_{NO_3} \cong 10^{-6}$ cm^2/s $\gg D_{PuN} \cong 5 \times 10^{-10}$ cm^2/s。

最初存在于树脂中的硝酸根离子,比溶液相中平衡离子的移动速度快得多。在吸收开始时,移动速度更快的硝酸根离子浓度在壳层中较低,而在树脂中心较高。因此,如图 4.21 所示,离子交换过程开始后从外层形成清晰的边界,但是随着边界向树脂中心的移动,界限逐渐变得模糊。这是相互扩散系数对离子组成的依赖性的结果,如方程式(4.20)~式(4.23)所示,该观察结果可以通过经典的能斯特-普朗克扩散[式(4.20)]进行解释,其中考虑了硝酸根和硝酸钚酰(plutonyl nitrate)的相互扩散。当硝酸根为痕量物质时,相互扩散系数等于硝酸根的最大扩散系数。因此,硝酸钚的吸收在热力学上非常有利,并且在交换开始时具有极快的动力学和明显的交换边界。

随着硝酸钚酰吸收的进行,硝酸根不再是痕量物质,因此相互扩散系数值减小。靠近树脂中心,相互扩散系数的降低导致前端明显的边界变得发散和模糊,这与能斯特-普朗克方程一致,图 4.21 的放射自显影照片可以观察到该现象。

前面讲述的六个示例,尽管看似违反直觉,但在现实生活中可以发现许多类似的观察结果。虽然没有完整的数学模型,但上述机理的阐述有助于读者更深入地理解。

4.11 限速步骤:无量纲参数

通过本章前面部分的讨论和之前的研究证实,离子交换过程所需的活化能非常低,反应动力学通常不是限速步骤,而通过扩散进行的传输是限速步骤,其主要分两步:从液相到离子交换剂界面的扩散,以及从界面向交换剂内部的扩散。第一步被称为液膜扩散,而第二步被称为粒子内扩散。在本章中曾详细介绍了"中断测试"的实验方案,用于判断特定条件下的限速步骤。在本节中,将讨论使用无量纲参数,"比奥数"(Biot number),确定反应的限速步骤。

比奥数是液相膜扩散产生的最大可能溶质通量与粒子内扩散产生的最大可能通量之比。若考虑图 S4.5 中半径为"r"的离子交换剂颗粒,由液相薄膜扩散产生的最大溶质通量为

$$J_L^{max} = \frac{D_L}{\delta}(C_b - C_S) = k_f C_b \tag{4.74}$$

其中，D_L 是溶质或平衡离子的液相扩散系数；δ 是静态液膜或边界层的厚度；C_b 是液相中溶质的浓度；C_S 是离子交换剂-水界面的浓度。最大液相通量对应于 C_S 为零的情况。

通过粒子内扩散，离子交换剂或固相中的最大溶质通量为

$$J_S^{max} = \frac{\overline{D}_{eff} q_b \rho_b}{r} \tag{4.75}$$

其中，q_b 是在交换剂界面处与液相浓度 C_b 平衡的溶质或平衡离子吸收的质量参数；ρ_b 是吸附剂的密度。

无量纲比奥数 Bi 本质上是两个最大通量之比。因此，

$$Bi = \frac{J_L^{max}}{J_S^{max}} = \frac{k_f C_b r}{\overline{D}_{eff} q_b \rho_P} \tag{4.76}$$

溶质的分配系数：

$$\lambda = \frac{q_b \rho_b}{C_b} \tag{4.77}$$

因此，$Bi = \dfrac{k_f r}{\overline{D}_{eff} \lambda} \tag{4.78}$

- **比奥数的意义：痕量离子交换**

Bi 中的参数 k_f、r、$\overline{D}_{eff}$ 和 λ 均已知，或可以通过实验独立确定。存在以下两种情况：

案例 I. $Bi \gg 1$，$J_L^{max} \gg J_S^{max}$

粒子内扩散明显较慢，因此为限速步骤。

案例 II. $Bi \ll 1$，$J_S^{max} \gg J_L^{max}$

液膜扩散为限速步骤。

当 Bi>30 时，粒子内扩散为限速步骤，并且液膜扩散可以忽略。而当 Bi<0.5 时，液膜扩散是溶质吸收的唯一限速步骤。式(4.78)显示分配系数 λ 值的增加会使 Bi 值降低，从而使薄膜扩散成为更主要的限速步骤。公开文献中有关比奥数的许多讨论也证明了这种反常的结论。此类分析经常将 $\overline{D}_{eff}$ 作为交换剂相的独立自扩散系数，因此忽略了选择性对 $\overline{D}_{eff}$ 的影响。如 4.8.4 节所述，大孔交换剂中的痕量溶质符合

$$\overline{D}_{eff} = \frac{\epsilon_P D_P}{\epsilon_P + \rho_P \dfrac{\partial q}{\partial C}} \tag{4.79}$$

其中，D_P 是粒子内扩散系数。对于朗缪尔型等温线，在痕量浓度下，

$$\rho_P \frac{\partial q}{\partial C} = 常数 = \lambda$$

因此，$\bar{D}_{eff} = \dfrac{\epsilon_P D_P}{\epsilon_P + \lambda}$ (4.80)

当 $\lambda \gg \epsilon_P$，

$$\bar{D}_{eff} = \frac{\epsilon_P D_P}{\lambda} \tag{4.81}$$

将式(4.81)代入式(4.78)得

$$\text{Bi} = \frac{k_f r}{\epsilon_P D_P} \tag{4.82}$$

且

$$D_P = \frac{D_L^0}{\tau} \tag{4.83}$$

其中，D_L^0 为平衡离子在液相中的扩散系数，τ 是无量纲曲折度。

因此，$\text{Bi} = \dfrac{k_f r \tau}{\epsilon_P D_L^0}$ (4.84)

液相中的流体动力学条件(体现于 k_f 中)、粒径(r)、交换剂内部曲折度(ϵ_P)和平衡离子的液相扩散系数(D_L^0)共同确定了选择性离子交换过程中痕量物质的比奥数。吸附亲和力也被有效粒内扩散系数($\bar{D}_{eff}$)和痕量目标污染物的分配系数同时影响。

例题 4.3

参考例题图 1 所示的阴离子交换柱的中断测试结果。五氯代苯甲酸酯(PCP^-)为溶液中的痕量离子，溶液中还存在其他竞争性阴离子(如氯离子、硫酸根和碳酸氢根)。实验结果表明粒子内扩散为该反应的限速步骤。计算比奥数 Bi 以验证限速步骤。

解：通过比奥数验证动力学机制。

可以运用以下经验公式计算固定床运行中的液膜传质系数(k_f)[5]。

$$\frac{2k_f r}{D_L} = 2 + 1.58 Re^{0.4} Sc^{1/3} \tag{1}$$

其中，D_L 为溶质的液相扩散系数；Re 为雷诺数；Sc 为施密特数。该相关性在 $0.001 < Re < 5.8$ 且 $500 < Sc < 70600$ 时有效。雷诺数和施密特数定义如下：

$$Re = \frac{2rv}{\nu} \tag{2}$$

$$Sc = \frac{\nu}{D_L} \tag{3}$$

其中，ν 为黏度；v 为线速度。粒子内孔隙扩散系数(D_P)与液相扩散系数(D_L)的关

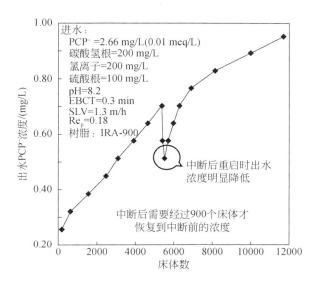

例图1 PCP⁻浓度与床体数的关系曲线。色谱柱中断运行24h,重启后的PCP⁻浓度显著下降。此浓度曲线说明粒子内扩散为限速步骤(与图4.23相同)。数据经许可转载自 Li,SenGupta,2000[37]

系如下:

$$D_P = \frac{D_L}{\tau} \quad (4)$$

其中,τ 为曲折度。树脂的曲折度通常在 2~6 之间,平均值约为 3。结合方程式(1)~式(4)可以求得比奥数的表达式如下,

$$N_{Bi} = \frac{\tau}{\epsilon_P}(1+0.79Re^{0.4}Sc^{\frac{1}{3}}) \quad (5)$$

PCP 的扩散系数 D_L 可以通过维克-陈方程[45]估算:

$$D_L = 7.4 \times 10^{-12} \frac{T(2.6M_W)^{1/2}}{\mu V_B^{0.6}} \quad (6)$$

其中,M_W 为水分子的摩尔质量;T 为势力学温度(K);μ 为水的黏度(cP);V_B 为在正常沸点下有机化合物的摩尔体积。PCP 的 V_B 值大约为 227.5cm³/mol。因此 PCP 的 D_L 值可以通过下式计算:

$$D_L = 7.4 \times 10^{-12} \frac{293K(2.6 \times 18)^{1/2}}{1.0 \times 227.5^{0.6}} = 5.3 \times 10^{-6} cm^2/s \quad (7)$$

有机电解质的实际 D_L 值通常为计算值的 80%~90%,若以平均 85% 计算,

$$D_L = 0.85 \times 5.3 \times 10^{-6} \text{cm}^2/\text{s} = 4.5 \times 10^{-6} \text{cm}^2/\text{s} \tag{8}$$

若平均粒子半径为 $0.25\text{mm}(0.025\text{cm})$，表面线速度为 $1.3\text{m/h}(0.035\text{cm/s})$，运动黏度 (ν) 为 $0.01\text{cm}^2/\text{s}$，雷诺数计算为

$$Re = \frac{2 \times 0.025 \text{cm} \times 0.035 \text{cm/s}}{0.01 \text{cm}^2/\text{s}} = 0.18 \tag{9}$$

施密特数计算为

$$Sc = \frac{10^{-2} \text{cm}^2/\text{s}}{4.5 \times 10^{-6} \text{cm}^2/\text{s}} = 2.2 \times 10^3 \tag{10}$$

当 $\epsilon_P = 0.3, \tau = 3$ 时，根据式(5)，比奥数计算为

$$\text{Bi} = \frac{3}{0.3}[1 + 0.79(0.18)^{0.4}(2.2 \times 10^3)^{\frac{1}{3}}] = 62 \tag{11}$$

因此实验条件下的比奥数大于30。该参数验证了粒子内孔隙扩散为反应的限速步骤，且液膜中的扩散阻力可忽略。

例题 4.4

若实验条件相同，试求比奥数 = 15 时的颗粒半径。

解：

将已知参数代入式(5)可得

$$15 = \frac{3}{0.3}\left(1 + 0.79 \times \left(\frac{2 \times r \times 0.035 \frac{\text{cm}}{\text{s}}}{0.01 \frac{\text{cm}^2}{\text{s}}}\right)^{0.4} \times \left(\frac{0.01 \frac{\text{cm}^2}{\text{s}}}{4.5 \times 10^{-6} \text{cm}^2/\text{s}}\right)^{1/3}\right) \tag{12}$$

求解 r 得

$$r = 7.4 \times 10^{-5} \text{cm} = 0.074 \text{mm} \tag{13}$$

4.12 粒子内扩散：从理论到实践

交换剂的平衡性能，如选择性和再生性，决定了其是否适合特定应用或选择离子交换过程。本节将给出三个案例，其中动力学与平衡性能共同决定着系统的成功与否，并且所有示例都利用了本章中有关粒子内扩散的基本原理。

4.12.1 缩短扩散路径：短床工艺与潜壳树脂

像其他小颗粒(<1mm)的非均质工艺一样，目前已开发出多种离子交换反应器配置和工艺，如填充床、连续逆流、连续搅拌和流化床工艺等。到目前为止，固定

床或填充床工艺应用最为广泛,流动液相通过色谱柱中的固定相离子交换剂颗粒。这种单元操作方法通常用于污染物去除、软化水和脱盐中。

由粒子内扩散控制的不良动力学是选择性离子交换过程的局限之一。在穿透过程中,固定床可划分为三个特定的目标溶质区域:饱和区域、传质区域(MTZ)和未使用区域,如图 4.32 所示。随着交换过程的进行,MTZ 从色谱柱的入口位置向出口位置移动。对于有利的等温线,传质区的长度(L_{MTZ})在其通过色谱柱时不发生变化,其长度主要取决于吸附剂的粒径。对于粒子内扩散为限速步骤的交换过程,L_{MTZ} 与粒径的平方成正比。在固定床工艺中改善动力学性能还意味着降低 L_{MTZ}。但固定床中的水头损失可能是一个限制因素,因为它同样受粒径(吸附剂颗粒的大小)的影响。

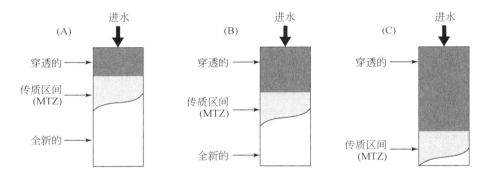

图 4.32 离子交换过程中 MTZ 从入口向出口移动的示意图:(A)初始阶段 MTZ 在进水口附近,床体的主要部分为未使用区域;(B)运行周期中段,MTZ 位于床体中部,饱和区域及未使用区域的分布几乎相等;(C)交换容量耗尽之前,MTZ 在出口附近,色谱柱主要为饱和区域

在层流条件下,对于粒径 d_p 的压降的柯泽尼-卡曼(Kozeny-Carman)方程可以表示为

$$\Delta P = \frac{\mu v L}{K_p d_p^2} \tag{4.85}$$

其中,K_p 为渗透率;μ 为液相的黏度;L 为填充高度;v 为液相线速度。假设 K_p、μ 和 v 保持恒定,则压降 ΔP 与粒径 d_p 的平方成反比。填充色谱柱中直径较小的颗粒会导致压降过大,因此不建议使用。但是,如果 L/d_p^2 保持恒定,压降保持不变。

通过减少 d_p,①可以减少离子交换塔中传质区的长度;②通过减小 L 可以使压降保持不变,从而使 L/d_p^2 保持恒定。随之而来的好处是大大减少了树脂用量,缩短了总循环时间,减小了设备尺寸。图 4.33 阐述了基本的科学解释及其优势。

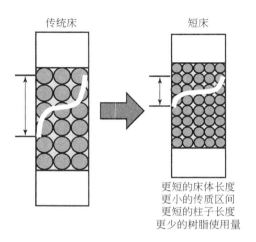

图 4.33 MTZ 长度缩短的优势示意图

以上原理构成了加拿大安大略 Eco-Tec 公司的"Recoflo 型短床离子交换工艺"的基础。Recoflo 工艺使用的粒径(0.075~0.15mm)比常见工业离子交换工艺中使用的粒径(0.4~1.0mm)要小得多。根据不同的应用,总循环时间可以缩短至 2min~1h。排气后,短床以逆流模式再生,以实现最大效率。整个 Recoflo 系统组装在紧凑的橇装式装置中,如图 4.34 所示,体积比传统的填充床离子交换系统小得多。

图 4.34 Recoflo 型短床离子交换工艺。照片经许可转载自 Eco-Tec,2014[49]

通过仅壳层功能化的潜壳离子交换树脂,也可以缩短扩散路径。对于高速分析色谱法,潜壳离子交换树脂已被广泛应用,其离子交换位点仅在树脂表面。对于在吸附过程中的大规模应用,由壳径(S/R)比大于 0.4 的深度官能化均质共聚成的潜壳离子交换树脂可提供显著的动力学优势,但其交换容量会有所下降。图 4.35 显示了潜壳树脂和标准树脂的 S/R 与体积之间的关系。注意,S/R 本质上是两种树脂之间的相对粒子内扩散路径长度的度量。对于 0.5 的 S/R 比,为了缩短一半的扩散路径,可以保留 87.5% 的体积或离子交换容量。

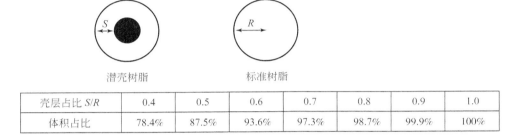

壳层占比 S/R	0.4	0.5	0.6	0.7	0.8	0.9	1.0
体积占比	78.4%	87.5%	93.6%	97.3%	98.7%	99.9%	100%

图 4.35　潜壳树脂和标准树脂的体积或离子交换容量与 S/R 比的关系

几乎所有类型的潜壳树脂均可从漂莱特公司(www.purolite.com)购买。潜壳树脂的优势之一是,在相同的再生水平下,高总溶解固体(TDS)水在软化过程中可显著减少钙离子泄漏。图 4.36 显示了两种漂莱特公司的钠型阳离子交换树脂(C104 和 SST104)在软化过程中钙泄漏的比较,所有实验条件均保持相同[51]。图中还提供了进水组成和空床接触时间等参数。SST104 的 S/R 比为 0.7,是 C104 的潜壳版本。

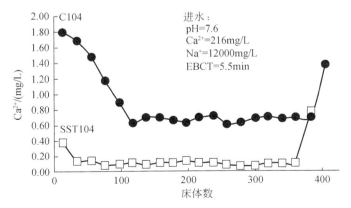

图 4.36　漂莱特公司的钠型阳离子交换树脂 C104 和 SST104 在软化水过程中钙离子泄漏状况的比较。数据经许可转载自 Downey,2006[51]

与短床技术相比,潜壳树脂的粒径与标准树脂相似。因此现有离子交换反应器可以改用潜壳树脂,所需的系统改造难度很小,并且离子交换设备或系统的尺寸基本上保持不变。

4.12.2 双官能团树脂的研发

1-羟基乙烷-1,1-二膦酸(HEDPA)被公认为对多种金属离子有效的络合剂,即使在高酸性溶液依然可以发生络合作用。具有 HEDPA 官能团的双官螯合离子交换树脂(Diphonix® resin)现已上市,用于在酸性介质中去除 U(Ⅵ)、Pu(Ⅳ)和 Am(Ⅲ)等,其去除性能优于其他产品。双官能团树脂还可以在 0.1~5mol/L HNO$_3$ 范围内稳定地与 Fe(Ⅲ)结合。双官能团树脂的开发和商业化的主要挑战是克服极慢的离子交换动力学,即在酸性 pH 下具有极低的粒子内扩散速率。引第二种非选择性官能团(如磺基)极大地改善了双官能团树脂的离子交换动力学,并使这种新材料成功商业化[52]。

为了理解双官能团树脂商业化的发展过程,现考虑与二乙烯基苯交联的单官能团膦酸树脂,如图 4.37A 所示。在酸性 pH 下,膦酸保持非解离(质子化)状态,因此直径减小,水含量降低。根据麦基公式[式(4.5)],弱酸树脂的粒子内扩散速率非常低,目标金属的吸收过程非常缓慢。

当该树脂被磺化产生双官能的磺酸-膦酸基团时,如图 4.37(B)所示,金属吸收速率显著提高。完全离子化的磺酸官能团通过渗透作用吸收树脂中的水分子,从而防止树脂在高酸性条件下解体。共价连接的磺酸基团对目标金属离子没有提供任何特殊的亲和力,但是它们通过两种方式大大提高了粒子内扩散速率:提高了选择性离子交换位点的可及性,且增加了交换剂凝胶相内的自由水分子数量。

亚历桑托斯(Alexandratos)及其同事巧妙地利用了上述现象,合成了同时含有 HEDPA 和磺酸官能团的双官能团树脂(Diphonix),如图 4.38 所示[10]。

(A)单官能团(磷酸基):

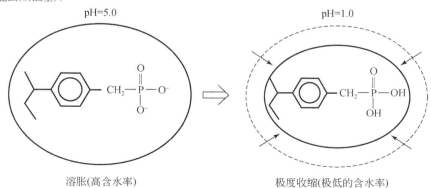

溶胀(高含水率)　　　　　极度收缩(极低的含水率)

(B)双官能团(磷酸基+磺酸基)

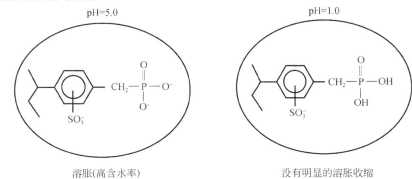

图 4.37 (A)单官能团(磷酸基)和(B)双官能团(磷酸和磺酸基)离子交换剂与聚苯乙烯基体树脂在不同 pH 条件下溶胀度的差异

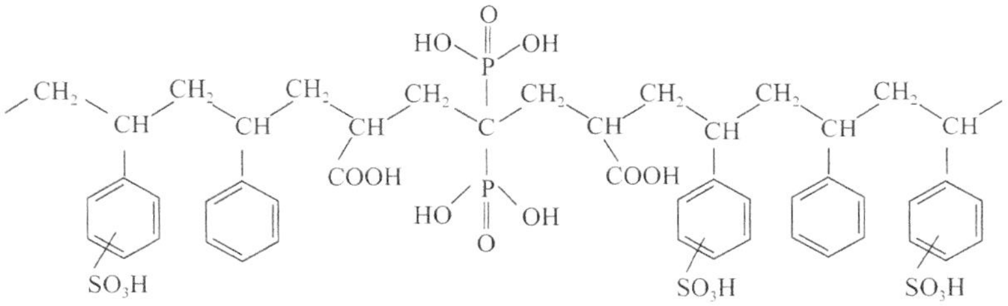

图 4.38 双官能团树脂(Diphonix)的结构示意图。$pK_1=1.5, pK_2=2.5, pK_3=7.2, pK_4=10.5$[10]

图 4.39 显示了在酸性 pH 条件下,磺化和未磺化的双官能团树脂对 Am(Ⅲ)的吸收速率的比较,所有实验条件保持相同。注意到 Am(Ⅲ)的吸收速率显著提高。实验还观察到 Fe(Ⅲ)和其他过渡金属离子的动力学得到改善。

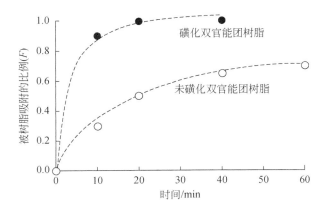

图 4.39 在酸性 pH(约 2)下,磺化和未磺化的双官能团树脂对 Am(Ⅲ)的吸收速率比较。数据经许可转载自 Chiarizia,2007[52]

4.12.3 以离子交换剂为主体增强吸附动力学

金属氧化物颗粒,如 Fe(Ⅲ)、Zr(Ⅳ)、Ti(Ⅳ) 和 Al(Ⅲ) 的氧化物对环境无害,并且在中性 pH 下对许多阴离子配体(如砷酸根、磷酸根、氟离子等)表现出优异的吸附性能。由于吸附位点主要存在于表面,较高的表面积体积比能够为金属氧化物提供非常高的吸附能力。然而,金属氧化物纳米颗粒在固定床反应器或任何流通系统中几乎是不可渗透的。这就是许多科研人员试图将纳米颗粒如水合三氧化三铁(HFO)加载到多孔基质材料中的原因[53-55]。这种复合型吸附剂材料将主体材料在固定床色谱柱中的水力性能与 HFO 纳米颗粒的高吸附能力结合在一起。本节将主要讨论 As(Ⅴ) 或 $H_2AsO_4^-$ 的吸附动力学以及两种主体材料之间的比较,即①没有任何官能团的大孔聚合吸附剂(Amberlite XAD-10);②凝胶型阴离子交换树脂(Amberlite A400)。

使用这两种复合型材料并使用图 S4.1 中的实验装置进行砷吸附的动力学研究,并控制其搅拌速度在 1200r/min 以上,以使粒子内扩散为限速步骤。除了将 HFO 纳米颗粒加载到两种不同的主体材料之外,所有其他实验条件(包括溶液组成)均相同。图 4.40 显示了两种材料的吸收比例曲线以及根据实验数据计算出的有效粒子内扩散系数[56]。凝胶型阴离子交换剂 Amberlite A400 与未官能化的聚合物树脂 Amberlite XAD 10 相比,具有更高数量级的粒子内扩散系数值。实际上,阴离子交换剂用作母体材料时,总是提供比其他多孔基质材料更快的动力学。通过实验还发现在硫酸根浓度远高于目标溶质的情况下,砷酸根在阴离子交换材料上的吸附容量和速率几乎不受任何影响。

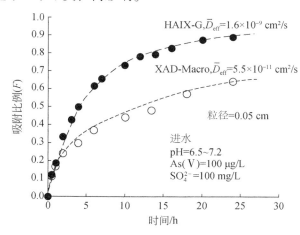

图 4.40 复合型阴离子交换剂(HAIX)和复合型聚合吸附剂(均包含氧化铁纳米颗粒)吸附 As(Ⅴ)的容量和动力学对比。数据经许可转载自 Cumbal,2004[56]

以下为 Amberlite A400 提供更快的动力学和更大的粒子内扩散速率的机理解释：

Amberlite XAD 10 型树脂中加载的 HFO 纳米颗粒通过充满死水的孔彼此分离，即 HFO 纳米颗粒是不连续的。根据浓度梯度，砷酸根从一个 HFO 纳米颗粒扩散到另一个 HFO 颗粒必须克服每个聚合物内的孔扩散，并且这种停滞的液相扩散阻力很高。但对于 Amberlite A400 型树脂母体，HFO 纳米颗粒分散在带有正电荷季铵官能团的阴离子交换剂的凝胶相中，这些带正电荷的位点基本上以无缝方式相互连接。因此砷酸根阴离子可以从一个 HFO 纳米颗粒移动到另一个，而不会遇到很大的扩散阻力。单个阴离子交换剂颗粒中存在数百万个带正电的固定位点（参见例题 4.2）是其具有更大的粒子内扩散速度（所有其他实验条件相同）的根本原因。图 4.41 提供了该扩散机制的示意图。值得注意的是，市售的可再生砷选择性吸附剂基本上都是复合型阴离子交换剂，其中 HFO 纳米颗粒已成功分散在阴离子交换树脂的凝胶相中[57,58]。

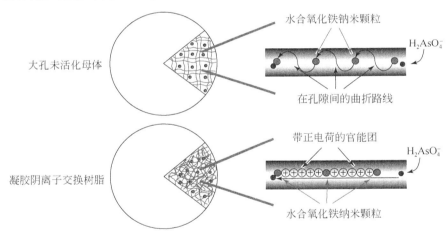

图 4.41　As(Ⅴ)在两种主体材料中加载的 HFO 纳米颗粒的粒子内传输机制。图片经许可转载自 Cumbal, 2004[56]

第 4 章摘要：十个要点

- 离子交换过程不是化学反应控制的，而是一种扩散控制的过程，其活化能要求远低于 100kJ/mol。
- 固定床离子交换过程中粒子内扩散通常是限速步骤。可以通过易于操作的中断测试进行确认。
- 减小离子交换颗粒的尺寸或使用离子交换纤维可缩短扩散路径并提高粒子内扩散的速率。然而，有效粒子内扩散系数保持不变。

- 痕量离子的有效粒子内扩散系数在很大程度上取决于交换剂的含水量和平衡离子的吸附亲和力。较高的含水量和较低的吸附亲和力可提高粒子内扩散系数。
- 离子交换是一个耦合的运输过程：某个离子的吸附总是伴随着等量其他离子的解吸。有效的粒子内扩散系数主要由痕量离子决定。
- 由于较低的粒子内扩散系数和较长的扩散路径，通常很难完全解吸极小比例的残余离子。使用潜壳离子交换剂（类似于薄膜结构）可提高解吸效率。
- 矩形等温线表示平衡离子的亲和力极高。在这种情况下，由于快速的离子交换过程，粒子内扩散发生了急剧的边界变化。这种现象导致"核收缩"或"壳层级进"动力学的产生。
- 通过引入强电离的磺酸官能团，即使在非常低的 pH 下，弱酸金属选择性离子交换剂的含水量也大大提高，从而大大提高了粒子内扩散动力学。这一原理为双官树脂（Diphonix®）的开发奠定了基础。
- 通过减小粒径，可以缩短运行周期，减少树脂用量。RECOFLO® 短床离子交换工艺基于该原理提高处理效率。
- 唐南膜效应（离子排斥）可能有助于解释与离子交换动力学有关的异常观察结果。例如，在稀碱溶液中弱酸阳离子交换树脂的去质子化或解离是一个非常缓慢的过程，原因是唐南排斥效应导致 OH^- 无法扩散到阳离子交换剂中。

参 考 文 献

1 Liberti, L. (1983) Planning and interpreting kinetic investigations, in *Mass Transfer and Kinetics of Ion Exchange Hague* (eds L. Liberti and F. Helfferich), Martinus and Nijhoff Publishers, Netherland, pp. 181–206.
2 Li, P. and SenGupta, A.K. (2000) Intraparticle diffusion during selective ion exchange with a macroporous exchanger. *Reactive and Functional Polymers*, **44**(3), 273–287.
3 Li, P. (1999) *Sorption of Synthetic Aromatic Anions onto Polymeric Ion Exchangers: Genesis of Selectivity and Effects of Equilibrium Process Variables on Sorption Kinetics*, PhD dissertation, Lehigh University, Bethlehem, PA.
4 Kressman, T. and Kitchener, J. (1949) Cation exchange with a synthetic phenolsulphonate resin. Part V. Kinetics. *Discussions of the Faraday Society*, **7**, 90–104.
5 Crank, J. (1979) *The Mathematics of Diffusion*, 2nd edn, Oxford University Press, London.
6 Chatterjee, P.K. (2011) *Sensing and Detection of Toxic Metals in Water with Innovative Sorption-based Techniques*, PhD dissertation, Lehigh University, Bethlehem, PA.
7 Wheeler, A. (1951) Reaction rates and selectivity in catalyst pores. *Advances in Catalysis*, **3** (5), 433–439.
8 Mackie, J. and Meares, P. (1955) The diffusion of electrolytes in a cation-exchange resin membrane. I. Theoretical. *Proceedings of the Royal Society of London A: Mathematical, Physical and Engineering Sciences*, **232** (1191), 498–509.

9 Chiariza, R., Horwitz, E., Alexandratos, S., and Gula, M. (1997) Diphonix® resin: a review of its properties and applications. *Separation Science and Technology*, **32** (1-4), 1–35.
10 Horwitz, E.P., Alexandratos, S.D., Gatrone, R.C., and Chiarizia, R. (inventors) (1994). Arch Development Corp (assignee). Phosphonic acid based ion exchange resins. Chicago, IL. US patent 5,281,631 A. January 25, 1994.
11 Chatterjee, P.K. and SenGupta, A.K. (2009) Sensing of toxic metals through pH changes using a hybrid sorbent material: concept and experimental validation. *AIChE Journal*, **55** (11), 2997–3004.
12 Chatterjee, P.K. and SenGupta, A.K. (2011) Interference-free detection of trace copper in the presence of EDTA and other metals using two complementary chelating polymers. *Colloids and Surfaces A: Physicochemical and Engineering Aspects*, **384** (1), 432–441.
13 Sarkar, S., Chatterjee, P.K., Cumbal, L.H., and SenGupta, A.K. (2011) Hybrid ion exchanger supported nanocomposites: sorption and sensing for environmental applications. *Chemical Engineering Journal*, **166** (3), 923–931.
14 Selke, W.A. (1956) Mass transfer and equilibria, in *Ion Exchange Technology* (eds F.C. Nachod and J. Schubert), Academic Press, Inc., New York, pp. 52–94.
15 Boyd, G., Adamson, A., and Myers, L. Jr., (1947) The exchange adsorption of ions from aqueous solutions by organic zeolites. II. Kinetics. *Journal of the American Chemical Society*, **69** (11), 2836–2848.
16 Petruzzelli, D., Helfferich, F., Liberti, L. et al. (1987) Kinetics of ion exchange with intraparticle rate control: models accounting for interactions in the solid phase. *Reactive Polymers, Ion Exchangers, Sorbents*, **7** (1), 1–13.
17 Chanda, M. and Rempel, G. (1995) Polyethyleneimine gel-coat on silica. High uranium capacity and fast kinetics of gel-coated resin. *Reactive Polymers*, **25** (1), 25–36.
18 Bond, G. (1987) *Heterogeneous Catalysis: Principles and Applications*, 2nd edn, Clarendon, Oxford University Press, Oxford.
19 Price, S., Hebditch, D., and Streat, M. (1988) Diffusion or chemical kinetic control in a chelating ion exchange resin system, in *Ion Exchange for Industry: Society for Industry* (ed. M. Streat), Ellis Horwood Limited, Chichester, pp. 275–285.
20 Price, S.G. (1988) *Kinetics of Ion Exchange in a Chelating Resin*, Open University & Council for National Academic Awards (CNAA), London.
21 Albright, R.L. (1986) Porous polymers as an anchor for catalysis. *Reactive Polymers, Ion Exchangers, Sorbents*, **4** (2), 155–174.
22 Kunin, R., Meitzner, E., and Bortnick, N. (1962) Macroreticular ion exchange resins. *Journal of the American Chemical Society*, **84** (2), 305–306.
23 Abrams, I.M. and Millar, J.R. (1997) A history of the origin and development of macroporous ion-exchange resins. *Reactive and Functional Polymers*, **35** (1), 7–22.
24 Harland, C.E. (1994) *Ion Exchange: Theory and Practice*, 2nd edn, Royal Society of Chemistry, London.
25 Helfferich, F.G. (1990) Models and physical reality in ion-exchange kinetics. *Reac-*

tive Polymers, **13** (1), 191–194.
26. Helfferich, F.G. (1962) *Ion Exchange*, McGraw-Hill Book Company, Inc, New York.
27. Yoshida, H., Kataoka, T., and Ikeda, S. (1985) Intraparticle mass transfer in bidispersed porous ion exchanger. Part I: Isotopic ion exchange. *The Canadian Journal of Chemical Engineering*, **63** (3), 422–429.
28. Yoshida, H. and Kataoka, T. (1985) Intraparticle mass transfer in bidispersed porous ion exchanger. Part II: Mutual ion exchange. *The Canadian Journal of Chemical Engineering*, **63** (3), 430–435.
29. Ruckenstein, E., Vaidyanathan, A.S., and Youngquist, G.R. (1971) Sorption by solids with bidisperse pore structures. *Chemical Engineering Science*, **26** (9), 1305–1318.
30. Greenleaf, J.E., Lin, J., and SenGupta, A.K. (2006) Two novel applications of ion exchange fibers: arsenic removal and chemical-free softening of hard water. *Environmental Progress*, **25** (4), 300–311.
31. Soldatov, V.S. and Bychkova, V.A. (1988) *Ionoobmennye ravnovesiia v mnogokomponentnykh sistemakh (Ion Exchange Equilibrium in Multicomponent Systems)*, Naukai Tekhnika, Minsk.
32. Dominguez, L., Benak, K.R., and Economy, J. (2001) Design of high efficiency polymeric cation exchange fibers. *Polymers for Advanced Technologies*, **12** (3–4), 197–205.
33. Awual, M.R., Jyo, A., Ihara, T. *et al.* (2011) Enhanced trace phosphate removal from water by zirconium(IV) loaded fibrous adsorbent. *Water Research*, **45** (15), 4592–4600.
34. Lin, J.C. and SenGupta, A.K. (2009) Hybrid anion exchange fibers with dual binding sites: simultaneous and reversible sorption of perchlorate and arsenate. *Environmental Engineering Science*, **26** (11), 1673–1683.
35. Soldatov, V.S. (2008) Syntheses and the main properties of Fiban fibrous ion exchangers. *Solvent Extraction and Ion Exchange*, **26** (5), 457–513.
36. Kunin, R. (1958) *Ion Exchange Resins*, 2nd edn, John Wiley & Sons, Inc., New York.
37. Li, P. and SenGupta, A.K. (2000) Intraparticle diffusion during selective sorption of trace contaminants: the effect of gel versus macroporous morphology. *Environmental Science & Technology*, **34** (24), 5193–5200.
38. Kunin, R. and Barry, R.E. (1949) Carboxylic, weak acid type, cation exchange resin. *Industrial & Engineering Chemistry*, **41** (6), 1269–1272.
39. Mackay, D., Shiu, W.Y., and Ma, K. (1997) *Illustrated Handbook of Physical–Chemical Properties of Environmental Fate for Organic Chemicals*, CRC Press, Boca Raton.
40. Slater, M.J. (1991) *Principles of Ion Exchange Technology*, Butterworth-Heinemann, Oxford.
41. Höll, W. (1984) Optical verification of ion exchange mechanisms in weak electrolyte resins. *Reactive Polymers, Ion Exchangers, Sorbents*, **2** (1-2), 93–101.
42. Phelps, D.S. and Ruthven, D.M. (2001) The kinetics of uptake of Cu ions in ionac SR-5 cation exchange resin. *Adsorption*, **7** (3), 221–229.
43. Streat, M. (1984) Kinetics of slow diffusing species in ion exchangers. *Reactive Polymers, Ion Exchangers, Sorbents*, **2** (1), 79–91.

44 Wilke, C. and Chang, P. (1955) Correlation of diffusion coefficients in dilute solutions. *AIChE Journal*, **1** (2), 264–270.
45 Le Bas, G. (1915) *The Molecular Volumes of Liquid Chemical Compounds, from the Point of View of Kopp*, Longmans, Green and Co., London.
46 Weaver, L.E. and Carta, G. (1996) Protein adsorption on cation exchangers: comparison of macroporous and gel-composite media. *Biotechnology Progress*, **12** (3), 342–355.
47 Suzuki, M. (1990) *Adsorption Engineering (Chemical Engineering Monographs Book 25)*, Kodansha Elsevier, Tokyo.
48 Yoshida, H. and Ruthven, D.M. (1989) Adsorption of gaseous ethylamine on H-form strong-acid ion exchangers. *AIChE Journal*, **35** (11), 1869–1875.
49 Eco-Tec. Ion Exchange Demineralization. (2014) Available at: http://eco-tec.com/products/demineralization/ion-exchange-demineralization/ (accessed 12 January 2017).
50 Downey, D. (2006) High total dissolved solids (HTDS) produced water softening with PUROLITE shallow shell technology resins. *PUROLITE: Application Guide*; AG_SSTEng report_12-12-06:1–15.
51 Chiarizia, R., Horwitz, E., and Alexandratos, S. (1994) Uptake of metal ions by a new chelating ion-exchange resin. Part 4: Kinetics. *Solvent Extraction and Ion Exchange*, **12** (1), 211–237.
52 Hering, J.G., Chen, P., Wilkie, J.A., and Elimelech, M. (1997) Arsenic removal from drinking water during coagulation. *Journal of Environmental Engineering*, **123** (8), 800–807.
53 Miller, S.M. and Zimmerman, J.B. (2010) Novel, bio-based, photoactive arsenic sorbent: TiO_2-impregnated chitosan bead. *Water Research*, **44** (19), 5722–5729.
54 Cumbal, L. and SenGupta, A.K. (2005) Arsenic removal using polymer-supported hydrated iron(III) oxide nanoparticles: role of Donnan membrane effect. *Environmental Science & Technology*, **39** (17), 6508–6515.
55 Cumbal, L. (2004) *Polymer-Supported Hydrated Fe Oxide (HFO) Nanoparticles: Characterization and Environmental Applications*, PhD dissertation, Lehigh University, Bethlehem, PA.
56 Layne Christensen. (2016) *LayneRT*, http://www.layne.com/en/technologies/laynert.aspx.
57 Purolite (2016). *FerrIX^{TM} A33E*, http://www.purolite.com/RelId/619885/isvars/default/potable_water.htm.

第 5 章　固相和气相离子交换

前几章中描述的离子交换过程存在于两相之间:离子交换剂相和极性溶剂(水)相。在固相或气相离子交换中,除了离子交换剂和水以外,还存在有助于离子交换反应的固体或气体。在固相离子交换中,附加的一个或多个固相通常是溶解性差的固体,具有较低的溶度积(K_{sp}),这些固体仅部分分解为阳离子和阴离子。离子交换过程的目标通常是完全或部分溶解、分离或回收固相。在离子交换过程中,阳离子或阴离子从难溶性固相通过液相迁移到离子交换剂中。气相离子交换过程与此类似,目标气体溶解于水后水解成阳离子或阴离子进而发生离子交换。固相离子交换过程也可以通过溶解适当气体来加快或减慢反应速度,固相和气相离子交换过程可以同时进行。本章将分别讨论固相和气相离子交换。

5.1　固相离子交换

本部分将分别讨论不同类型的固相(solid-phase)及其在离子交换过程中的作用。

5.1.1　难溶固体

离子交换树脂的引入可提高难溶性固体的溶解度。以硫酸钙($CaSO_4$)为例,其中解离产生的阳离子和阴离子(Ca^{2+}和SO_4^{2-})具有相同的电荷,并且其溶解度与pH无关。固体与水中溶解的离子处于平衡状态:

$$CaSO_4(s) \rightleftharpoons Ca^{2+} + SO_4^{2-} \tag{5.1}$$

在理想状态下,溶度积表示为

$$K_{sp} = [Ca^{2+}][SO_4^{2-}] \tag{5.2}$$

当固相与Na^+型阳离子交换剂接触时,阳离子交换剂逐渐吸收钙离子,

$$\overline{2R\text{-}Na} + Ca^{2+} \rightleftharpoons \overline{R_2Ca} + 2Na^+ \tag{5.3}$$

K_{Na}^{Ca}是离子交换反应的选择性系数(即理想条件下的平衡常数):

$$K_{Na}^{Ca} = \frac{\overline{[R_2Ca]}[Na^+]^2}{\overline{[R\text{-}Na]}^2[Ca^{2+}]} \tag{5.4}$$

由于离子交换剂将Ca^{2+}从溶液中去除,因此根据勒夏特列原理(Le Châtelier's principle),其促进了固相的溶解。溶解和离子交换的总反应可以写为

$$\text{CaSO}_4(\text{s}) + 2\overline{\text{R-Na}} \rightleftharpoons \overline{\text{R}_2\text{Ca}} + 2\text{Na}^+ + \text{SO}_4^{2-} \tag{5.5}$$

因此,总反应的平衡常数为

$$K_{\text{overall}} = K_{\text{sp}} K_{\text{Na}}^{\text{Ca}} \tag{5.6}$$

反应的平衡常数 K_{overall} 越大,同样数量的离子交换剂所提高的固体溶解量也越大。因此,当阳离子交换剂对难溶性固体中的阳离子选择性更高时(如该情况下 Ca^{2+} 的选择性高于 Na^+),更有利于固体溶解。但在溶解过程中,溶液中硫酸根浓度增加而钙离子浓度降低。因此,溶解过程变得越来越不利。例题 5.1 说明了逐渐加入阳离子交换树脂后水相中钙离子和硫酸根的浓度变化。

例题 5.1

向 200mL 蒸馏水中加入 1g 固体 $\text{CaSO}_4(\text{s})$。

(1)试求平衡时钙离子(Ca^{2+})和硫酸根的浓度。

(2)添加 1.0g Na^+ 型强酸阳离子交换树脂,试求重新平衡后钙离子和硫酸根浓度。

(3)每次向溶液中添加 1.0g 阳离子交换树脂,总共添加 5.0g。绘制每次添加树脂并平衡后水中钙离子和硫酸根的浓度。

已知:CaSO_4 的溶度积为 $K_{\text{sp}} = 4.9 \times 10^{-5}$;树脂离子交换容量为 4meq/g。

(4)阐明假设条件并对计算过程进行必要解释。

解:

(1)通过 CaSO_4 的 K_{sp} 值计算溶解度或平衡时的钙离子浓度:

$$\text{CaSO}_4(\text{s}) \rightleftharpoons \text{Ca}^{2+} + \text{SO}_4^{2-} \tag{1}$$

在纯水中,

$$K_{\text{sp}} = [\text{Ca}^{2+}][\text{SO}_4^{2-}] = x^2 \tag{2}$$

其中,x 为 Ca^{2+} 离子的摩尔浓度。

因此,
$$4.9 \times 10^{-5} = x^2$$
$$x = 7 \times 10^{-3} \text{mol/L} \tag{3}$$

(2)向溶液中加入 1.0g 阳离子交换树脂将引起以下溶解、离子交换反应:

$$\text{CaSO}_4(\text{s}) \rightleftharpoons \text{Ca}^{2+} + \text{SO}_4^{2-}$$

$$2\overline{(\text{R-SO}_3^-)\text{Na}^+} + \text{Ca}^{2+} \rightleftharpoons \overline{(\text{R-SO}_3^-)_2\text{Ca}^{2+}} + 2\text{Na}^+ \tag{4}$$

总反应为

$$\text{CaSO}_4(\text{s}) + 2\overline{(\text{R-SO}_3^-)\text{Na}^+} \rightleftharpoons \overline{(\text{R-SO}_3^-)_2\text{Ca}^{2+}} + 2\text{Na}^+ + \text{SO}_4^{2-} \tag{5}$$

溶液中的硫酸根和钠离子浓度均增加。当添加阳离子交换树脂后溶液中的硫酸根浓度增加,钙离子浓度降低。假设树脂对 Ca^{2+} 的选择性远高于 Na^+,即树脂中的离子交换位点全部转化为 Ca^{2+}。因此,阳离子树脂对 Ca^{2+} 的吸收量为 $1.0\text{g} \times$

$4\dfrac{\text{meq}}{\text{g}} = 4\text{meq}$ 或 2mmol。

相应地,树脂向水相中释放出 4meq 的 Na^+。因此,水相中钠离子的浓度变为

$$[Na^+] = \dfrac{4\text{meq}}{0.2\text{L}} = 20\text{meq/L} \tag{6}$$

根据电中性原则,

$$[Na^+] + 2[Ca^{2+}] = 2[SO_4^{2-}] \tag{7}$$

此外,

$$[Ca^{2+}][SO_4^{2-}] = K_{sp} \tag{8}$$

$$[Na^+] + \dfrac{2K_{sp}}{[SO_4^{2-}]} = 2[SO_4^{2-}] \tag{9}$$

式(9)中 $[SO_4^{2-}]$ 为唯一的未知数,因此可以对其求解,

$$[SO_4^{2-}] = 12.04\text{mmol}$$

$$[Ca^{2+}] = \dfrac{K_{sp}}{[SO_4^{2-}]} = 4.07\text{mmol}$$

(3)假设树脂中的钠被 Ca^{2+} 完全取代,水相中钠离子浓度随阳离子交换树脂的添加而变化。

因此根据电中性原则(9),

$$0.02m + \dfrac{2K_{sp}}{[SO_4^{2-}]} = 2[SO_4^{2-}] \tag{10}$$

其中,m 是以克为单位的阳离子交换树脂的投加质量。

对于所添加的每克树脂,可以计算溶液中 $[SO_4^{2-}]$ 浓度,进而计算 $[Ca^{2+}]$ 和 $[Na^+]$。

例题图 1 显示了当溶液中始终存在未溶的 $CaSO_4$ 固体时,添加阳离子交换树脂后水相中 Ca^{2+}、Na^+ 和 SO_4^{2-} 的浓度变化。

(4)溶液中钙离子浓度下降而钠离子和硫酸根浓度增加。因此,为使交换过程能够进行,阳离子交换剂必须对钙的选择性远高于 Na^+,且随着 Ca^{2+} 浓度逐渐降低,该过程的动力学减慢。

可以理解,当同时存在阳离子(钠型)和阴离子交换剂(氯型)时,固相溶解会更快。阴离子的除去(即固体硫酸钙中的硫酸根)为固体溶解提供了额外的驱动力。当阳离子和阴离子交换剂分别以 H 型和 OH 型存在时,固相的溶解将进一步加快。阴离子交换剂释放出的氢氧根离子(OH^-)通过与 H^+ 结合形成 H_2O,从而促进了阳离子交换,如下所示:

$$CaSO_4 \longrightarrow Ca^{2+} + SO_4^{2-} \tag{5.7}$$

$$2\overline{RH} + Ca^{2+} \rightleftharpoons \overline{(R^-)_2Ca^{2+}} + 2H^+ \tag{5.8}$$

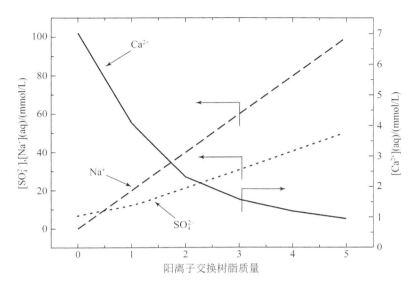

例题图 1　将 Na 型阳离子交换树脂逐步添加到含有 $CaSO_4$ 未溶固体的溶液中,可以改变水相中钠、钙和硫酸根的浓度

$$2\overline{ROH}+SO_4^{2-} \Longleftrightarrow \overline{(R^+)_2SO_4^{2-}}+2OH^- \tag{5.9}$$

$$2H^++2OH^- \longrightarrow 2H_2O \tag{5.10}$$

总反应：

$$CaSO_4(s)+2\overline{RH}+2\overline{ROH} \Longleftrightarrow \overline{(R^-)_2Ca^{2+}}+\overline{(R^+)_2SO_4^{2-}}+2H_2O \tag{5.11}$$

图 5.1(A) 和图 5.1(B) 说明了逐渐添加离子交换树脂后硫酸钙逐渐溶解的两种情况。当仅添加 Na 型阳离子交换剂时,水相中的钙离子逐渐减少,而硫酸根和钠均增加。相反,当分别添加 H 型和 OH 型的阳离子和阴离子交换树脂时,水相中的钙离子和硫酸根浓度基本上保持相同。

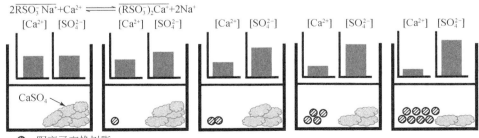

图 5.1(A)　逐步加入 Na 型阳离子交换树脂可逐渐溶解硫酸钙沉淀

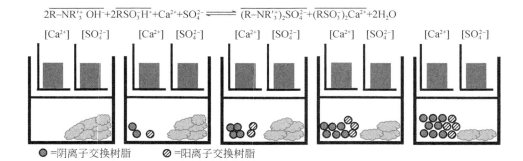

图 5.1(B) 同时添加 H 型阳离子交换树脂和 OH 型阴离子交换树脂溶解硫酸钙的情况

例题 5.2

除了在每个阶段中添加 1.0g 的阴离子交换树脂(OH 型)和 0.5g 的阳离子交换树脂(H 型)之外,所有实验条件均与之前例题相同。若阳离子交换容量为 4meq/g,阴离子交换剂为 2meq/g,试探讨溶解过程的区别和优势。

解:

分别使用 H 型阳离子交换树脂和 OH 型阴离子交换树脂从固相硫酸钙中去除钙离子,若不允许溶液中硫酸根浓度的增加,反应如下:

$$CaSO_4(s) \rightleftharpoons Ca^{2+} + SO_4^{2-} \tag{1}$$

$$\overline{2(R-SO_3^-)H^+} + Ca^{2+} \rightleftharpoons \overline{(R-SO_3^-)_2Ca^{2+}} + 2H^+ \tag{2}$$

$$\overline{2(R_4N^+)OH^-} + SO_4^{2-} \rightleftharpoons \overline{(R_4N^+)_2SO_4^{2-}} + 2OH^- \tag{3}$$

$$2H^+ + 2OH^- \rightleftharpoons 2H_2O \tag{4}$$

总反应:

$$CaSO_4(s) + \overline{2(R-SO_3^-)H^+} + \overline{2(R_4N^+)OH^-} \rightleftharpoons \overline{(R-SO_3^-)_2Ca^{2+}} + \overline{(R_4N^+)_2SO_4^{2-}} + 2H_2O \tag{5}$$

由于同时去除了硫酸根,钙离子浓度不会随离子交换树脂的添加而改变。在此交换过程中的任意时间,

$$[Ca^{2+}] = \sqrt{K_{sp}} = [SO_4^{2-}] \tag{6}$$

同样,溶液中不存在与 Ca^{2+} 竞争阳离子交换位点的其他阳离子。

例题 5.3

若实验条件与例题 5.2 相同,但此时从硫酸钡中去除钡离子:

(1) $BaSO_4(s)$ 为溶液中的唯一固相。

(2) $BaSO_4(s)$ 与 $CaSO_4(s)$ 同时存在。

$BaSO_4$ 的溶度积 $K_{sp}=1\times10^{-10}$。

解：

（1）
$$BaSO_4(s) \Longleftrightarrow Ba^{2+}+SO_4^{2-} \tag{7}$$

$$[Ba^{2+}]=\sqrt{K_{sp}}=10^{-5} mol/L \tag{8}$$

由于与 $CaSO_4$ 相比溶解度更低，因此平衡状态下的 Ba^{2+} 浓度明显低于 Ca^{2+}，但是其交换过程相同。实际上，若以摩尔为单位，从固相中溶解和分离的 $BaSO_4$ 的阳离子和阴离子在投加交换树脂质量相同的条件下与 $CaSO_4$ 相同。

（2）当溶液中存在更大溶度积的 $CaSO_4(s)$ 时，$BaSO_4(s)$ 的选择性分离将发生巨大变化。根据电中性原则，可得

$$[Ca^{2+}]+[Ba^{2+}]=[SO_4^{2-}] \tag{9}$$

由于 $BaSO_4(s)$ 的溶度积 K_{sp} 比 $CaSO_4(s)$ 小近五个数量级，$[Ca^{2+}]\gg[Ba^{2+}]$，因此，

$$[Ca^{2+}]=[SO_4^{2-}]=7\times10^{-3} mol/L \tag{10}$$

由此可得，

$$[Ba^{2+}]=\frac{K_{sp}}{[SO_4^{2-}]}=\frac{1\times10^{-10} mol/L^2}{7\times10^{-3} mol/L}=1.4\times10^{-8} mol/L \tag{11}$$

需要注意两点：

① 当溶液中存在固体 $CaSO_4$ 时，Ba^{2+} 的浓度降低了三个数量级。

② 钙离子浓度比钡离子高了近五个数量级。

因此，当 $CaSO_4$ 存在时，钡离子的选择性溶解和去除效率极低。

与硫酸钙不同，许多难溶性固体的阴离子部分为弱酸根。例如，难溶性的钙盐 $CaCO_3(s)$、$Ca_3(PO_4)_2(s)$ 和 $CaF_2(s)$，其对应的弱酸分别为 H_2CO_3、H_3PO_4 和 HF。以大理石或方解石为例，其主要成分为 $CaCO_3$。由于阴离子（CO_3^{2-}）的质子化和固相的溶解，该情况下使用 H 型的阳离子交换剂作用明显，如下所示：

$$CaCO_3(s) \Longleftrightarrow Ca^{2+}+CO_3^{2-} \tag{5.12}$$

$$2\overline{RH}+Ca^{2+} \Longleftrightarrow \overline{(R^-)_2Ca^{2+}}+2H^+ \tag{5.13}$$

$$2H^++CO_3^{2-} \Longleftrightarrow H_2O+CO_2(g) \tag{5.14}$$

总反应：$$CaCO_3(s)+2\overline{RH} \Longleftrightarrow \overline{(R^-)_2Ca^{2+}}+H_2O+CO_2(g) \tag{5.15}$$

该反应表明，在不使用任何酸的情况下，可以使用 H 型阳离子交换树脂在温和的化学条件下溶解石灰石或大理石，且随着 $CaCO_3$ 的溶解，不会形成高浓度的 CO_3^{2-}，由于 CO_2 气体的产生和释放，该过程在热力学上非常有利。

例题 5.4

若整个钙离子去除过程中的钙/钠分离因数始终为 5.0(即 $\alpha_{Ca/Na}=5$),试对例题 5.1 求解。

5.1.2 离子交换诱导沉淀法脱盐

由于海水中电解质含量很高,无法通过混合床或任何其他常规方式使用离子交换树脂进行海水淡化。对于紧急情况,尽管毫无经济性可言,离子交换后进行沉淀可能是产生足够量饮用水的相对简单的技术。这种处理方法在第二次世界大战期间就存在[1,2]。对于典型的海水,除了含有很高浓度的 Na^+ 和 Cl^-,还存在 Mg^{2+} 和 SO_4^{2-} 等离子。预先负载 Ag^+ 和 Ba^{2+} 离子的高容量阳离子交换树脂的混合物可能会大大降低海水的盐度并达到饮用标准。交换反应后,$AgCl(s)$ 和 $BaSO_4(s)$ 分别沉淀,如下所示:

$$\overline{(R^-)Ag^+} + Na^+ + Cl^- \longrightarrow \overline{(R^-)Na^+} + AgCl(s)\downarrow \quad (5.16)$$

$$\overline{(R^-)_2Ba^{2+}} + Mg^{2+} + SO_4^{2-} \longrightarrow \overline{(R^-)_2Mg^{2+}} + BaSO_4(s)\downarrow \quad (5.17)$$

氯化银和硫酸钡的极低溶解度可以使反应平衡右移。海水的主要成分钠离子、氯离子、镁离子和硫酸根离子分别以不溶性的 $\overline{RNa}$、$\overline{R_2Mg}$、$AgCl(s)$ 和 $BaSO_4(s)$ 的形式滤出。

例题 5.5

在 1L 典型的海水(TDS 浓度约为 35000mg/L)中添加 175g Ag 型阳离子交换树脂和 21g Ba^2 型阳离子交换树脂。计算平衡时海水盐度(或 TDS)的减少量(mg/L)并阐明假设条件。

解:

假设条件:

(1)离子交换结束后,所有的银以 AgCl 的形式沉淀,所有的钡以 $BaSO_4$ 的形式沉淀。

(2)$Q=3.0$meq/g 树脂

Ag 型树脂:

$$175gAg\text{-树脂质量} \times 3.0\frac{meqAg}{g\text{ 树脂}} \times 1.0\frac{meqNaCl}{meqAg} = 525meqNaCl \text{ 交换容量}$$

$$525meqNaCl \times 58.5\frac{mgNaCl}{meqNaCl} = 30,710mgNaCl$$

Ba 型树脂:

$$21gBa\text{-树脂质量} \times 3.0\frac{meqBa}{g\text{ 树脂}} \times 1.0\frac{meqMgSO_4}{meqBa} = 63meqMgSO_4 \text{ 交换容量}$$

$$63 \text{meqMgSO}_4 \times 60.2 \frac{\text{mgMgSO}_4}{\text{meqMgSO}_4} = 3790 \text{mgMgSO}_4$$

总脱盐量

$$\text{TDS 去除} = 30710 \text{mgNaCl} + 3790 \text{mgMgSO}_4 = 34500 \text{mg}$$

$$\text{处理后含盐量} = 35000 \frac{\text{mg}}{\text{L}} - 34500 \frac{\text{mg}}{\text{L}} = 500 \frac{\text{mg}}{\text{L}}$$

$$\text{TDS 降低百分比} = \frac{34500 \text{mg/L}}{35000 \text{mg/L}} = 98.5\%$$

5.1.3 竞争性固相分离

本章前面的部分主要讨论了单一固相。许多现实生活中的分离问题需要选择性溶解,并且在存在其他竞争性固相物质时将其选择性去除。在这部分的介绍中,为突出其实际意义,将特别专注于有毒或重金属的沉淀物的去除。

广泛存在的环境问题涉及在无害的背景下,固相中污泥的处理或少量有害环境的重金属(通常小于质量比1%)污染的土壤的处理。由于少量污染物的存在,整体污泥或固相被界定为"危险品",大大增加了处理成本。从背景固相中针对性地去除有毒金属是一种更为有效的处理方法,处理后大部分污泥变成无害固体。另外,这种方法也为有毒金属的浓缩和回收提供了思路。

从环境标准的角度来看,污泥中所含的无毒物质并不重要,但它们的物理化学性质可能会强烈影响重金属的选择性分离。理论上可能出现不同的情况,表5.1提供了各种可能性的说明[3]。

表5.1 有毒金属(TM)污染的污泥:分离方案分析,数据经许可转载自 SenGupta et al. ,1996

情况	示意图	备注
固相物质间不发生化学反应;如 TM 与沙砾的混合。无缓冲容量(BC)	固相 + TM = TM	TM 的溶解与伴随相无关
离子交换固相;溶解的 TM 与土壤的离子交换位点结合	固相 + TM =	TM 的溶解取决于吸附/解吸现象
固相物质间发生化学反应;如 TM 与碳酸钙的混合物;比较高的缓冲容量	固相 + TM =	TM 的溶解取决于共存的固相

尽管第一种情况微不足道,但后两种提出了挑战:

(1)有毒金属阳离子与土壤的离子交换位点结合。

(2) 有毒金属存在于高缓冲容量的背景中。

将对两种情况分别讨论,并强调其潜在的唯一性。

5.1.4 从土壤中的离子交换位点回收

尤其是黏土、膨润土或伊利石,其阳离子交换能力主要来自铝的硅晶格内同构取代。二价金属离子主要通过静电相互作用牢固地结合在这些离子交换位点上。从这些受污染的土壤中去除有毒金属或重金属涉及以下连续步骤:

(1) 通过无害平衡离子的替换从土壤的离子交换位点解吸到水相中。

(2) 将有毒金属从液相中选择性吸附到选择性螯合交换剂中。

整个过程类似于便利运输。在水相中使用无毒的钠或钙离子从土壤的离子交换位点解吸有毒金属离子(M^{2+}),随后将 M^{2+} 离子吸附到金属选择性螯合交换剂上,释放出等量的 Na^+ 或 Ca^{2+}。土壤和螯合离子交换剂之间金属离子选择性的差异使得有毒金属从土壤到螯合交换剂的传递非常有利。螯合交换剂可进一步再生以回收金属,并在回收过之后重复使用。本节将介绍具有亚氨基二乙酸酯官能团的螯合阳离子交换剂的处理过程。

通过向水相中添加 Ca^{2+}(即驱动剂阳离子)从膨润土的离子交换位点解吸 $Cu(\mathrm{II})$ 的交换反应可总结如下:

$$\overline{(Z^-)_2 Cu^{2+}} + Ca^{2+}(aq) \rightleftharpoons \overline{(Z^-)_2 Ca^{2+}} + Cu^{2+}(aq) \tag{5.18}$$

$$\overline{R-N-(CH_2COO^-)_2 Ca^{2+}} + Cu^{2+}(aq) \rightleftharpoons 2\overline{R-N-(CH_2COO^-)_2 Cu^{2+}} + Ca^{2+}(aq) \tag{5.19}$$

总反应:

$$\overline{(Z^-)_2 Cu^{2+}} + \overline{R-N-(CH_2COO^-)_2 Ca^{2+}} \rightleftharpoons 2\overline{R-N-(CH_2COO^-)_2 Cu^{2+}} + \overline{(Z^-)_2 Ca^{2+}} \tag{5.20}$$

其中,Z 和 R 分别代表膨润土的晶格和螯合离子交换剂的基质。

为了使该处理方法有效,反应的热力学必须是有利的。在理想条件下,该反应的平衡常数为

$$K_{\text{overall}} = \frac{q_{Ca}^Z q_{Cu}^R}{q_{Cu}^Z q_{Ca}^R} \tag{5.21}$$

其中,上标 Z 和 R 分别表示土壤相和离子交换剂相,而 q_{Ca} 和 q_{Cu} 表示相应固相中的钙和铜浓度。将方程的分子和分母同时乘以 C_{Ca}/C_{Cu}(C_i 表示物质 i 的水相浓度),可以得到

$$K_{\text{overall}} = \left[\frac{q_{Cu}^R/C_{Cu}}{q_{Ca}^R/C_{Ca}}\right]\left[\frac{q_{Ca}^Z/C_{Ca}}{q_{Cu}^Z/C_{Cu}}\right] = \frac{\alpha_{Cu/Ca}^R}{\alpha_{Cu/Ca}^Z} \tag{5.22}$$

因此,K_{overall} 是离子交换剂和膨润土之间的 Cu/Ca 分离因数之比。如前所述,

所存在的螯合官能团(亚氨基二乙酸酯部分)与膨润土相比,离子交换剂的无量纲 Cu/Ca 分离因数通常大两个数量级。因此整个过程对于具有高离子交换能力的黏土的重金属污染处理选择性很高。碱金属或碱土金属阳离子(如 Na^+ 或 Ca^{2+})可以在促进重金属从土壤向螯合离子交换剂的迁移中充当介质。图 5.2 说明了重金属阳离子从土壤的离子交换位点移动到金属选择性螯合交换剂中的过程,而由 Na^+ 或 Ca^{2+} 组成的萃取溶液可以循环使用[4]。

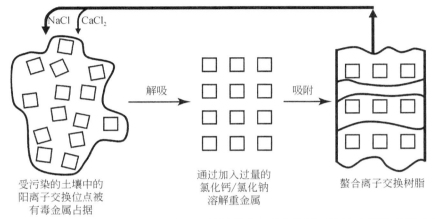

图 5.2 有毒金属从受污染的土壤中解吸并被螯合离子交换剂吸收的示意图,释放出的 $CaCl_2$/NaCl 可重复使用。图片经许可转载自 SenGupta,2000[4]

5.1.5 类布离子交换器

常规的固定床吸附工艺和膜分离工艺无法处理高悬浮固体(1%~10%)含量的污泥/浆液。对于此类情况,进行预处理以除去悬浮的固体是必不可少的要求。具有类似布的物理构型的复合离子交换剂(cloth-like ion exchanger, CIX)是处理浆液或污泥的合适方案,因为该种离子交换剂不易因悬浮固体而结垢。CIX 本质上是细小的球形螯合离子交换剂颗粒,包裹在多孔聚四氟乙烯(PTFE)薄片(约 0.5mm 厚)中[5-9]。干燥后,这些复合片状材料包含>80%的颗粒(聚合离子交换剂)和<20%的 PTFE(质量分数)。该材料多孔(通常>40%的空隙),其孔径分布均匀且低于 0.5μm。离子交换微球的直径通常<100μm,总厚度≈0.5mm。因此,它们是有效的过滤器,可从渗透液中去除>0.5μm 的悬浮固体。由于这种片状构造,该材料可以容易地放入具有高浓度的悬浮颗粒的反应器进行吸附或当过滤结束后从反应器中取出进行解吸。在本节中,所选微球的螯合官能团为亚氨基二乙酸酯(IDA),图 5.3(A)显示了复合 IDA 交换剂的电镜照片,图 5.3(B)描绘了微珠如

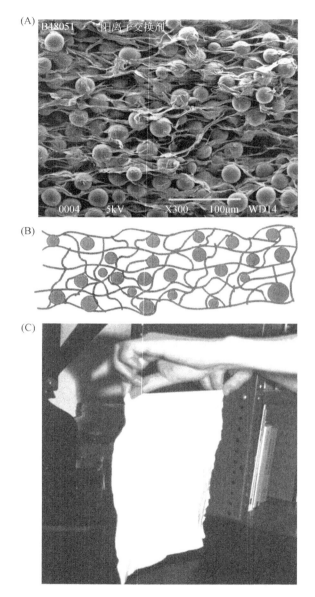

图 5.3 (A)复合 IDA 膜的电镜照片;(B)PTFE 纤维网络中的微珠示意图;
(C)离子交换剂的布样照片。图片经许可转载自 SenGupta,1993[8]

何固定在 PTFE 的纤维网中,图 5.3(C)显示了 CIX 的布样形态照片[8]。表 5.2 列举了 CIX 的显著特性,表中显示,螯合微珠占复合膜质量的 90%。此离子交换材料可使膜达到与固定床操作中使用的螯合树脂颗粒相同的性能水平。

CIX 材料由于其高孔隙率而与工业过程中使用的传统离子交换膜[如唐南渗析(DD)膜和电渗析(ED)膜]存在本质差异。DD 膜和 ED 膜的孔隙率非常低,并且受到唐南离子排斥原理的影响,不允许阴离子穿过阳离子交换膜,反之亦然。但在 CIX 的情况下,即使是阳离子交换膜,离子交换剂之间的大间隙也可使阴离子自由通过。由于材料的孔径,大于 0.5μm 的悬浮固体无法穿过膜体。但水分子和离子在薄层间的移动不受影响,从而使溶液中的目标离子(在这种情况下为有毒金属)与 CIX 的平衡离子之间的离子交换不受阻碍,如图 5.2 所示。在一定时间后,可以取出 CIX,并用稀(3%~5%)的无机酸进行化学再生。

表 5.2 复合型 CIX 材料的主要性能[3]

材料组成	90%螯合树脂微粒固定于 10% PTFE(质量分数)的网络中
标称孔径	0.4μm
标称容量	3meq/g 膜
膜厚度	0.2~0.5mm
离子形态	Na^+
树脂基质	苯乙烯-二乙烯基苯
官能团	亚氨基二乙酸酯
平均粒径	100μm
pH 范围	1~14
温度范围	0~75℃
化学稳定性	甲醇;1N
市售公司	Bio-Rad Inc., CA

使用加载铜的膨润土浆液,按照图 5.2 所示的过程模拟了实验室实验。图 5.4 展示了负载有 Cu(Ⅱ)的膨润土的 Cu(Ⅱ)回收率百分比和水相 Cu(Ⅱ)浓度与循环次数的关系曲线。结果发现在不到 30 个循环内即可达到 60%的回收率。其他实验细节可在公开文献中获取[13]。

5.1.6 重金属(Me^{2+})与具有高缓冲能力的固相混合物

共存的背景固相尽管无害,但可能会影响重金属(Me^{2+})的溶解和去除效果,进而影响其与整体固相的选择性分离。例如,块状方解石($CaCO_3$)的背景中重金属沉淀物[如 $Me(OH)_2$ 或 $MeCO_3$]作为痕量污染物存在,则水相的 pH 将呈弱碱性。因此重金属的浓度比 Ca^{2+} 低几个数量级。在这种情况下,重金属与背景固相的任何选择性分离无法进行。

为了量化该代表性案例,现考虑一个开放的反应器中,大量 $CaCO_3$ 污泥中含有

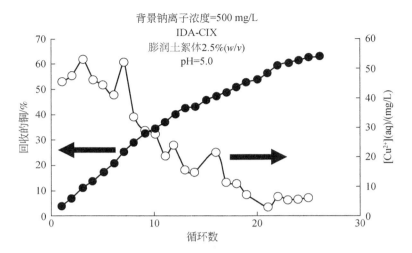

图 5.4 在循环过程中从膨润土的离子交换位点回收 Cu(Ⅱ)。
数据经许可转载自 SenGupta,2001[13]

少量 $PbCO_3$ 固体。为了深入了解 $CaCO_3$ 对开放系统中溶解的 Pb^{2+} 浓度的影响,建议阅读补充材料 S5.1。若读者已经理解以下两个结论,可以跳过 S5.1 部分。

(1) 水相中 Ca^{2+}/Pb^{2+} 的比例与其碳酸盐的溶度积比例成正比。因此,Ca^{2+} 的浓度比 Pb^{2+} 大几个数量级,使选择性分离效率低下。

(2) 二氧化碳压力的增大增加了水相 Pb^{2+} 的浓度,但 Ca^{2+}/Pb^{2+} 的比例保持不变。

补充阅读材料 S5.1
案例 1

以重金属沉淀物的情况为例,如 $MeCO_3$。如果其是唯一的固相,并且引入 $CO_2(g)$ 来降低 pH 并随之增加水相 $[Me^{2+}]$,则相关的方程式和平衡常数为

$$MeCO_3(s) \rightleftharpoons Me^{2+} + CO_3^{2-}; K_{sp} \quad (S5.1)$$

$$CO_3^{2-} + H^+ \rightleftharpoons HCO_3^-; 1/K_{a,2} \quad (S5.2)$$

$$H_2CO_3^* \rightleftharpoons H^+ + HCO_3^-; K_{a,1} \quad (S5.3)$$

$$CO_2(g) + H_2O \rightleftharpoons H_2CO_3^*; K_H \quad (S5.4)$$

结合式(S5.1)~式(S5.4)可得

$$MeCO_3(s) + CO_2(g) + H_2O \rightleftharpoons Me^{2+} + 2HCO_3^- \quad (S5.5)$$

$$K_{eq,1} = \frac{K_{sp} K_{a,1} K_H}{K_{a,2}} = \frac{[Me^{2+}][HCO_3^-]^2}{p_{CO_2(g)}} \quad (S5.6)$$

根据电中性原则有

$$[H^+]+2[Me^{2+}]=[OH^-]+[HCO_3^-]+2[CO_3^{2-}] \quad (S5.7)$$

当 pH ∈ (4.3, 8.3) 时，$[H^+]$、$[OH^-]$ 和 $[CO_3^{2-}]$ 的浓度可忽略不计，所以简化后的电荷平衡为

$$2[Me^{2+}]=[HCO_3^-] \quad (S5.8)$$

因此式(S5.6)可以变形为

$$K_{eq,1}=\frac{K_{sp}K_{a,1}K_H}{K_{a,2}}=\frac{[Me^{2+}]\{2[Me^{2+}]\}^2}{p_{CO_2(g)}}$$

$$4[Me^{2+}]^3=\frac{K_{sp}K_{a,1}K_H}{K_{a,2}}p_{CO_2(g)} \quad (S5.9)$$

$$[Me^{2+}]=常数 \times K_{sp}^{1/3} \times p_{CO_2(g)}^{1/3}$$

因此将 $\lg(Me^{2+})$ 和 $\lg[p_{CO_2(g)}]$ 作图可得斜率为 1/3 的直线，且根据式(S5.3)，

$$K_{a,1}=\frac{[H^+][HCO_3^-]}{[H_2CO_3^*]}=\frac{[H^+][HCO_3^-]}{K_H p_{CO_2(g)}} \quad (S5.10)$$

因此，

$$[H^+]=\frac{p_{CO_2(g)}K_{a,1}K_H}{[HCO_3^-]} \quad (S5.11)$$

将式(S5.8)中求得的 $[HCO_3^-]$ 代入式(S5.11)可得

$$[H^+]=\frac{p_{CO_2(g)}K_{a,1}K_H}{2[Me^{2+}]} \quad (S5.12)$$

将式(S5.9)中的 $[Me^{2+}]$ 代入可得

$$[H^+]=\frac{p_{CO_2(g)}K_{a,1}K_H}{4\left(\frac{p_{CO_2(g)}K_{sp}K_{a,1}K_H}{K_{a,2}}\right)^{\frac{1}{3}}}$$

$$[H^+]=常数 \times p_{CO_2(g)}^{2/3} \quad (S5.13)$$

因此若将 pH 对 $\lg[p_{CO_2(g)}]$ 作图可得一条斜率为 -2/3 的直线。

若用溶度积为 1.46×10^{-13} mol/L 的 $PbCO_3$ 取代 $MeCO_3$，图 S5.1 显示了当水中单独的固体 $PbCO_3$ 与二氧化碳处于平衡状态时，$\lg(Pb^{2+})$ 和 pH 随 $CO_2(g)$ 分压的变化曲线。

案例 2

非均相平衡中存在一种以上的固相，如 $PbCO_3$ 和 $CaCO_3$ 共存。
相关反应方程式：

$$PbCO_3(s) \rightleftharpoons Pb^{2+}+CO_3^{2-}; K_{sp1} \quad (S5.14)$$

$$CaCO_3(s) \rightleftharpoons Ca^{2+}+CO_3^{2-}; K_{sp2} \quad (S5.15)$$

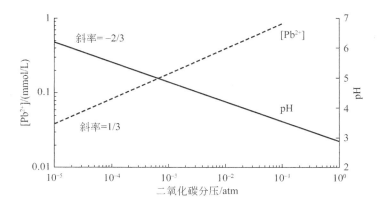

图 S5.1 固体 $PbCO_3$ 浊液中 pH 和 Pb^{2+} 浓度随 $p_{CO_2(g)}$ 的变化（$1atm=1.01325\times10^5 Pa$）

$$2CO_3^{2-}+2H^+ \Longleftrightarrow 2HCO_3^-;(1/K_{a,2})^2 \quad (S5.16)$$

$$2H_2CO_3^* \Longleftrightarrow 2H^++2HCO_3^-;K_{a,1}^2 \quad (S5.17)$$

$$2CO_2(g)+2H_2O \Longleftrightarrow 2H_2CO_3^*;(K_H)^2 \quad (S5.18)$$

若结合方程式（S5.14）~式（S5.18），

$$PbCO_3(s)+CaCO_3(s)+2CO_2(g)+2H_2O \Longleftrightarrow Pb^{2+}+Ca^{2+}+4HCO_3^- \quad (S5.19)$$

$$K_{eq,2}=\frac{K_{sp1}K_{sp2}(K_{a,1})^2(K_H)^2}{(K_{a,2})^2}=[Pb^{2+}][Ca^{2+}]\frac{[HCO_3^-]^4}{[p_{CO_2(g)}]^2} \quad (S5.20)$$

电荷平衡等式为

$$[H^+]+2[Pb^{2+}]+2[Ca^{2+}]=[OH^-]+[HCO_3^-]+2[CO_3^{2-}] \quad (S5.21)$$

当 pH $\in$（4.3, 8.3）时，$[H^+]$、$[OH^-]$ 和 $[CO_3^{2-}]$ 的浓度可以忽略不计。因为 $K_{sp1} \ll K_{sp2}$，因此当溶液 pH 在此范围时 $[Ca^{2+}] \gg [Pb^{2+}]$，$[Pb^{2+}]$ 的浓度可以忽略，因此式（S5.20）可以变形为

$$2[Ca^{2+}]=[HCO_3^-] \quad (S5.22)$$

且

$$K_{sp,1}=[Pb^{2+}][CO_3^{2-}] \quad [Pb^{2+}]=\frac{K_{sp,1}}{[CO_3^{2-}]}$$

$$K_{sp,2}=[Ca^{2+}][CO_3^{2-}] \quad [Ca^{2+}]=\frac{K_{sp,2}}{[CO_3^{2-}]}$$

$$\frac{K_{sp,1}}{K_{sp,2}}=\frac{[Pb^{2+}]}{[Ca^{2+}]}$$

$$[Ca^{2+}]=[Pb^{2+}]\frac{K_{sp,2}}{K_{sp,1}} \quad (S5.23)$$

将式(S5.23)中的[Ca^{2+}]值代入式(S5.22)可得

$$2[Pb^{2+}]\left[\frac{K_{sp,2}}{K_{sp,1}}\right] = [HCO_3^-] \tag{S5.24}$$

将式(S5.24)中计算的[HCO_3^-]值与式(S5.23)计算的[Ca^{2+}]值代入式(S5.20)得

$$K_{eq,2} = \frac{[Pb^{2+}]}{[p_{CO_2(g)}]^2}[Pb^{2+}]\frac{K_{sp,2}}{K_{sp,1}}\left[2[Pb^{2+}]\left[\frac{K_{sp,2}}{K_{sp,1}}\right]\right]^4$$

$$K_{eq,2} = 16\frac{[Pb^{2+}]^6}{[p_{CO_2(g)}]^2}\left[\frac{K_{sp,2}}{K_{sp,1}}\right]^5 \tag{S5.25}$$

且

$$K_{eq,2} = K_{sp1}K_{sp2}\left(\frac{K_{a,1}K_H}{K_{a,2}}\right)^2 \tag{S5.26}$$

因此,

$$[Pb^{2+}]^6 = \frac{[p_{CO_2(g)}]^2}{16}\left[\frac{K_{sp,1}}{K_{sp,2}}\right]^5 K_{eq,2}$$

$$[Pb^{2+}]^6 = \frac{[p_{CO_2(g)}]^2}{16}\left[\frac{K_{sp,1}}{K_{sp,2}}\right]^5 K_{sp1}K_{sp2}\left(\frac{K_{a,1}K_H}{K_{a,2}}\right)^2$$

$$[Pb^{2+}]^6 = 常数 \cdot [p_{CO_2(g)}]^2\frac{K_{sp,1}^6}{K_{sp,2}^4} \tag{S5.27}$$

对于恒定的 $p_{CO_2(g)}$,

$$[Pb^{2+}] \propto K_{sp,1} \tag{S5.28}$$

$$[Pb^{2+}] \propto K_{sp,2}^{-2/3} \tag{S5.29}$$

因此,类似于案例 1 中的

$$[Pb^{2+}] \propto K_{sp,1}^{1/3} \tag{S5.30}$$

对于案例 2 有

$$[Pb^{2+}] \propto K_{sp,1} \tag{S5.31}$$

此外,案例 2 中,

$$[Pb^{2+}] \propto K_{sp,2}^{-2/3} \tag{S5.32}$$

即 $PbCO_3$ 的溶解度也取决于 $CaCO_3$ 的溶度积。根据式(S5.22),

$$2[Ca^{2+}] = [HCO_3^-] \tag{S5.33}$$

将式(S5.22)中的[HCO_3^-]值代入式(S5.20)得

$$K_{eq,2} = K_{sp1}K_{sp2}\left(\frac{K_{a,1}K_H}{K_{a,2}}\right)^2 = [Ca^{2+}]\frac{K_{sp,1}}{K_{sp,2}}[Ca^{2+}]\frac{[2[Ca^{2+}]]^4}{[p_{CO_2(g)}]^2} \tag{S5.34}$$

$$K_{eq,2} = 16\frac{[Ca^{2+}]^6}{[p_{CO_2(g)}]^2}\frac{K_{sp,1}}{K_{sp,2}} \tag{S5.35}$$

因此，

$$[\text{Ca}^{2+}]^6 = \frac{[p_{\text{CO}_2(g)}]^2}{16}[K_{\text{sp2}}]^2\left(\frac{K_{a,1}K_H}{K_{a,2}}\right)^2 \quad (S5.36)$$

$$[\text{Ca}^{2+}] \propto [p_{\text{CO}_2(g)}]^{1/3} \quad (S5.37)$$

$$[\text{Ca}^{2+}] \propto [K_{\text{sp2}}]^{1/3} \quad (S5.38)$$

因此 Ca^{2+} 的溶解度并不依赖于 PbCO_3 的溶度积，但反之并不成立。

且因为

$$[\text{Pb}^{2+}] = [\text{Ca}^{2+}]\frac{K_{\text{sp},1}}{K_{\text{sp},2}} \quad (S5.39)$$

因此无论二氧化碳分压 $p_{\text{CO}_2(g)}$ 如何变化，总有 $[\text{Ca}^{2+}] \gg [\text{Pb}^{2+}]$，

$$K_{a,1} = \frac{[\text{H}^+][\text{HCO}_3^-]}{[\text{H}_2\text{CO}_3^*]} = \frac{[\text{H}^+][\text{HCO}_3^-]}{K_H p_{\text{CO}_2(g)}} \quad (S5.40)$$

且

$$[\text{Ca}^{2+}] \propto [p_{\text{CO}_2(g)}]^{1/3} \quad (S5.41)$$

$$[\text{HCO}_3^-] \propto [p_{\text{CO}_2(g)}]^{1/3} \quad (S5.42)$$

$$[\text{H}^+] = \frac{K_{a,1}K_H p_{\text{CO}_2(g)}}{[\text{HCO}_3^-]} \quad (S5.43)$$

$$[\text{H}^+] \propto \frac{[p_{\text{CO}_2(g)}]}{[p_{\text{CO}_2(g)}]^{1/3}} \quad (S5.44)$$

$$[\text{H}^+] \propto [p_{\text{CO}_2(g)}]^{2/3} \quad (S5.45)$$

图 S5.2 描绘了根据上述计算的固相溶解过程，即 $\lg(\text{Pb}^{2+})$、$\lg(\text{Ca}^{2+})$ 与 pH 和 $\lg[p_{\text{CO}_2(g)}]$ 的关系曲线。

图 S5.2 中的以下观察结果值得注意：①在伴有 CaCO_3 的情况下，溶解铅的浓度被大大抑制；②溶解钙的浓度与 PbCO_3 的存在无关；③溶解的铅浓度在 CO_2 分压上的斜率与共存的固相 CaCO_3 无关。

5.1.7 使用螯合离子交换剂进行配体诱导金属回收

此过程的主要挑战在于回收或分离有毒金属的同时对共存固相（即 CaCO_3）的干扰最小。为了实现该目标，必须相对于钙增加水相金属的浓度。无机酸的添加是不可行，因为将导致 CaCO_3 固体的大量溶解。使用满足以下条件的对环境无害的中等强度的配体可以实现有效分离：

①配体对目标金属的稳定性常数应显著高于钙。

②螯合交换剂应具有较高的金属离子亲和力，以破坏不稳定的金属-配体络合

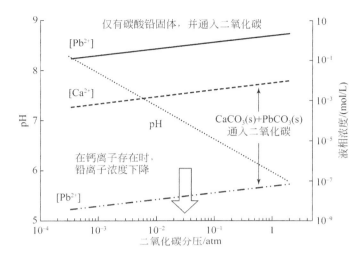

图 S5.2　两种情况下,①仅 $PbCO_3$;②$CaCO_3$ 和 $PbCO_3$ 共存的污泥中分别增加溶液 $CO_2(g)$
分压时溶解的铅和钙的理论浓度曲线。数据经许可转载自 SenGupta,1996[3]

物,将金属离子吸收到交换剂中,并将配体释放回水相中以继续循环过程。

以 L^{n-} 代表所添加配体的主要反应如下:

$$CaCO_3(s) \rightleftharpoons Ca^{2+} + CO_3^{2-} \quad (5.23)$$

$$MeCO_3(s) \rightleftharpoons Me^{2+} + CO_3^{2-} \quad (5.24)$$

$$Ca^{2+} + L^{n-} \rightleftharpoons 极少转化 \quad (5.25)$$

$$Me^{2+} + L^{n-} \rightleftharpoons (MeL)^{2-n} \quad (5.26)$$

$$2RH + (MeL)^{2-n} \rightleftharpoons \overline{(R^-)_2 Me^{2+}} + 2H^+ + L^{n-} \quad (5.27)$$

该过程本质上是循环过程,其中 L^{n-} 充当两个固相(即沉淀物和离子交换剂)之间的载体。

实验使用草酸盐作为促进配体模拟循环过程[7,8,13]。通过将 $5gCaCO_3$、$45g$ 细砂、$13.4g$ 草酸钠和 $0.38gCuO(s)$ 混合在 $1L$ 水中来制备实验溶液,并调节 pH 至 9.0。草酸在水相中浓度为 $4000mg/L$,污泥的固相中仅有 $<1\%$ 的 CuO。

具有金属选择性亚氨基二乙酸酯官能团的复合离子交换(如 CIX)膜用于从污泥中选择性分离铜。图 5.5 给出了工艺流程示意图,其中铜污染的污泥含铜量逐渐下降[3]。图 5.6 证实了铜和钙的污泥相浓度随循环次数增加保持恒定,表明它们受固相溶度积的控制。显然,在 9.0 的 pH 下,几乎没有游离的 Cu^{2+}。大多数溶解的铜主要以中性或阴离子型草酸铜络合物形式存在。根据公开文献中的稳定性常数值计算得出的总溶解铜浓度与实验结果完全一致。图 5.7 显示了再生溶液中铜和钙的回收率。尽管铜主要以草酸铜络合物的形式存在,但铜的回收率很高,并且在每个循环中均稳定增长。相比之下,钙的回收率要低得多,并且随着循环次数的增加,再生剂中的钙趋于恒定,这证实了该方法从主要含有碳酸钙和沙子的整体固相中选择性分离或去除了铜。研究结果表明,可以使用配体辅助的螯合离子交换剂将相对少量的有毒金属沉淀物与其他共存固相选择性地分离。

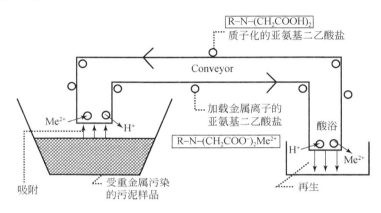

图 5.5　使用 CIX 滤膜进行重金属去除,其中重金属与污泥连续分离并浓缩在再生罐中。图片经许可转载自 SenGupta,1996[3]

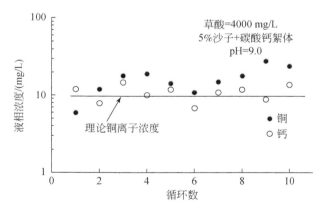

图 5.6　草酸浓度为 4000mg/L 时,在 pH=9.0 的重金属回收过程中溶解的铜和钙浓度变化。数据经许可转载自 SenGupta,1993[8]

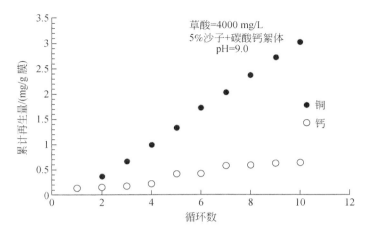

图 5.7 碱性条件下,铜和钙的累计再生量随着循环次数的增加而增加。数据经许可转载自 SenGupta,1993[8]

5.2 从活性污泥中回收混凝剂

从水处理厂污泥中回收明矾的方法是具有重要意义的固相分离的一个例子。本节中将其作为相关示例进行讨论。在世界各地的饮用水处理厂中,明矾 $Al_2(SO_4)_3 \cdot 14H_2O$ 是最广泛使用的絮凝剂,可有效去除地表供水中的固体颗粒和胶体。该过程最终将明矾转化为不溶的氢氧化铝,这是水处理厂污泥中固体的主要成分(25%~60%),称为水处理残渣(WTR)。WTR 本质上是大块、凝胶状的浆液,由悬浮的无机颗粒、天然有机物(NOM)、痕量的重金属沉淀物和氢氧化铝组成。无论是在发达国家还是在发展中国家,WTR 的处置均为卫生填埋,其通过水道或土地的泄漏而造成的铝污染受到广泛关注[15,16]。仅美国的水处理厂,每天就生产超过 200 万吨的含铝 WTR。由于问题的严重性和普遍性,在过去的三十年中,从 WTR 回收明矾及其再利用的前景受到了相当大的关注[17,18]。

之前的研究曾尝试通过酸消化来回收明矾[17,18]。在此过程中,WTR 用硫酸充分酸化,因此不溶的氢氧化铝以硫酸铝稀溶液的形式存在于水中。经过沉淀后分离富含溶解的铝的上清液。对于基于明矾的 WTR,其化学式可写为

$$2Al(OH)_3 \cdot 3H_2O + 3H_2SO_4 + 2H_2O \rightleftharpoons Al_2(SO_4)_3 \cdot 14H_2O \quad (5.28)$$

尽管操作简单,但是该方法没有选择性,即与明矾一起也回收了在酸性条件下可溶或以胶体形式存在的所有其他物质。因此通过明矾凝结所除去的天然有机物质(腐殖酸盐和富勒酸盐)将以溶解的有机物的形式存在于回收的明矾中。如果

将这种回收的明矾重新用作凝结剂,则氯化处理后的水中三卤甲烷的生成势(THMFP)将显著增加。非选择性溶解将意味着"有毒金属"也溶解在提取的明矾稀溶液中。

如果尝试使用碱消解工艺,考虑到氧化铝的两性性质,该工艺将在较高的pH下溶解铝。但是,NOM同时溶解仍然造成环境问题。图5.8显示了从美国宾夕法尼亚州的阿伦敦水处理厂(AWTP)收集的污泥的酸碱消化过程的局限性[18]。可以注意到,无论酸碱条件下铝的溶解总伴随着高浓度的溶解性有机碳(DOC)析出。

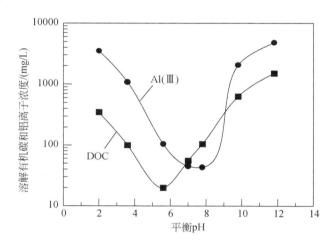

图5.8 在不同pH下,AWTP污泥中的溶解有机碳(DOC)和Al(Ⅲ)的浓度变化。数据经许可转载自Prakash,SenGupta,2003[18]

5.2.1 唐南离子交换膜工艺的研发

最近开发了一种易于操作的唐南膜或唐南渗析工艺,可以从水处理残留物中选择性回收明矾[18,20]。该工艺的主要特征总结如下:

(1)所回收的明矾基本上不含天然有机物和悬浮颗粒。
(2)回收明矾溶液中铝离子的浓度远高于WTR。
(3)该工艺中阳离子交换膜上存在电化学势梯度,从而避免了由NOM或颗粒物引起的膜污染。
(4)大大减少污泥体积,硫酸为该工艺中所使用的唯一化学物质。

图5.9(A)显示了该处理过程的示意图[20],而图5.9(B)显示了选择性回收明矾并且排除NOM和颗粒物的基本原理[18]。阳离子交换膜是该方法的核心,有多家制造商进行生产和销售。在20h内,从阿伦敦水处理厂(AWTP)的残留物中回

收了超过 75% 的铝。图 5.10 显示了 AWTP 澄清污泥(A)、酸消化后回收的明矾凝结剂(B)和唐南膜工艺回收的明矾(C)的形态对比。

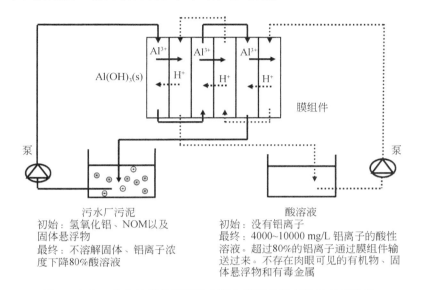

图 5.9(A)　从水处理残留污泥中回收明矾的唐南膜工艺示意图。
图片经许可转载自 SenGupta, Prakash, 2002[20]

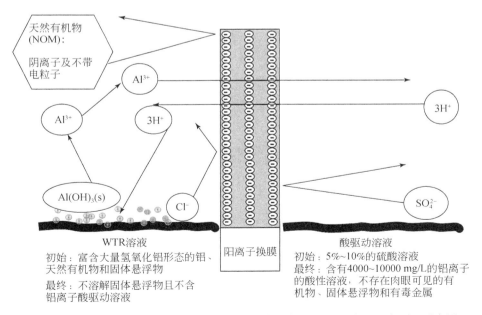

图 5.9(B)　使用唐南膜工艺与阳离子交换膜进行选择性明矾回收的基本原理示意图。
数据经许可转载自 Prakash, SenGupta, 2002[18]

图 5.10　比较 AWTP 中的澄清池污泥(A),酸消化后回收的明矾凝结剂(B)和唐南膜工艺回收的明矾(C)。图片经许可转载自 Prakash,SenGupta,2002[18]

通过唐南透析回收的明矾是透明的,几乎没有固体悬浮物和 NOM,类似于新鲜的液态明矾。图 5.11 显示了回收明矾中存在的不同物种的比例。除了铝和 Fe(Ⅲ)均为混凝剂的有效成分外,其他成分基本上可以忽略不计。利用理海河的水样进行烧杯实验时,发现回收的明矾与新鲜的明矾在减少浊度方面效果相近。

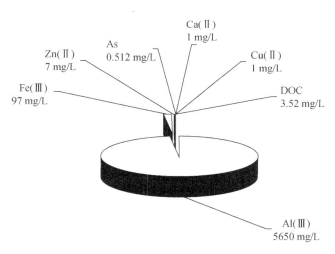

图 5.11　通过唐南膜工艺在回收的明矾中存在的不同物质分布。数据经许可转载自 Prakash,SenGupta,2002[18]

5.2.2 明矾回收:唐南平衡的应用

将硫酸铝和硫酸溶液通过阳离子交换膜隔开,该膜仅允许阳离子从一侧迁移到另一侧,但根据唐南配对离子排斥原理[21]阴离子无法通过。在平衡状态下,膜左侧(LHS)电解质溶液中铝离子 Al^{3+} 离子的电化学势($\bar{\eta}$)与右侧(RHS)电解质溶液的电化学势相同,即

$$\bar{\eta}_{Al}^{L} = \bar{\eta}_{Al}^{R} \tag{5.29}$$

$$\mu_{Al}^{0} + RT\ln(a_{Al}^{L}) + zF\phi^{L} = \mu_{Al}^{0} + RT\ln(a_{Al}^{R}) + zF\phi^{R} \tag{5.30}$$

其中,上标"0"、"L"和"R"分别表示标准状态、左侧和右侧;μ、a、F 和 ϕ 分别表示化学势、活度、法拉第常数和电势;"z"是指离子所带电荷数,如三价铝离子 Al^{3+} 的电荷数为3。根据式(5.30),膜两侧的铝离子活度符合以下等式:

$$\frac{F(\phi^{L}-\phi^{R})}{RT} = \ln\left(\frac{a_{Al}^{R}}{a_{Al}^{L}}\right)^{1/3} \tag{5.31}$$

氢离子浓度也存在类似的关系:

$$\frac{F(\phi^{L}-\phi^{R})}{RT} = \ln\left(\frac{a_{H}^{R}}{a_{H}^{L}}\right) \tag{5.32}$$

假设膜两面的非理想效应大致相同,可以用摩尔浓度代替活性。结合方程式(5.29)和式(5.30)可得

$$\left(\frac{C_{Al}^{R}}{C_{Al}^{L}}\right) = \left(\frac{C_{H}^{R}}{C_{H}^{L}}\right)^{3} \tag{5.33}$$

如果比率 $\frac{C_{H}^{R}}{C_{H}^{L}}$ 为10,则意味着 C_{Al}^{R} 比 C_{Al}^{L} 大1000倍。因此,通过在膜的右侧保持高氢离子浓度,即使逆浓度梯度,即从较低浓度区域到较高浓度区域,也可以将铝离子从膜的左侧驱动到右侧。前面介绍的图5.8描述了从WTR中选择性回收明矾的概念,主要强调以下几点:①氢氧化铝沉淀物溶解,并在右侧浓缩;②带负电荷的NOM、硫酸根和氯离子无法透过膜渗透;③跨膜压力不影响铝离子的膜通量。

5.2.3 工艺验证

实验使用宾夕法尼亚州阿伦敦水处理厂(AWTP)的污泥进行。图5.12显示了24h的处理结果;将两个腔室中的铝的回收率百分比与铝浓度相对于时间作图。24h内达到了百分之七十以上的回收率(72%)。实验发现回收的铝浓度为6650mg/L(以Al计),显著高于母体污泥中的总铝浓度(2400mg/L)[18,21]。

铁盐(氯化物或硫酸盐)也用作水处理厂的凝结剂,所得的氢氧化铁沉淀物构成澄清池污泥或WTR的主要部分。原则上,唐南膜工艺也能够从这些WTR

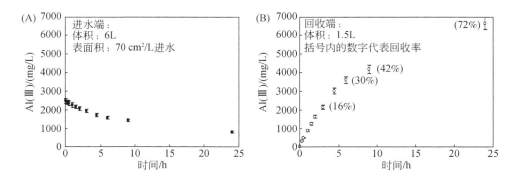

图 5.12 利用唐南膜工艺从 AWTP 残留物中回收铝:(A)进水中 Al 浓度降低;(B)回收百分比和回收溶液中铝浓度的增加。数据经许可转载自 Prakash,SenGupta,2002[18]

中选择性地回收 Fe(Ⅲ)絮凝剂。为了验证这一点,在几次测试运行中使用了以 FeCl₃ 为絮凝剂的百特工厂(宾夕法尼亚州费城)的 WTR。图 5.13 显示了 Fe(Ⅲ)回收率百分比以及进料和回收侧 Fe(Ⅲ)的浓度随时间变化的情况。在 24h 内可达到近 75% 的回收率。生成的 Fe(Ⅲ)基本不含 NOM、颗粒物质和其他杂质。图 5.14 显示了在传统酸消化过程和唐南膜过程之间回收的 Fe(Ⅲ)凝结剂的视觉比较。由于没有浊度和 NOM,可以明显看出通过唐南膜工艺回收的来自百特工厂的混凝剂具有更高的透明度。回收过程中离子交换膜中 Al^{3+} 或 Fe^{3+} 的粒子内扩散是限速步骤,该现象已在公开文献中进行了广泛讨论[21,22]。随着全球对可持续性发展的追求,固相分离与回收将越来越广泛。该分离工艺是离子交换的新型应用。

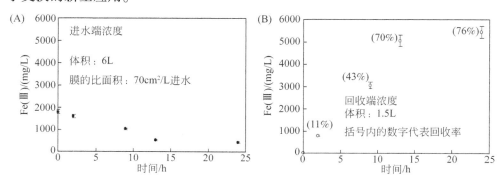

图 5.13 在唐南膜工艺过程中从百特水处理厂的氯化铁基 WTR 中回收铁(Ⅲ):(A)进水中铁的浓度降低;(B)回收百分比和回收溶液中铁浓度的增加。数据经许可转载自 Prakash,Sen Gupta,2002[18]

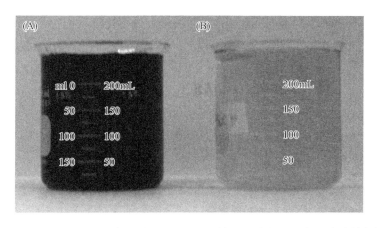

图 5.14　通过酸消化过程(A)和唐南膜过程(B)从百特工厂残留污泥中回收的铁凝结剂的外观对比。照片经许可转载自 Prakash, SenGupta, 2005[21]

5.3　气相离子交换

气体吸附到离子交换剂上的显著特征是离子交换剂可以充当固体反应相,可以是酸、碱或氧化还原活性剂。酸性气体吸附在碱性阴离子交换剂上,碱性气体通过酸/碱中和反应吸附在酸性阳离子交换剂上。在正常条件下,离子交换剂不会吸收中性的大气气体,如氧气和氮气。因此离子交换剂的这种性质提供了从污染的大气中选择性回收或分离酸性或碱性气体的机会,如二氧化硫、一氧化氮、硫化氢、二氧化碳、氨气等。在吸收酸性或碱性气体的过程中,离子交换剂始终保持部分水合状态,并且对水蒸气显示出很高的亲和力。因此,通过离子交换剂从其他气体的背景中选择性去除水蒸气来进行气体干燥是一个可行的方案,并且可用于特定应用,如通过使用离子交换剂来控制大气的相对湿度。其他气体的交换过程可以通过不同气体类型进行划分:

(1) 酸性气体(CO_2, SO_2, HCl, NO_2, H_2S)。
(2) 碱性气体(NH_3)。
(3) 氧化还原性气体(O_2, Hg, Cl_2)。
(4) 配体气体(NH_3, H_2S)。

以下章节将介绍控制气体去除的基本原理以及影响气体分离过程的离子交换剂的性质和实验装置。

5.3.1 酸性或碱性气体的吸附

在气体分离过程中,离子交换剂保持部分或完全水合,水合水、固体离子交换剂和气体共同作为该工艺的重要组成部分。也可以使用其他极性溶剂,如乙醇或丙酮,代替水合水。对于气态离子交换的一般处理,可以按照以下步骤使用水合弱碱阴离子交换剂从空气(或烟道气)中去除二氧化硫(SO_2)。

步骤 1. 二氧化硫在离子交换剂中溶解。

$$SO_2(g) + (H_2O)_{IX} \rightleftharpoons (H_2SO_3)_{IX} \quad (5.34)$$

步骤 2. 亚硫酸解离。

$$(H_2SO_3)_{IX} \rightleftharpoons (H^+)_{IX} + (HSO_3^-)_{IX} \quad (5.35)$$

步骤 3. 弱碱离子交换剂的质子化。

$$(R_3N)_{IX} + (H^+)_{IX} + (HSO_3^-)_{IX} \rightleftharpoons (R_3NH^+HSO_3^-)_{IX} \quad (5.36)$$

总反应可表示为

$$SO_2(g) + (H_2O)_{IX} + (R_3N)_{IX} \rightleftharpoons (R_3NH^+HSO_3^-)_{IX} \quad (5.37)$$

其中,下标"IX"指离子交换剂相。总反应的平衡常数为

$$K_{overall} = K_H K_{HA} K_{IX} \quad (5.38)$$

其中,K_H 为亨利常数[式(5.34)];K_{HA} 为交换相酸解离常数[式(5.35)];K_{IX} 为弱碱阴离子交换树脂的平衡常数[式(5.36)]。

弱碱阴离子交换剂可用 OH^- 形式的强碱阴离子交换剂代替,如下所示:

$$[R_4N^+(OH^-)]_{IX} + (H^+)_{IX} + (HSO_3^-)_{IX} \longrightarrow [R_4N^+(HSO_3^-)]_{IX} + H_2O \quad (5.39)$$

由于 H_2CO_3 是比 H_2SO_3 弱的酸,因此也可以使用碳酸根型的强碱阴离子交换剂去除 SO_2,如下所示:

$$[(R_4N^+)_2(CO_3^{2-})]_{IX} + (H^+)_{IX} + (HSO_3^-)_{IX} \longrightarrow [(R_4N^+)_2SO_3^{2-}]_{IX} + H_2O + CO_2 \uparrow \quad (5.40)$$

交换过程中 1mol 二氧化硫的吸附伴随向大气中释放 1mol 二氧化碳。当 SO_2 的吸附容量用尽时,可以使用 Na_2CO_3 溶液再生阴离子交换树脂。

氨气(碱性气体)可以类似地用 H 型的强酸或弱酸阳离子交换剂去除,其总反应如下:

强酸性阳树脂:

$$NH_3(g) + (H_2O)_{IX} + (RSO_3^-H^+)_{IX} \rightleftharpoons (RSO_3^-NH_4^+)_{IX} + H_2O \quad (5.41)$$

弱酸性阳树脂:

$$NH_3(g) + (H_2O)_{IX} + (RCOOH)_{IX} \rightleftharpoons (RCOO^-NH_4^+)_{IX} + H_2O \quad (5.42)$$

作为固体酸或碱的离子交换剂的水含量$(H_2O)_{IX}$会影响目标气体的吸收。在动态吸附过程中,离子交换剂的水含量取决于所处理气流的相对湿度。图 5.15 显示了强碱阴离子交换树脂(陶氏的 Dowex-1)的含水量随相对湿度的变化。显然酸

性或碱性气体的去除很大程度上取决于气流的相对湿度,除非将离子交换剂间歇性地浸湿[23]。

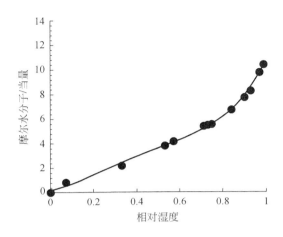

图 5.15　离子交换剂 Dowex-1(OH 型)在不同相对湿度下的水含量曲线。
数据经许可转载自 Boyd,Soldano,1953[23]

5.3.2　使用弱碱阴离子交换剂去除二氧化碳和二氧化硫

CO_2 尽管比 SO_2 具有更低的毒性和酸性,但由于其温室特性和大量排放而受到关注。由于碳氢化合物燃烧占这些排放量的 80% 以上,因此 CO_2 一直是气候变化的主要驱动力。减少 CO_2 排放的一种方法是通过碳捕获并封存(CCS),特别是从燃烧后的源头,如煤炭、石油和天然气发电厂设施中捕获碳。显然弱碱阴离子交换树脂是从化石能源发电厂的烟道气中捕集 CO_2 的理想选择。除 CO_2 外,烟道气还主要包含氮气、水蒸气和未燃烧的氧气。用于捕获 CO_2 的吸附剂必须对 CO_2 具有较高的选择性,但同时必须使其他物质(如水)的吸附最小化,但离子交换树脂的一定程度的水合是必不可少的。能够从燃烧后烟道气中捕集 CO_2 的吸附剂必须从具有 12% ~ 15% H_2O 的 N_2 和 O_2 的混合气体中选择性去除 12% ~ 14%(体积)的 CO_2。

弱碱阴离子(WBA)树脂 Lewatit VP OC 1065(Lanxess)是通过二乙烯基苯交联的伯胺官能化的大孔聚苯乙烯树脂,其 CO_2 捕集能力被广泛研究[24]。在常见实验条件下分别通过热重分析仪(TGA)测定 CO_2 吸附和解吸后的干树脂的吸水率。图 5.16 说明了 CO_2 吸附-解吸过程的四个主要步骤:

(1)在氮气中以 140℃ 干燥 WBA 树脂。
(2)在 50℃ 下将树脂置于 H_2O 体积比为 9.1% 的气流中,直到质量稳定。

(3) 在 50℃下通过含 9.1% H_2O、11.1% CO_2 且其余为 N_2 的气流平衡。

(4) 在 150℃下用 N_2 解吸。

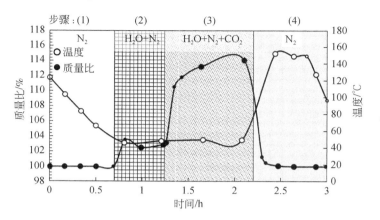

图 5.16　水、CO_2 和水的热重质量吸收，之后在 150℃下利用 N_2 再生。
数据经许可转载自 Alesi, Kitchin, 2012[24]

WBA 树脂在吸附-解吸循环中展现了很强的 CO_2 捕获能力。即使在步骤(3)中树脂质量增加约 10.5% 时，即存在 9.1%（体积）的 H_2O 时，CO_2 的捕集容量也非常大。从能耗的角度来看，与使用单乙醇胺(MEA)进行溶剂萃取相比，WBA 树脂具有明显的优势。

SO_2 与 CO_2 相比酸性更强，

$$H_2SO_3 \rightleftharpoons H^+ + HSO_3^-, pK_a = 1.81 \tag{5.43}$$

$$H_2CO_3 \rightleftharpoons H^+ + HCO_3^-, pK_a = 6.3 \tag{5.44}$$

因此，树脂对 SO_2 的吸附能力远高于 CO_2。在过量的 CO_2 存在时，WBA 树脂对 SO_2 的优先吸附将是有效的烟道气脱硫(FGD)工艺。图 5.17 显示了 SO_2 和 CO_2 混合物的穿透曲线，进气浓度分别为 56.8g/m^3 和 409.2g/m^3 [25]。

SO_2 的穿透时间比 CO_2 延长了近两个数量级。理想平推流反应器的平衡模型准确预测了 CO_2 和 SO_2 的排放浓度曲线[26]。

5.3.3　离子交换剂形态的影响

1. 凝胶型与大孔型

根据以下反应，水溶液中的胺类物质(如乙胺)会以 H^+ 的形式强烈吸附到强酸离子交换剂上：

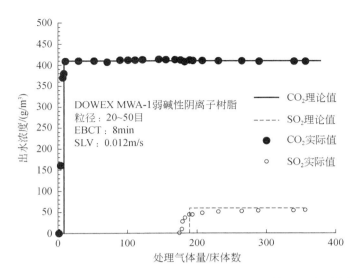

图 5.17 SO_2 和 CO_2 混合气体的实验数据和模型预测对比。数据经许可转载自 Chen, Pinto, 1991[25]

$$\overline{RSO_3^-H^+} + NH_2-R^1 \rightleftharpoons \overline{RSO_3^-NH_3^+-R^1} \quad (5.45)$$

其中,NH_2-R^1 表示胺,等式右侧(RHS)的化学式表示胺-树脂配合物。Yoshida 和 Ruthven[27] 确定了两种不同的 H 型的强酸交换剂吸附气态乙胺的平衡等温线和动力学数据:均相 DIAION SK1B(凝胶型)和大孔型 DIAION HPK25(MP)。在各种化学过程中会生成气态胺和氨,如玻璃纸、人造丝和纸的制造过程及其污水处理。由于它们具有强烈的气味,因此必须从废气中去除这些化合物,传统上通过酸性水洗涤来实现此类气体的去除。然而吸附过程具有去除和浓缩回收胺的潜在优势。

图 5.18 显示了上述两种 H 型树脂在 65℃下的实验平衡等温线。显然,大孔型树脂(HPK25)的平衡非常有利,在大多数实际条件下可以认定为矩形等温线。如方程式(5.45)所示,根据 H 型树脂(R-H)与胺气(R^1-NH_2)之间的反应,化学吸附被认为是主要的结合机理。相比之下,凝胶型树脂(DIAION HPK25)的吸附要弱得多。

Yoshida 和 Kataoka[28,29] 研究了几种胺从水溶液和蒸气吸附到 H 型阳离子交换树脂的过程。对于水溶液,凝胶型和大孔型树脂均显出高吸收性,但是对于气相而言,凝胶型树脂吸附性能非常差。Yoshida 和 Kataoka[27] 提供了此差异的科学解释:由于水合作用降低,强碱性阴离子交换树脂颗粒在水溶液中发生溶胀而在气态系统中收缩。由凝胶型树脂脱水引起的收缩程度比大孔型树脂高得多。由于凝胶型

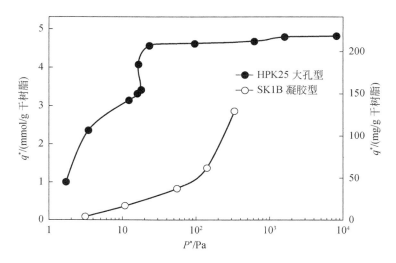

图 5.18 大孔型和凝胶型的 H 型树脂的乙胺平衡等温线。数据经许可转自 Yoshida, Ruthven, 1989[27]

树脂的收缩,进入的胺分子无法与其中的 H^+ 接触,从而降低了胺与 H^+ 之间相互作用的能量。大孔型树脂的收缩率明显小于凝胶型,并且固定 H^+ 周围的孔可能仍保持开放状态,易于被胺分子接近。

上述解释是目前相对最准确的推测,但其忽略了凝胶型树脂的慢得多的粒子内扩散控制动力学。在没有足够水分的情况下,经过两天的长时间平衡后,获得了图 5.18 中的等温线。实验发现凝胶树脂的吸附能力远未达到平稳状态,这暗示着吸收过程非常缓慢,这是当其他实验条件一定时,大孔型和凝胶型树脂之间胺吸收差异巨大的根本机理。图 5.19 显示了不同粒径下大孔树脂的乙胺吸收率实验数据。

计算了不同颗粒大小的半反应时间 $t_{1/2}$(对应于 50% 的吸收比例),并在对数坐标中制作 $t_{1/2}$ 值与直径的关系曲线(图 5.20),所得直线斜率近似等于 2,即半衰期近似为粒径的平方,这表明吸附速率是由粒子内扩散控制的。与初始速率数据进一步比对证实了这一结论,实验数据表明,在初始阶段,摄取量随时间的平方根近似呈线性关系。

2. 离子交换纤维

除凝胶型和大孔型离子交换树脂外,离子交换纤维也能够有效去除目标气体。且与树脂相比,纤维的吸附/解吸动力学通常快一个数量级以上。但在公开文献中,纤维更优秀的动力学存在一种普遍误解,认为较大的比表面积导致纤维的吸

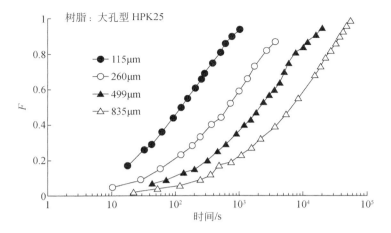

图 5.19　不同粒径的大孔树脂(H 型)上乙胺的吸收曲线(即吸收比例 F 与时间的关系)。数据经许可转载自 Yoshida,Ruthven,1989[27]

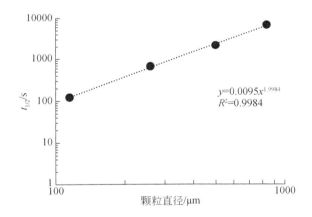

图 5.20　不同粒径的大孔树脂中乙胺半反应时间与吸收比例的关系曲线。数据经许可转自 Yoshida,Ruthven,1989[27]

附/解吸速率加快。但实际上,与 $1m^2/g$ 的离子交换纤维相比,大孔离子交换剂的比表面积通常高至数百 m^2/g。纤维产生的较快的动力学的根本原因是与树脂珠相比,其粒子内扩散路径明显更短,第 4 章中已对该部分内容进行了充分讨论。

目前,世界上每年仅有几家公司生产的数吨离子交换纤维,其中大多数不在美国。这些材料通常由短纤维制成,其长丝的有效直径为 5~50μm,长度为 30~80mm。图 5.21(A)和(B)显示了包括纤维在内的不同离子交换材料的照片,图

5.21(C)显示了与现有空气过滤或烟道气处理设备串联的离子交换纤维工艺的示意图[30]。

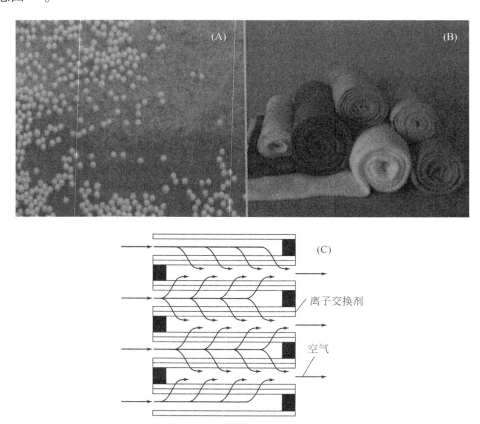

图 5.21 不同形态的离子交换剂:(A)颗粒状和纤维状(颗粒状离子交换器的直径=0.5mm);(B)无纺布针刺纤维材料;(C)将离子交换滤板安装于框架型(RIF)离子交换过滤器中。图片经许可取自 Soldatov, Kosandrovich, 2011[30]

白俄罗斯的索尔达托夫(Soldatov)与其同事通过化学改性聚丙烯或聚丙烯腈纤维合成的市售离子交换纤维(Fiban)并对其进行了深入研究[30]。图 5.22 展示了这些离子交换纤维在相对湿度变化时表现出不同的含水率。

对于 H 型强酸离子交换纤维,离子交换剂中同时存在结合水分子和自由水分子。这就是通过 Fiban K-1(共价连接到聚丙烯纤维上的强酸磺酸官能团)去除氨快速且不受相对湿度影响的原因,如图 5.23(A)所示。相反,氨在弱酸 Fiban K-4(H 型羧酸官能团)上的吸附强烈依赖于气相相对湿度,如图 5.23(B)所示。湿度越高,氨的吸收率越高。弱酸离子交换纤维中既不存在游离水分子也没有结合的

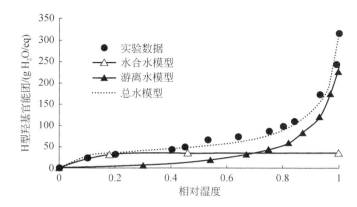

图 5.22 离子交换纤维 Fiban K-1(H 型)的实验与模拟等压曲线对比。数据经许可转自 Soldatov,Kosandrovich,2011[30]

水分子,这被认为是随着相对湿度增加氨吸收量增加的主要原因。

5.3.4 氧化还原性气体:硫化氢与氧气

即使在 ppb 浓度水平上,硫化氢也是一种气味明显且有毒的气体。包括污水管道、天然气提取和加工、动物皮加工、牲畜养殖和化学制造在内的多个行业的工作环境中,都需要通过去除 H_2S 来净化空气。硫化氢是一种弱酸性气体,之前的研究报道了 OH 型的阴离子交换剂对 H_2S 的吸附效果[31-57]。然而,由于与二氧化碳的激烈竞争,该方法对于实际的空气净化效果不明显,二氧化碳在周围空气中的浓度约为 $300mg/m^3$,远超 H_2S 的标准浓度。此外,H_2S 是比 H_2CO_3 更弱的酸。

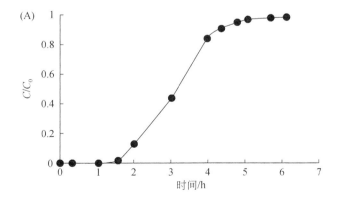

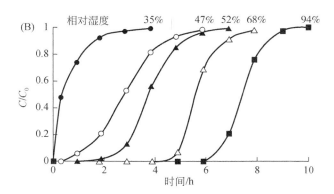

图 5.23 （A）在相对湿度为 7.5%～85% 的强酸阳离子交换剂（磺酸官能团）Fiban K-1（H 型）上氨的吸附和穿透曲线。$T=25℃$，$v=0.09m/s$，$[NH_3]=17mg/m^3$，过滤膜厚度 $=3mm$。（B）在不同空气湿度下，氨在羧基弱酸阳离子交换剂 Fiban K-4（H 型）上的吸附和穿透曲线。$T=25℃$，$v=0.08m/s$，$[NH_3]=18mg/m^3$，过滤层的厚度 $=6mm$。数据经许可转载自 Soldatov，Kosandrovich，2011[30]

为了克服上述缺点，索尔达托夫（Soldatov）及其同事研究了使用离子交换纤维作为催化剂载体将 H_2S 催化转化为硫单质的方法。Fe(Ⅲ)-乙二胺四乙酸酯（EDTA）络合物是有效催化剂。实验结果表明，在 Fe(Ⅲ)-EDTA 络合物存在下，大气中的氧气将 H_2S 催化氧化为硫单质，从而从空气中去除 H_2S[58]。交换剂相中发生的反应如下：

$$H_2S+OH^- \rightleftharpoons HS^-+H_2O \quad (5.46)$$

$$2Fe^{3+}+EDTA+HS^- \rightleftharpoons S^0+H^++2Fe^{2+}+EDTA \quad (5.47)$$

$$2Fe^{2+}+EDTA+H_2O+\frac{1}{2}O_2 \rightleftharpoons 2Fe^{3+}+EDTA+2OH^- \quad (5.48)$$

图 5.24 显示了在相对湿度 50% 下，纤维状催化剂从空气中去除 H_2S 的效果。由于家庭和工业空气净化的需求受到有关污染气体的更严格审查，离子交换反应器因其占地面积小，操作简单且启动和关闭没有时间滞后而更可能被实际应用。

从燃煤锅炉的烟气中去除痕量的汞（Hg）近年来已成为环境挑战之一[59]。烟道气中大量存在汞单质（Hg^0）：它易挥发，不易通过吸附或洗涤除去。可以通过加载 MnO_2 纳米粒子的离子交换纤维从烟气或空气中除去汞蒸气。去除过程首先将 Hg^0 氧化为 Hg^{2+}，然后根据以下两个连续反应选择性地结合到含亚氨基二乙酸酯官能团的纤维上：

$$Hg^0+MnO_2(s)+4H^+ \longrightarrow Hg^{2+}+Mn^{2+}+2H_2O \quad (5.49)$$

$$4\overline{(RNCH_2COO^-)Na^+}+Hg^{2+}+Mn^{2+} \longrightarrow$$

$$\overline{(RNCH_2COO^-)_2 Hg^{2+}} + \overline{(RNCH_2COO^-)_2 Mn^{2+}} + 4Na^+ \tag{5.50}$$

反应结束后 Hg^{2+} 和 Mn^{2+} 均被保留在交换纤维中。

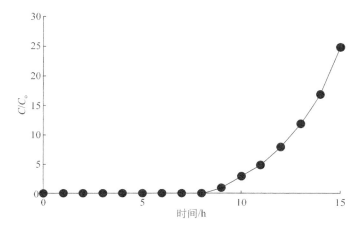

图 5.24　H_2S 在纤维催化剂(Fiban AK-22 母体材料)上的穿透曲线。$C_0(H_2S) = 60mg/m^3$;催化剂层厚度 = 3mm;催化剂含有 0.18mmol Fe/g。数据经许可转载自 Soldatov,Kosandrovich,2011[30]

5.4　使用二氧化碳气体作为离子交换软化过程的再生剂:案例分析

由碳排放引起全球变暖导致碳减排成为目前的热门研究方向,特别是从化工企业和电力公司的尾气中吸收二氧化碳具有重要意义。二氧化碳是一种弱酸性气体,因此有潜力替代酸作为再生剂,尤其对弱酸性阳离子交换树脂的再生。图 5.25 提供了图解说明,可能使用富含二氧化碳的烟道气作为潜在的再生剂。除了 12%~17% 的二氧化碳外,烟囱气体还主要包含氮气、氧气和水蒸气。图 5.16 曾提出一种工程设计方案,可以从烟道气中捕获二氧化碳并用氮气解吸。

用二氧化碳代替强酸的概念并不是首次提出,但是其再生效率很差[61]。从水中去除硬度(即钙或镁离子)是一种普遍的水处理方法,称为软化。当前的实践包括使用强酸阳离子交换树脂和浓盐水(如 10%~12% 的 NaCl 溶液)进行再生。由于其对环境的不利影响,在许多城市和干旱地区已经禁止使用高浓度的氯化钠溶液作为再生剂。使用弱酸阳离子交换树脂和二氧化碳再生可能成为对此情况的应对措施。负载钙的弱酸树脂的二氧化碳再生的三个步骤如下:

$$2 CO_2(g) + 2H_2O \rightleftharpoons 2H_2CO_3(aq) \tag{5.51}$$

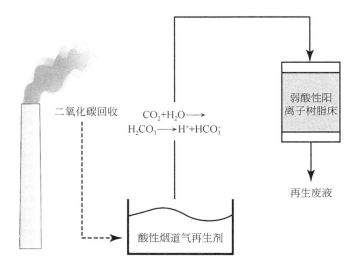

图 5.25 使用富含 CO_2 的烟道气作为再生剂的示意图[60]

$$2H_2CO_3 \rightleftharpoons 2H^+ + 2HCO_3^- \tag{5.52}$$

$$\overline{(R-COO)_2Ca} + 2H^+ \rightleftharpoons 2\overline{R-COOH} + Ca^{2+} \tag{5.53}$$

总反应为

$$\overline{(R-COO)_2Ca} + 2CO_2(g) + 2H_2O \rightleftharpoons 2\overline{R-COOH} + Ca^{2+} + 2HCO_3^- \tag{5.54}$$

$$K_{overall} = \frac{[\overline{R-COOH}]^2[Ca^{2+}][HCO_3^-]^2}{[\overline{(R-COO)_2Ca}]p_{CO_2}^2} \tag{5.55}$$

通过组合方程式(5.51)~式(5.53)的平衡常数(即二氧化碳的亨利系数、碳酸的第一酸解离常数和氢离子对钙的选择性系数),总反应平衡常数($K_{overall}$)可以写为

$$K_{overall} = (K_H)^2(K_{a1})^2 K_{IX} \tag{5.56}$$

其中,K_H 为二氧化碳在水中溶解的亨利系数;K_{a1} 为碳酸的第一酸解离常数;K_{IX} 为 H^+ 和 Ca^{2+} 之间离子交换的平衡常数。假设理想状态并重新整理可得

$$[Ca^{2+}][HCO_3^-]^2 = (K_H)^2(K_{a1})^2 K_{IX} \frac{[\overline{(R-COO)_2Ca}]}{[\overline{R-COOH}]^2}(p_{CO_2}^2) \tag{5.57}$$

根据电中性原则,

$$2[Ca^{2+}] \approx [HCO_3^-] \tag{5.58}$$

对于既定的再生效率百分比,离子交换纤维的钙和氢负载量均恒定。根据式(5.58),式(5.57)可简化为

$$[Ca^{2+}] = \text{Constant}(p_{CO_2})^{2/3} \tag{5.59}$$

二氧化碳分压的增加会提高再生效率,导致洗脱液中的钙浓度提高。如图 5.26 所示,当其他实验条件均相同时,对弱酸离子交换树脂和纤维进行了实验室再生研究。

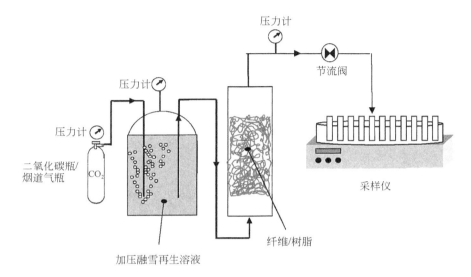

图 5.26　二氧化碳再生系统的实验室装置示意图,用于离子交换纤维和树脂的再生。图片经许可转载自 Greenleaf, SenGupta, 2006[62]

除了球形颗粒和丝状纤维之间的形态差异外,两种材料的化学组成相似,均为弱酸性羧基官能团共价连接在聚合物基质上,如表 5.3 所示。若按照方程式(5.59)的平衡考虑,球形颗粒和丝状纤维的再生效率应保持相同。

表 5.3　弱酸离子交换纤维和弱酸离子交换树脂颗粒的主要特性[62]

特性	弱酸离子交换纤维 (Fiban K-4)	弱酸离子交换树脂
直径	10~50μm	500~1200μm
形状	圆柱形	球形
官能团	羧基(COO⁻)	羧基(COO⁻)
离子交换容量(干重)	4~5meq/g	5~8meq/g
反应器形式	固定床	固定床

图 5.27 显示了在相同条件下两个固定床色谱柱运行的比较。其中一次实验

使用弱酸阳离子交换树脂(C-104,Purolite Co.),另一轮使用 Fiban K-4 弱酸离子交换纤维。进水组成和流体动力学条件(EBCT 和 SLV)均相同,实验结果如图 5.27 所示。尽管球形树脂珠粒的总钙去除容量更大,但离子交换纤维色谱柱去除钙的效果更明显。对于 C-104 树脂,进水钙离子突破进水浓度的 10% 发生在总进水流量不足 3000mL 时。而离子交换纤维色谱柱在近 4000mL 才刚刚突破 10%。图中显示的 24h 中断测试结果发现,重启后钙浓度明显下降,说明较大的离子交换树脂颗粒中的限速步骤为粒子内扩散。

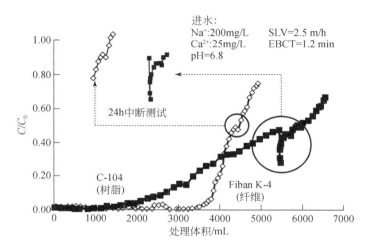

图 5.27 实验使用两种不同的离子交换材料在其他条件相同时在固定床反应器中去除硬度(EBCT-空床接触时间;SLV-线流速)。数据经许可转载自 Greenleaf,SenGupta,2006[62]

图 5.28(A) 和 (B) 分别显示了纤维和树脂在不同分压下的二氧化碳再生结果。令人惊讶的是,尽管离子交换纤维表现出较高的再生效率,并且随着 CO_2 分压的增加再生效果进一步改善,但弱酸性球形树脂的再生性能很差,即使在较高的 CO_2 分压下也无法有效再生。图 5.29 提供了柱状图对比,显示离子交换纤维和弱酸阳离子树脂之间钙的回收率对比。即使在较高的 CO_2 分压下(6.8atm),从树脂中回收的钙也低于 10%,而对于离子交换纤维而言,钙回收率超过 90%。

为进一步了解树脂颗粒的二氧化碳再生性差的机理,将单个球看作具有羧基官能团的交联聚电解质凝胶。弱酸羧基官能团的亲和性顺序如下:$H^+ \gg Ca^{2+} > Mg^{2+} > Na^+$。再生过程中,弱酸羧基吸收 H^+ 本质上是缔合反应,导致其渗透压大大降低,从而导致水从凝胶相中排出。因此树脂颗粒随着吸收氢离子的增加(伴随着 H^+ 和 Ca^{2+} 的逆向运输)而逐渐收缩。氢离子将首先取代树脂最外层的钙离子。然而这种交换导致再生部分的水含量显著下降,从而降低树脂外周的有效粒子内扩散速

第 5 章 固相和气相离子交换

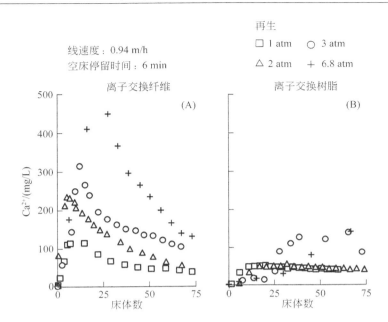

图 5.28 (A)离子交换纤维和(B)离子交换树脂在不同 CO_2 分压下的再生出水钙浓度曲线。数据经许可转自 Greenleaf, SenGupta, 2006[62]

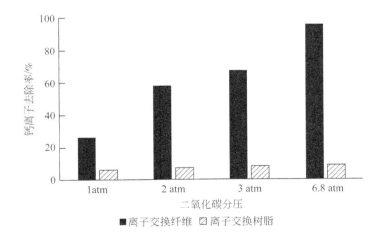

图 5.29 离子交换纤维和离子交换树脂在不同 CO_2 分压下的钙离子再生效率对比。数据经许可转载自 Greenleaf, SenGupta, 2006[62]

率。再生过程的进展增加了相对不透水层的深度,从而进一步减缓了 H^+ 和 Ca^{2+} 的逆向运输。这一假设与伴随非常有利的化学反应的离子交换动力学的过程一致[63]。先前对弱酸阳离子交换树脂的研究还提供了在酸再生过程中收缩外围的图像验证[11]。对于二氧化碳再生,液相中的氢离子浓度无法像在无机酸再生中那样高。因此收缩后的树脂外层的浓度梯度太小而不能克服扩散阻力。所以二氧化碳再生树脂的效率低下可归因于收缩失水的外层所产生的极大的扩散阻力。

而纤维的离子交换位点主要位于表面,且粒子内扩散的影响较小。弱酸官能团的质子化对扩散阻力的影响很小,因此二氧化碳对离子交换纤维的再生非常有效。图 5.30 说明了树脂颗粒和纤维之间的解吸机理的差异。尽管尚未大规模生产,但离子交换纤维具有优于广泛使用的聚合物离子交换树脂的独特动力学优势,可以有效地利用二氧化碳进行再生,因此具有实际应用的可能。

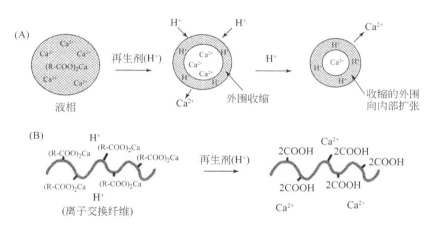

图 5.30　(A)树脂颗粒和(B)离子交换纤维的解吸机理的差异示意图。图片经许可转载自 Greenleaf,Lin,SenGupta,2006[64]

第 5 章摘要:十个要点

- 除了与水相发生的离子交换外,离子交换过程还可用于特定分离目标的固相或气相。
- 不溶性固相(即 $K_{sp}<10^{-5}$)可以缓慢溶解并用离子交换树脂分离,同时可避免使用腐蚀性化学物质。
- 固相的去除包括吸附到离子交换剂上,随后逐渐溶解。离子交换树脂的类型和组合会显著影响固相的溶解和去除效率。
- 通过合理运用选择性离子交换工艺,可以有效地从大量无害固体背景中有效分离出少量有毒金属沉淀物。
- 共存固相的缓冲容量和离子交换特性是有毒金属沉淀物分离的两个最重大的挑战。
- 利用唐南膜原理,阳离子交换膜可以选择性地从水处理厂的污泥中回收高纯度明矾。
- 可以通过适当的离子交换材料去除酸性、碱性和氧化还原性气体。
- 气体去除的效率通常取决于气体的酸性或碱性。例如,通过使用弱碱阴离子交换剂将较高酸度的 SO_2 优先于 CO_2 除去。
- 气体在离子交换树脂上的吸附速率由粒子内扩散控制;与凝胶型离子交换剂相比,大孔离子交换剂更常见,且动力学更出色。
- 由于具有弱酸性,CO_2 可以替代无机酸成为更加环保的再生剂,用于再生粒子内扩散路径更短的弱酸阳离子交换纤维。

参 考 文 献

1 Tiger, H., Sussman, S., Lane, M., and Calise, V. (1946) Desalting sea water. *Industrial & Engineering Chemistry*, **38** (11), 1130–1137.
2 Glueck, A. (1968) Desalination by an ion exchange-precipitation-complex process. *Desalination*, **4** (1), 32–37.
3 Sengupta, S. and SenGupta, A.K. (1996) Solid phase heavy metal separation using composite ion-exchange membranes. *Hazardous Waste and Hazardous Materials*, **13** (2), 245–263.
4 Sengupta, S. and SenGupta, A.K. (2000) Decontamination of heavy-metal-laden sludges and soils using a new ion-exchange process. *Environmental Science and Pollution Control Series*, **23**, 541–572.
5 Ree, B.R., Errede, L.A., Jefson, G.B. and Langager, B.A. inventors (1979). Minnesota Mining and Manufacturing Company, assignee. Method of making polytetrafluoroethylene composite sheet. US 4,153,661 A. 1979 May 8.
6 Hagen, D.F., Mary, S.J.S., Errede, L.A. and Carr, P.W. inventors (1989). Minnesota Mining and Manufacturing Company, assignee. Composite chromatographic article. US4,810,381A. 1989 Mar 7.
7 Sengupta, S. (1993) A new separation and decontamination technique for heavy-metal-laden sludges using sorptive/desorptive ion-exchange membranes. PhD dissertation. Lehigh University.
8 Sengupta, S. and SenGupta, A.K. (1993) Characterizing a new class of sorptive/desorptive ion exchange membranes for decontamination of heavy-metal-laden sludges. *Environmental Science & Technology*, **27** (10), 2133–2140.
9 Sengupta, S. and SenGupta, A.K. (1997) Heavy-metal separation from sludge using

chelating ion exchangers with nontraditional morphology. *Reactive and Functional Polymers*, **35** (1), 111–134.

10 Garcia, A.A. and King, C.J. (1989) The use of basic polymer sorbents for the recovery of acetic acid from dilute aqueous solution. *Industrial and Engineering Chemistry Research*, **28** (2), 204–212.

11 Höll, W. (1984) Optical verification of ion exchange mechanisms in weak electrolyte resins. *Reactive Polymers, Ion Exchangers, Sorbents*, **2** (1–2), 93–101.

12 Helfferich, F. (1965) Ion-exchange kinetics. V. Ion exchange accompanied by reactions. *The Journal of Physical Chemistry*, **69** (4), 1178–1187.

13 Sengupta, S. and SenGupta, A.K. (2001) Chelating ion-exchangers embedded in PTFE for decontamination of heavy-metal-laden sludges and soils. *Colloids and Surfaces A: Physicochemical and Engineering Aspects*, **191** (1), 79–95.

14 Sengupta, S. and Nawaz, T. (2016) Solid phase heavy metals separation with selective ion exchangers: two novel morphologies, in *Ion Exchange and Solvent Extraction: A Series of Advances*, vol. **22** (ed. A.K. SenGupta), CRC Press, Boca Raton, FL, pp. 99–146.

15 Driscoll, C.T., Baker, J.P., Bisogni, J.J., and Schofield, C.L. (1980) Effect of aluminium speciation on fish in dilute acidified waters. *Nature*, **284**, 161–164.

16 Lamb, D.S. and Bailey, G.C. (1981) Acute and chronic effects of alum to midge larva (Diptera: Chironomidae). *Bulletin of Environmental Contamination and Toxicology*, **27** (1), 59–67.

17 Cornwell, D.A. and Westerhoff, G.P. (1981) Management of water treatment plant sludges, in *Sludge and Its Ultimate Disposal Ann Arbor* (ed. J.A. Borchardt), Ann Arbor Science, MI, pp. 31–62.

18 Prakash, P. and SenGupta, A.K. (2003) Selective coagulant recovery from water treatment plant residuals using Donnan membrane process. *Environmental Science & Technology*, **37** (19), 4468–4474.

19 Saunders, M.F., Roeder, M.L., Rivers, R.B. and Magara, Y. (1991) Coagulant recovery: A critical assessment. Denver, CO: American Water Works Association Research Foundation (AWWARF); No. 1P-5C-90565-7/91-OM.

20 SenGupta, A.K. and Prakash, P. inventors (2002). SenGupta AK, assignee. Process for selective coagulant recovery from water treatment plant sludge. US patent 6,495,047 B1. 2002 December 17.

21 Prakash, P. and SenGupta, A.K. (2005) Modeling Al3/H ion transport in Donnan membrane process for coagulant recovery. *AIChE Journal*, **51** (1), 333–344.

22 Prakash, P., Hoskins, D., and SenGupta, A.K. (2004) Application of homogeneous and heterogeneous cation-exchange membranes in coagulant recovery from water treatment plant residuals using Donnan membrane process. *Journal of Membrane Science*, **237** (1), 131–144.

23 Boyd, G.E. and Soldano, B.A. (1953) Osmotic free energies of ion exchangers. *Zeitschrift für Elektrochemie, Berichte der Bunsengesellschaft für physikalische Chemie*, **57** (3), 162–172.

24 Alesi, W.R. Jr., and Kitchin, J.R. (2012) Evaluation of a primary amine-functionalized ion-exchange resin for CO_2 capture. *Industrial and*

Engineering Chemistry Research, **51** (19), 6907–6915.
25 Chen, T. and Pinto, N.G. (1991) Fixed-bed adsorption of acid gases on a macroreticular ion-exchange resin. *Reactive Polymers*, **14** (2), 151–168.
26 Yoshida, H. (1995) Chapter 8: Sorption of gaseous pollutants on ion exchangers, in *Ion Exchange Technology: Advances in Pollution Control Lancaster* (ed. A.K. SenGupta), Technomic Publishing Co., Inc., PA, pp. 315–352.
27 Yoshida, H. and Ruthven, D.M. (1989) Adsorption of gaseous ethylamine on H-form strong-acid ion exchangers. *AIChE Journal*, **35** (11), 1869–1875.
28 Yoshida, H. and Kataoka, T. (1987) Adsorption of amines and ammonia on H^+-form ion exchanger. *Chemical Engineering Science*, **42** (7), 1805–1814.
29 Yoshida, H. and Kataoka, T. (1986) Recovery of amine and ammonia by ion exchange method: comparison of ligand sorption and ion exchange accompanied by neutralization reaction. *Solvent Extraction and Ion Exchange*, **4** (6), 1171–1191.
30 Soldatov, V.S. and Kosandrovich, E.H. (2011) Chapter 2: Ion exchangers for air purification, in *Ion Exchange and Solvent Extraction: A Series of Advances*, vol. **20** (ed. A.K. SenGupta), CRC Press, Boca Raton, FL, pp. 45–116.
31 Ashirov, A. (1983) *Ion Exchange Purification of Wastewaters, Solutions and Gases*, vol. **295**, Khimiya, Leningrad.
32 Chikin, G.A. and Miagkoj, O.N. (1984) Ion exchangers in gas sorption technologies. *Ion Exchange Methods of Substance Purification* Voronezh University. p. 326.
33 Vulikh, A.I., Bogatyriov, V.A. and Aloviajnikov, A.A. (1970) Application of ion exchange resins for sorption and purification of gases. *Zhurnal Vsesoyuznogo khimicheskogo obschestva Mendeleeva*, **15** (4), 425–429.
34 Shramban, B.I. (1972) Investigation of the process of sorption of hydrogen fluoride from the gas phase by anion exchanger AV-17. MITCT Moscow.
35 Soldatov, V. (2008) Syntheses and the main properties of fiban fibrous ion exchangers. *Solvent Extraction and Ion Exchange*, **26** (5), 457–513.
36 Soldatov, V., Pawłowski, L., Shunkevich, A., and Wasąg, H. (2004) New materials and technologies for environmental engineering, Part I. Syntheses and structure of ion exchange fibres. *Monografie Komitetu Inżynierii Środowiska PAN*, **21**, 1–127.
37 Zagorodni, A.A. (2006) *Ion Exchange Materials: Properties and Applications*, Elsevier, Amsterdam, Netherlands.
38 Soldatov, V., Tsigankov, V., and Elinson, I. (1990) Sorption of water vapor by salt forms of fibrous anion exchanger FIBAN A-1. *Russian Journal of Applied Chemistry (Zhurnal prikladnoy khimii (in Russian))*, **63** (10), 2285–2291.
39 Crabb, C.R. and Mcdonald, L.S. inventors (1966). Dow Chemical Co, assignee. Desiccant regeneration. US3,275,549 A. 1966 Sep 27.
40 Radl, V. and Krejkar, E. (1962) Cation exchangers as drying agents for gases and liquids. *Chemicky Prumysl (Poll)*, **12** (10), 579–582.
41 Wymore, C. (1962) Sulfonic-type cation-exchange resins as desiccants. *Industrial & Engineering Chemistry Product Research and Development*, **1** (3), 173–178.
42 Shamilov, T., Zhirova, L., and Kadyrova, M. (1980) The gas drying by fibrous anion exchangers. *Chemistry and Industry (Khimicheskaya promyshlennost (in Russian))*, **3**, 181.

43 Miagkoj, O., Krutskikh, A. and Astakhova, E. (1981) The gas drying by fibrous anion exchangers. Application of ion exchange materials (Primenenie ionoobmennykh materialov (in Russian)). Voronezh University, Voronezh, 50.

44 Glueckauf, E. and Kitt, G.P. (1955) A theoretical treatment of cation exchangers. III. The hydration of cations in polystyrene sulphonates. *Proceedings of the Royal Society of London A: Mathematical, Physical and Engineering Sciences*, **228** (1174), 322–341.

45 Gregor, H.P., Sundheim, B.R., Held, K.M., and Waxman, M.H. (1952) Studies on ion-exchange resins. V. Water vapor sorption. *Journal of Colloid Science*, **7** (5), 511–534.

46 Gregor, H.P. and Frederick, M. (1953) Thermodynamic properties of ion exchange resins; free energy of swelling as related to ion selectivities. *Annals of the New York Academy of Sciences*, **57** (3), 87–104.

47 Van Koevelen, D. (1972) *Properties of Polymers—Correlations with Chemical Structure*, Khimia, p. 416.

48 Chalych, A. (1987) *Diffusion in Polymeric Systems*, Khimia, Moscow, p. 364.

49 Soldatov, V.S., Tsigankov, V., and Elinson, I. (1990) Quantitative description of water sorption by salts forms of fibrous anion exchanger FIBAN A-1. *Russ J Appl Chem (Zhurnal prikladnoy khimii (in Russian))*, **63** (10), 2291–2296.

50 Gantman, A. and Veshev, S. (1985) Water uptake and swelling of ion exchangers. *Russian Journal of Physical Chemistry (Zhurnal fizicheskoy khimii (in Russian))*, **59** (10), 2615–2618.

51 Sosinovich, Z., Hogfeldt, E., and Novitskaya, L. (1978) Investigation of the hydration of strong anion exchangers using the model of stepwise hydration. *Proceedings of the National Academy of Sciences Belarussian SSR (Doklady Akademii Nauk BSSR (in Russian))*, **22** (10), 920–923.

52 Kats, B., Kutarov, V., and Kutovaya, L. (1991) Kinetics of water-vapor sorption by anion-exchange fibers based on cellulose or polyacrylonitrile. *Journal of Applied Chemistry of the USSR*, **64** (8), 1568–1571.

53 Brunauer S. *Adsorption of Gases and Vapors*, vol. **1**. London: Princeton University Press; H. Milford, Oxford University Press; 1943.

54 Jovanović, D. (1969) Physical adsorption of gases. *Kolloid-Zeitschrift und Zeitschrift für Polymere*, **235** (1), 1214–1225.

55 White, H.J. and Eyring, H. (1947) The adsorption of water by swelling high polymeric materials. *Textile Research Journal*, **17** (10), 523–553.

56 Sosinovich, Z.I., Novitskaya, L.V., Soldatov, V.S., and Hoegfeld, T. (1985) Thermodynamics of water sorption on Downex 1 of different crosslinking and ionic form. *Ion Exchange and Solvent Extraction*, **9**, 303.

57 Pollio, F. and Kunin, R. (1968) Macroreticular Ion Exchange Resins as H2S Sorbents. *Industrial & Engineering Chemistry Product Research and Development*, **7** (1), 62–65.

58 Potapova, L., Yegiazarov, Y., and Soldatov, V. (1998) Oxidation of hydrogen sulfide on fibrous anion exchanger Fiban A-1 with coordination saturated complex Fe-EDTA. *Doklady Akademii Nauk Belarusi*, **42**, 54.

59 Pavlish, J.H., Sondreal, E.A., Mann, M.D. *et al.* (2003) Status review of mercury

control options for coal-fired power plants. *Fuel Processing Technology*, **82** (2), 89–165.
60 Greenleaf, J.E. and SenGupta, A.K. (2009) Flue gas carbon dioxide sequestration during water softening with ion-exchange fibers. *Journal of Environmental Engineering*, **135** (6), 386–396.
61 Kunin, R. and Myers, R.J. (1950) *Ion Exchange Resins*, John Wiley & Sons, Inc., New York.
62 Greenleaf, J.E. and SenGupta, A.K. (2006) Environmentally benign hardness removal using ion-exchange fibers and snowmelt. *Environmental Science & Technology*, **40** (1), 370–376.
63 Höll, W. and Sontheimer, H. (1977) Kinetics of the protonation of weak acid ion exchange resins. *Chemical Engineering Science*, **32** (7), 755–762.
64 Greenleaf, J.E., Lin, J., and Sengupta, A.K. (2006) Two novel applications of ion exchange fibers: arsenic removal and chemical-free softening of hard water. *Environmental Progress*, **25** (4), 300–311.

第6章 复合离子交换纳米技术

从物理化学的观点来看,每个聚合物离子交换树脂颗粒基本上是不溶于水的交联的聚电解质。如今,世界各地仍有数十家离子交换树脂制造商提供数百种不同的树脂产品,以满足不同的应用需求。这些离子交换剂看起来可能有所不同,但它们可以通过五个独立的成分变量(即基质、官能团、交联、孔结构和物理构型)进行分类,且容易区分相互作用类型。除了以这五个组成变量为特征的不同种类的离子交换剂外,目前合成了一类新的聚合物-无机离子交换剂,即金属或金属氧化物纳米粒子(MNP 或 MONP)均匀分布到离子交换剂相中,且金属氧化物颗粒和离子交换剂协同作用对目标污染物进行高效去除。新材料即使在 10nm 量级以下仍是异质的,被称为"复合型离子交换剂"或 HIX。图 6.1 说明了通用 HIX 的基本组成变量。

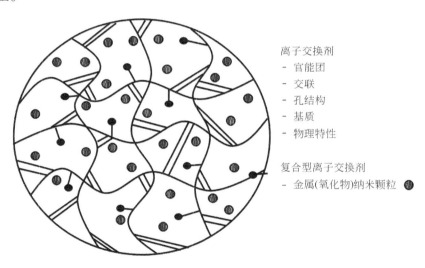

图 6.1 复合离子交换剂的基本组成变量。图片经许可转载自
Sarkar,Prakash,SenGupta,2011[1]

由于其极高的比表面积,许多金属和金属氧化物的纳米粒子可为许多具有环境重要性的反应提供快速动力学并增强吸附能力。例如,①水合 Fe(Ⅲ)氧化物或 HFO 颗粒可以选择性地吸收溶解的重金属(如锌和铜等)或准金属(如砷酸根等)。②Mn(Ⅳ)氧化物等强固相氧化剂。③磁铁矿(Fe_3O_4)晶体等具有磁性的金属或金

属氧化物。④Zn^0或 Fe^0元素是无机和有机污染物的极佳还原剂[1-10]。图 6.2 描绘了几种 MNP 或 MONP 的特性[11]。这些纳米颗粒及其聚集体的合成对环境安全,且操作简单、廉价。但由于耐用性差和在反应器中运行的压降过大,因此纳米粒子不适合直接应用于固定床色谱柱、反应器或任何过流工艺。但许多市面上的多孔聚合物树脂非常耐用,在固定床中具有出色的水力性能和较低的水头损失。从概念上讲,开发一种新型的复合型高分子-无机材料是很有价值的,该材料将球形聚合物珠粒的优异水力特性与无机纳米粒子的良好吸附、氧化还原和磁性良好结合。在这种材料中,主体(即聚合树脂)改善了流通系统中的水力渗透性,而对金属和金属氧化物纳米粒子的行为没有明显影响。本章主要强调如何利用聚合物主体材料的官能团来改变(增强或减弱)纳米材料的固有特性。

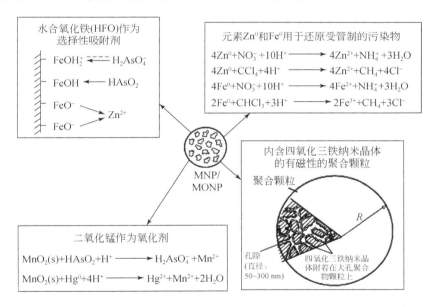

图 6.2 一些金属和金属氧化物纳米粒子的优良特性。图片经许可转载自 Cumbal, Greenleaf, Leun, SenGupta, 2003[11]

复合型离子交换剂或 HIX 基本上包含两个相:①官能化的聚合物主体,即离子交换剂;②分散在聚合相内的金属或金属氧化物纳米颗粒。尽管可以在预聚合步骤中将纳米颗粒掺入聚合物相中,但通常很难控制和保留最终产品中无机纳米颗粒的优良性能[12-17]。而且以这种方式制备的混合材料,如磁性聚合物,由于其制造过程的专有性而往往过于昂贵。本章将仅对将无机纳米粒子掺入聚合物离子交换剂成品中的复合型离子交换剂的材料进行介绍。图 6.3 为复合型离子交换剂一般组成示意图。

图 6.3　复合型离子交换剂的结构示意图。图片经许可转载自 Sarkar, Prakash, SenGupta, 2011[1]

本章将重点涉及以下三种复合型离子交换剂的制备、表征和应用：
(1) 磁性聚合物颗粒(MAPP)。
(2) HIX-Nano Fe：加载有 HFO 纳米颗粒，用于选择性去除配体。
(3) HIX-Nano Zr：加载有氧化锆纳米颗粒，用于同时除氟和脱盐。

对于第(2)种和第(3)种复合型离子交换剂，唐南膜原理的协同作用比较特殊，之后将分别进行讨论。

6.1　磁性聚合物颗粒

生物医学、电子学和材料科学专业长期以来一直在尝试合成磁性聚合物(MAPP)，因为它们的独特性能，有可能被用于新工艺中，如蛋白质和生物分子分离、水和废水处理、彩色成像和信息存储等。在许多关键的生物学过程中，磁性聚合物被用作细胞和生物分子的载体，如核酸和蛋白质。在此类应用中，磁性聚合物具有易于操作、自动化和小型化的优势。此外，无需过滤或离心即可从生物混合物中快速、经济地分离出磁性载体，这使磁性聚合物存在应用价值和潜力。

在环境分离和污染物控制领域，对重金属、准金属、有机配体、氯酚和农药等具有特定亲和力的高分子吸附材料被广泛用于修复过程中[18-24]。在环境评价过程中，可以使用高选择性的聚合物吸附剂来追踪自然水体中的特定污染物来源。尽管它们对目标污染物具有优异的吸附性能，但由于饱和吸附剂的分离非常困难，因此在复杂的环境中使用聚合物吸附剂变得不切实际。如果非磁性(即抗磁性)聚合物吸附剂能够受到磁性过程的影响，则通过施加磁场，可以从复杂的基质中回收该吸附剂。当被磁化时，聚合物吸附剂材料可以非常有效地用于分离目标污染物，并且从复杂的环境基质中回收，如浆液(高悬浮固体含量)、高黏度液体、放射性液体或生物质浓度高的溶液等。因此通过将磁性引入各种各样的市售或定制的聚合物材料中,可以适用于通常无法实现的复杂环境系统的分离。

可以制备不同形态的 MAPP 以满足特定需求。MAPP 可以嵌入聚合物的核心,也可以异质性分散在聚合物吸附剂内。对于核心型 MAPP,磁芯材料被聚合物表层包裹,该聚合物表层通过相转化或溶剂蒸发分别附着在磁芯表面[25-28]。这些磁性聚合物的形态学性质,如粒度和粒度分布,取决于聚合物的性质和聚合物的覆盖方法。当将单体和磁性颗粒混合并使用不同的聚合技术将单体聚合时,磁性聚合材料在其聚合基质中呈均匀分布[29-32]。这两种类型的磁性聚合物的制备需要专业定制,并且产品过于昂贵。此外,由于在聚合或聚合物沉积阶段涉及严格的反应,因此开发各种对不同类型的环境污染物具有特定吸附亲和力的磁性聚合物的灵活程度很低。

为了应对各种环境应用需求,应按照原位方法制备 MAPP,以便达到以下目的:①磁化过程普遍适用于各种可重复使用的聚合物吸附剂颗粒;②赋予的磁性或磁化过程不影响吸附性能(平衡或动力学);③MAPP 在许多运行周期中保持其磁性。在一种原位方法中,预先形成的磁铁矿纳米晶体通过聚合物的溶胀沉积在聚合物相中,随后磁铁矿通过粒子内扩散在聚合物内传输并最终黏附。微米级的聚苯乙烯(PS)颗粒在 N-甲基-2-吡咯烷酮(NMP)的水溶液中溶胀,与磁性氧化铁纳米颗粒混合[33]。然后,磁性纳米颗粒扩散到聚合物微球中并被其包围。该方法的挑战在于正确选择并使用溶剂:聚合物载体易于溶解在溶液中造成损失。

在所有磁性材料中,磁铁矿廉价、化学性质稳定且一经形成就对环境无害。通过将纳米级磁铁矿颗粒分散并固定在离子交换剂的聚合相中,可以大大提高聚合吸附剂的磁性。聚合物颗粒的磁化难点在于控制工艺条件,以形成 Fe_3O_4 固体而非非磁性的 $Fe(OH)_3$ 和 $Fe(OH)_2$。在还原性环境(即无氧条件)下,$Fe(OH)_2$ 是固相的主要组成部分,而在中度到高度氧化的环境下,以 $Fe(OH)_3$ 为主导。磁铁矿晶体生长的环境条件对 pH 和氧化还原条件非常敏感。因此在 E_h-pH 曲线中磁铁矿只占有很小的面积,其中磁性材料最好在非磁性水合 $Fe(II)$ 或 $Fe(III)$ 氧化物的条件之间形成[34],这为磁性材料的制造增加了难度。图 6.4 显示了在 25℃ (E_h-pH)下固相的稳定性或优势图。考虑到氧是唯一的电子受体,Fe_3O_4 和 $Fe(OH)_3$ 之间的固相转变如下:

$$4 Fe_3O_4 + O_2 + 18H_2O \longrightarrow 12Fe(OH)_3 \quad (6.1)$$

磁化过程要求存在极低浓度的溶解氧,能够将 Fe^{2+} 氧化为 Fe_3O_4 而不形成非磁性的 $Fe(OH)_3$。设计在聚合物颗粒内形成磁铁矿晶体的过程中,必须考虑上述情况。

图 6.5 详细说明了将磁铁矿纳米晶体加载到带有磺酸基的聚合阳离子交换树脂中的方案。该过程可以通过必要的调整应用于具有大孔型和凝胶型形态的其他类型的功能化聚合物中[11,35]。

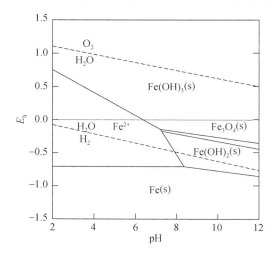

图 6.4　不同种类的 Fe 和 Fe 氧化物的优势图。数据经许可转载自 Cumbal, Greenleaf, Leun, SenGupta, 2003[11]

步骤1：在酸性条件下加载二价铁离子

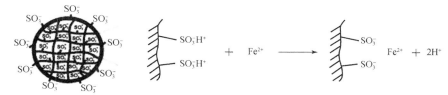

步骤2：磁性形成机理

$3Fe^{2+} + 1/2\, O_2 + 3H_2O \longrightarrow Fe_3O_4(s) + 6H^+$

$Fe^{2+} + 2OH^- \longrightarrow Fe(OH)_2(s)$

$3Fe(OH)_2(s) + 1/2\, O_2 \longrightarrow Fe_3O_4(s) + 3H_2O$

$4Fe^{2+} + O_2 + 10H^+ \longrightarrow 4Fe(OH)_3(s) + 8H^+$

步骤3：使用乙醇或低介电常数的溶剂进行冲洗

图 6.5　用阳离子交换剂制备 MAPP 的步骤。图片经许可转载自 Cumbal, Greenleaf, Leun, SenGupta, 2003[11]

磺酸基团对氢离子的亲和力很低[36]。当氢型的磺酸官能团阳离子交换树脂与含有 Fe^{2+} 离子的酸性溶液接触时,Fe^{2+} 离子立即被阳离子交换剂吸收,并释放 H^+。离子交换剂中 Fe(Ⅱ)的浓度非常高,在 $2N(eq/L)$ 或更高的范围内。当使 Fe(Ⅱ)形式的离子交换剂与高浓度的 NaCl 和 NaOH 碱性溶液中的 Na^+ 离子接触时,Na^+ 离子会替换离子交换部位中的 Fe^{2+} 离子。聚合物相内部未结合的 Fe(Ⅱ)浓度非常高,内部的 pH 也呈碱性。如果在聚合物相中允许存在痕量的氧气,则会形成以下三种不同的氧化铁:$Fe(OH)_2(s)$(氢氧化亚铁)、$Fe(OH)_3(s)$(氢氧化铁)和 Fe_3O_4(磁铁矿)。Fe(Ⅱ)和 Fe(Ⅲ)氢氧化物均没有磁性,而磁铁矿晶体具有磁性。

实验室中不同聚合物吸附剂颗粒的磁化过程在间歇式反应器中进行,如图 6.6 所示。具体步骤如下:①在酸性条件下(pH 2.5~3.5),氮气环境下,在反应器内准备 500mL 氯化亚铁溶液(以 Fe 计 500mg/L)。将溶液加热到 60~70℃,并在反应器内部的多孔尼龙袋中引入 10g 聚合物吸附剂颗粒。②15~20min 后,通过添加 5% NaCl+0.5% NaOH 溶液并同时通入 0.1%~1% 氧气(v/v)与载体氮气,将 pH 缓慢升高至 10。搅拌 60min。磁铁矿的形成可以通过树脂变成深黑色进行判断。③停止搅拌,关闭加热板,再取出装有聚合物颗粒的袋子。用蒸馏水冲洗,再在真空炉中干燥颗粒 1h。注意:用乙醇冲洗有助于产生相对干燥的颗粒。④根据需要在第二个循环中重复该过程。

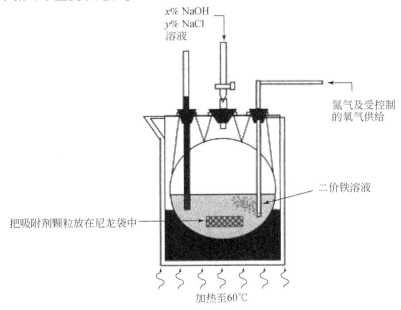

图 6.6 用于合成 MAPP 的间歇反应器示意图。
图片经许可转载自 Leun,SenGupta,2000[35]

6.1.1 MAPP 的特性表征

将磁铁矿纳米颗粒加载到聚合物中是非侵入性过程;与磁铁矿纳米晶体在微珠内分散有关的化学反应不会干扰或改变聚合相性质。除了颜色变黑以外,聚合物相的物理形态保持不变。图 6.7 显示了磁化的 Purolite C145 阳离子交换树脂颗粒的放大图。该树脂看起来与母体树脂相同,只是颜色改变。当在实验室中切割母体树脂和磁化树脂以进行目视观察时,两个样品的外观相似,但仅在 MAPP 内观察到黑色的磁性涂层。图 6.8 显示了在切片的 MAPP 上进行的 X 射线衍射图以及用作参考标准的纯磁铁矿晶体。两个样品之间峰的相似性证明了树脂内部存在磁铁矿晶体。通过比较四种不同材料对磁铁的响应,可以从视觉上观察磁化程度,如图 6.9 所示。仅分散有磁铁矿的离子交换剂显示出显著磁性,而以下材料未显示出明显磁性:①离子交换剂母体;②加载氢氧化铁[Fe(Ⅲ)]的离子交换剂;③加载氢氧化亚铁[Fe(Ⅱ)]的离子交换剂。

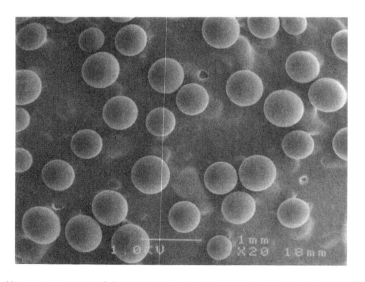

图 6.7 磁化的 Purolite C145 聚合树脂颗粒放大图(放大 20 倍)。磁化后,颗粒的物理形态未发生改变。照片经许可转载自 Leun,SenGupta,2000[35]

6.1.2 影响所获磁性的因素

无量纲参数磁化率(χ_m)常用于确定材料的磁性。磁化率定义为材料在一个单位磁场的影响下在材料中感应的磁化程度。对于非磁性粒子,磁化率的值为负。水是反磁性的,磁化系数为 $\chi_m = -9 \times 10^{-6}$,而纯磁铁矿的磁化系数为 $\chi_m = 1 \sim 5.7$[37]。

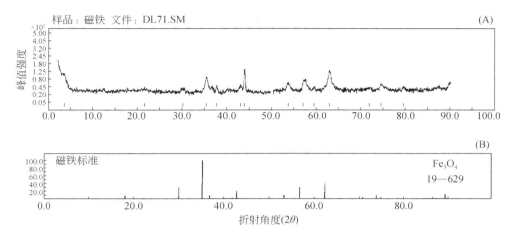

图 6.8 （A）切片的磁化聚合物颗粒（Purolite C145）和（B）磁铁矿标样的 X 射线衍射图和特征峰。数据经许可转载自 Leun, SenGupta, 2000[35]

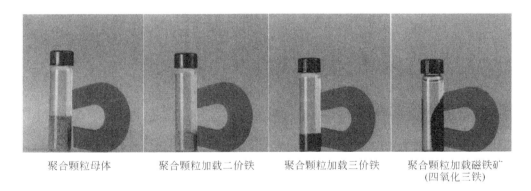

聚合颗粒母体　　聚合颗粒加载二价铁　　聚合颗粒加载三价铁　　聚合颗粒加载磁铁矿（四氧化三铁）

图 6.9 四种类型的双官能团聚合树脂对磁铁的响应
图片经许可转载自 Leun, SenGupta, 2000[35]

使用磁化率仪（Sapphire Instruments SI-2）测量在 Lehigh 大学实验室中制备的 MAPP 的磁化率。将样品颗粒放置在仪器的铜线圈中，该铜线圈从外部施加磁场并通过线圈。中心记录仪根据无量纲的体积磁化率测量了样品的磁化率。

图 6.10 显示了按照前面详述的方法制备的不同 MAPP 的磁化率。尽管磁化程度不同，但是不管母体聚合物吸附剂的物理和化学性质如何，所有形式的复合型吸附剂都具有磁性。当磁铁矿的负载持续多个循环时，所有复合型吸附剂的磁活性均增加。观察图 6.10 中获得的磁化率值，并检查表 6.1 中详细介绍的

不同聚合吸附剂的官能团的化学性质,可以发现所获得的磁化率取决于官能团的性质。

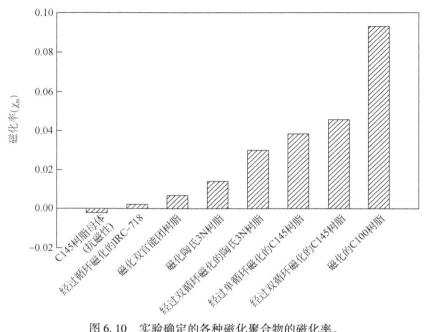

图 6.10 实验确定的各种磁化聚合物的磁化率。
数据经许可转载自 Leun,SenGupta,2000[35]

表 6.1 不同类型官能团的聚合相的磁性[35]

特性	官能团组成	生产厂家与型号
高金属离子亲和力		陶氏 3N 或 XFS4195
对铬酸根、苯磺酸根、五氯酚具有高亲和力		罗本哈斯 IRA-900 漂莱特 A500
高砷选择性	聚合无机复合型吸附剂	LayneRT,漂莱特 FerrIXA33E

续表

特性	官能团组成	生产厂家与型号
强酸阳离子树脂	$R-SO_3^-$	漂莱特 C145
金属选择性多功能阳离子交换剂	磺酸基与膦酸基双官能团结构	爱铬工业,双官树脂
高金属离子亲和力	$R-NH-CH(COO^-)_2$ 亚氨基二乙酸结构	罗本哈斯 IRC-718

对于磁化的漂莱特 C100,仅经过一个循环,其磁化率显著高于其他树脂。磁化的漂莱特 C145 和陶氏 3N 树脂的磁化率紧随其后。需要注意的是:①C100 是具有磺酸官能团的凝胶型强酸阳离子交换树脂;②C145 是具有磺酸官能团的大孔阳离子交换树脂;③陶氏 3N 的基本特性较弱,但对铜等金属具有高亲和力;④双官能团树脂是金属选择性双功能离子交换剂。研究发现官能团的酸度和获得的磁性是相关的。强酸阳离子交换剂具有磺酸官能团,该官能团对氢离子的亲和力非常低。但随着官能团的酸性降低,对氢离子的亲和力增加。在磁化的第一步中,氢形式的离子交换剂与包含 Fe^{2+} 离子的溶液接触,以使 Fe^{2+} 离子与氢离子交换。与其他具有低酸度特性的树脂相比,强酸阳离子交换剂对 Fe^{2+} 离子的吸收最高。据估计,在此步骤中,强酸阳离子交换剂内部的 Fe^{2+} 离子浓度达到 $2N$。因此,当在下一步中形成磁铁矿纳米颗粒时,通过控制树脂官能团上的 $Fe(Ⅱ)$ 离子的氧化,与其他树脂相比,强酸阳离子交换树脂可获得更大的磁化强度。尽管其他官能团没有提供有利于获得磁性的条件,但可以通过重复加载更多磁铁矿纳米颗粒来提高离子交换剂的磁性程度。所有其他条件保持相同,材料的较高磁化率使材料在较低磁场下具有更好的磁分离效果。因此,任何具有磺酸官能团的聚合物吸附剂的部分官能化都能获得较大的磁化强度,因此增加了在复杂的环境条件下使用磁分离技术的机会。

6.1.3 磁性和吸附行为共存

为了在复杂的环境分离过程中实际应用,MAPP 同时保留磁性和吸附能力。使用磁化的陶氏 3N 离子交换剂评估 MAPP 材料的实际性能。先前的研究表明,即使在低 pH 下,陶氏 3N 和 XFS4195 对铜离子也具有高选择性和高吸附容量[38,39]。穿透的树脂可以通过氨溶液有效地再生[19,40,41]。将磁化的陶氏 3N 树脂进行 15 次连续的吸附和解吸循环,以了解磁化对树脂吸附-解吸特性的影响,以及在吸附-解吸循环中磁化率的变化。每个循环均使用 pH 4.0 的 20mg/L 铜溶液平衡,然后用 5%氨溶液解吸。图 6.11 显示了通过实验确定的磁性陶氏 3N 树脂对铜的吸附能力为 2meq Cu/g,与树脂母体相近。图 6.12 显示了 MAPP 吸附剂在 15 个使用周期内的磁化率是恒定的,且其在许多恶劣的化学条件下也是如此。吸附剂能够在低 pH 下吸附,在高 pH 下解吸。由于磁性是由分散在聚合物基质中的磁铁矿纳米颗粒赋予的,因此磁性的保留意味着即使经过几次吸附-解吸循环,MAPP 内部也没有磁铁矿流失。

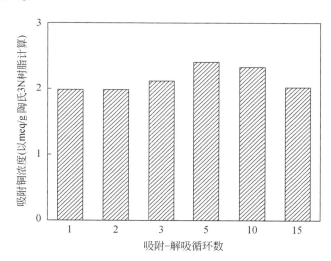

图 6.11 磁化的金属选择性陶氏 3N 聚合树脂在 15 个连续的吸附-解吸循环中的铜吸附能力。数据经许可转载自 Leun,SenGupta,2000[35]

图 6.13 显示了使用磁化后的和母体双官(Diphonix)树脂进行的锌去除动力学测试的结果。磁铁矿的存在对锌离子的吸收速率没有任何影响。在间歇条件下,粒子内扩散通常是限速步骤。因此细的磁铁矿颗粒的存在或在树脂内部形成磁铁矿颗粒的过程不会影响聚合物的有效粒子内扩散率。

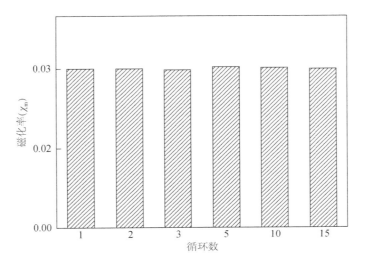

图 6.12　图 6.11 中相同的陶氏 3N 聚合物磁珠在 15 个循环中的磁化率。数据经许可转载自 Leun,SenGupta,2000[35]

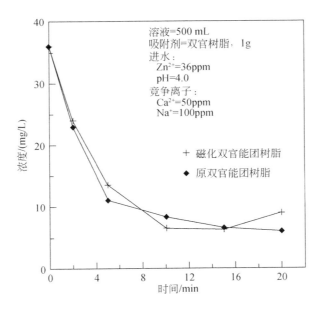

图 6.13　比较母体和磁化后的双官能团(Diphonix)树脂中锌去除的间歇动力学测试结果。数据经许可转载自 Leun,SenGupta,2000[35]

6.2 用于选择性吸附配体的复合型纳米吸附剂

某些多价金属的氧化物,如 Al(Ⅲ)、Fe(Ⅲ)、Ti(Ⅳ)、Zr(Ⅳ)等对环境无害,且在中性 pH 附近具有两性吸附行为。由于这些金属氧化物价格便宜、易于获得并且在很宽的 pH 范围内化学稳定,因此可以将它们用作选择性吸附剂材料。在低于零点电荷(pH_{ZPC})或等电点(pI)的 pH 时,金属氧化物的行为类似于路易斯酸,是电子对受体。在 $pH<pH_{zpc}$ 时,这些氧化物的表面可以选择性地结合溶解的配体路易斯碱。路易斯碱将电子对捐给金属氧化物的中心金属原子,以形成配位或内球络合物。对环境有重要意义的配体如无机金属氧阴离子/含氧酸(如砷、磷、硒等的酸根离子)和具有羧基官能团的去质子化有机酸[42-52]。涉及扩展 X 射线吸收精细结构(EXAFS)光谱的研究已经证实,As(Ⅲ)和 As(Ⅴ)都通过配位键选择性地结合到水合氧化铁表面[53]。表 6.2 列出了 As(Ⅲ)和 As(Ⅴ)的存在形式以及磷酸根阴离子的配体特性或电子对捐赠能力[54]。金属氧化物可以从其他常见阴离子如氯离子、硫酸根、硝酸根等背景中选择性地吸收痕量配体。这些常见阴离子仅能够通过库仑相互作用与金属氧化物表面形成外球络合物。与晶体形式相比,非晶态金属氧化物每单位质量或体积具有更高的表面积。由于吸附位点主要保留在表面,因此非晶态金属氧化物的吸附能力高于其他形式。

表 6.2 As(Ⅲ)和 As(Ⅴ)物种以及磷酸根阴离子的配体特性或电子对捐赠能力[54]

含氧酸根	pK_a 值	pH 6.0 时的主要存在形式	pH 8.0 时的主要存在形式	吸附过程相互作用形式
As(Ⅴ):H_3AsO_4	$pK_{a1}=2.2$ $pK_{a2}=6.98$ $pK_{a3}=11.6$	$H_2AsO_4^-$	$HAsO_4^{2-}$	As(Ⅴ)化合物或砷酸根受库仑作用和路易斯酸碱作用
As(Ⅲ):$HAsO_2$	$pK_{a1}=9.2$	$HAsO_2$	$HAsO_2$	As(Ⅲ)或亚砷酸根仅发生路易斯酸碱作用
P(Ⅴ):H_3PO_4	$pK_{a1}=2.12$ $pK_{a2}=7.21$ $pK_{a3}=12.7$	$H_2PO_4^-$	HPO_4^{2-}	P(Ⅴ)或磷酸根受库仑作用和路易斯酸碱作用

水合三氧化二铁(HFO)微粒是砷和磷的主流吸附剂。新沉淀的无定形颗粒的尺寸在20~100nm。尽管小尺寸有助于实现更高的比表面积,但几乎不可能在实际工程中使用这些纳米级颗粒从受污染的地下水或废水中去除痕量污染物。固定床吸附由于其工艺简单普遍被用于水和废水处理,该工艺几乎不需要启动时间,并且对进水浓度波动影响微弱。纳米级吸附剂由于水头损失大、机械强度差而不适用于固定床工艺。已经研发并使用的粒状的水合氧化铁或氢氧化铁颗粒已被用于固定床工艺中以选择性地从污染水中去除砷。然而,与通常用于固定床的聚合物和其他无机吸附剂相比,颗粒状Fe(Ⅲ)颗粒的机械性能仍然较弱。较弱的Fe(Ⅲ)材料的另一个缺点是该吸附剂无法再生,并且会产生二次性污染废物,需要在一个运行周期后进行后续处理。

为克服上述纳米吸附剂单独使用的相关问题,必须将纳米吸附剂不可逆地加载到主体材料中,该主体材料在固定床工艺中提供优良的机械强度和吸附能力。之前的研究曾使用天然的或合成材料(聚合或无机)作为主体承载纳米吸附剂颗粒,如藻酸盐、沸石、活性炭、壳聚糖、纤维素、聚合吸附剂和聚合阳离子交换剂等[55-65]。该类载体材料均改善了固定床色谱柱中吸附剂的渗透性和耐用性。但有必要了解基质材料的化学和物理性质影响复合型纳米吸附剂吸附行为的原理和程度。聚合物主体材料的形态,如其孔径及分布,会影响分散在孔中的纳米颗粒的大小和性质。对于具有带电表面官能团的主体材料,如聚合阳离子交换剂,基团的性质和电荷密度将影响纳米颗粒分散的过程和程度。带电官能团对复合型材料吸附行为的影响是另一个重要的考虑因素。取决于聚合物主体上官能团的类型,存在三种类型的复合型纳米吸附剂:①具有带正电的官能团的复合型阴离子交换树脂(HAIX);②具有带负电的官能团的复合型阳离子交换树脂(HCIX);③没有离子交换能力的复合型树脂(HNIX)。我们将重点关注与水合三氧化二铁纳米颗粒(HIX-Nano Fe)形成的复合型离子交换剂的前两种类型,包括其合成、表征、用途和唐南膜效应的协同作用。

6.2.1 复合型纳米材料离子交换剂的合成

表6.3列举了用于复合型吸附剂材料合成的聚合物载体(凝胶型)的主要特性:①漂莱特A400(阴离子交换基团);②漂莱特C100(阳离子交换基团)。也可以使用其他制造商提供的具有凝胶和大孔型的类似交换剂。

复合型阳离子交换剂或HCIX-Nano Fe(Ⅲ)的制备包括以下三个步骤:

步骤1. 使用pH为2的4%(w/v)$FeCl_3$溶液将Fe(Ⅲ)负载到阳离子交换剂的磺酸基交换位点上。

步骤2. 使用含有5%(w/v)的NaCl和NaOH的溶液使交换剂凝胶相中的Fe(Ⅲ)同时解吸并以Fe(Ⅲ)氢氧化物形式沉淀。

表6.3 包含阳/阴离子交换官能团的两种不同的聚合物载体(凝胶型)的主要特征。这些载体用于合成复合型吸附剂材料(**PS-DVB** 为与二乙烯基苯交联的聚苯乙烯)[54]

	漂莱特 A400/IRA-900	漂莱特 C100
树脂结构	I型季铵基官能团，基质为PS-DVB	磺酸基官能团，基质为PS-DVB
官能团	I型季铵基	磺酸基
基质	凝胶型(IRA-900)/大孔型(A400) PS-DVB 交联	凝胶型 PS-DVB 交联
交换容量/(eq/L)	1.3(A400)/1.0(IRA-900)	2.0

步骤3. 使用50/50乙醇水溶液冲洗树脂，并在50~60℃进行60min温和热处理。

图6.14描述了该过程涉及的主要步骤。通过重复步骤2两次以实现更大的Fe(Ⅲ)纳米粒子负载量。实验表明，步骤3之后，非晶相和结晶相同时存在。一部分纳米级HFO颗粒聚结形成团聚物。在制备过程中，湍流和机械搅拌不会导致HFO颗粒的损失。高浓度的磺酸官能团可将HFO颗粒均匀地加载到聚合物珠粒中，铁的质量分数为9%~12%。

将HFO纳米颗粒分散在强碱性阴离子交换剂中在科学上具有挑战性，因为铁离子(Fe^{3+})和官能团[季铵(R_4N^+)]均带正电。由于树脂内部存在不可移动的季铵官能团而导致较高的唐南排斥潜能，因此Fe^{3+}离子很难在阴离子交换剂内部扩散。但Lehigh大学[66]开发了一种在经济和技术上可行的制备复合型阴离子交换

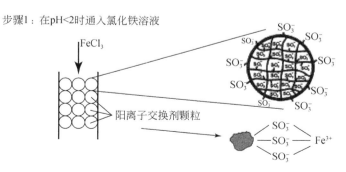

步骤1：在pH<2时通入氯化铁溶液

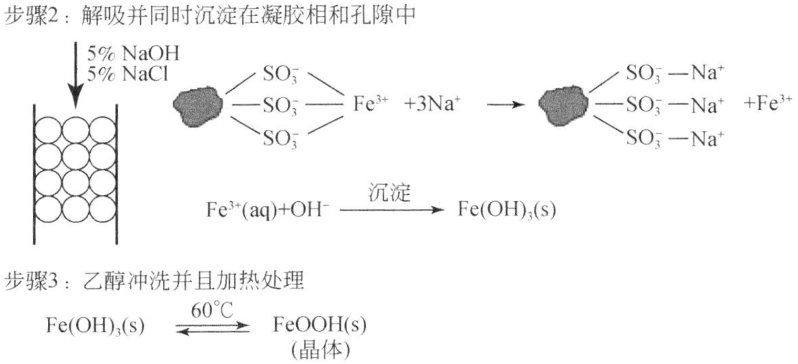

步骤2：解吸并同时沉淀在凝胶相和孔隙中

$$\text{SO}_3^- \quad \text{SO}_3^- - \text{Fe}^{3+} + 3\text{Na}^+ \longrightarrow \text{SO}_3^- - \text{Na}^+ \quad \text{SO}_3^- - \text{Na}^+ + \text{Fe}^{3+}$$

$$\text{Fe}^{3+}(\text{aq}) + \text{OH}^- \xrightarrow{\text{沉淀}} \text{Fe(OH)}_3(\text{s})$$

步骤3：乙醇冲洗并且加热处理

$$\text{Fe(OH)}_3(\text{s}) \xrightleftharpoons{60^\circ\text{C}} \text{FeOOH(s)} \text{（晶体）}$$

图 6.14　将晶体和无定形 HFO 纳米颗粒分散在聚合阳离子交换树脂内以生成 HCIX-Nano Fe(Ⅲ) 的三步程序说明。图片经许可转载自 DeMarco, SenGupta, Greenleaf, 2003[63]

剂的方法,此后该方法已在美国由雷恩和漂莱特公司商业化。唐南排斥效应随同型电荷数的增加而增加,因此在所有其他条件相同的情况下,阴离子交换剂内部的亚铁离子(Fe^{2+})的平衡浓度高于三价铁(Fe^{3+})离子。离子交换剂中亚铁离子的氧化将其转化为三价铁离子并形成 HFO 纳米颗粒。将 HFO 分散在阴离子交换树脂内的方法遵循的主要步骤如下：首先,使阴离子交换剂与高锰酸钾($KMnO_4$)或次氯酸钠($NaOCl$)溶液接触,将阴离子交换剂转化为 MnO_4^- 或 OCl^- 形式。随后,使阴离子交换树脂与5%的氯化亚铁溶液接触。氯离子从离子交换位点代替 MnO_4^- 或 OCl^- 离子。离子交换剂内部的二价铁通过与从离子交换部位释放的 MnO_4^- 或 OCl^- 离子反应而氧化为三价铁。接下来,通过5%的 NaOH 溶液在离子交换剂的孔内沉淀氢氧化铁颗粒。图6.15描绘了将 HFO 纳米颗粒加载到阴离子交换树脂以生成 HAIX-Nano Fe(Ⅲ) 的主要步骤。

6.2.2　复合型纳米吸附剂的表征

图6.16(A)是复合型阴离子交换树脂的显微照片,图6.16(B)则是复合型阳离子交换树脂的光学显微镜照片,两者均加载 HFO。由于棕色 HFO 纳米颗粒在树脂内部的沉积,树脂的颜色已从原始的白色或浅黄色变成棕色或深棕色。且合成的复合型树脂的原始球形几何形状均完全保留。图6.17(A)显示了新沉淀的 HFO 的扫描电镜照片(SEM),而图6.17(B)和(C)显示了母体凝胶型阳离子交换剂和 HCIX-Nano Fe(Ⅲ) 的切片 SEM 照片。由于凝胶型离子交换剂不像大孔一样具有分开的孔结构,因此即使在高放大倍数下,也不能在离子交换剂母体和 HFO 相之间进行区分。在图6.18(A)和(B)中分别显示了凝胶型阴离子交换剂母体和由其制备的相应 HAIX-Nano Fe(Ⅲ) 的 SEM 照片。对于具有大孔结构的离子交换树脂,

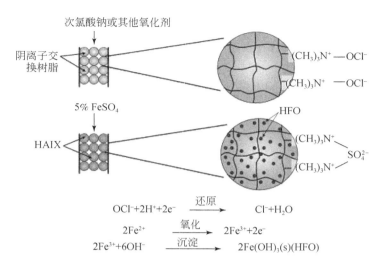

图 6.15 向阴离子交换树脂加载水合三氧化二铁(HFO)颗粒以生成 HAIX-Nano Fe(Ⅲ)的步骤说明。图片经许可转载自 Sarkar,Blaney,Gupta,Ghosh,SenGupta,2007[67]

图 6.16 加载 HFO 的(A)复合型阴离子交换树脂和(B)复合型阳离子交换树脂。图片经许可转载自 Sarkar,Blaney,Gupta,Ghosh,SenGupta,2011[67]和 Puttamraju,SenGupta,2006[69]

观察到 HFO 微粒沉积在整个树脂颗粒中,包括凝胶相和大孔相。图 6.19(A)和(B)显示了阴离子交换树脂母体和由其制备的复合型吸附剂的 SEM 照片。溶液中的物质可通过尺寸在 20~300nm 的大孔网络进入无定形和晶体 HFO 纳米颗粒。图 6.20 显示了 HAIX-Nano Fe(Ⅲ)纳米吸附剂的透射电子显微镜(TEM)图像,发现 SEM 图像中观察到的 HFO 颗粒的明显无定形涂层是由 5~10nm 的单独颗粒组成的。HAIX-Nano Fe(Ⅲ)颗粒的研究报告表明,其 BET 比表面积为 120m^2/g,平均孔径为 17.4nm[68]。但由于在进行此类测量之前树脂会因干燥而收缩,因此数据可能无法反映实际操作条件下树脂的物理特性。

图 6.17 (A)新鲜沉淀的 HFO(100000×)、(B)凝胶型阳离子交换剂母体(40000×)和(C)加载有 HFO 纳米粒子的复合型阳离子交换树脂(40000×)的 SEM 图像。图片经许可转载自 Puttamraju,SenGupta,2006[69] 和 DeMarco,SenGupta,Greenleaf,2003[63]

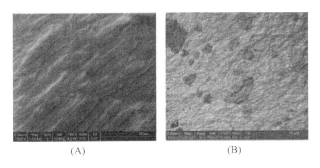

图 6.18 (A)母体凝胶型阴离子交换剂(15000×)和(B)加载有 HFO 纳米粒子(25000×)的凝胶复合型阴离子交换树脂的 SEM 图像。图片经许可转载自 Cumbal,SenGupta,2005[54]

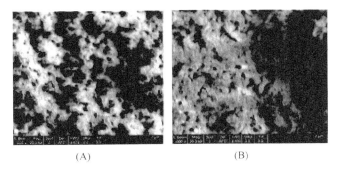

图 6.19 (A)大孔阴离子交换剂母体(20000×)和(B)加载 HFO 纳米颗粒的大孔复合型阴离子交换树脂(20000×)的 SEM 图像。图片经许可转载自 Cumbal,2004[70]

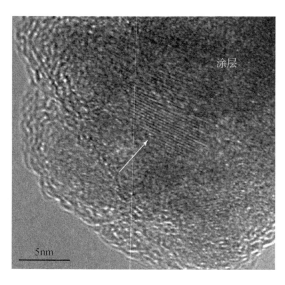

图6.20 加载HFO纳米颗粒的大孔阴离子交换剂的透射电子显微镜(TEM)照片。图片经许可转载自Sarkar, Blaney, Gupta, Ghosh, SenGupta, 2011[67]

6.2.3 阴离子交换剂母体与复合型阴离子交换剂[HAIX-Nano Fe(Ⅲ)]的对比

在接近中性的pH下,水相中的砷酸根或As(Ⅴ)以一价或二价阴离子形式存在(表6.2)。研究和现场试验曾使用阴离子交换剂去除As(Ⅴ)[67-74]。由于仅通过非选择性的库仑相互作用发生吸附,因此砷酸根与其他常见阴离子如硫酸根的竞争非常激烈。在存在竞争性阴离子的情况下,特别是由于与二价硫酸根离子的竞争,大大降低了阴离子交换树脂的除砷能力。图6.21显示了使用两种不同的吸附剂材料在两个独立的色谱柱运行中As(Ⅴ)的穿透曲线,包括市售的阴离子交换剂(IRA-900,罗杯哈斯公司,费城,宾夕法尼亚州)和分散的水合氧化铁纳米颗粒在大孔阴离子交换剂HAIX[75]。阴离子交换树脂几乎瞬间穿透,而HAIX-Nano Fe(Ⅲ)则可以持续从竞争性阴离子的背景中去除砷。在10000床体积后,其穿透时的出水砷酸根浓度仅占进水浓度的10%。因此可以推断,随着HFO纳米颗粒的加载,阴离子交换剂的除砷能力大大提高。对于IRA-900色谱柱,穿透后出水中砷浓度超过了进水浓度。这种情况是由IRA-900的硫酸根选择性高于砷酸根而引起的色谱洗脱效果所致。这进一步证实了砷的高选择性源于分散在聚合物中的HFO颗粒。

图6.22提供了As(Ⅲ)浓度为100μg/L的相同进水组成的两个独立运行的As(Ⅲ)出水曲线[63,70]。对于一次运行,阴离子交换剂IRA-900用于固定床色谱

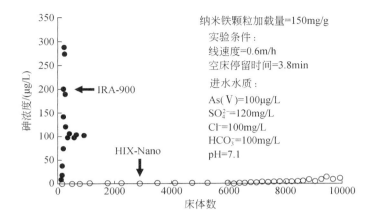

图6.21 在相同条件下,强碱阴离子交换剂(IRA-900)和 HAIX-Nano Fe(Ⅲ)的 As(Ⅴ)穿透曲线对比。数据经许可转载自 Cumbal,SenGupta,2005[54]

柱,而 HAIX-Nano Fe(Ⅲ)作为第二次运行的填料。在接近中性的 pH 下,As(Ⅲ)未离子化(即 $HAsO_2$ 或 H_3AsO_3),因此 IRA-900 无法去除 As(Ⅲ)[75,76]。可以证明聚合阴离子交换剂本身对去除 As(Ⅲ)无效。相比而言,通过 HAIX-Nano Fe(Ⅲ)填料柱可长时间去除 As(Ⅲ)。在 12000 床体之后,总溶解砷突破浓度为进水浓度的 10%。实验过程中向进水储罐中连续通入氮气,以消除 As(Ⅲ)氧化为 As(Ⅴ)的可能性。根据菲克林(Ficklin)[77]和克利福德(Clifford)[78]制定的实验方案,对进水进行分析,证实进水中完全不含 As(Ⅴ)。

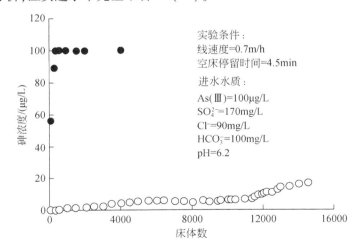

图6.22 在相同条件下,强碱阴离子交换剂(IRA-900)和 HAIX-Nano Fe(Ⅲ)的 As(Ⅲ)出水曲线。数据经许可转载自 DeMarco,SenGupta,Greenleaf,2003[63]和 Cumbal,2004[70]

6.2.4 复合型离子交换剂的支撑材料:阳离子与阴离子

在相似的进水溶液和相同的流体动力学条件下进行了两个单独的过柱实验。在两种情况下,与其他竞争性电解质(如硫酸根、氯离子和碳酸氢根阴离子)相比,砷(Ⅴ)或砷酸根都是痕量物质。加载 HFO 纳米颗粒的凝胶型复合阳离子交换剂(HCIX-G)和凝胶型复合阴离子交换剂(HAIX-G)分别作为固定床的填料。其主要特性总结在表 6.3 中。图 6.23 显示了两个色谱柱运行过程中 As(Ⅴ)的出水曲线对比;两种吸附剂的性能差异明显。尽管 HCIX-G 的 HFO 颗粒含量更高,但基本无法除去 As(Ⅴ),而 As(Ⅴ)几乎在色谱柱运行开始后立即穿透。相反,阴离子交换剂中加载 HFO 纳米颗粒后的 HAIX-G 具有出色的除砷能力。在将近 10000 个床位后,只有 10% 的砷穿透。

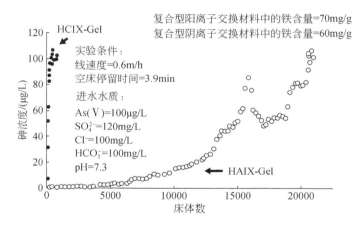

图 6.23 HCIX-G-Nano Fe(Ⅲ)和 HAIX-G-Nano Fe(Ⅲ)在实验条件相同的情况下进行的两组独立过柱实验的 As(Ⅴ)出水曲线对比。数据经许可转载自 Cumbal,SenGupta,2005[54]

图 6.23 显示 HFO 含量较低的 HAIX-G-Nano Fe(Ⅲ)的除砷性能比 HCIX-G-Nano Fe(Ⅲ)至少高三个数量级。之前实验中使用阴离子交换树脂除砷的结果已经证明,存在硫酸根和氯离子等竞争性阴离子的情况下,阴离子树脂的官能团无法吸附砷。砷去除能力的这种巨大差异是由离子交换载体所产生的唐南膜效应引起的。下面将详细介绍利用唐南膜原理提高阴离子交换剂除砷能力的机理。

唐南膜平衡与配对离子排斥效应

唐南膜平衡原理实质上针对的是异质系统中完全电离的电解质,在该系统中,某些离子无法渗透,即无法通过界面从一相扩散到另一相[79,80]。离子交换剂的凝胶相可以看作是交联的电解质,其中官能团(如阴离子交换剂的季铵基和阳离子交换剂的磺酸基)与基质共价连接,因此不可扩散。相反,与离子交换剂接触的本体液相中的阳离子和平衡离子都是可移动的,并且可以在化学势或电势梯度下自由移动。因此,离子交换剂官能团的固定性质就像虚拟的半透膜一样,它限制了特定类型的离子在相界上的移动。

对于 Na^+ 和 $H_2AsO_4^-$ 都可渗透的膜,在理想状态下,唐南膜原理在平衡时符合以下等式:

$$[Na^+]_L[H_2AsO_4^-]_L = [Na^+]_R[H_2AsO_4^-]_R \tag{6.2}$$

其中,下标"L"和"R"分别是指膜左侧和右侧的溶液;[ ]表示在理想条件下的摩尔浓度或活性。如果砷酸钠是溶液相中存在的唯一电解质,并且膜两边的体积相同(如1.0L),则根据电中性原则:

$$[Na^+]_L = [H_2AsO_4^-]_L \tag{6.3}$$

$$[Na^+]_R = [H_2AsO_4^-]_R \tag{6.4}$$

因此,

$$\frac{[H_2AsO_4^-]_L}{[H_2AsO_4^-]_R} = \frac{[Na^+]_R}{[Na^+]_L} = 1 \tag{6.5}$$

当针对图 6.24 中的案例 I 时,上述等式意义并不大。然而,在存在半透膜的情况下,$H_2AsO_4^-$ 在膜的两侧上的分布将发生巨大改变。考虑案例 II 中,其中盐 NaR 最初以 1.0mol/L 的浓度存在于膜的左侧。所有实验条件与情况 I 基本相同(即该膜完全可渗透 Na^+ 和 $H_2AsO_4^-$,且 NaH_2AsO_4 的初始右侧浓度为 0.01mol/L),在平衡时,由于生成的阴离子(R^-)不能透过膜,式(6.2)即使在无法渗透的 R^- 存在的情况下也将成立。因此,Na^+ 和 $H_2AsO_4^-$ 将重新分布以达到以下平衡条件:

$$\frac{[H_2AsO_4^-]_L}{[H_2AsO_4^-]_R} = \frac{[Na^+]_R}{[Na^+]_L} = \frac{1}{99} \tag{6.6}$$

注意,膜左侧的一价砷酸根浓度 $[H_2AsO_4^-]_L$ 比 $[H_2AsO_4^-]_R$ 低近两个数量级。尽管膜可渗透 Na^+ 和 $H_2AsO_4^-$,但是高浓度的离解 NaR 的存在抑制了 $H_2AsO_4^-$ 在一个方向上的渗透性。此现象是唐南离子排斥效应的结果,而不是库仑或静电相互作用引起的。方程式(6.6)的推导[以及式(6.7)]可以通过参考唐南原始论文的最新英语翻译[79]来完成。假定膜的每一侧的体积都不会因渗透作用而改变。若将 HFO 颗粒平衡地添加到膜两侧的溶液中,由于不渗透的 R^- 的存在导致水相砷浓度明显降低,因此左侧的砷吸附能力将相对较低。

案例 III(图 6.24)中的插图原则上与案例 II 相似,不同之处在于非渗透离子(R^+)为阳离子。经计算,膜两侧的 Na^+、Cl^- 和 $H_2AsO_4^-$ 的相对分布处于平衡状态,如下所示:

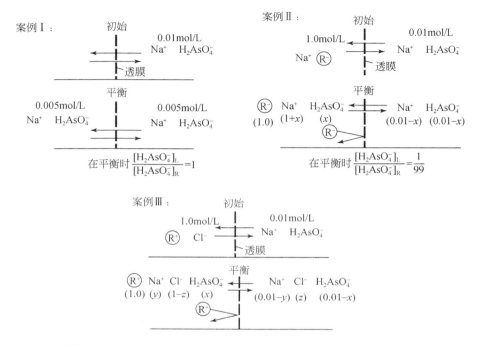

图 6.24 三种特定情况下砷的唐南分布($H_2AsO_4^-$),(案例 I)当膜对所有离子均具有渗透性时;(案例 II)除 R^- 以外的所有离子;(案例 III)除 R^+ 以外的所有离子。图片经许可转载自 Cumbal, SenGupta, 2005[54]

$$\frac{[Na^+]_R}{[Na^+]_L} = \frac{[H_2AsO_4^-]_L}{[H_2AsO_4^-]_R} = \frac{[Cl^-]_L}{[Cl^-]_R} = \frac{101}{1} \quad (6.7)$$

与案例 II 相反,左侧的砷浓度$[H_2AsO_4^-]_L$比$[H_2AsO_4^-]_R$大两个数量级。由于在平衡状态下砷浓度的增加,因此在膜的左侧中添加 HFO 颗粒将提供非常高的吸附能力。膜左侧的氯离子浓度也增加了,但 HFO 颗粒对氯离子的吸附亲和力可忽略不计。离子交换剂上的带电官能团的固定性质使离子交换剂和本体溶液之间的相界像上述讨论中所示的虚拟半透膜起相同的作用。

为了进一步阐明混合阳离子交换剂或 HCIX-Nano Fe(III)的除砷能力,以直径为 0.5mm 或 500μm 的阳离子交换剂颗粒为例。若假设树脂密度(ρ_b)为 1100kg/m³,则单颗树脂的质量(m)为 7.2×10^{-5}g。C100 阳离子交换树脂的容量大约为$q_m = 4.0$eq/kg,因此单颗树脂中固定负电荷数(N_e)为

$$N_e = \frac{q_m}{1000} \times 6.02 \times 10^{23} = 1.73 \times 10^{17} \text{ charges}$$

其中,6.02×10^{23}为阿伏伽德罗常数(Avogadro's number)。

因此,在一颗直径仅为 $500\mu m$ 的阳离子交换树脂内,有 1.73×10^{17} 个共价连接的带负电荷的磺酸基团,它们无法从交换相渗透到水相。将这种情况与图 6.24 的案例Ⅱ方案进行对比,可以推断,由于唐南排斥效应一价和二价砷酸根将被完全阻止渗透到聚合物相中。因此,分散在阳离子交换剂内部的 HFO 纳米颗粒难以吸附砷。这就是为什么 HCIX-Nano Fe(Ⅲ) 对图 6.23 所示的色谱柱没有显示任何砷去除能力的原因。值得一提的是,活性炭、沸石、藻酸盐等也含有大量带负电荷的官能团,如羧酸根和硅铝酸盐基团。这些基质可能很容易加载 HFO 纳米颗粒,但由于唐南排斥效应,砷的去除能力无法完全利用。在先前的研究中,加载 HFO 的藻酸盐的固定床实验显示出较差的砷去除能力[55]。

相反,聚合阴离子交换剂是极好的支撑材料,由于其带有高浓度的固定正电荷,可以增强阴离子在聚合物相中的渗透。图 6.25 的示意图说明阳离子交换剂和阴离子交换剂分别作为支撑材料的区别。阳离子交换树脂和阴离子交换树脂都呈电中性,所以静电排斥/吸引不是砷酸盐渗透到聚合物相中差异的根本原因。聚合物相中高浓度的非扩散固定电荷(R^+ 或 R^-)的存在成为砷的高渗透性或非渗透性界面,从而影响其对加载在聚合物相中的 HFO 颗粒的吸附效果。因此聚合物支撑材料不仅充当坚固且流体力学合适的载体材料,而且还影响复合离子交换树脂的吸附能力。具有适当官能团性质的复合型聚合吸附剂的设计有助于提供协同作用,提高金属氧化物纳米颗粒的吸附能力,这是其他方法无法实现的。唐南膜原理因此可以用于设计和开发新型材料和工艺[81]。

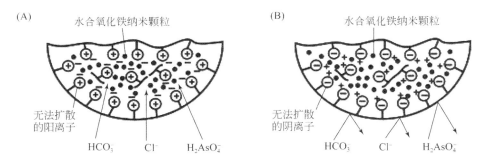

图 6.25 示意图说明(A)无法扩散的阳离子(阴离子交换剂)能够增强阴离子向复合型吸附剂内的渗透,以及(B)无法扩散的阴离子(阳离子交换剂)能使吸附剂排斥阴离子。图片经许可转载自 Cumbal,SenGupta,2005[54]

6.2.5 再生效率与实际应用

由于其化学稳定性和耐用的物理结构,该复合型聚合吸附剂易于再生,且再生和残留物完全封闭在反应器中使处理过程成本更低且具有可持续性。由于 HIX-Nano 可以多次循环再生并重复利用,因此处理成本低,使该吸附剂的经济性更优秀。并且去除的砷(或磷酸盐)浓缩在少量的再生废液中,可转化为少量不浸出的固体(或用作磷肥)[82,83]。

使用包含 2%(w/w) 的 NaCl 溶液和 2%(w/w) 的 NaOH 溶液成功对除砷的废树脂进行再生。图 6.26 显示了用于除砷的 HAIX-Nano Fe(Ⅲ) 的再生浓度曲线。实验结果表明在 15 床体内,复合再生剂的再生效率近 95%。

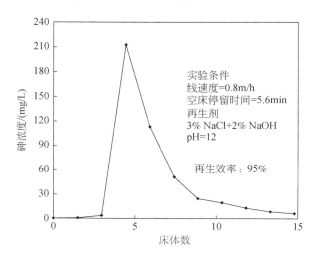

图 6.26 使用 2% 的 NaOH 和 3% 的 NaCl 溶液再生 HAIX-Nano Fe(Ⅲ) 过程中的解吸砷浓度曲线。数据经许可转载自 Cumbal,SenGupta,2005[54]

尽管将近 25 年前还不了解,但地下水的自然砷污染已成为影响 50 多个国家的重大全球危机[84-86]。在美国,现在需要近万个社区采取额外的处理措施来降低地下水中的砷含量,以符合美国 EPA 在 2006 年颁布的现行《安全饮用水法案》(SDWA)。饮用砷污染的地下水对健康的影响在南亚和东南亚最为明显,如柬埔寨、孟加拉国、老挝、尼泊尔、越南和印度东部地区。1998 年 11 月 10 日,《纽约时报》的头版报道了孟加拉国和印度的砷污染灾害及人员伤亡,被称为近年来最严重的自然灾害。

除美国外,HAIX-Nano Fe(Ⅲ) 还被用于世界多地的砷污染水处理,包括柬埔寨、尼泊尔、孟加拉国和印度的偏远村庄。图 6.27 显示了位于印度西孟加拉邦帕格纳斯(Parganas)区阿什柯娜阁(Ashoknagar)的一个除砷装置中砷的穿透曲线。磷酸盐和二氧化硅在色谱柱运行的初始阶段就已经穿透。与使用活性氧化铝作为吸附介质的砷去除装置相比,使用复合阴离子交换剂的除砷装置具有更高的处理性能。公开文献中记载了有关除砷装置性能和除砷过程可持续性的详细数据,包括吸附剂的再生和重复利用,以及对残留物的无害生态管理等[82,83,87]。

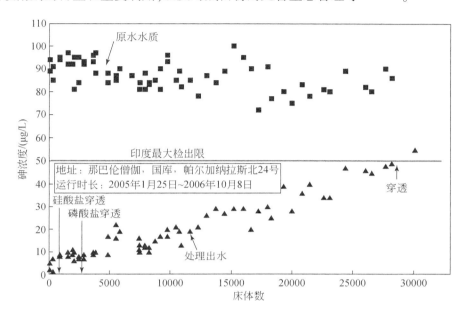

图 6.27 使用 HAIX-Nano Fe(Ⅲ)在印度西孟加拉邦阿什柯娜阁(Ashoknagar)的除砷装置的出水曲线。数据经许可转载自 Sarkar,Blaney,Gupta,Ghosh,SenGupta,2011[67]

在美国,HAIX-Nano Fe(Ⅲ)现以商品 Layne^{RT}(亚利桑那州 Layne Christensen 公司)和 FerrIX^{TM} A33E(宾夕法尼亚州的漂莱特公司)的形式在市面销售。迄今为止,全世界已有超过一百万的人通过使用 HAIX-Nano Fe 饮用不含砷的安全饮用水。图 6.28(A)显示了亚利桑那州萨瓦里塔(Sahuarita)使用 Layne^{RT}的工厂照片。图 6.28(B)为运行的中试规模实验设备的出水曲线,观察到 HAIX-Nano Fe(Ⅲ)的性能优于市售的基于氧化铁的 GFO 吸附剂。唐南膜效应和 HFO 颗粒的纳米级尺寸被认为是仅含 18% Fe 的 HAIX-Nano Fe 性能优越的根本原因。

6.2.6 复合离子交换纤维:同时去除高氯酸盐和砷

与砷一样,高氯酸盐也被视为导致环境问题的痕量污染物。即使在极低的浓度下,它也会对健康产生影响。砷和高氯酸根都以氧阴离子的形式存在于水中,但它们的化学性质和来源不同。高氯酸根是水合程度较弱的惰性阴离子,与砷相比,它在地下水中的流动性更高[88]。在美国西部和其他地方的数个被砷污染的地下水含水层中,均发现高氯酸盐污染[89]。高氯酸盐不是地下水中的天然污染物,但

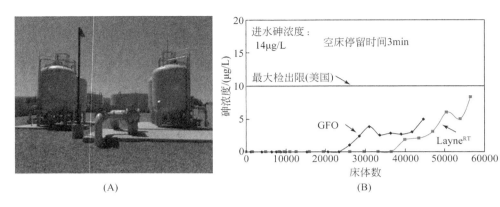

图 6.28 （A）使用 Layne^{RT} 去除砷的亚利桑那州萨瓦里塔工厂的照片，（B）安装前的试运行期间的砷的穿透曲线。数据经许可转载自 Sarkar,Chatterjee,Cumbal,SenGupta,2011[87]

很长一段时间在航空航天和军工业中使用高氯酸盐作为固体火箭燃料的氧化剂已经导致了当地地下水污染。与砷酸盐相反，高氯酸盐对 HFO 表面的结合位点没有吸附亲和力。然而，具有季铵官能团的阴离子交换树脂支撑材料对高氯酸盐表现出很高的吸附亲和力[89-92]。HAIX-Nano Fe(Ⅲ) 具有两种不同的结合位点：对阴离子配体具有高亲和力的 HFO 表面和疏水性阴离子选择性的季铵官能团。这就是 HAIX-Nano Fe(Ⅲ) 树脂能同时从污染水中去除砷酸根和高氯酸根阴离子的原因；之前的研究已经证实了这一现象[89,92]。

砷酸盐配体在 HFO 表面的选择性吸附在很大程度上取决于 pH。通过用无害再生剂（如 2% NaOH）提高 pH，可以容易且快速地从结合位点上解吸砷等配体。而高氯酸盐的吸附和解吸均受粒子内扩散的动力学控制，并且与 pH 无关。之前的研究无法用盐水从穿透的 HAIX-Nano Fe(Ⅲ) 树脂中有效地再生高氯酸盐。再生效率低下的原因可能是球形离子交换颗粒的扩散路径过长，其平均直径为 500~600μm[89,90]。减小离子交换树脂的尺寸被证明是有效的，但对于相同的液体流速，较小的树脂尺寸将导致固定床的水头损失的急剧增加。最近的研究证明，通过在非常低的 pH 条件下使用 $FeCl_4^-$ 溶液是一种有效的高氯酸盐再生方法[91,93]。但这种再生技术不适用于 HAIX-Nano Fe(Ⅲ)，因为高酸性 pH 会促使 HFO 纳米颗粒从 HAIX 颗粒中溶解。

直径在 20~50μm 的丝状离子交换纤维具有较短的扩散路径，适合用于在固定床色谱柱。它们的特性（相似性和不相似性）已在 4.4.3 小节进行了充分讨论。由于孔隙率非常高，固定床系统内的水头损失不会增加。含有聚苯乙烯-二乙烯基苯基体和季铵官能团纤维，如果加载 HFO 纳米颗粒，对砷和高氯酸盐都表现出很高的选择性，类似于复合树脂，但同时在 NaCl 溶液中具有很高的再生能力。由于离子交换纤维中的扩散路径很短,因此具有优异的再生性能。实验所用纤维来自白俄罗斯国家科学院物理有机化学研究所,型号为 Fiban A-1;纤维的特性和结构已在公开文献中列举[92,94,95]。按照与制备 HAIX-Nano Fe(Ⅲ)树脂的步骤相似的两步过程,完成了 HFO 纳米颗粒在纤维中的加载,且 HFO 含量约为 110mg/g(以 Fe 计)。

图 6.29(A)显示了复合型阴离子交换纤维[HAIX-F-Nano Fe(Ⅲ)]的放大图,图 6.29(B)显示了纤维原材料表面在 2000× 放大倍率下的 SEM 图像,图 6.29(C)显示了复合型纤维表面的放大照片,放大倍数为 2000 倍[94]。可以很容易地观察到由于加载 HFO 导致的表面粗糙程度的变化。图 6.30(A)显示了切片 HAIX-F-Nano Fe(Ⅲ)的横截面 SEM 图像,图 6.30(B)显示了铁在整个横截面上的能量色散 X 射线映射图。可以在纤维的外围观察到更高浓度的 HFO 纳米颗粒。

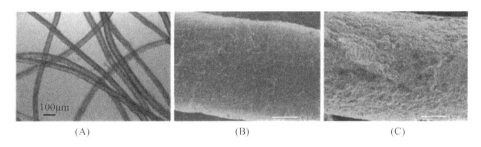

(A) (B) (C)

图 6.29 (A)HAIX-F-Nano Fe(Ⅲ)在 10 倍放大倍率下的照片,(B)在 2000× 放大倍率下纤维母体表面的 SEM 图像,以及(C)在 2000× 放大倍率下复合纤维表面的 SEM 图像。图片经许可转载自 Greenleaf,SenGupta,2006[94]

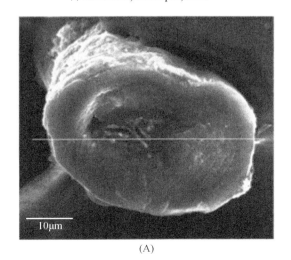

(A)

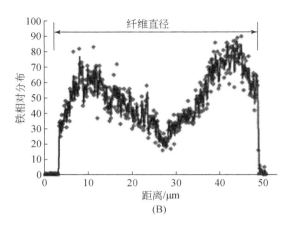

图6.30 (A)复合阴离子交换纤维的横截面在2000×放大倍率下的SEM图像;(B)复合纤维横截面直径的铁元素的能量色散X射线(EDX)作图。数据经许可转载自Lin,SenGupta,2009[92]

在实验室中,使用含有1g复合离子交换纤维进行固定床实验,所用水样为含有砷酸根和高氯酸根离子以及天然水体中的其他常见阴离子的实验室配水。之后用2% NaOH和10% NaCl分两步再生穿透的HAIX-F-Nano Fe(Ⅲ)柱。在继续进行下一个循环的色谱柱运行之前,使用曝二氧化碳气体的润洗水使纤维质子化。在色谱柱运行过程中,未观察到过大的压头损失。

图6.31(A)和(B)显示了连续的三次过柱实验中砷和高氯酸盐的出水曲线。遵循上述再生流程,在每个处理循环之间对纤维进行再生。结果表明,连续运行期间高氯酸根和砷的出水浓度变化很小。图6.32显示了每次过柱实验中复合纤维对砷和高氯酸根的总吸附能力。经过两次再生,总的吸收量保持不变。这证实了HFO纳米颗粒被不可逆地加载到离子交换纤维的凝胶相中,并且再生过程对复合离子交换纤维的浓度或活性没有任何不利影响。经过数千个床体运行,即使是第三次运行,砷和高氯酸根都尚未突破。

图6.33显示了在第一、第二循环之后的两阶段再生过程中砷和高氯酸根的洗脱浓度曲线。在每种情况下,砷酸根和高氯酸根的回收率接近95%。使用2% NaOH溶液进行再生的第一步有效地从穿透的复合纤维再生出吸附的砷。pH的升高会导致HFO的表面官能团改变其极性。这种极性反转的结果是,砷被吸附剂排斥,即配体交换反转。

有趣的是,再生过程使含砷废水与高氯酸盐几乎完全分离。强碱阴离子交换剂对氢氧根离子的选择性最低。因此,再生的第一步使用2% NaOH溶液虽然可以有效地从HFO纳米粒子上解吸砷酸根离子,但无法从阴离子交换位点上解吸任何浓度的高氯酸根。选择高浓度(10%)的Cl$^-$离子作为有效的再生剂,因为在如此高

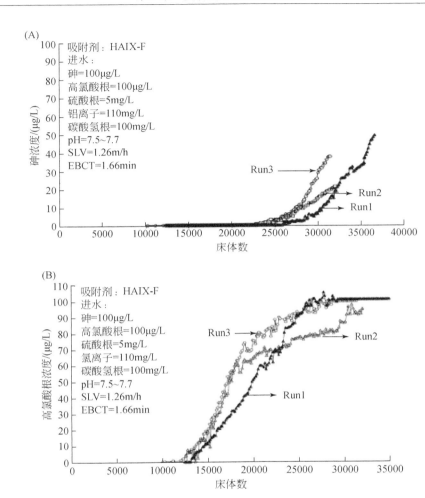

图 6.31 (A)在 HAIX-F-Nano Fe(Ⅲ)的三次连续过柱实验中砷的出水曲线和(B)在 HAIX-F-Nano Fe(Ⅲ)的三次连续过柱实验中高氯酸根的出水曲线。数据经许可转载自 Lin,SenGupta,2009[92]

的离子浓度下,根据第 2 章所述的选择性反转,氯离子的选择性高于硫酸根离子。在强碱阴离子交换树脂中,高氯酸盐在氯化物存在下的极低的粒子内扩散率是其高效再生的主要障碍。通过用离子交换纤维代替相对较大的球形离子交换树脂以缩短粒子内扩散路径是提高再生效率的重要策略。当实验不变时,球形离子交换剂的再生所需要的再生剂体积比再生离子交换纤维的多 50 倍。

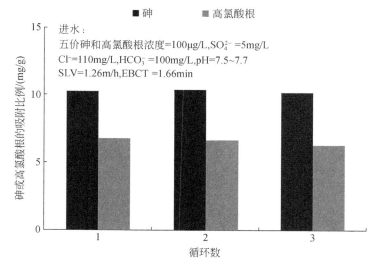

图6.32 使用 HAIX-F-Nano Fe(Ⅲ)在多个吸附-解吸循环中吸收砷和高氯酸根的容量对比。数据经许可转载自 Lin,SenGupta,2009[92]

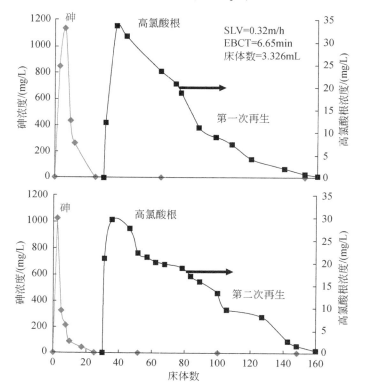

图6.33 第一、第二阶段再生过程中,砷和高氯酸根的洗脱浓度曲线。数据经许可转载自 Lin,SenGupta,2009[92]

6.3 HAIX-Nano Zr(Ⅳ):同时除氟与脱盐

由于饮用氟污染的地下水,全世界有超过 2 亿人(主要在亚洲和东部非洲)面临着牙齿和骨骼受损的风险。当前的解决方案在许多方面存在不足:吸附剂使用寿命短、废物产生量高、处理出水美观性差、对电的持续依赖、处理地下水的产水率低以及经济上的不可持续性。Fe(Ⅲ)氧化物纳米颗粒对作为硬阴离子的氟化物(F^-)没有任何吸附亲和力。相反,当存在其他常见阴离子,如硫酸根和氯离子的情况下,Zr(Ⅳ)氧化物纳米颗粒或 ZrO_2 对 F^- 具有相当高的选择性[96-99]。但氟化物在 ZrO_2 上的吸附与 pH 成反比。随着 pH 的降低,ZrO_2 颗粒的 ζ 电位变得越来越大,因此对氟化物的选择性更高。图 6.34 显示了实验确定的 ZrO_2 纳米颗粒的氟化物吸附能力和 ζ 电位与 pH 的关系曲线。

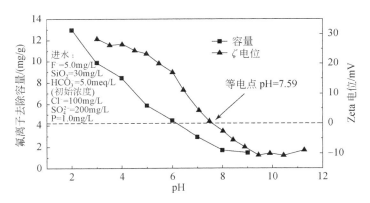

图 6.34 氧化锆的 ζ 电位和氟离子吸附能力随 pH 的变化曲线。数据取自 Lehigh 大学李金泽博士论文

显然,在弱酸性条件下(pH 约为 4.0),ZrO_2 的除氟能力大大提高,而 ζ 电位为正。亚洲许多受氟污染的地下水源的总溶解固体(TDS)水平都超过 500mg/L,这是世界卫生组织(WHO)饮用水允许的二级标准。碱度或 HCO_3^- 常常占 TDS 的很大一部分。本节提出一种新型工艺方案,以降低碱度,同时提高除氟能力[98]。图 6.35 说明了在 HAIX-Nano Zr(Ⅳ)前引入弱酸阳离子交换剂实现此目的的原理:首先,降低 pH 并除去 $NaHCO_3$ 和 $Ca(HCO_3)_2$,同时降低 pH。之后在较低的 pH 下,氟化物的去除率显著提高。该工艺可以根据需要调节进水 pH。

- **生产性实验验证**

在印度马哈拉施特拉邦(Maharashtra, India)的派瑞亚(Piraya)村,许多地下水井受到超过 2mg/L 的自然氟污染。该村村民尤其是儿童,有明显的氟中毒反应。该位置的总溶解固体略高于 500mg/L,因此仅解决氟污染问题的吸附工艺无法满足处理需求。这种情况通常使用反渗透(RO)工艺,但该工艺存在以下缺点:

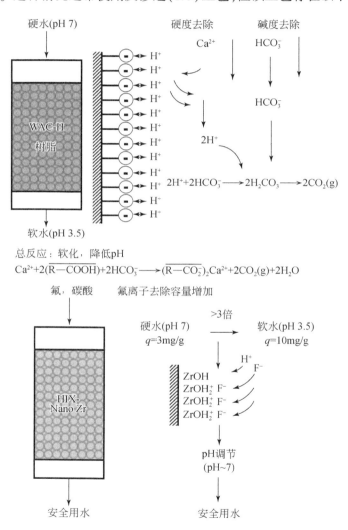

图 6.35 本工艺同时降低 TDS 且增强了除氟效果的机理说明

(1) 抽取的地下水超过 50% 将被作为浓水排放。
(2) 处理过程需要大量电力供应。
(3) 电力成本占运营成本的主要部分。

在派瑞亚村进行了广泛的生产性实验测试,实验使用 HAIX-Nano Zr(Ⅳ) 吸附剂,并加入弱酸阳离子交换树脂。图 6.36(A) 显示出水中 TDS 持续降低,从略高于 500mg/L 降至低于 300mg/L。同时,出水中的氟离子浓度低于 1.5mg/L 的饮用水标准,如图 6.36(B) 所示。

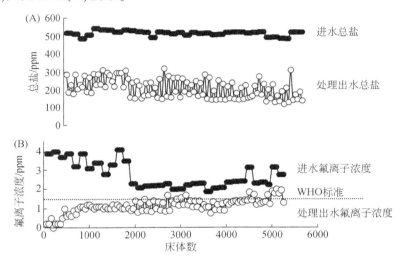

图 6.36　HAIX-Nano Zr(Ⅳ) 工艺在印度马哈拉施特拉邦派瑞亚村的现场测试结果,用于(A) 去除 TDS 和(B) 去除氟离子。数据经许可转载自 Lehigh 大学李金泽博士论文

两年的现场实验中共进行了四个循环的处理,实验结果相同,证实了该方法的可重复性。去除氟化物后,对单个 HAIX-Nano Zr(Ⅳ) 颗粒切片并通过能量色散 X 射线扫描电子显微镜(SEM-EDX) 绘制 Zr、F 和 Cl 的分布图,如图 6.37 所示。

从图 6.37 可以看出,Zr 和 F 的分布相同,这意味着氟化物仅在 ZrO_2 纳米颗粒的吸附位点被吸附。相反,Cl 映射与 Zr 不重合,而是均匀分布在整个树脂颗粒中。该结果证实氯化物被吸附到仅由库仑相互作用引起的分布在整个树脂颗粒中的阴离子交换位点上。从机理上讲,ZrO_2 纳米颗粒不会促进氯离子或硫酸根的吸附。

在莫博拉帕里(Moparapalli) 村的安得拉邦(Andhra Pradesh) 安装了首个同时脱盐和除氟的社区处理系统;图 6.38 为该系统的照片。设备共有三个反应器:①弱酸阳离子交换剂,用于 pH 调节和通过去除碱度来降低 TDS;②HAIX-Nano Zr

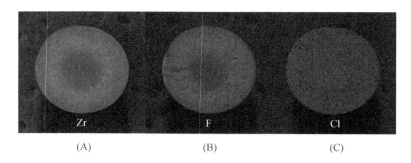

图 6.37　HAIX-Nano Zr(Ⅳ)树脂中(A)锆、(B)氟化物和(C)氯化物的 SEM-EDX 元素扫描照片。图片经许可转载自 Lehigh 大学李金泽博士论文

图 6.38　印度西孟加拉邦纳尔哈蒂(Nalhati, West Bengal, India)的 HAIX-Nano Zr(Ⅳ)处理系统照片(左)和取水的人们(右)。图片取自 Lehigh 大学李金泽博士论文

(Ⅳ)用于选择性除氟;③用于调节 pH 的白云石[$CaMg(CO_3)_2$]。日常操作期间不需要添加任何化学药品。表 6.4 显示进水和出水的水质分析。HAIX-Nano Zr 技术在去除氟化物的同时显著降低了 TDS(即接近 50%)。在阿南塔普(Anantapur)地区安装了 20 个社区处理系统,同时去除氟化物和降低 TDS 以符合当地饮用水标准。第二个反应器中的 HAIX-Nano Zr(Ⅳ)每六个月需要再生一次;该运行模式与 HAIX-Nano Fe(Ⅲ)几乎相同,公开文献中对此进行了详细记录[96-99]。

表 6.4　1200 个床体运行后,来自印度安得拉邦莫博拉帕里(Moparapalli)村的 HAIX-Nano Zr(Ⅳ)系统的进水和出水水质分析报告。数据摘自 Lehigh 大学李金泽博士论文

	单位	进水	出水
pH		7.58	7.22
电导率	μS/cm	826	275

续表

	单位	进水	出水
总溶解固体	mg/L	537	179
总碱度(以 $CaCO_3$ 计)	mg/L	168	56
总硬度(以 $CaCO_3$ 计)	mg/L	228	76
钙浓度(以 Ca 计)	mg/L	37	13
镁浓度(以 Mg 计)	mg/L	33	11
氟离子浓度(以 F 计)	mg/L	4.18	0.09

6.4 HIX-纳米技术的优势

聚合物加载金属或金属氧化物纳米颗粒已经发展成为具有众多应用机会的领域[100]。HIX-纳米技术是该领域的新型技术,通常借助唐南膜原理将聚合离子交换树脂用作支撑材料。通过选择官能团的类型,可以适当地控制吸附和分离过程。类似于吸附过程,可以使氧化还原反应具有很高的选择性。例如,用零价铁 Fe^0 化学还原硝酸盐(NO_3^-)和四氯化碳:

$$4Fe^0 + NO_3^- + 10H^+ \longrightarrow 4Fe^{2+} + NH_4^+ + 3H_2O \tag{6.8}$$

$$4Fe^0 + CCl_4 + 4H^+ \longrightarrow 4Fe^{2+} + CH_4 + 4Cl^- \tag{6.9}$$

相比于丙酮、煤油和其他碳氢化合物,氯代有机溶剂的化学稳定性和不燃性使其在 20 世纪 70 年代非常流行。但无节制的排放造成许多饮用地下水井污染。铁纳米颗粒被证明可以将氯代有机物还原为无害的碳氢化合物[101-105]。然而硝酸盐的存在不利地干扰了目标氯代烃的还原,即通过消耗大量的 Fe^0 纳米颗粒来代替目标氯代烃与硝酸根反应并将其还原。实验通过两步将铁(Fe^0)纳米颗粒加载至阳离子交换树脂中:①加载 Fe^{2+};②用肼(hydrazine)或其他还原剂原位还原 Fe^{2+}。

$$2\overline{(R-SO_3^-)Na^+} + Fe^{2+} \rightleftharpoons \overline{(R-SO_3^-)_2Fe^{2+}} + 2Na^+ \tag{6.10}$$

$$\overline{(R-SO_3^-)_2Fe^{2+}} + \frac{1}{2}N_2H_4 + 2Na^+ \rightleftharpoons 2\overline{(R-SO_3^-)Na^+} + Fe^0 + \frac{1}{2}N_2 + 2H^+ \tag{6.11}$$

加载 Fe^0 纳米颗粒的阳离子交换剂可能会还原四氯化碳(TCE),而硝酸根通过唐南排斥效应被阳离子交换剂所带负电荷官能团排斥,如图 6.39 所示。除铁之外,还可以将其他金属纳米颗粒(MNP),如 Zn^0、Pd^0 和 Cu^0 引入离子交换剂基质中。

早在 1949 年,密尔斯(Mills)和迪金森(Dickinson)首次在聚合离子交换树脂

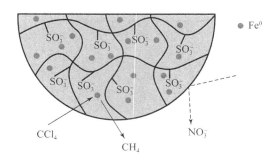

图6.39 利用唐南排斥效应在硝酸根(NO_3^-)存在时对CCl_4进行选择性还原脱氯的原理示意图

中加载了金属纳米颗粒。通过原位合成,研究人员在弱碱阴离子交换树脂中引入了铜金属纳米颗粒或"胶体铜",随后使用这种聚合物-金属纳米复合物从水中去除氧气[106]。

$$2Cu^0 + O_2 + 4H^+ \longrightarrow 2H_2O + 2Cu^{2+} \quad (6.12)$$

在公开文献[107,108]中已详细介绍了有关在离子交换基质中加载金属纳米颗粒的技术。阳离子和阴离子交换树脂都可加载各种单金属和双金属纳米颗粒(如Ag、Pd、Ag/Fe_3O_4和Fe/Pd等)。图6.40显示了通过原位合成技术在阴离子交换树脂中形成的钯(palladium)纳米颗粒。

在阴离子交换树脂内部形成Pd^0纳米颗粒的过程分为两个连续步骤:

硼氢化物还原剂的加载:

$$\overline{(R^+)Cl^-} + NaBH_4 \longrightarrow \overline{(R^+)BH_4^-} + Cl^- + Na^+ \quad (6.13)$$

金属还原:

$$\overline{2(R^+)BH_4^-} + [Pd(NH_3)_4]Cl_2 + 6H_2O \longrightarrow$$
$$\overline{2(R^+)Cl^-} + Pd^0 + 2B(OH)_3 + 4NH_3 + 7H_2(g)\uparrow \quad (6.14)$$

实验评估了钯纳米颗粒的催化活性,其与固定在离子交换树脂中的钯纳米颗粒的总质量紧密相关。

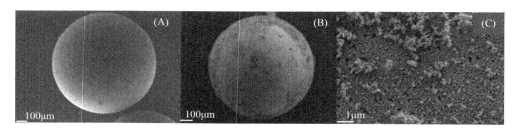

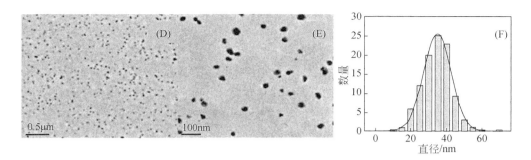

图6.40 漂莱特A520E树脂加载Pd前(A)后(B和C)的SEM照片,所合成的Pd金属纳米催化剂-聚合物(Pd-PSMNC)性质稳定。Pd-PSMNC的TEM图像(D,E)和尺寸分布直方图(F)。图片经许可转载自Bastos-Arrieta,Shafir,Alonso,Muñoz,Macanás,Muraviev,2011[107]

HIX 纳米技术与水处理有关的另一个潜在应用涉及其抗菌性。离子交换材料广泛用于去除硬度、有毒金属、准金属和受标准控制的其他阴离子。通过固定MNP 进行杀菌,使离子交换树脂具有消毒功能,可以消除水中的微生物污染物。

用于该工艺的吸附剂之一为阳离子交换纤维(如 FIBAN-K1 或 FIBAN K-4),其中固定的 Ag-Co MNP 涂层主要分布在纤维的表面,进行微生物消毒[108]。图6.41 显示该材料对被大肠杆菌(E. coli)污染的水具有很高的杀菌作用。

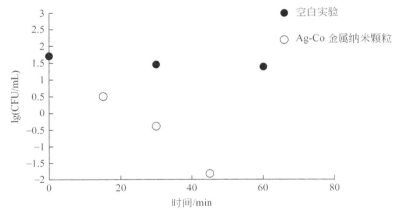

图6.41 FIBAN-Ag-Co 滤池对大肠杆菌污染的水进行杀菌处理的动力学分析。数据经许可转载自 Macanas,Ruiz,Alonso,Munoz,Muraviev,2011[108]

与其他聚合物金属纳米复合材料相比,HIX-纳米材料具有两个突出特性。第一,金属或金属氧化物纳米颗粒的存在不干扰离子交换剂的官能团性能,因此可提供协同作用。第二,一旦固定,在离子交换剂中的金属或金属氧化物纳米颗粒不会聚集并结合,则用于吸附/反应的比表面积不会随着长时间的使用而降低。

第 6 章摘要:十个要点

- 离子交换剂有五个组成变量,即基质、交联、官能团、孔结构和物理构型。通过在离子交换剂中加载金属和金属氧化物纳米颗粒,引入了第六种组成变量,并产生许多新的应用机会。
- 聚合离子交换剂是抗磁性的,其磁化率极低。通过在凝胶相中引入磁铁矿纳米颗粒,可以使离子交换剂具有磁性,因此可以通过施加磁场将其与水和其他固体分离。
- 引入磁铁矿纳米颗粒后,聚合物离子交换剂的吸附能力及亲和力并不会改变。
- 离子交换树脂的容量不取决于其比表面积。但涉及路易斯酸碱相互作用的 Zr(Ⅳ)和 Fe(Ⅲ)氧化物颗粒的吸附性能高度依赖于比表面积。因此,在离子交换剂材料中加载 Fe(Ⅲ)和 Zr(Ⅳ)氧化物纳米颗粒提供了新的分离工艺。
- 唐南膜原理提供了一种特殊的处理工艺,即使用离子交换剂作为主体材料来最大化 Zr(Ⅳ)和 Fe(Ⅲ)氧化物纳米粒子的表面吸附性能。实验合成了具有 Fe(Ⅲ)和 Zr(Ⅳ)氧化物纳米颗粒的复合型阴离子交换剂(分别为 HAIX-Nano Fe 和 HAIX-Nano Zr),对砷酸盐、亚砷酸盐、磷酸盐、氟化物和其他对环境有影响的目标配体具有高吸附亲和力。由于其更强的机械强度和更高的耐用性,HAIX 纳米材料可通过再生并重复使用数十次。
- Zr(Ⅳ)和 Fe(Ⅲ)氧化物纳米材料的两性吸附特性可通过使用离子交换基质材料进行调节。加载 ZrO_2 纳米颗粒的阴离子交换剂选择性吸附砷酸盐和磷酸盐,但完全排斥 Cu(Ⅱ)和 Zn(Ⅱ)。加载 ZrO_2 纳米颗粒的阳离子交换剂则表现出完全相反的吸附性能。
- HAIX 纳米材料具有两个截然不同的吸附位点:季铵官能团和金属氧化物表面。因此 HAIX 纳米材料可以同时从受污染的地下水中去除高氯酸盐和砷酸盐,也可以从生活污水和工业废水中去除硝酸盐和磷酸盐。
- HAIX-Nano Zr 可与弱酸阳离子交换剂(WAC)串联使用,以实现同时脱盐与去除砷或氟化物。
- 加载钯纳米颗粒的 HIX 纳米材料可作为新型催化材料用于处理工艺中。
- 目前,在发达国家和发展中国家,已有超过 200 万人通过使用 HAIX 纳米技术饮用砷和氟化物达标的安全水源。

参 考 文 献

1. Sarkar, S., Prakash, P., and SenGupta, A.K. (2011) Chapter 7. Polymeric and inorganic hybrid ion exchanger: preparation, characterization and environmental applications, in Ion Exchange and Solvent Extraction: A Series of Advances, vol. 20 (ed. A.K. SenGupta), CRC Press, Boca Raton, FL, pp. 293–342.
2. Wang, C.G. and Zhang, W. (1997) Synthesizing nanoscale iron particles for rapid and complete dechlorination of TCE and PCBs. *Environmental Science & Technology*, **31**, 2154–2156.
3. Matheson, L.J. and Tratnyek, P.G. (1994) Reductive dehalogenation of chlorinated methanes by iron metal. *Environmental Science & Technology*, **28**, 2045–2053.
4. Miehr, R., Tratnyek, P.G., Bandstra, J.Z. et al. (2004) The diversity of contaminant reduction reactions by zero-valent iron: role of the reductate. *Environmental Science & Technology*, **38**, 139–147.
5. Cheng, F., Muftikian, R., Fernando, Q., and Korte, N. (1997) Reduction of nitrate to ammonia by zero-valent iron. *Chemosphere*, **35** (11), 2689–2695.
6. Manning, B.A., Fendorf, S.E., and Goldberg, S. (1998) Surface structures and stability of arsenic(III) on goethite: spectroscopic evidence for inner-sphere complexes. *Environmental Science & Technology*, **32** (16), 2383–2388.
7. Cotton, F.A. and Wilkinson, J. (1998) *Advanced Inorganic Chemistry*, Wiley-Interscience, New York.
8. Bajpai, S. and Chaudhury, M. (1999) Removal of arsenic from ground water by manganese dioxide-coated sand. *Journal of Environmental Engineering Division ASCE.*, **125** (8), 782–784.
9. Xiong, Z., Zhao, D., and Pan, G. (2007) Rapid and complete destruction of perchlorate in water and ion-exchange brine using stabilized zero-valent iron nanoparticles. *Water Research*, **41** (15), 3497–3505.
10. Chen, S., Cheng, C., Li, C. et al. (2007) Reduction of chromate from electroplating wastewater from pH 1 to 2 using fluidized zero valent iron process. *Journal of Hazardous Materials*, **142** (1–2), 362–367.
11. Cumbal, L., Greenleaf, J.E., Leun, D., and SenGupta, A.K. (2003) Polymer supported inorganic nanoparticles: characterization and environmental applications. *Reactive and Functional Polymers*, **54**, 167–180.
12. Lee, Y., Rho, J., and Jung, B. (2003) Preparation of magnetic ion-exchange resins by the suspension polymerization of styrene with magnetite. *Journal of Applied Polymer Science*, **89** (8), 2058–2067.
13. Eldridge, R.J., Norret, M., Dahlke, T.W., Ballard, M.J. and Adams, B.J. (2009) Complexing resins and method for preparation thereof. US Patent 7,514,500, Apr. 7.
14. Shenhar, R., Norsten, T.B., and Rotello, V.A. (2005) Polymer-mediated nanoparticle assembly: structural control and applications. *Advanced Materials*, **17** (6), 657–669.
15. Schubert, U., Gao, Y., and Kogler, F.R. (2007) Tuning the properties of nanostruc-

tured inorganic-organic hybrid polymers obtained from metal oxide clusters as building blocks. *Progress in Solid State Chemistry*, **35** (1), 161–170.
16 Balazs, A.C., Emrick, T., and Russell, T.P. (2006) Nanoparticle polymer composites: where two small worlds meet. *Science*, **314** (5802), 1107–1110.
17 Xu, Z.Z., Wang, C.C., Yang, W.L. et al. (2004) Encapsulation of nanosized magnetic iron oxide by polyacrylamide via inverse miniemulsion polymerization. *Journal of Magnetism and Magnetic Materials*, **277** (1–2), 136–143.
18 Li, P. and SenGupta, A.K. (1998) Genesis of selectivity and reversibility for sorption of synthetic aromatic anions onto polymeric sorbents. *Environmental Science & Technology*, **32** (23), 3756–3766.
19 Zhao, D. and SenGupta, A.K. (1998) Ultimate removal of phosphate using a new class of anion exchangers. *Water Research*, **32** (5), 1613–1625.
20 SenGupta, A.K., Zhu, Y., and Hauze, D. (1991) Metal-ion-binding onto chelating exchangers with multiple nitrogen donor atoms. *Environmental Science & Technology*, **25**, 481–488.
21 Browski, A.D., Hubicki, Z., Podkos-cielny, P., and Robens, E. (2004) Selective removal of the heavy metal ions from waters and industrial wastewaters by ion-exchange method. *Chemosphere*, **56** (2), 91–106.
22 Ghurye, G.L., Clifford, D.A., and Tripp, A.R. (1999) Combined arsenic and nitrate removal by ion exchange. *Journal AWWA*, **91** (10), 85–96.
23 Kim, J. and Benjamin, M.M. (2004) Modeling a novel ion exchange process for arsenic and nitrate removal. *Water Research*, **38** (8), 2053–2062.
24 Bolto, B., Dixon, D., Elridge, R. et al. (2002) Removal of natural organic matter by ion exchange. *Water Research*, **36** (20), 5057–5065.
25 Furusawa, K., Nagashima, K., and Anzai, C. (1994) Synthetic process to control the total size and component distribution of multilayer magnetic composite particles. *Colloid & Polymer Science*, **272** (9), 1104–1110.
26 Tanyolac, D. and Ozdural, A.R. (2000) Preparation of low-cost magnetic nitrocellulose micro-beads. *Reactive and Functional Polymers*, **45**, 235–242.
27 Tanyolac, D. and Ozdural, A.R. (2000) A new low cost porous magnetic material: magnetic polyvinylbutyral microbeads. *Reactive and Functional Polymers*, **43**, 279–286.
28 Ren, J., Hong, H., Ren, T., and Teng, X. (2006) Preparation and characterization of magnetic PLA–PEG composite nanoparticles for drug targeting. *Reactive and Functional Polymers*, **66**, 944–951.
29 Yanase, N., Noguchi, H., Asakura, H., and Suzuta, T.J. (1993) Preparation of magnetic latex particles by emulsion polymerization of styrene in the presence of a ferrofluid. *Journal of Applied Polymer Science*, **50**, 765–776.
30 Kondo, A., Kamura, H., and Higashitani, K. (1994) Development and application of thermo-sensitive magnetic immunomicrospheres for antibody purification. *Applied Microbiology and Biotechnology*, **41** (1), 99–105.
31 Horak, D. (2001) Magnetic polyglycidylmethacrylate microspheres by dispersion polymerization. *Journal of Polymer Science Part A: Polymer Chemistry*, **39** (21), 3707–3715.
32 Yang, C., Liu, H., Guan, Y. et al. (2005) Preparation of magnetic poly(methylmethacrylate–divinylbenzene–glycidylmethacrylate) microspheres

by spraying suspension polymerization and their use for protein adsorption. *Journal of Magnetism and Magnetic Materials*, **293** (1), 187–192.

33 Lee, W. and Chung, T. (2008) Preparation of styrene-based, magnetic polymer microspheres by a swelling and penetration process. *Reactive and Functional Polymers*, **68** (10), 1441–1447.

34 Drever, J.I. (1988) *Geochemistry of Natural Water*, Prentice-Hall, Englewood Cliffs, NJ.

35 Leun, D. and SenGupta, A.K. (2000) Preparation and characterization of magnetically active polymeric particles (MAPP) for complex environmental separations. *Environmental Science & Technology*, **34**, 3276–3282.

36 Helfferich, F.G. (1962) Ion Exchange, McGraw-Hill, New York.

37 Blum, P. (1997) "PP Handbook: Chapter 4 Magnetic Susceptibility", downloaded from www-odp.tamu.edu/publications/tnotes/tn26/CHAP4.PDF on 4/21/2010.

38 Diniz, C.V., Ciminelli, V.S.T., and Doyle, F.M. (2005) The use of the chelating resin Dowex M-4195 in the adsorption of selected heavy metal ions from manganese solutions. *Hydrometallurgy*, **78** (3–4), 147–155.

39 SenGupta, A.K. and Zhu, Y. (1992) Metals sorption by chelating polymers: a unique role of ionic strength. *AICHE Journal*, **38** (1), 153–157.

40 Brown, C.J. and Dejak, M.J. inventors, Eco-Tec Limited, assignee. (1987) Process for removal of copper from solutions of chelating agent and copper. US Patent 4,666,683.

41 Zhu, Y., Millan, E., and SenGupta, A.K. (1990) Toward separation of toxic metal(II) cations by chelating polymers: some noteworthy observations. *Reactive Polymers*, **13** (3), 241–253.

42 Stum, W. and Morgan, J.J. (1996) Aquatic Chemistry: Chemical Equilibria and Rates in Natural Waters, Wiley-Interscience, New York.

43 Ghosh, M.M. and Yuan, J.R. (1987) Adsorption of inorganic arsenic and organicoarsenicals on hydrous oxides. *Environmental Progress*, **3**, 150–157.

44 Dutta, P.K., Ray, A.K., Sharma, V.K., and Millero, F.J. (2004) Adsorption of arsenate and arsenite on titanium dioxide suspensions. *Journal of Colloid and Interface Science*, **278**, 270–275.

45 Pierce, M.L. and Moore, C.B. (1982) Adsorption of As(III) and As(V) on amorphous iron hydroxide. *Water Research*, **6**, 1247.

46 Jang, J.-H. (2004) Surface chemistry of hydrous ferric oxide and hematite as based on their reactions with Fe(II) and U(VI). PhD dissertation. The Pennsylvania State University.

47 Dixit, S. and Hering, J.G. (2003) Comparison of arsenic(V) and arsenic(III) sorption onto iron oxide minerals: implications for arsenic mobility. *Environmental Science & Technology*, **37**, 4182–4189.

48 Driehaus, W., Jekel, M., and Hildebrandt, U. (1998) Granular ferric hydroxide – a new adsorbent for the removal of arsenic from natural water. *Journal of Water Supply: Research and Technology – AQUA*, **47** (1), 30–35.

49 McNeil, L.S. and Edwards, M. (1995) Soluble arsenic removal at water treatment plants. *Journal AWWA*, **87** (4), 105–114.

50 Dzombak, D.A. and Morel, F.M.M. (1990) Surface Complexation Modeling. *Hydrous Ferric Oxide*, Wiley, New York.

51 Kartinen, E.O. and Martin, C.J. (1995) An overview of arsenic removal processes. *Desalination*, **103**, 79–88.

52 Gao, Y., SenGupta, A.K., and Simpson, D. (1995) A new hybrid inorganic sorbent for heavy metals removal. *Water Research*, **29** (9), 2195–2205.

53 Manning, B.A., Fendorf, S.E., and Goldberg, S. (1998) Surface structures and stability of As(III) on goethite: spectroscopic evidence for inner-sphere complexes. *Environmental Science & Technology*, **32** (16), 2383–2388.

54 Cumbal, L. and SenGupta, A.K. (2005) Arsenic removal using polymer-supported hydrated iron(III) oxide nanoparticles: role of Donnan membrane effect. *Environmental Science & Technology*, **39**, 6508–6515.

55 Min, J.M. and Hering, J. (1998) Arsenate sorption by Fe(III)-doped alginate gels. *Water Research*, **32**, 1544–1552.

56 Zouboulis, A.I. and Katsoyiannis, I.A. (2002) Arsenic removal using iron oxide loaded alginate beads. *Industrial and Engineering Chemistry Research*, **41**, 6149–6155.

57 Guo, X. and Chen, F. (2005) Removal of arsenic by bead cellulose loaded with iron oxyhydroxide from groundwater. *Environmental Science & Technology*, **39**, 6808–6818.

58 Xu, Y., Nakajima, T., and Ohki, A. (2002) Adsorption and removal of arsenic(V) from drinking water by aluminum-loaded Shirasu-zeolite. *Journal of Hazardous Materials*, **92** (3), 275–287.

59 Chen, W., Parette, R., Zou, J. et al. (2007) Arsenic removal by iron modified activated carbon. *Water Research*, **41** (9), 1851–1858.

60 Vaughan, R.L. Jr., and Reed, B.E. (2005) Modeling As(V) removal by a iron oxide impregnated activated carbon using the surface complexation approach. *Water Research*, **39** (6), 1005–1014.

61 Munoz, J.A., Gonzalo, A., and Valiente, M. (2002) Arsenic adsorption by Fe(III)-loaded open-celled cellulose sponge. Thermodynamic and selectively aspects. *Environmental Science & Technology*, **36** (14), 3405–3411.

62 Onyango, M.S., Kojima, Y., Matsuda, H., and Ochieng, A. (2003) Adsorption kinetics of arsenic removal from groundwater by iron-modified zeolites. *Journal of Chemical Engineering of Japan*, **36** (12), 1516–1522.

63 DeMarco, M.J., SenGupta, A.K., and Greenleaf, J.E. (2003) Arsenic removal using a polymeric/inorganic hybrid sorbent. *Water Research*, **37** (1), 164–176.

64 Katsoyiannis, I.A. and Zouboulis, A.I. (2002) Removal of arsenic from contaminated water sources by sorption onto iron-oxide-coated polymeric materials. *Water Research*, **36**, 5141–5155.

65 Gupta, A., Chauhan, V.S., and Sankararamakrishnan, N. (2009) Preparation and evaluation of iron–chitosan composites for removal of As(III) and As(V) from arsenic contaminated real life groundwater. *Water Research*, **43** (15), 3862–3870.

66 SenGupta, A.K. and Cumbal, L.H. (2007) Hybrid anion exchanger for selective removal of contaminating ligands from fluids and method of manufacture thereof. US Patent 7,291,578.

67 Sarkar, S., Blaney, L.M., Gupta, A. et al. (2007) Use of ArsenXnp, a hybrid anion exchanger for arsenic removal in remote villages in the Indian Subcontinent. *Reactive and Functional Polymers*, **67** (12), 1599–1611.

68 Puttamraju, P. and SenGupta, A.K. (2006) Evidence of tunable on–off sorption behaviors of metal oxide nanoparticles: role of ion exchanger support. *Industrial and Engineering Chemistry Research*, **45** (22), 7737–7742.
69 Luis, C. (2004) Polymer-supported hydrated Fe oxide (HFO) nanoparticles: characterization and environmental applications. PhD dissertation. Lehigh University, Bethlehem, PA.
70 Sylvester, P., Westerhoff, P., Möller, T. *et al.* (2007) A hybrid sorbent utilizing nanoparticles of hydrous iron oxide for arsenic removal from drinking water. *Environmental Engineering Science*, **24**, 104–112.
71 Vagliasandi, F.G.A. and Benjamin, M.M. (1998) Arsenic removal in fresh and NOM-preloaded ion exchange packed bed adsorption reactors. *Water Science and Technology*, **38** (6), 337–343.
72 Korngold, E., Belayev, N., and Aronov, L. (2001) Removal of arsenic from drinking water by anion exchangers. *Desalination*, **141**, 8184.
73 Chwirka, J.D., Thomson, B.M., and Stomp, J.M. (2000) Removing arsenic from groundwater. *Journal AWWA*, **92** (3), 79–88.
74 Driehaus, W., Seith, R., and Jekel, M. (1995) Oxidation of arsenic(III) with manganese oxides in water treatment. *Water Research*, **29** (1), 297–305.
75 Frank, P. and Clifford, D. (1986) As(III) oxidation and removal from drinking water. EPA Project Summary, Report No. EPA/600/S2-86/021, Water Engineering Research Laboratory, Environment Protection Agency, Office of Research and Development, Cincinnati, OH.
76 Ficklin, W. (1983) Separation of As(III) and As(V) in groundwaters by ion exchange. *Talanta*, **30** (5), 371.
77 Clifford, D., Ceber, L. and Chow, S. (1983) *As(III)/As(V) Separation by Chloride-Form by Ion-Exchange Resins.* Proceedings of the AWWA WQTC. Norfolk, VA.
78 Donnan, F.G. (1995) Theory of membrane equilibria and membrane potentials in the presence of non-dialysing electrolytes. A contribution to physical–chemical physiology. *Journal of Membrane Science*, **100**, 45–55.
79 Donnan, F.G. (1911) Theorie der Membrangleichgewichte und Membranpotentiale bei Vorhandensein von nicht dialysierenden Elektrolyten. Ein Beitrag zur physikalisch-chemischen Physiologie. *Berichte der Bunsengesellschaft für physikalische Chemie* **17** (14), 572–581.
80 Sarkar, S., Prakash, P., and SenGupta, A.K. (2010) Donnan membrane principle: opportunities for sustainable engineered processes and materials. *Environmental Science & Technology*, **44** (4), 1161–1166.
81 Sarkar, S., Gupta, A., Biswas, R. *et al.* (2005) Well-head arsenic removal units in remote villages of Indian Subcontinent: field results and performance evaluation. *Water Research*, **39** (10), 2196–2206.
82 Sarkar, S., Blaney, L.M., Gupta, A. *et al.* (2008) Arsenic removal from groundwater and its safe containment in a rural environment: validation of a sustainable approach. *Environmental Science & Technology*, **42** (12), 4268–4273.
83 Ravenscroft P, Brammer H, Richards K. Arsenic Pollution: A Global Synthesis : John Wiley & Sons; 2009.

84 Brammer, H. and Ravenscroft, P. (2009) Arsenic in groundwater: a threat to sustainable agriculture in South and South-east Asia. *Environment International*, **35** (3), 647–654.

85 Nickson, R., McArthur, J., Burgess, W. et al. (1998) Arsenic poisoning of Bangladesh groundwater. *Nature*, **395** (6700), 338.

86 Sarkar, S., Chatterjee, P.K., Cumbal, L.H., and SenGupta, A.K. (2011) Hybrid ion exchanger supported nanocomposites: sorption and sensing for environmental applications. *Chemical Engineering Journal*, **166** (3), 923–931.

87 Marcus, Y. (1985) Ion Solvation, Wiley-Interscience, London.

88 Hristovski, K., Westerhoff, P., Moller, T. et al. (2008) Simultaneous removal of perchlorate and arsenate by ion-exchange media modified with nanostructured iron (hydr)oxide. *Journal of Hazardous Materials*, **152**, 397.

89 Tripp, A.R. and Clifford, D.A. (2004) Selectivity considerations in modeling the treatment of perchlorate using ion-exchange processes, in Ion Exchange and Solvent Extraction (eds A.K. SenGupta and Y. Marcus), Marcel Dekker, New York.

90 Tripp, A.R. and Clifford, D.A. (2006) Ion exchange for the remediation of perchlorate contaminated drinking water. *Journal AWWA*, **98**, 105.

91 Lin, J.C. and SenGupta, A.K. (2009) Hybrid anion exchange fibers with dual binding sites: simultaneous and reversible sorption of perchlorate and arsenate. *Environmental Engineering Science*, **26** (11), 1673–1683.

92 Gu, B., Brown, G.M., Maya, L. et al. (2001) Regeneration of perchlorate loaded anion exchange resins by novel tetrachloroferrate displacement technique. *Environmental Science & Technology*, **35**, 3363.

93 Greenleaf, J.E. and SenGupta, A.K. (2006) Environmentally benign hardness removal using ion exchange fibers and snowmelt. *Environmental Science & Technology*, **40**, 370–376.

94 Greenleaf, J.E., Lin, J.C., and SenGupta, A.K. (2006) Two novel applications of ion exchange fibers: arsenic removal and chemical-free softening of hard water. *Environmental Progress*, **25** (4), 300–311.

95 Padungthon, S., German, M., Wiriyathamcharoen, S., and SenGupta, A.K. (2015) Polymeric anion exchanger supported hydrated Zr(IV) oxide nanoparticles: a reusable hybrid sorbent for selective trace arsenic removal. *Reactive and Functional Polymers*, **93**, 84–94.

96 SenGupta, A.K. and Padungthon, S. (2015) inventors; Lehigh University, assignee. Hybrid anion exchanger impregnated with hydrated zirconium oxide for selective removal of contaminating ligand and methods of manufacture and use thereof. US patent 9,120,093. September 1.

97 SenGupta, A.K., Li, J. and German, M. inventors; Lehigh University, assignee. The Process of Defluoridation with Concurrent Desalination (PDCD) through use of Hybrid Anion Exchanger. US patent 62/313,381. 2016 Mar 25.

98 Padungthon, S., Li, J., German, M., and SenGupta, A.K. (2014) Hybrid anion exchanger with dispersed zirconium oxide nanoparticles: a durable and reusable fluoride-selective sorbent. *Environmental Engineering Science*, **31** (7), 360–372.

99 Sarkar, S., Guibal, E., Quignard, F., and SenGupta, A.K. (2012) Polymer-supported

metals and metal oxide nanoparticles: synthesis, characterization, and applications. *Journal of Nanoparticle Research*, **14** (2), 1–24.

100 Zhang, W., Wang, C., and Lien, H. (1998) Treatment of chlorinated organic contaminants with nanoscale bimetallic particles. *Catalysis Today*, **40** (4), 387–395.

101 Elliott, D.W. and Zhang, W. (2001) Field assessment of nanoscale bimetallic particles for groundwater treatment. *Environmental Science & Technology*, **35** (24), 4922–4926.

102 Zhang, W. (2003) Nanoscale iron particles for environmental remediation: an overview. *Journal of Nanoparticle Research*, **5** (3–4), 323–332.

103 Li, X., Elliott, D.W., and Zhang, W. (2006) Zero-valent iron nanoparticles for abatement of environmental pollutants: materials and engineering aspects. *Critical Reviews in Solid State and Materials Sciences*, **31** (4), 111–122.

104 Mills, G.F. and Dickinson, B.N. (1949 Dec) Oxygen removal from water by amine exchange resins. *Industrial & Engineering Chemistry*, **41** (12), 2842–4.

105 Bastos-Arrieta, J., Shafir, A., Alonso, A. *et al.* (2012) Donnan exclusion driven intermatrix synthesis of reusable polymer stabilized palladium nanocatalysts. *Catalysis Today*, **193** (1), 207–212.

106 Macanás, J., Ruiz, P., Alonso, A. *et al.* (2011) Chapter 1: Ion-exchange assisted synthesis of polymer-stabilized metal nanoparticles, in Ion Exchange and Solvent Extraction: A Series of Advances, vol. 20, CRC Press, pp. 1–44.

第7章 重金属络合作用与聚合配体交换

自工业革命以来,金属的使用在世界范围内取得了巨大的增长,并从根本上重塑了人类文明。长期以来,许多金属(因其毒性通常被称为重金属)通过人类活动释放到环境中,如河流、湖泊等。充分理解这些重金属的性质、运输和有害影响,需要数十年的时间。它们对人类生活质量的影响使得人们逐渐开始关注此类物质,在过去的五十年中引入了一系列环境法规。一类特殊的离子交换剂(通常称为螯合离子交换剂)由于其高选择性等优势相继出现在人们的视野中,用于从水中去除或分离重金属。如前几章所述,磷酸盐、砷酸盐、氟化物和有机羧酸盐是对环境影响巨大的配体,对 Fe(Ⅲ)、Zr(Ⅳ)、Al(Ⅲ) 和 Ti(Ⅳ) 的氧化物表现出很高的吸附亲和力。迄今为止尚不存在用于这些阴离子配体的聚合吸附剂。

本章将重点讲解与重金属螯合和配体吸附有关的离子交换聚合物的基础原理、开发过程和应用前景。

7.1 重金属与螯合离子交换剂

7.1.1 重金属的概念

尽管专业人士和外行人士均广泛使用"重金属"一术语,但它没有严格的科学依据或化学定义。尽管"重金属"下列出的许多元素的比重均大于5,但该规则仍然存在例外。根据性质应该优先将这一组称为"有毒元素",因为它们都被列入了美国环境保护署的优先污染物清单。图7.1为元素周期表,其中包含对环境影响重大的重金属元素。为了进行比较,同一图中还包含了常见的轻碱金属和碱土金属。从化学角度来说,重金属与准金属(即砷和硒)一起构成过渡元素。它们的确比钠、钙等其他轻金属重得多(比重更高)。这些重金属元素通常以不同的氧化态存在于土壤、水和空气中。这些金属在水中的反应性质、离子电荷数和溶解度差异很大。由于其短期和长期的毒性作用,饮用水中以及市政和工业排放物中这些重金属的最大允许浓度已通过立法进行严格规定。除了镉、汞和铅之外,重金属也是必需的微量营养素,即活细胞的必需成分。因此这些元素的毒性作用很大程度上是浓度的函数。当浓度低于某些关键计量时,这些元素是有益的营养元素,但随着浓度的增加,毒性出现并逐渐抑制其营养作用,如图7.2所示。每种重金属的毒性阈值各不相同,并且主要取决于所讨论的每种重金属的化学性质和相关的生理效应。某些不必要的重金属元素在所有浓度下均具有毒性。

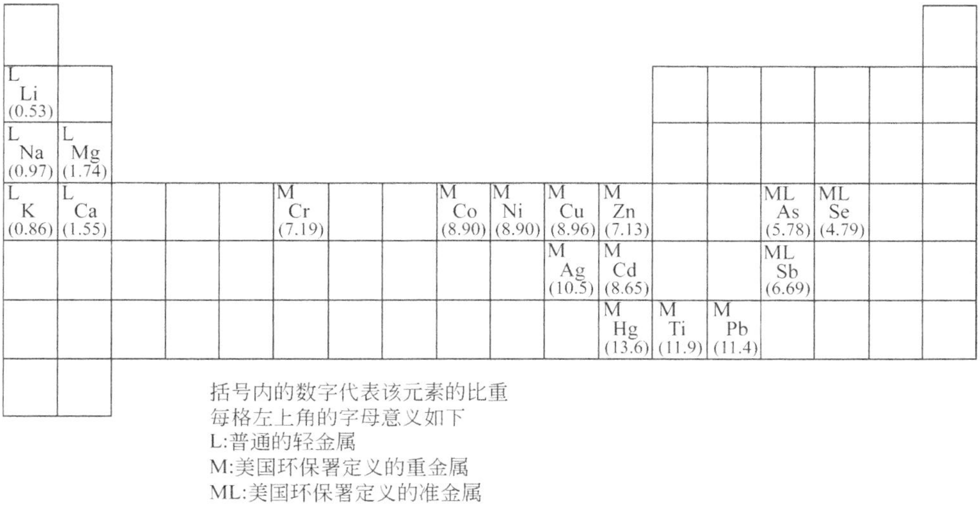

L Li (0.53)
L Na (0.97)
L Mg (1.74)
L K (0.86)
L Ca (1.55)
M Cr (7.19)
M Co (8.90)
M Ni (8.90)
M Cu (8.96)
M Zn (7.13)
ML As (5.78)
ML Se (4.79)
M Ag (10.5)
M Cd (8.65)
ML Sb (6.69)
M Hg (13.6)
M Ti (11.9)
M Pb (11.4)
括号内的数字代表该元素的比重
每格左上角的字母意义如下
L:普通的轻金属
M:美国环保署定义的重金属
ML:美国环保署定义的准金属

图 7.1　调整过的元素周期表,显示了常见的受管制重金属、准金属和非管制轻金属元素。图片经许可转载自 SenGupta,2001[1]

营养作用
必需重金属
(铜、铬、锌)
限制性
营养元素
生理影响
浓度
非必需重金属
(镉、铅、汞)
有毒区间
抑制作用

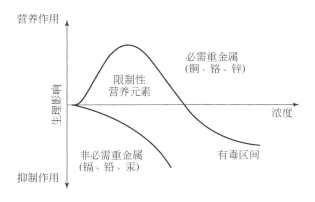

图 7.2　重金属浓度对细胞/微生物的营养作用和抑制作用。图片经许可转载自 SenGupta,2001[1]

在过去的五十年中,人类活动和工业发展极大地改变了全球的金属循环状况。采矿、冶金、电镀等工业极大地促进了重金属的生产和使用,雨水和地表水中 pH 的降低以及表面活性剂的浓度增加,极大地提高了重金属的流动性。在水、陆地和大气环境中重金属的存在令人担忧。在水相中,此类重金属可能以阳离子、阴离子、非离子化物质或复杂的大分子形式存在。由于大多数重金属及其化合物具有

极高的沸点,因此在环境条件下,大气中几乎不存在重金属元素,汞则例外。来自化石燃料的蒸汽机和废物焚烧炉的烟气是大气中汞排放的主要工业来源。与其他重金属相比,较高的挥发性和相对惰性可使元素汞在环境中长期存在。随着工业化国家逐步淘汰含铅汽油,大气中铅的含量已大大减少。在土壤相中,重金属主要以不溶性沉淀或结合的溶质形式存在于表面的吸附位点上。土壤中重金属的流动性和运动轨迹通常受其周围溶液的化学组成的影响[1]。近年来,铅从铅管和焊点中的浸出,以及对饮用水的污染,对人类健康产生了不利影响,并已引起社会和政府的高度关注[2-9]。

7.1.2 重金属的性质及其分离方法

自然环境中金属的形态和运输途径以及通过工程方法进行的分离或控制最终取决于重金属的电子结构。电子结构还决定了金属作为营养物或有毒物质的生化作用。为了深入了解,以轻金属阳离子(如 Ca^{2+})和重金属阳离子(如 Cu^{2+})的电子构型为例:

$$Ca^{2+}:1s^22s^22p^63s^23p^6$$
$$Cu^{2+}:1s^22s^22p^63s^23p^63d^9$$

Ca^{2+} 具有与稀有气体氪(krypton)类似的构型,其最外层的电子轨道被完全填充,并且为八电子的稳定形式。因此,Ca^{2+} 不是良好的电子受体,为不良的路易斯酸。类似于 Ca^{2+} 这类离子不容易被电场影响,极化率低。这类离子被称为"硬"离子,它们仅与主要包含氧供体原子的水相配体形成外球络合物。

相比之下,过渡金属阳离子 Cu^{2+} 或 Cu(Ⅱ)具有不完全的 d 轨道,并且包含更容易因其他物种的电场而变形的电子云。这些离子通常是相当强的路易斯酸,并且倾向于在水相中与配体形成内球络合物。静电作用方面,Ca^{2+} 和 Cu^{2+} 是相同的,即 Ca^{2+} 和 Cu^{2+} 都具有两个电荷。但 Cu(Ⅱ)是更强的路易斯酸或电子受体,是相对较"软"的阳离子。表 7.1 将几种金属阳离子分为三类,即硬阳离子、临界阳离子和软阳离子[10,11]。大多数重金属都属于"临界"和"软"的类型。金属的毒性往往随其从硬阳离子到临界离子再到软离子的变化而增加。这些金属离子与含 O、N 和 S 的配体形成络合物的相对亲和力变化很大。虽然硬阳离子更喜欢供氧配体(路易斯碱),但边界阳离子和软阳离子对含氮和硫的配体表现出更高的亲和力。因此软阳离子可与细胞蛋白质中的巯基牢固结合。由于巯基在蛋白质上形成活性位点,因此其与重金属结合而被阻断将导致很高的毒性作用[12]。汞和铅在与巯基形成非常稳定的络合物方面尤为显著,被归类为神经毒素。

表7.1 金属阳离子的分类

种类	离子名称	性质
硬阳离子	Na^+、K^+、Mg^{2+}、Ca^{2+}、Al^{3+}、Be^{2+}等	球对称和电子配置符合惰性气体；仅与含有氧供体原子的硬配体形成外球络合物；对具有氮和硫供体原子的配体的亲和力较弱。除铍(beryllium)外，大多数在低浓度下均无毒
临界阳离子	Fe^{3+}、Cu^{2+}、Pb^{2+}、Fe^{2+}、Ni^{2+}、Zn^{2+}、Co^{2+}、Mg^{2+}	球形不对称，并且电子配置不符合惰性气体；与含 O 和 N 原子的配体形成内球络合物。除铁和锰外，所有其他物质的毒性都超过阈值水平
软阳离子	Hg^+、Cu^+、Hg^{2+}、Ag^+、Cd^{2+}	球形不对称，并且电子配置不符合惰性气体；对含 S 原子的配体表现出很高的亲和力。从生理学角度来看它们是毒性最强的

上述现象促使尼尔波尔(Nierboer)和理查德森(Richardson)建议根据有毒金属与 O、N、P 和 S 形成配体的能力对其进行分类，因为此类亲和力是金属引起生理毒性的主要原因[13]。许多重金属与蛋白质牢固结合的现象表明，当蛋白质中的官能团固定在固相上时，可能会选择性地从水相中捕获溶解的重金属。

通过控制离子电荷数、路易斯酸度/碱度、表面官能团的吸附亲和力、水相溶解度、金属-配体配合物的大小、氧化还原态等，可以实现对水相和其他配合物中重金属的有效控制和分离。表 7.2 提供了不同物理化学形式的二价重金属阳离子 Me(Ⅱ)的尺寸估值。图 7.3 为重金属的分离策略示意图，这些金属分离工艺分别适用于不同条件下。在某些情况下，最合适的分离工艺可能是多种工艺的组合，即混合过程。但所有工艺都有一个主要缺点：均无法回收具有高纯度的工业重金属以进行再利用。随着污染预防准则和工业生态概念的成熟，单种重金属的分离成为热门研究方向，并通过改变工艺条件提高其回收纯度。

表7.2 不同理化状态下水中重金属阳离子(Me^{2+})的尺寸

溶解状态	形态	直径/nm
水	H_2O	0.2
游离水合金属离子	$[Me(H_2O)_n]^{2+}$	~0.5
无机络合物	$[Me(NH_3)_n]^{2+}$ $[MeOH]^+$ $[Me(OH)_2]^0$ $[MeCO_3]_2^{2-}$	<1.5
有机络合物	$[Me(COO)_2]^0$ $[Me(NH_3^+)_n]^{2+}$ $[Me(EDTA)]^{2-}$	1~5

续表

溶解状态	形态	直径/nm
高分子/胶体	Me-腐殖质 Me-黄腐酸络合物 Me-NOM-二氧化硅	10~500
表面相互作用	$\begin{cases}FeO^-\\FeO^-\end{cases}(Me^{2+})$	100~10000
沉淀	$Me(OH)_2(s)$ $MeCO_3(s)$	>500

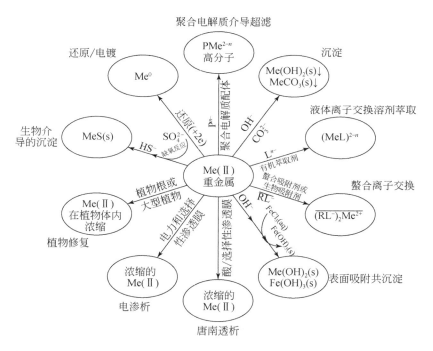

图 7.3　重金属分离的工艺流程示意图。图片经许可转载自 SenGupta,2001[1]

7.1.3　螯合交换剂的出现

大多数重金属阳离子,如 Cu^{2+}、Hg^{2+}、Pb^{2+}、Ni^{2+}、Cd^{2+}、Zn^{2+}等,都属于过渡金属阳离子,具有路易斯酸特性(电子受体)。这些重金属阳离子能够与有机和无机配体(路易斯碱)形成相当强的络合物。这些金属阳离子的大多数配合物,取决于它们的配位数,具有规则或略微扭曲的四面体、八面体或金字塔结构[14]。由于 Ca^{2+}、Mg^{2+} 和 Na^+ 等在水和废水中与最常见的竞争性无毒阳离子不会发生如此强的络合作用,因此将有机配体通过共价键结合到离子交换剂的聚合物基质中是一种可能的去除方法,以提高交换器对有毒金属离子的选择性。这些聚合物通常被称为螯合聚合物、配位聚合物或金属选择性离子交换树脂。

迄今为止,已经合成了数十种聚合螯合交换剂,并且具有各种类型的共价连接的官能团。它们的物理性质相似,都具有高机械强度和耐久性的球形颗粒。图 7.4 说明了几种具有线性聚合链、交联和各种共价连接的官能团的市售螯合交换剂。可以理解的是,路易斯酸碱相互作用决定了重金属阳离子与螯合交换剂的结合亲和力。这种结合亲和力(通常表示为分离因数)与重金属离子和代表性配体之间的相应水相稳定性常数值相关,并且可以通过其线性自由能关系(LFER)进行建模分析[15]。图 7.5 显示了三种市售螯合交换剂的铜/钙分离因数与代表配体的相应水相稳定性常数值之间的关系[16]。当图 7.5 中官能团的组成从硬的氧供体原子(即羧酸根)变为相对较软的氮供体原子(双吡啶胺),临界路易斯酸 Cu(Ⅱ)的亲和力远超硬阳离子 Ca^{2+}。因此可以通过调整螯合交换剂中官能团的组成,以提高其对靶金属离子的亲和力。具有含 S 硫醇官能团的螯合交换剂对软

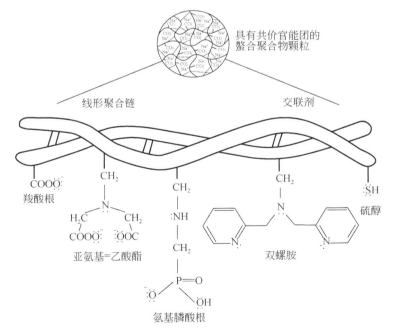

图 7.4 具有不同共价连接的官能团的螯合聚合树脂示意图。
图片经许可转载自 SenGupta,2001[1]

Hg(Ⅱ)的选择性比 Cu(Ⅱ)和 Zn(Ⅱ)高得多。

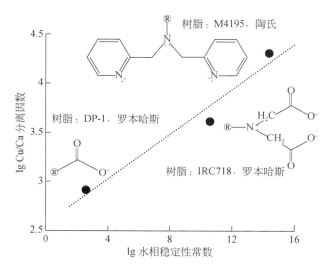

图 7.5 商业螯合交换剂的铜/钙分离因数与具有代表性配体的相应水相稳定性常数之间的关系。数据经许可转载自 SenGupta, 2001[1]

图 7.6 显示了带有羧基官能团的弱酸阳离子交换树脂（美国宾夕法尼亚州费城罗本哈斯公司的 IRC DP-1 型树脂）的五个不同重金属阳离子的分离因数值。溶解的重金属的相对亲和力顺序与其水相金属乙酸盐稳定性常数值密切相关[17]。

吸附、筛分、沉淀等从水相中去除重金属的过程中，路易斯酸碱相互作用通常是其主要机理。许多生物可再生材料，如天然腐殖质、死细菌、真菌和海藻等，都含有对重金属具有中等至高亲和力的表面官能团（如羧酸根、羰基、酚基等）。近年将此类材料改性为化学稳定和机械耐用的吸附剂方面已经取得了重大进展[17,18]。随着对可持续发展越来越重视，这些吸附剂材料在经济上具有竞争力，随后可能进行大规模商业生产和应用。

7.1.4 螯合离子交换剂中的路易斯酸碱反应

具有亚氨基二乙酸酯官能团的离子交换剂是第一批规模化生产的螯合交换剂，其主要用途是当存在更高浓度的竞争性钙离子和钠离子的情况下去除有毒金属离子。该树脂在金属离子 Me^{2+} 和 Na^+ 之间的离子交换反应可以通过以下反应方程式表示：

$$\overline{R-N(CH_2COO^-Na^+)_2} + Me^{2+} \longrightarrow \overline{R-N(CH_2COO^-)_2 Me^{2+}} + 2Na^+ \quad (7.1)$$

但式(7.3)无法揭示金属离子与亚氨基二乙酸酯官能团之间的路易斯酸碱相

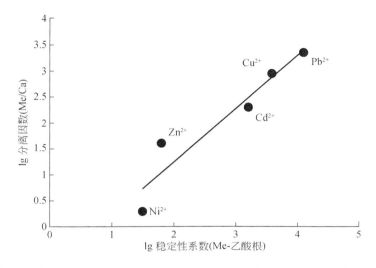

图 7.6　实验测定的 IRC DP-1 的金属/钙分离因数与水相金属乙酸盐稳定性
常数之间的关系。数据经许可转载自 SenGupta,2001[1]

互作用。若金属离子在水相中有四个配位的水分子$[Me(H_2O)_4]^{2+}$,则总交换反应如下:

(7.2)

在亚氨基二乙酸酯官能团中,来自金属离子配位的三个水分子配体被一个氮和两个氧供体原子取代。箭头表示金属配体或路易斯酸碱(LAB)相互作用,这种类型的官能团对金属离子的高选择性通常归因于伴随离子交换的配位反应。图 7.7 提供了在各种 pH 下,实验测得的三种商用离子交换树脂(亚氨基二乙酸酯官能团的 IRC-718、硫醇官能团的 GT-73 和甲基吡啶胺官能团的 XFS 4195)的 Me^{2+}/Ca^{2+} 分离因数,可以发现金属离子的选择性很高[17],其中,

分离因数 　　　　　$\alpha_{Me/Ca} = \dfrac{[RMe][Ca^{2+}]}{[RCa][Me^{2+}]}$ 　　　　(7.3)

如第 2 章所述,分离因数是两个竞争离子之间相对选择性的无量纲参数,这里它等于交换剂和水相之间金属离子浓度的分布系数与钙离子的分布系数之比。这

些金属离子像 Ca^{2+} 一样带有 2 个正电荷,因此仅库仑/静电相互作用不能成为 Me^{2+}/Ca^{2+} 如此高的分离因数的原因。如此高的选择性归因于有毒金属阳离子的相对较强的路易斯酸特性,有利于它们通过配位反应被选择性吸收。

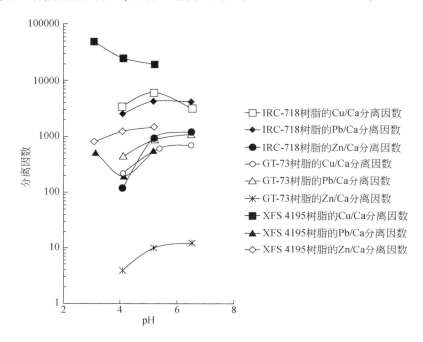

图 7.7　实验测得的各种树脂的 Me(Ⅱ)与钙的分离因数值随 pH 的变化:IRC-718 为亚氨基二乙酸酯官能团,GT-73 为硫醇官能团,XFS 4195 为甲基吡啶胺官能团。数据经许可转载自 Sengupta,SenGupta,2002[28]

为了从热力学角度表征螯合离子交换剂的高金属离子选择性,可以将金属离子的吸收分为两个连续的步骤:离子交换(IX)和路易斯酸碱(LAB)相互作用,即

$$Me^{2+}(aq) \xrightarrow{IX(步骤1)} \overline{RMe} \xrightarrow{LAB(步骤2)} \overline{\overline{RMe}} \quad (7.4)$$

在标准状态下,总自由能变化在 $Me^{2+}(aq)$ 和 $\overline{\overline{RMe}}$ 之间达到平衡时可以通过下式计算:

$$\Delta G^0_{overall} = \Delta G^0_{IX} + \Delta G^0_{LAB} \quad (7.5)$$

或

$$-RT\ln K_{overall} = -RT\ln K_{IX} - RT\ln K_{LAB} \quad (7.6)$$

或

$$K_{overall} = K_{IX} \cdot K_{LAB} \quad (7.7)$$

具有螯合功能的离子交换剂,由于大多数的重金属离子具有路易斯酸特性,因

此 K_{LAB} 值很高。根据方程式(7.9),总平衡常数也很高。钠离子 Na^+ 不存在 LAB 相互作用(步骤 2),因此,

$$K_{overall} = K_{IX} \quad (7.8)$$

但 Ca^{2+} 存在 LAB 相互作用,但与大多数重金属阳离子相比,其 LAB 相互作用弱得多,因此,螯合交换剂的选择性顺序通常为

$$K_{overall}(重金属) \gg K_{overall}(钙离子) \gg K_{overall}(钠离子) \quad (7.9)$$

极高的金属离子选择性和更严格的环境法规促使螯合聚合物用于从污染的水和废水中去除、分离和纯化金属离子的研究成为热门[19-27]。

尽管螯合官能团的组成变化很大,但迄今为止几乎所有合成的螯合交换剂中均以氮、氧和硫作为供体原子。了解螯合聚合材料的供体原子可为评估其金属离子选择性和其他相关特性提供参考。这些供体原子仅构成完整螯合官能团的一部分,以弱酸(如羧酸盐、二乙酸盐、硫醇等)和弱碱(叔胺、吡啶等)为主。由于弱酸或弱碱的特性,这些螯合官能团表现出对氢离子很高的亲和力。由于与 H^+ 的强烈竞争,在高酸性条件下(pH<2.0)螯合交换剂对重金属阳离子的选择性吸收受到不利影响。但在中性至碱性 pH 下,由于重金属阳离子的氢氧化物、碳酸盐、硫化物等的溶解度值较低,重金属阳离子非常难溶。为了有效去除重金属,大多数螯合聚合物的最佳 pH 使用范围通常限于 pH 2.0～7.0。

通常,水相中的金属(Ⅱ)-配体络合物具有规则或略微扭曲的四面体、八面体或方形金字塔结构,其具体取决于金属离子的配位数,而配位数又与其 d 轨道中电子的数量有关[14,29]。在具有多个结合位点的螯合聚合物中,金属离子试图重现其水相立体化学形态。然而,螯合聚合物中的官能团通常刚性地与重复单体(如苯乙烯)牢固地结合,该单体又被固定为通过二乙烯基苯交联的三维网络的一部分。因此聚合物相中的供体原子(N、O 或 S)将经受相当大的应变,以使其自身在受体金属离子周围保持空间结构。该应变可作为额外的热力学参数,聚合物相中的各个官能团可能不允许金属离子重现其水相金属-配体构型。

具有亚氨基二乙酸酯、氨基膦酸酯和羧基官能团等广泛使用的螯合交换剂的实验结果已在公开文献中报道,其中对于亚氨基二乙酸酯或氨基膦酸酯交换剂,金属(Ⅱ)离子最多可与一个氮和两个氧原子键合,对于羧酸盐型交换剂,最多可与两个相邻的羧基基团的两个氧原子键合[30,31]。表 7.3 显示了其结合机理,其中羧基、亚氨基二乙酸根和氨基膦酸根交换剂充当配位数为 4 或 6 的金属(Ⅱ)离子的多齿配体。另外,在所有三种情况下,二价金属离子的电荷被聚合物相中固定的负电荷中和。因此其结合机理可看作伴随螯合的阳离子交换,并且由于唐南离子排斥作用而将水相中的阴离子排除在聚合物交换剂之外[31]。该模型(阳离子交换后进行螯合)可以定量解释树脂的平衡行为。然而,对具有双或多齿官能团的螯合交换剂,据报道[32]单个供体原子可以独立地结合金属离子。

表 7.3　氨基膦酸酯、亚氨基二乙酸酯和羧基官能团与金属离子结合
（阳离子交换后螯合）的机理示意图

官能团	化学式	供体原子
氨基膦酸酯	（结构式）	氮原子；氧原子
亚氨基二乙酸酯	（结构式）	氮原子；氧原子
羧基	（结构式）	氧原子

密歇根州弗林特市（Flint,MI）铅污染的饮用水的悲剧发现之前，当地居民包括儿童已经不知不觉地摄入污染水源数月并造成健康危害[2-9]。腐蚀条件下铅管和接头的浸出是造成铅污染的主要原因。溶解的铅没有颜色、气味和味道，在低浓度 15μg/L 便可界定为神经毒素。图 7.7 的结果证明了几种商业螯合离子交换剂的极高铅选择性。将其用于家用过滤器（如 Brita）将确保消除大量污染水中的铅。

7.1.5　再生方法、反应动力学和金属亲和力

螯合交换剂对 H^+ 的高选择性通常被认为是在酸性条件下去除重金属的缺点，但通过中等浓度（2% ~ 10%）的无机酸可以很好地再生金属吸附饱和的螯合聚合物。因此螯合交换剂的高再生效率与高金属离子亲和力同样重要。图 7.8 显示了用 2% 的 HCl 溶液再生铜饱和的 IRC-718（亚氨基二乙酸酯官能团）[33]。实验结果发现铜的解吸峰非常尖锐，废再生剂中的铜浓度高达 15000mg/L，表明根据置换色

谱法的原理螯合交换剂有效再生[31]。几种有毒金属,如铜、铅、汞、镉、锌和镍,被列入了 EPA 的优先污染物清单[34],而主要挑战之一就是要尽量减少此类金属污染的废物的排放。螯合交换剂的高金属离子选择性以及优异的酸再生效率为浓缩和减少含有此类金属离子的低浓度废水提供了技术支持,通常可以减少 1000 倍以上[35]。

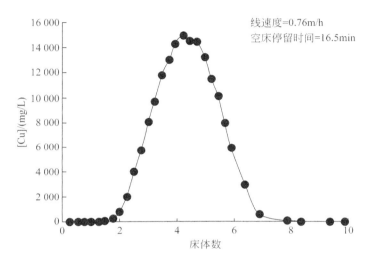

图 7.8　使用 2% HCl 溶液再生铜饱和的 IRC-718(亚氨基二乙酸酯官能团)树脂的出水曲线。数据经许可转载自 Zhu, Millan, SenGupta, 1990[33]

对于螯合离子交换剂,吸附(即金属吸收)和再生(即 H^+ 洗脱)都非常有利。以具有亚氨基二乙酸酯官能团的螯合交换剂为例,吸附和用 HCl 再生期间的 Cu^{2+} 和 Ca^{2+} 的交换如下。

吸收过程:

$$\overline{R-N(CH_2COO^-)_2 Ca^{2+}} + Cu^{2+} \longrightarrow \overline{R-N(CH_2COO^-)_2 Cu^{2+}} + Ca^{2+} \quad (7.10)$$

再生过程:

$$\overline{R-N(CH_2COO^-)_2 Cu^{2+}} + 2H^+ \longrightarrow \overline{R-N(CH_2COOH)_2} + Cu^{2+} \quad (7.11)$$

Cu^{2+}-Ca^{2+} 和 H^+-Cu^{2+} 的平衡均为矩形等温线。如第 4 章(4.9 节)中所述,粒子内扩散控制的动力学符合壳层级进动力学。吸附过程中 Cu^{2+} 的吸收以及再生过程中 H^+ 的吸收均可以表示为壳层级进动力学或核收缩动力学。该特殊类型的扩散过程如图 7.9 所示。

实验研究了 Cu^{2+} 离子在螯合离子交换剂上的吸收动力学,并且通过照片证实了核收缩动力学[36]。对于具有壳层级进动力学的矩形等温线,半反应时间($t_{1/2}$)

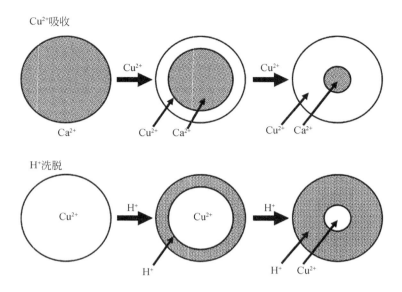

图 7.9 螯合离子交换剂用于铜吸附和再生的核收缩动力学的直观表示

或达到 50% 总吸收百分比的时间随 r_o^2 的变化而变化,如式(4.67)所示,其中 r_o 是树脂颗粒的半径。显然,减小颗粒的尺寸或使用更细的离子交换纤维将大大提高吸附动力学。

金属在螯合交换剂上的吸附受水相中配体的存在和溶液 pH 的影响很大。废水中常见的多齿有机配体存在时,螯合交换剂吸附去除金属的能力会受到严重不利影响。使用乙二胺(EN),一种对 Me(Ⅱ)阳离子具有高亲和力的双齿弱碱性配体,对此进行进一步研究[33]。图 7.10 显示了 EN/M_T 比和 pH 对 Cu/Ca 分离因数的影响,其中 M_T 为重金属阳离子的浓度。

pH 为 4.0 时,EN/M_T 的增加对 Cu/Ca 分离因数的影响可以忽略不计,但在 pH 5.0 时,分离因数迅速下降。从机理上讲,此处的决定性因素是 EN 与 pH 为 4.0 的 H^+ 的络合,EN 被质子化且不与 Cu(Ⅱ)络合。但在 pH 5.0 时,Cu(Ⅱ)与 EN 发生络合作用,因此大大降低了 IRC-718 树脂上的 Cu(Ⅱ)吸收。参考文献[33]中给出了该现象的量化计算方法。这些具体案例说明了真实系统的复杂性,其中同时存在多个具有不同酸解离常数值的配体。同样可以利用在适当配体存在下的 pH 将重金属彼此分离,有关该课题的更多详细信息,可以详细阅读参考文献"pH 驱动金属分离研究"[37]。

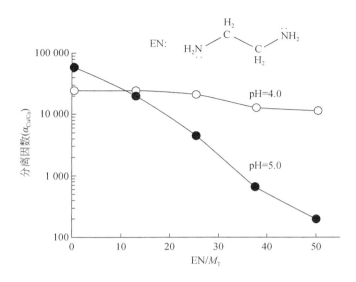

图 7.10 乙二胺和 pH 对 IRC-718 型树脂的铜/钙分离因数(亚氨基二乙酸酯官能团)的影响。数据经许可转载自 Zhu,Millan,SenGupta,1990[33]

7.2 聚合配体交换

在过去的几十年中,螯合离子交换或选择性金属吸附领域取得了重大研究进展。通过将螯合官能团共价连接到交联的聚合物基质上使这种去除工艺成为可能。然而,选择性除去配体依然存在难以克服的困难,因为吸附位点必须包含过渡金属阳离子或不与聚合物基质形成共价连接的路易斯酸。这就是多价金属的氧化物,如铝、铁、钛和锆普遍优先用于螯合配体而不是聚合物吸附剂的根本原因。众所周知,可以通过修改和调整吸附剂的界面化学来提高对目标溶质的吸附亲和力[38]。

为此,哈尔富里希(Helfferich)[39,40]率先使用加载 Cu(Ⅱ) 或 Ni(Ⅱ) 的弱酸聚合阳离子交换树脂通过路易斯酸碱相互作用来吸附配体。在配体交换过程中,存在于阳离子交换树脂中固定化 Cu(Ⅱ) 或 Ni(Ⅱ) 的配位球上的水分子(弱配体)被相对较强的配体(如氨或乙二胺)取代。以下为氨的配体交换反应,其中"M"表示具有强路易斯酸性质的二价金属离子,如 Ni(Ⅱ) 或 Cu(Ⅱ),而上横线表示交换相:

$$\overline{(RCOO^-)_2 M^{2+}(H_2O)_n} + nNH_3 \rightleftharpoons \overline{(RCOO^-)_2 M^{2+}(NH_3)_n} + nH_2O \quad (7.12)$$

除了提供定量方法来确定负载金属的阳离子交换剂的配体交换能力外,哈尔富里希[40]还揭示了离子交换和配体交换过程之间的相似性。在异价离子交换中,随着电解质浓度的增加,具有较低化合价的平衡离子的亲和力(或二元分离因数)高于具有较高化合价的平衡离子。在离子交换领域,这种现象通常称为电选择性反转。同样,哈尔富里希表明,随着总配体浓度的增加,单齿配体(氨)在配体交换过程中对交换剂的亲和力比双齿配体(1,3-二氨基丙醇)增强。该观察结果为在配体交换过程结束时进行有效再生提供了基础。在过去的五十年中,分析化学、分离技术和污染控制过程中应用配体交换的概念开展了许多工作,并取得了不同程度的成功[41-46]。

但配体交换的研究主要限于非离子化(不带电)的配体,即各种胺和氨衍生物。实际上,大多数对环境有影响的无机和有机配体是阴离子,如磷酸盐、亚硒酸盐、硫化物、砷酸盐、草酸盐、邻苯二甲酸盐、酚盐和天然富叶酸盐等。如式(7.14)所示,使用聚合阳离子交换剂作为金属主体的配体交换过程无法吸附任何阴离子配体,即

$$\overline{(RCOO^-)_2 M^{2+}(H_2O)_n} + \begin{cases} CN^- \\ SeO_3^{2-} \\ HS^- \\ CH_3COO^- \end{cases} \longrightarrow 不发生任何反应 \tag{7.13}$$

金属负载的弱酸阳离子交换树脂呈电中性,不具有任何阴离子交换能力,且根据唐南配对离子排斥原则,聚合物中带负电荷的固定离子(在这种情况下为羧酸根)将排斥所有阴离子。因此,尽管是强配体,式(7.15)中的阴离子仍无法从金属离子(路易斯酸)的配位中置换出水分子(弱得多的配体)。为了选择性地吸附阴离子配体,金属负载时的聚合物基质必须具有固定的正电荷,即阴离子交换剂。显然,这样的功能性聚合物应该对金属离子具有更高的选择性,以使金属在配体交换过程中无法渗出或渗出量可忽略不计。

7.2.1 聚合配体交换剂的概念和表征方法

如果过渡金属阳离子[如Cu(Ⅱ)]在高浓度下牢固地固定在固相上,则可以作为阴离子交换位点,对具有强配体特性的水相阴离子具有较高的亲和力。图7.11显示了聚合配体交换剂(PLE)的主要成分:第一,与其他阴离子交换剂一样,是交联的聚合物;第二,具有共价结合的螯合官能团;第三,路易斯酸型金属阳离子与螯合官能团发生配位反应,其正电荷不会被中和。所得材料是具有固定正电荷的聚合物与金属离子,是对阴离子配体具有较高亲和力的阴离子交换剂。其中螯合官能团和交换阴离子配体都满足过渡金属阳离子的配位要求。

具有氮供体原子的螯合聚合物满足结合过渡金属阳离子的必要特性。禅达

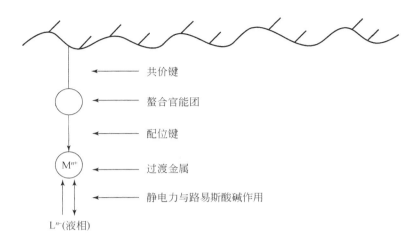

图 7.11 用于选择性吸附水相配体 L^{n-} 的聚合物配体交换剂的组成成分。
图片经许可转载自 Zhu,SenGupta,1992[47]

(Chanda)等[10]研究了砷酸盐和其他配体在具有氮供体原子的 Fe(Ⅲ) 负载的螯合聚合物上的吸附。铁是一种无毒的金属,因此从聚合物相中渗出的铁不会对环境造成任何危害。但 Fe(Ⅲ) 是一种硬路易斯酸,对含有氮供体原子的官能团的亲和力很差。在竞争性硫酸根和氯离子存在时,砷酸根的去除能力很低。

本节主要涉及仅包含氮供体原子(双吡啶甲基胺官能团)的市售螯合交换剂的使用过程。这些螯合交换剂具有聚苯乙烯基质和二乙烯基苯交联的大孔结构,最早由陶氏化学公司生产,主要用于从采矿的稀废水中提取铜,目前许多其他树脂制造商也生产类似产品。这类交换剂对 Cu(Ⅱ) 离子具有极高的亲和力,非常适合固定 Cu(Ⅱ) 并用作聚合配体交换剂或 PLE。交换树脂 XFS 4195 的重复单体包含三个氮供体原子,也被称为陶氏 3N。

7.2.2 聚合配体交换剂的吸附作用

为了深入了解吸附的机理,该研究还包括了两个带有季铵官能团的强碱阴离子交换剂和一个带有亚氨基二乙酸酯官能团的螯合交换剂。表 7.4 列举了其主要属性和制造商名称。将 Cu(Ⅱ) 溶液通过色谱柱直至饱和,使陶氏 3N 或 XFS 4195 转换为铜的形式。为了便于印刷,将铜型的聚合配体交换剂称为陶氏 3N-Cu。

许多环境和工艺应用要求从高浓度竞争性阴离子(如氯离子和硫酸根)背景中将痕量浓度(μg/L 至 mg/L)的阴离子配体[如草酸盐、磷酸盐、邻苯二甲酸盐、乙二胺四乙酸盐(EDTA)、砷酸盐、次氮基三乙酸盐(NTA)、亚硒酸盐和氰化物等]选择性去除或分离,即使痕量的磷酸根也能够导致水体富营养化(藻华)。

表 7.4 离子交换剂的主要信息。化学式中带圆圈的 R 表示聚合物基质的重复单元

官能团	主要性质	基质和孔结构	生产公司和产品名
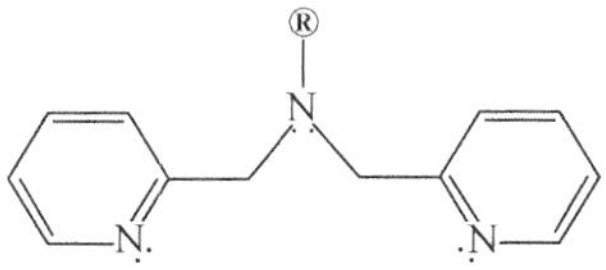 (结构式：双吡啶胺)	高金属离子亲和力(双吡啶胺)	聚苯乙烯，大孔型	陶氏 3N 或 XFS 4195
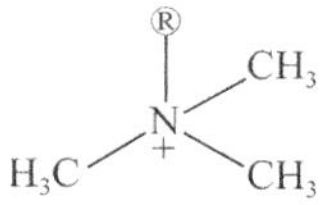 (结构式：季铵盐)	强碱阴离子交换剂	聚苯乙烯，大孔型 聚丙烯酸酯，大孔型	罗本哈斯 IRA-900 IRA-958
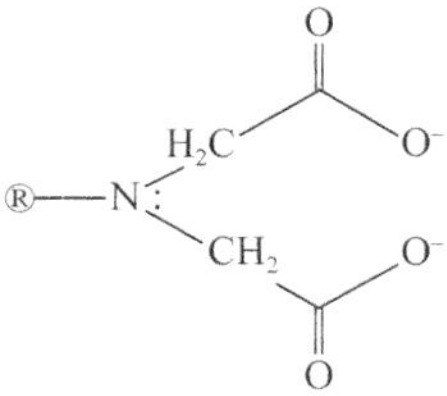 (结构式：亚氨基二乙酸酯)	高金属离子亲和力(亚氨基二乙酸酯官能团)	聚苯乙烯，大孔型	罗本哈斯 IRC-718

城市污水和工业废水中通常含有硫酸根和氯离子，它们将与目标磷酸根竞争吸附位点。在这些阴离子中，硫酸盐具有较高的电荷数(二价)，并通过增强的静电相互作用提供更强的竞争性。为评估硫酸根对 PLE 磷酸根吸收的竞争影响，在两种不同的背景硫酸根浓度(200mg/L 和 400mg/L)下使用微型柱技术进行了等温线测试，并保持其他实验条件相同。图 7.12 显示了这两组单独的等温线测试中磷酸根的吸收量。实验发现将竞争性硫酸根离子的浓度加倍后对 PLE 的磷酸根去除能力影响不明显。

根据实验数据计算得出的磷酸盐/硫酸盐分离因数如图 7.13 所示。图 7.13 中还叠加了先前研究[48-50]的其他阴离子交换剂通过实验测得的分离因数。如第 2 章所述，分离因数是两种竞争性溶质之间相对选择性的度量，等于它们在交换相和水相之间的分配系数之比。尽管磷酸根和硫酸根在 pH 8.3 时均以二价阴离子形式存在，但与 IRA-958 和迄今研究的其他吸附剂相比，PLE 的平均分离因数 $\alpha_{P/S}$ 要高出一个数量级。

图 7.14 显示了在相同条件下使用四种不同吸附剂在分开的色谱柱运行中草酸根的出水曲线：活性炭[卡尔贡(Calgon)公司 Filtrasorb 300]、强碱聚合物阴离子交换剂(罗本哈斯 IRA-900)、IRC 718-Cu 和聚合配体交换剂陶氏 3N-Cu。与其他吸附剂相比，陶氏 3N-Cu 的草酸根穿透时间要晚得多，发生在 3000 床体之后，尽管进水中存在浓度高得多的竞争性硫酸根和氯离子。而活性炭和 IRC718-Cu 几乎无法去除任何草酸根，强碱阴离子交换剂(IRA-900)运行不足 250 个床体就已经

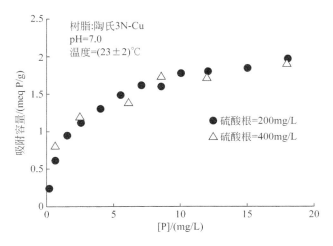

图 7.12　在两种不同背景浓度(200mg/L 和 400mg/L)的竞争性硫酸根离子下,陶氏 3N-Cu 的磷酸根吸附等温线。数据经许可转载自 Zhao,SenGupta,1998[48]

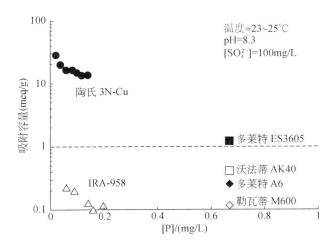

图 7.13　多种吸附剂的磷酸根/硫酸根(P/S)分离因数对比。数据经许可转载自 Zhao,SenGupta,1998[48]

穿透。

为避免铜从 PLE 反应器中泄漏,可填装少量(仅占床总高度的 10%)的钠型纯螯合离子交换剂(罗本哈斯 IRC-718)在反应器的底部。图 7.15 为研究中使用的固定床色谱柱的示意图。IRC-718 是具有亚氨基二乙酸酯官能团和聚苯乙烯基质的螯合阳离子交换剂;其主要特性列于表 7.4 中。

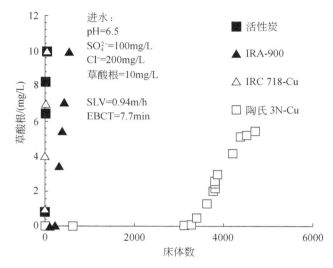

图 7.14 在相同的实验条件下,四种不同吸附剂的过柱实验中草酸根出水曲线;SLV 为表观液相速度,EBCT 为空床接触时间。数据经许可转载自 Zhu,SenGupta,1992[47]

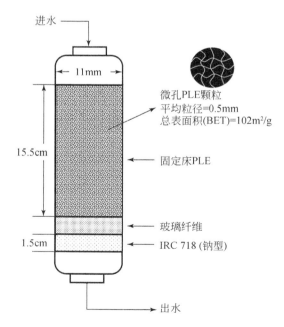

图 7.15 PLE 固定床色谱柱的示意图。图片经许可转载自 SenGupta,2001[38]

7.2.3 配体交换机理的验证

色谱柱运行结果和等温线数据清楚地表明,与强碱性阴离子交换剂(IRA-958和IRA-900)和IRC718-Cu相比,聚合配体交换剂具有更高的磷酸根和草酸根去除能力。图7.16提供了控制双齿阴离子(如磷酸根或草酸根)结合到这三种吸附剂上的基本原理示意图。由于铜(Ⅱ)离子具有四个主要配位数,其结合机理如图7.16所示。

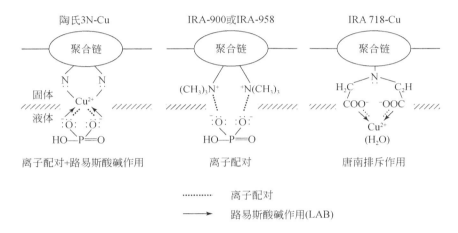

图 7.16 二价磷酸根与不同吸附剂的结合机理。图片经许可转载自 SenGupta,2001[38]

(1)在中性至弱碱性的 pH 下,聚合物相中的两个氮供体原子满足了 Cu(Ⅱ)的两个配位数,因此铜离子被牢固地固定在 PLE 上。聚合物相 Cu(Ⅱ)离子的其余两个配位数和两个残留的正电荷则同时由带有两个氧供体原子的二价磷酸根阴离子(HPO_4^{2-})满足。因此库仑相互作用(形成用于维持电子中性的离子对)与路易斯酸碱相互作用共同存在,其中磷酸根中的供体氧原子填补了 Cu^{2+}(路易斯酸)配位域中的电子缺陷。

(2)对于 IRA-900 或 IRA-958 型树脂,由于 R_4N^+ 不具有任何电子受体特性,因此其与(HPO_4^{2-})的结合仅通过库仑力。HPO_4^{2-} 对 IRA-958 或其他强碱阴离子交换剂的吸附过程不存在路易斯酸碱相互作用。

(3)对于 IRC718-Cu,亚氨基二乙酸酯官能团(两个氧和一个氮供体原子)可以满足 Cu(Ⅱ)的三个配位数,并且其正电荷被聚合物相中的乙酸酯基团中和。因此,IRC718-Cu 不具有阴离子交换能力,Cu(Ⅱ)的第四配位数由中性的水分子满足。实际上,根据唐南排斥原理,由于 IRC-718 带负电(亚氨基二乙酸)官能团,因此阴离子被 IRC-718 排斥。尽管具有很高的 Cu(Ⅱ)亲和力,IRC718-Cu 不能吸附阴离子,与其配体特性无关。但非离子化的配体(如氨和乙二胺)能够吸附到IRC718-Cu 上。

上述分析同样解释了 PLE 对亚硒酸根、砷酸根、草酸根和其他阴离子配体的高亲和力[38]。研究表明 PLE 在中性或碱性条件下可以选择性去除 Cr(Ⅵ)阴离子[51]。

与重金属的吸附相似,阴离子配体对 PLE 的吸附亲和力也可以通过其水相络合或稳定性常数值判断。为了进行验证,以 Cu^{2+} 与二价阴离子的第一 1∶1 稳定性常数为例,即

$$Cu^{2+} + L^{2-} \rightleftharpoons CuL \tag{7.14}$$

以图 7.17 中的二价阴离子配体为例,其第一稳定性常数值可从公开文献中获取[52]。

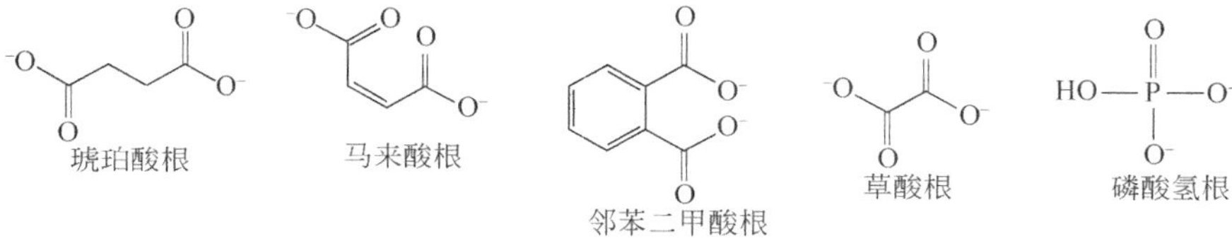

图 7.17　五种双齿阴离子配体的结构:琥珀酸根、马来酸根、邻苯二甲酸根、草酸根和磷酸氢根

通过实验测定了 PLE 陶氏 3N-Cu 相对于硫酸根等二价阴离子的分离因数值。图 7.18 显示阴离子配体分离因数的对数值与其水相稳定常数的对数值之间呈线性关系。

第 7 章摘要:十个要点

- 具有生理毒性的金属通常比重大于 5,且主要作为过渡金属阳离子和强路易斯酸存在于水相中。
- 有毒金属离子,如 Cu(Ⅱ)、Zn(Ⅱ)、Cd(Ⅱ)等与阴离子配体或路易斯碱形成强配合物。
- 具有金属选择性的聚合离子交换剂,通常被称为螯合离子交换剂,是具有与氧、氮或硫供体原子共价连接的配体的阳离子交换剂,其官能团为强路易斯碱。
- 由于强路易斯酸碱相互作用,螯合交换剂对有毒金属阳离子(如 Zn^{2+}、Cu^{2+}、Pb^{2+})的竞争性远高于碱金属和碱土金属阳离子(如 Na^+、Ca^{2+}、Mg^{2+}),即便在这些碱金属或碱土金属离子的浓度远高于有毒金属离子的情况下。
- 螯合交换剂的金属选择性可以根据水相金属配体的稳定性常数做出判断。稀

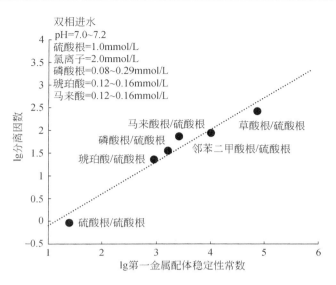

图 7.18　陶氏 3N-Cu 的分离因数与第一金属配体稳定性常数之间的线性自由能关系（LFER）。数据经许可转载自 Zhao, SenGupta, 2000[15]

无机酸再生螯合交换剂非常有效。
- 螯合离子交换剂的金属吸收和 H^+ 再生均符合矩形等温线。螯合离子交换剂的吸附和解吸动力学一般符合壳层级进动力学。
- 通过控制及调整 pH、水相配体和螯合交换剂，可以将重金属分离。
- 具有软的氮供体原子（如多胺、双聚吡啶胺）的弱碱阴离子交换树脂对 Cu(Ⅱ) 的亲和力极高。负载铜后，氮供体原子成为阴离子交换位点，同时可以充当路易斯酸。
- 仅含氮供体原子的负载铜的螯合交换剂是极好的 PLE，对阴离子配体具有很高的亲和力，此类阴离子配体包括砷酸根、磷酸根、草酸根和水杨酸根等。
- PLE 对特定阴离子配体的吸附亲和力可以通过水相铜-配体稳定性常数作出判断。

参 考 文 献

1　SenGupta, A.K. (2001) Chapter 1: Principles of heavy metal separation: an introduction, in *Environmental Separation of Heavy Metals: Engineering Processes* (ed. A.K. SenGupta), CRC Press, Boca Raton, FL, pp. 1–14.

2　Bellinger, D.C. (2016) Lead contamination in Flint—an abject failure to protect public health. *New England Journal of Medicine*, **374** (12), 1101–1103.

3　Edwards, M. (2013) Fetal death and reduced birth rates associated with exposure to lead-contaminated drinking water. *Environmental Science & Technology*, **48** (1), 739–746.

4 Edwards, M. Pruden, A. and Falkinham, III, J. (2016) *Flint Water Study*, http://flintwaterstudy.org/ (accessed 15 December 2016).

5 Hanna-Attisha, M., LaChance, J., Sadler, R.C., and Champney, S.A. (2016) Elevated blood lead levels in children associated with the Flint drinking water crisis: a spatial analysis of risk and public health response. *American Journal of Public Health*, **106** (2), 283–290.

6 Henry, W.D., Zhao, D., SenGupta, A.K., and Lange, C. (2004) Preparation and characterization of a new class of polymeric ligand exchangers for selective removal of trace contaminants from water. *Reactive and Functional Polymers*, **60**, 109–120.

7 Lanphear, B.P., Hornung, R., Khoury, J. et al. (2005) Low-level environmental lead exposure and children's intellectual function: an international pooled analysis. *Environmental Health Perspectives*, **1**, 894–899.

8 Nelson, R. (2016) Crisis in Flint: lead and Legionnaires' disease. *The Lancet Infectious Diseases*, **16** (3), 298–299.

9 Schwake, D.O., Garner, E., Strom, O.R. et al. (2016) Legionella DNA markers in tap water coincident with a spike in Legionnaires' disease in Flint, MI. *Environmental Science & Technology Letters*, **3** (9), 311–315.

10 Pearson, R.G. (1968) Hard and soft acids and bases, HSAB, Part 1: fundamental principles. *Journal of Chemical Education*, **45** (9), 581.

11 Pearson, R.G. (1968) Hard and soft acids and bases, HSAB, Part II: underlying theories. *Journal of Chemical Education*, **45** (10), 643.

12 Förstner, U. and Wittmann, G.T. (1983) *Metal Pollution in the Aquatic Environment*, 2nd edn, Springer-Verlag, Berlin.

13 Nieboer, E. and Richardson, D.H. (1980) The replacement of the nondescript term 'heavy metals' by a biologically and chemically significant classification of metal ions. *Environmental Pollution Series B*, **1** (1), 3–26.

14 Cotton, F.A., Wilkinson, G., Murillo, C.A. et al. (1999) *Advanced Inorganic Chemistry*, John Wiley & Sons, New York.

15 Zhao, D. and SenGupta, A.K. (2000) Ligand separation with a copper (II)-loaded polymeric ligand exchanger. *Industrial and Engineering Chemistry Research*, **39** (2), 455–462.

16 Zhu, Y. (1992) *Chelating Polymers with Nitrogen Donor Atoms: Their Unique Properties in Relation to Heavy Metals Sorption and Ligand Exchange*, Lehigh University, Bethlehem, PA.

17 Roy, T.K. (1989) Chelating polymers: their properties and applications in relation to removal, recovery and separation of toxic metals. MS thesis. Lehigh University, Bethlehem, PA.

18 Trujillo, E.M., Spinti, M., and Zhuang, H. (1995) Chapter 6: Immobilized biomass: a new class of heavy-metal-selective ion exchangers, in *Ion Exchange Technology: Advances in Pollution Control Lancaster* (ed. A.K. Sengupta), Technomic Publishing Co., PA, pp. 225–270.

19 Sengupta, S. and SenGupta, A.K. (2002) Trace heavy metals separation by chelat-

ing ion exchangers, in *Environmental Separation of Heavy Metals: Engineering Processes* (ed. A.K. SenGupta), Lewis Publishers, Boca Raton, pp. 45–96.

20 Waitz W. (1979) Ion exchange in heavy metals removal and recovery. Amber Hi-Lites. No. 162. Philadelphia, PA: Rohm and Haas; p. 1–12.

21 Bolto, B.A. and Pawłowski, Ł. (1987) *Wastewater Treatment by Ion-Exchange*, E & F.N. Spon, London.

22 Janauer, G., Gibbons, R., Bernier, W. et al. (1985) Chapter 2: A systematic approach to reactive ion exchange, in *Ion Exchange and Solvent Extraction*, vol. **9** (ed. J. Marinsky), Marcel Dekker, Inc., New York, pp. 53–174.

23 Urlings, L., Blonk, A., Woelders, J., and Massink, P. (1987) In situ remedial action of cadmium polluted soil, in *Environmental Technology* (ed. M. Streat), Springer, England, pp. 539–548.

24 SenGupta, A.K., Roy, T. and Millan, E. (1988) *Potential of Ion-Exchange Resins and Reactive Polyness in Eliminating/Reducing Hazardous Contaminants*. Proceedings of the 2nd International Conference on 'Physicochemical and Biological Detoxification of Hazardous Wastes, Atlantic City, NJ, 1989 May 3–5, 191–211.

25 Matejka, Z. and Zitkova, Z. (1997) The sorption of heavy-metal cations from EDTA complexes on acrylamide resins having oligo (ethyleneamine) moieties. *Reactive and Functional Polymers*, **35** (1), 81–88.

26 Courduvelis, C., Gallager, G. and Ch, H.N. (1982) *New Developments for the Treatment of wastewater Containing Metal Complexers*. Proceedings AES 4th Conference on Advanced Pollution Control for the Metal Finishing Industry, 77–80.

27 Marton-Schmidt, E., Inczedy, J., Laki, Z., and Szabadka, Ö. (1980) Separation of metal ions on ion-exchange resin with ethylenediamine functional groups. *Journal of Chromatography. A*, **201**, 73–77.

28 Loureiro, J., Costa, C., and Rodrigues, A. (1988) Recovery of copper, zinc and lead from liquid streams by chelating ion exchange resins. *Chemical Engineering Science*, **43** (5), 1115–1123.

29 Burgess, J. (1999) *Ions in Solution: Basic Principles of Chemical Interactions*, 2nd edn, Woodhead Publishing Ltd., Cambridge, UK.

30 Calmon, C. (1984) Impact of improved ion-exchange materials and new techniques on separation performance. *Adsorption and Ion Exchange, AIChE Symp Series No 233*, **80**, 84–95.

31 Helfferich, F.G. (1962) *Ion Exchange*, McGraw-Hill Book Company, Inc., New York.

32 Hudson, M.J. (1986) Coordination chemistry of selective-ion exchange resins, in *Ion Exchange: Science and Technology (NATO AISI Series)* (ed. A. Rodrigues), Martinus Nijhoff Publishers, Boston, pp. 35–66.

33 Zhu, Y., Millan, E., and SenGupta, A.K. (1990) Toward separation of toxic metal (II) cations by chelating polymers: some noteworthy observations. *Reactive Polymers*, **13** (3), 241–253.

34 Kokoszka, L.C. and Flood, J.W. (1990) Chapter 2: Regulatory programs governing toxics management, in *Environmental Management Handbook: Toxic Chemical Materials and Wastes*, Marcel Dekker, Inc., New York, pp. 15–150.

35 Grinstead, R.R. and Paalman, H.H. (1989) Metal ion scavenging from water with fine mesh ion exchangers and microporous membranes. *Environmental Progress*, **8**

(1), 35–39.
36 Phelps, D.S. and Ruthven, D.M. (2001) The kinetics of uptake of Cu^{2+} ions in Ionac SR-5 cation exchange resin. *Adsorption*, **7** (3), 221–229.
37 Höll, W., Kiefer, R., Stöhr, C., and Bartosch, C. (1998) Metal separation by pH-driven parametric pumping, in *Ion Exchange and Solvent Extraction: A Series of Advances*, vol. **16** (eds A.K. SenGupta and Y. Marcus), Marcel Dekker, Inc., New York, pp. 228–282.
38 SenGupta, A.K. (2001) Chapter 6: Environmental separation through polymeric ligand exchange, in *Ion Exchange and Solvent Extraction: A Series of Advances*, vol. **14** (eds A.K. SenGupta and Y. Marcus), CRC Press, Boca Raton, FL, pp. 229–258.
39 Helfferich, F. (1961) Ligand exchange: a novel separation technique. *Nature*, **189**, 1001–1002.
40 Helfferich, F. (1962) Ligand exchange. I. Equilibria. *Journal of the American Chemical Society*, **84** (17), 3237–3242.
41 Dobbs, R.A., Uchida, S., Smith, L.M., and Cohen, J.M. (1975) Ammonia removal from wastewater by ligand exchange. *AIChE Symposium Series*, **75**, 157.
42 De Hernandez, C.M. and Walton, H.F. (1972) Ligand exchange chromatography of amphetamine drugs. *Analytical Chemistry*, **44** (6), 890–894.
43 Davankov, V.A. and Semechkin, A.V. (1977) Ligand-exchange chromatography. *Journal of Chromatography. A*, **141** (3), 313–353.
44 Chanda, M., O'Driscoll, K.F., and Rempel, G.L. (1988) Ligand exchange sorption of arsenate and arsenite anions by chelating resins in ferric ion form I. Weak-base chelating resin Dow XFS-4195. Reactive Polymers, Ion Exchangers, Sorbents **7** (2–3), 251–261.
45 Walton, H.F. (1995) Ligand-exchange chromatography: a brief review. *Industrial and Engineering Chemistry Research*, **34** (8), 2553–2554.
46 Groves, F. and White, T. (1984) Mathematical modelling of the ligand exchange process. *AICHE Journal*, **30** (3), 494–496.
47 Zhu, Y. and SenGupta, A.K. (1992) Sorption enhancement of some hydrophilic organic solutes through polymeric ligand exchange. *Environmental Science & Technology*, **26** (10), 1990–1998.
48 Zhao, D. and SenGupta, A.K. (1998) Ultimate removal of phosphate from wastewater using a new class of polymeric ion exchangers. *Water Research*, **32** (5), 1613–1625.
49 Boari, G., Liberti, L., and Passino, R. (1976) Selective renovation of eutrophic wastes—phosphate removal. *Water Research*, **10** (5), 421–428.
50 Zhao, D., SenGupta, A.K., and Stewart, L. (1998) Selective removal of Cr (VI) oxyanions with a new anion exchanger. *Industrial and Engineering Chemistry Research*, **37** (11), 4383–4387.
51 Morel, F.M. and Hering, J.G. (1993) *Principles and Applications of Aquatic Chemistry*, John Wiley & Sons, New York.
52 Sillen, L.G. and Martell, A.E. (1964) *Stability Constants of Metal-Ion Complexes*, The Chemical Society, London.

第8章 合成与可持续性

如果结合离子交换科学,可能有助于在与离子交换过程无关的领域提供协同作用和新型解决方案。可持续的能源生产是满足社会长期需求的必要目标,实现此目标的理想方法是开发利用可再生能源的多种技术组合。本章将介绍两种可能的应用方法,这些应用可能通过离子交换的组合与创新获得意外效果:

(1)回收废酸中和过程中的能量。
(2)提高厌氧生物反应器的稳定性。

此外,本章还将介绍一种通过离子交换实现可持续软化或去除硬度的新方法。

8.1 废酸中和:简介

废酸中和是全球范围内广泛使用的工业污染控制过程。原则上,酸碱中和涉及氢离子和氢氧根的缔合以形成中性水分子。这是热力学上最有利的水相反应,在25℃时的平衡常数($K_{1/w}$)值为1×10^{14}。标准状态下反应的吉布斯自由能(ΔG°)为-79.85kJ/mol,而反应焓变(ΔH°)为-55.84kJ/mol,反应如下所示[1]。

$$H^+ + OH^- \longrightarrow H_2O \tag{8.1}$$

由于经受处理的废酸溶液浓度通常不高,因此在中和反应中产生的大量热能导致本体水相的温度升高很小,因此无法进行能量回收,并且缺乏针对该方向的研究。

根据2001年的数据,全球硫酸年产能约为1.65亿t[2]。假设仅有1%变为废酸并需要中和处理,理论上其相当于522 000MW·h的电力。根据美国能源信息署(EIA)的数据,美国天然气每千瓦时产生的平均二氧化碳排放量为0.55kg[3]。因此,通过这种途径产生的能量每年可以为地球减排30万t二氧化碳。即使能量回收效率为1%,其影响也将是巨大的。由于许多工业和采矿过程也产生大量的酸性废液,如烟道气中的二氧化硫和废弃矿山中天然产生的酸,实际的发电潜力和减少的二氧化碳排放可能远远超出上述预计[4,5]。

8.1.1 基础科学概念

离子交换树脂可以看作电解质,随着pH的变化,弱酸(或弱碱)离子交换剂可逆地获取或失去其离子特性,从而导致聚合物内部渗透压的产生。官能团通过共价键固定在聚合物相中,无法向水相中扩散。由于唐南膜效应[6-9],这些亲水性聚合物与酸或碱依次接触,由于水在聚合物相中的进出而可逆地膨胀或收缩,酸碱中和将伴随着可用机械能的产生。

弱酸阳离子交换剂：

当加入碱溶液(NaOH)时：

$$\overline{R-COOH} + NaOH \Longleftrightarrow \overline{R-COO^-Na^+} + H_2O + 膨胀 \quad (8.2)$$

当加入酸溶液(HCl)时：

$$\overline{R-COO^-Na^+} + HCl \Longleftrightarrow \overline{R-COOH} + Na^+ + Cl^- + 收缩 \quad (8.3)$$

$$NaOH + HCl \Longleftrightarrow NaCl + H_2O + 机械能 \quad (8.4)$$

弱碱阴离子交换剂：

当加入酸溶液(HCl)时：

$$\overline{R_3N} + HCl \Longleftrightarrow \overline{R_3NH^+Cl^-} + 膨胀 \quad (8.5)$$

当加入碱溶液(NaOH)时：

$$\overline{R_3NH^+Cl^-} + NaOH \Longleftrightarrow \overline{R_3N} + Na^+ + Cl^- + H_2O + 收缩 \quad (8.6)$$

$$NaOH + HCl \Longleftrightarrow Na^+ + Cl^- + H_2O + 机械能 \quad (8.7)$$

R_3N 和 RCOOH 分别表示弱碱和弱酸官能团，上横线表示树脂相。

图 8.1(A)和(B)分别说明了导致弱酸阳离子树脂和弱碱阴离子树脂在聚合物相中进行整体酸碱中和反应的各个过程中的化学反应[10,11]。

(A)

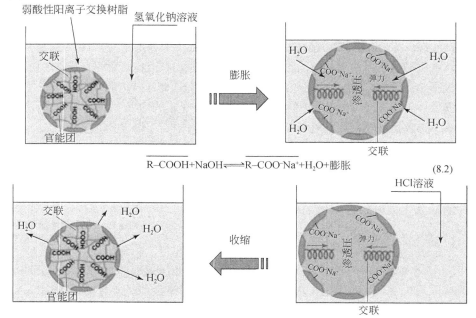

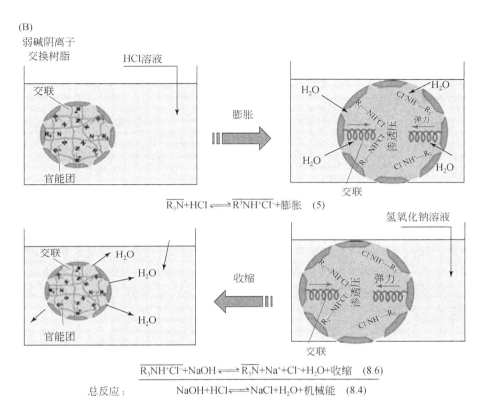

图 8.1 聚合物相中的酸碱中和过程,包括:(A)弱酸阳离子交换树脂和(B)弱碱阴离子交换树脂。R_3N 和 RCOOH 分别表示弱碱和弱酸官能团,上横线表示树脂相。图片经许可转载自 Sarkar, SenGupta, Greenleaf, EL-Moselhy, 2011[10]

将一粒非离子化的氢型阳离子交换树脂(漂莱特 C-104)置于光学显微镜(Testmaster)下的培养皿中。漂莱特 C-104 的主要特性列于表 8.1 中。

表 8.1 漂莱特 C-104 弱酸性阳离子交换树脂的主要特性

结构	官能团	离交容量	含水率	溶胀程度
		3.4 当量 H^+ (eq/L)	H 型树脂质量百分比	H 型转为 Na 型时的体积增大百分比

结构	官能团	离交容量	含水率	溶胀程度
![结构式] 二乙烯基苯交联的聚甲基丙烯酸酯	—COOH		45%~55%	85%

向树脂中加入一滴4%的NaOH溶液后,根据反应式(8.2)观察到树脂颗粒体积膨胀。在一定时间内测量树脂的直径,发现树脂不断膨胀。膨胀后的树脂照片如图8.2所示。13min后,树脂膨胀到其原始体积的200%。图8.3显示了该段时间内树脂体积的百分比增加。聚合物相吸水或放水的速率特征类似于溶质通过粒子内扩散到聚合物离子交换剂中[12,13]。

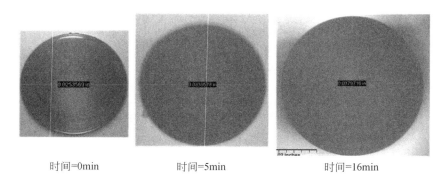

图8.2 光学显微镜下加入碱性溶液后逐渐膨胀的弱酸树脂照片。照片经许可转载自 German,SenGupta,Greenleaf,2013[11]

为了进一步验证改变pH对聚合物的膨胀和收缩影响及可逆性,将25mL漂莱特C-104弱酸离子交换树脂放入柱中,并在三个连续的循环中依次加入碱和酸。所使用的溶液为2%(m/v)的NaOH和HCl。结果如图8.4所示,可以注意到床层的膨胀和收缩程度为50%。最重要的是,三个循环的膨胀和收缩几乎完全相同,这表明树脂的膨胀和收缩在多个循环中可逆。

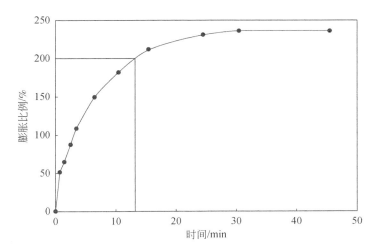

图 8.3 在 NaOH 溶液的作用下,氢型 C-104 树脂的膨胀动力学结果。膨胀率定义为膨胀的树脂颗粒与未膨胀的树脂颗粒的体积比。数据经许可转载自 Sarkar,SenGupta,Greenleaf,EL-Moselhy,2011[10]

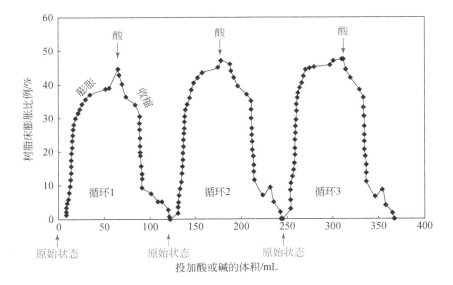

图 8.4 树脂颗粒分别与 2% NaOH 和 2% HCl 溶液交替接触的多个循环过程中,弱酸阳离子交换树脂床(漂莱特 C-104)的膨胀和收缩情况。数据经许可转载自 Sarkar,SenGupta,Greenleaf,EL-Moselhy,2011[10]

8.1.2 通过循环发动机进行机械做工

为了证明将反复的膨胀和收缩转化为机械功的可行性,使用乳胶膜覆盖的容器进行了实验,在该容器中,弱酸阳离子交换树脂与酸溶液(1% 的 HCl)和碱溶液(1% NaOH)分别交替接触[10]。树脂的收缩和膨胀导致其上方的气压发生变化,从而导致胶乳膜凸起和收缩。图 8.5 描绘了酸碱中和驱动的往复式发动机的概念,该发动机可提供压缩空气做功,图 8.6 提供了两个连续循环的乳胶膜膨胀和收缩的实验证据,验证了这一概念的可行性。腔室的膨胀和收缩做功因此可以在等温条件下转化为发动机动力。该方法的效率取决于 pH 敏感性聚合物的膨胀/收缩率,而膨胀/收缩率本身又取决于其交联度和亲水性。许多具有高膨胀率(超过 500%)的 pH 敏感聚合物都可以合成并用于此工艺,包括可生物再生的壳聚糖材料[14]。它们很可能是从酸碱中和中有效回收机械能的良好材料。

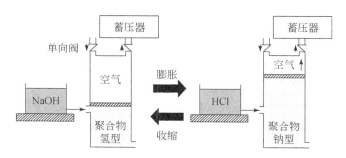

图 8.5 通过树脂的膨胀和收缩产生压缩气体的往复式发动机概念图。
图片经许可转载自 German,SenGupta,Greenleaf,2013[11]

图 8.6 用乳胶膜密封的反应器连续两个周期的放气[(A)和(C)]和充气[(B)和(D)]过程,该容器中弱酸阳离子交换树脂在酸碱作用下发生收缩和膨胀。图片经许可转载自 Sarkar,SenGupta,Greenleaf,EL-Moselhy,2011[10]

对 pH 敏感的聚合物床层在密闭容器内与酸和碱交替接触时发生膨胀和收缩,压缩气体(如空气)可以在等温条件下储存在像往复式发动机一样工作的蓄压器中,并且可根据需要产能。

尽管进行了相关实验,但从酸碱中和反应中回收的机械能虽然很明显,但仍低于有效熔变的0.01%。因此该工艺仍存在很大的提升空间。压力-体积功与对pH敏感的聚合物的膨胀-收缩行为相关,而对pH敏感的聚合物的此类性质又取决于其交联度和亲水性。许多具有高膨胀率(超过500%)的pH敏感聚合物都易于合成或从市面购买[15,16]。原则上,废酸中和提供了科学基础,即通过使用弱酸或弱碱离子交换树脂来产生机械能。

8.2 提高厌氧生物反应器的稳定性

产甲烷的厌氧生物过程对于处理高浓度有机物具有重要意义,因为它们产生的气体具有高燃料价值,且不需要外部氧气供应,处理过程仅产生少量污泥。尽管具有上述优点,但厌氧生物过程仍易发生故障。厌氧过程失败的主要原因是:①挥发性酸的积累和随之而来的pH下降;②反应器的毒性超载,抑制了产甲烷菌的活性。工程中用于处理生化需氧量(biochemical oxygen demand, BOD)的厌氧生物过程可以看成是两步串联反应,其中,产乙酸菌(acetogens)将可溶性有机物转化为挥发性酸,然后通过产甲烷菌(methanogens)将其转化为甲烷和二氧化碳。

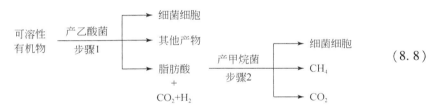

(8.8)

产甲烷(第2步)过程是厌氧生物过程的限速步骤[17]。产甲烷菌的抑制作用始于pH 6左右,在pH低于5.5时极为严重[18]。根据反应式(8.8),有机负荷的增加导致挥发性脂族酸的积累,因此大大降低了溶液pH。低pH[19]和高浓度的非离子态脂肪酸[20,21]都会抑制产甲烷菌,并对反应器的性能产生不利影响。为了将pH控制在中性范围内,应在反应器中保持高碱度,以防止pH突然降低[22]。然而在稳态条件下,这种额外的碱度被浪费并且增加了操作成本。Graef和Andrews[20]建议通过"稀酸化"的反馈控制来维持反应器中的最佳pH,方法是用稀碱洗涤气流中的CO_2,然后将无CO_2的甲烷再循环回反应器中。然而这种反馈控制技术在操作上比较复杂,并且尚未在商业应用中实践。

超过某些临界浓度时,溶解的重金属对微生物有毒[23],并被认为是造成许多消化器故障的原因。因此厌氧工艺的重金属毒性已成为许多研究的主题。尽管大多数阳离子重金属在中性pH附近溶解度最低且此时厌氧生物过程效率最高,但进水中重金属浓度的突然增加,或 pH 的降低导致的反应器内重金属浓度增加会极大影响微生物的活性。为了控制阳离子重金属的毒性,劳伦斯(Lawrence)和马克卡迪(McCarty)(1965)证明使用硫化物能够沉淀重金属。但这种方法需要非常精确的操作,过量的硫化物对产甲烷菌产生毒性。厌氧工艺的重金属毒性已成为许多当代研究的主题[24-26],但由于篇幅原因,此处不再赘述。

8.2.1 选择性离子交换剂的潜在用法

从概念上讲,可以通过在反应器内部引入适当类型的聚合离子交换剂来控制由低 pH、高挥发性酸和溶解的重金属引起的厌氧反应器的不稳定性。图 8.7 说明了使用亚氨基二乙酸酯官能团的聚合物使好氧生物反应器适应 pH 波动和有毒金属离子的污染。由有机物超载或有毒金属浓度增加而引起的任何 pH 降低,可以通过选择性吸附到含有亚氨基二乙酸酯官能团的弱酸阳离子交换剂上而迅速消除。整个过程控制是被动的,不需要任何外部做功。仅在 H^+ 和金属离子迅速增长期间,离子交换材料才能保持良好的 pH 和低金属浓度。当反应器恢复到稳态状态,离子交换剂会缓慢解吸。因此这是一个自我再生、自我调整的原位控制过程。

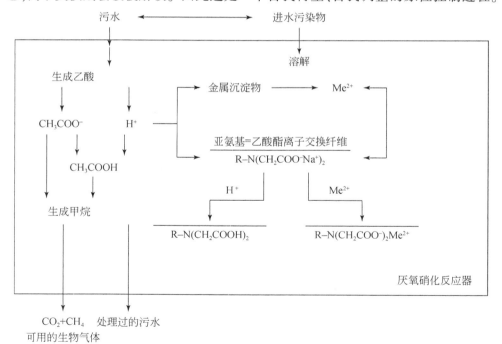

图 8.7 在亚氨基二乙酸酯官能团聚合物的存在下稳定的厌氧反应器中质子和溶解的金属阳离子的去除。图片经许可转载自 Mitra,SenGupta,Kugelman,Creighton,1998[27]

先前使用离子交换树脂颗粒的研究表明,由于不良的粒子内扩散控制动力学,氢和金属离子的扩散动力学不理想[27,28]。

8.2.2 离子交换纤维:性能和表征

离子交换材料开发的进步使生产非常细的离子交换纤维(IXF)成为可能,其直径为 20～30μm,该纤维优秀的动力学表现使得其在厌氧生物反应器中具有应用潜力。这些细丝状纤维由于其较短的扩散路径而具有明显更快的吸附动力学。IXF 在厌氧反应器中的实际使用可分为多种形式,其可以作为片状或多孔结构从反应器的顶部或管壁填装。在实验室研究中使用的 Fiban X-1 包含亚氨基二乙酸酯官能团,该官能团可在很宽的 pH 范围内提供缓冲,如图 8.8 所示[29]。

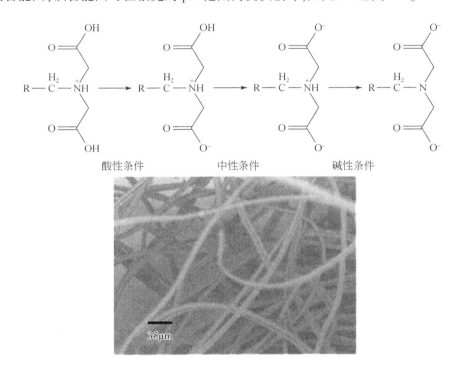

图 8.8　离子交换纤维 Fiban X-1 在很宽的 pH 范围内均具有解离性和高缓冲能力。图片经许可转载自 Yu,2016[29]

亚氨基二乙酸酯官能团对金属和常见的阳离子具有高亲和力,其选择性顺序为$Cu^{2+}>Ni^{2+}>Zn^{2+}>Mn^{2+}>Ca^{2+}>Mg^{2+}$。一个具有亚氨基二乙酸酯官能团的离子交换纤维的钙和铜离子之间的交换反应示例如下:

$$\overline{R-CH_2-N^+H(CH_2COO^-)_2Ca^{2+}} + Cu^{2+} \rightleftharpoons \overline{R-CH_2-N^+H(CH_2COO^-)_2Cu^{2+}} + Ca^{2+} \tag{8.9}$$

使用多个125mL的玻璃瓶进行了一系列实验室实验,对这些玻璃瓶进行了改装,在瓶盖上增加了气体和液体采样口。向反应器中接种来自母反应器的细菌,之后每天投加厌氧生长培养基(即乳糖和碱度),图8.9为实验装置照片。共进行了两组不同的实验,研究了有机超载和有毒铜离子增加的影响。每个实验包含四个反应器——其中两个不含IXF的反应器(一个是对照反应器),另外两个反应器投加不同质量的IXF(有机物的投加量分别为2g/L和10g/L,铜离子的投加量分别为2g/L和8g/L)。田宇[29]的博士论文提供了投加IXF的厌氧反应器的全部实验细节。

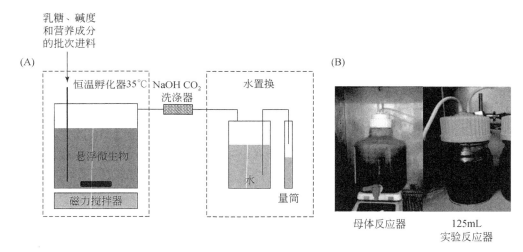

图8.9 (A)显示反应器和水置换的装置示意图;(B)母反应器和小反应瓶。
图片经许可转载自Yu,2016[29]

图8.10提供了有机物(乳糖)超载的结果,图中包括反应器的碱度、pH和甲烷生成速率。从培养第31天开始记录结果,空白实验(空心圆)证明了系统呈稳态运行。第36~46天进行有机物超载实验(灰色阴影部分)。在超载期间,所有三个反应器的碱度和pH均降低。实验结果如下:

(1)没有投加IXF的反应器在第46天发生故障,甲烷的生产完全停止。

(2)在过载期间,投加2g/L IXF的反应器中的甲烷生成受到中等程度的影响,投加10g/L IXF的反应器的碱度、pH和甲烷生成速率均未出现明显的变化。

(3)过载停止后,两个装有Fiban X-1的反应器能够完全恢复,反应器的pH、碱度和甲烷产量恢复到之前水平。未投加IXF的反应器则无法恢复。

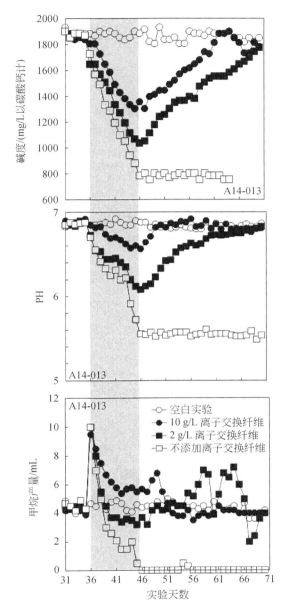

图8.10 投加不同质量具有亚氨基二乙酸酯官能团的IXF后有机物过载对反应器的影响。第36~46天(阴影区域)在反应器中投加过量的有机物,即乳糖的投加量从稳态时的163mg/(L·d)增加到675mg/(L·d),碱度从稳定状态时NaHCO$_3$的90.6mg/(L·d)降低至零。投加IXF的反应器在过载状态下仍保持类似的甲烷生成速率,而未投加IXF的反应器发生故障(停止产生甲烷)且无法恢复。数据经许可转载自Yu,2016[29]

铜离子过载实验的结果如图 8.11 所示。

（1）在第 32 天和第 33 天投加铜离子导致甲烷产量立即下降且反应器中 pH 下降，表明产甲烷菌的影响比产乙酸菌的影响更大。对于未投加 IXF 的反应器，pH 持续降低直到反应器在 pH 5.6 附近完全失效并且反应器的甲烷生产完全停止。

（2）对于投加 IXF 的反应器，大约三周的铜离子过载后，pH 又恢复到稳态值。经过投加初期的下降之后，加有 IXF 的反应器中的甲烷产量稳定增长，证明 IXF 能够有效缓冲铜离子过载并能最终使反应器恢复原状态。

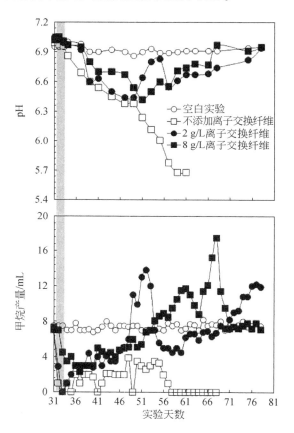

图 8.11 使用亚氨基二乙酸酯官能团的 IXF 缓冲铜离子的毒性作用。在反应器接种后的 32 天和 33 天，将 8mg 的 $CuCl_2 \cdot 2H_2O$（47μmol）投加到 100mL 厌氧反应器中（灰色阴影）。产甲烷速率立即受到铜离子的影响，如图 8.12 所示，随后由于有机酸的积累，pH 持续下降。投加 IXF 的反应器能够缓冲铜离子的影响，且这些反应器最终能够恢复到初始状态。未投加 IXF 的反应器发生故障（甲烷产生降至零），且无法恢复。数据经许可转载自 Yu,2016[29]

图8.12 显示 IXF 在产甲烷的厌氧生物反应器(MPABR)中使用一年后,其镍交换容量几乎保持不变。

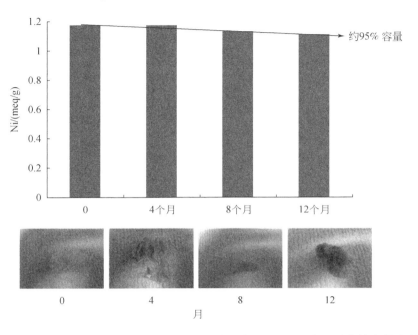

图8.12 FIBAN X-1 型离子交换纤维在 MPABR 中运行4、8 和 12 个月后的镍交换容量变化。其初始容量为 1.16meq/g 纤维,运行一年后仍可保持约95%的容量。照片显示了纤维的颜色变化。数据经许可转载自 Yu,2016[29]

迄今为止,尚未在任何实际生产和应用中将离子交换材料用于含有活菌的生物反应器中。该研究表明,带有亚氨基二乙酸酯官能团的离子交换纤维可通过以下方式被动地稳定产甲烷厌氧生物反应器,降低突然过载对反应器的影响:①可以作为瞬时有机过载时的 pH 缓冲剂;②降低有毒金属阳离子对反应器的影响。

8.3 可持续铝循环软化处理除硬度工艺

8.3.1 现状与挑战

工业和市政用水往往要求硬度去除,即降低溶解的钙、镁浓度,避免在传热设备或膜结构上结垢,以减少冷却水和洗涤水中洗涤剂及化学药品的消耗。从水中去除硬度通常称为软化处理或预处理,普遍采用的软化或去除硬度的两种方法有石灰软化和离子交换。石灰软化会产生大量污泥,需要进行后续沉淀、脱水和处理,且软化后的出水需要进一步处理以调节 pH 并去除浊度。钠循环阳离子交换软化技术是一项重大突破,并且该技术已经发展成熟,其处理过程中不产生任何污泥,也无需进行任何后处理[30-34]。在阳离子交换软化中,按照以下反应,Na 型强酸阳离子交换树脂(SAC-Na)用 1 当量的 Na^+ 取代 1 当量的硬度(即 Ca^{2+})。

$$2(R\text{-}SO_3^-)Na^+ + Ca^{2+} \longrightarrow (R\text{-}SO_3^-)_2Ca^{2+} + 2Na^+ \tag{8.10}$$

因此,处理后的出水钠含量高于进水,在用于饮用或烹饪时,特别是对于越来越多的高血压患者,存在健康隐患[35-37]。根据以下反应(其中 $n = 6 \sim 12$),使用浓盐水(5%~12% w/v)将穿透的阳离子交换树脂再生为 Na 型:

$$(R\text{-}SO_3^-)_2Ca^{2+} + nNaCl \longrightarrow 2(R\text{-}SO_3^-)Na^+ + Ca^{2+} + (n-2)Na^+ + nCl^- \tag{8.11}$$

由需要处理的再生废液(含有高浓度的 NaCl)造成的随之而来的环境影响已成为干旱和环境敏感的生态系统中的主要问题。加利福尼亚州超过 25 个社区面临使用 SAC-Na 软化剂的禁令或限制,原因是用过的盐水将对农业和下游水质造成巨大影响,特别是在干旱期间[38,39]。离子交换软化剂需要排放浓盐水,这是全球关注的问题,尤其对城市地区造成复杂的环境影响。

8.3.2 Na 循环软化工艺的替代:无钠方法

在 20 世纪 60 年代中期,思若泽沐(Sirotherm)工艺作为一种依靠热再生的新型离子交换工艺被首次推出[40,41],但其规模化推广最终失败。实验研究了使用水凝胶的热再生过程,但与商用树脂相比其交换容量有限[42]。弱酸阳离子(WAC)交换树脂可能是减少高浓度 Na 再生废液的一种可能的替代方法,但 WAC 的有效再生需要无机酸。从安全性的角度来看,酸的运输、存储和处理均存在安全隐患,在当前的环境监管力度下,使软化过程的经济性变差。电凝去除硬度的方法也被广泛研究,但其去除硬度的程度远小于传统的软化剂并且对 pH 非常敏感。铝电极结垢问题和铁电极的不良性能使原本低成本电极选材变得复杂[43,44]。

为了开发对环境无害的再生剂,实验使用弱酸离子交换纤维(IX-Fibers)[45-47]成功地将二氧化碳曝气后的水用于暂时硬度的去除。但 IX-Fibers 的高成本和相对不可用性是阻碍快速发展该软化工艺的主要障碍。在过去的二十年中,开发出许多新型的无机、聚合物和复合离子交换剂,并广泛应用于工业和商业领域,以选择性去除污染物离子,如砷、硼、铬酸盐、铜、氟化物、硝酸盐、磷酸盐、镭、合成有机物和痕量金属离子等[9,48-61]。然而大多数材料对钙离子的选择性、容量或再生效率不理想。许多公司都推出了"无盐软化剂",宣传非化学水软化剂,但这些产品大多存在机理上的缺陷,如磁性软化剂等[62]。一种高效、易于操作的硬度去除工艺,并可以减少处理后的水和再生废液中的钠含量,是一项尚未达到的全球性处理需求,需要通过技术创新以解决该水处理工艺问题。

8.3.3 铝循环阳离子交换的基础科学原理

该新型阳离子交换软化方法中,Na^+被三价阳离子(如 Al^{3+})代替,作为树脂的预饱和离子。铝盐便宜且容易获得,在很宽的 pH 和 pe 值范围内以+3 价形式存在,并且氢氧化铝的溶解度非常低($K_{sp}=1.3\times10^{-33}$)。由于不稳定的氢氧化铝沉淀形成的动力学非常快[63],因此对于要进行硬度去除的稀溶液,当 Ca^{2+} 与 Al^{3+} 交换会同时沉淀 $Al(OH)_3$,从而降低碱度,具体反应如下:

$$2\overline{(R-SO_3^-)_3Al^{3+}}+3Ca^{2+}\longrightarrow 3\overline{(R-SO_3^-)_2Ca^{2+}}+2Al^{3+} \quad (8.12)$$

$$2Al^{3+}+6H_2O\longrightarrow 2Al(OH)_3(s)\downarrow+6H^+ \quad (8.13)$$

$$6H^++6HCO_3^-\longrightarrow 6H_2O+6CO_2(g)\uparrow \quad (8.14)$$

总反应为:

$$2\overline{(R-SO_3^-)_3Al^{3+}}+3Ca^{2+}+6HCO_3^-\longrightarrow 3\overline{(R-SO_3^-)_2Ca^{2+}}+2Al(OH)_3(s)\downarrow+6CO_2(g)\uparrow \quad (8.15)$$

注意,在整个离子交换反应中,铝以固体 $Al(OH)_3(s)$ 的形式沉淀,而 HCO_3^- 以 CO_2 气体的形式释放。根据勒夏特列(Le Chatelier)原理,尽管 Ca^{2+} 的亲和力低于 Al^{3+},但反应将向右进行。当树脂容量耗尽,可以在当量基础上用稀 $AlCl_3$ 以等化学计量方式再生阳离子交换剂,如下所示:

$$3\overline{(R-SO_3^-)_2Ca^{2+}}+2Al^{3+}\longrightarrow 2\overline{(R-SO_3^-)_3Al^{3+}}+3Ca^{2+} \quad (8.16)$$

因为对于阳离子交换位点,Al^{3+} 的亲和力高于 Ca^{2+},即铝钙分离因数 $\alpha_{Al/Ca}>1$,使得等化学计量的或高效的再生成为可能。

图 8.13 说明了该过程的各个步骤,其中以下几点值得注意:

(1)再生废液中不含钠,与一般的钠盐水再生剂相比,其处理对环境的影响较小。

(2)硬度的去除可以等当量进行,即用一定当量的 Al^{3+} 再生剂去除相同当量的 Ca^{2+}。

(3)处理出水中的钠浓度不会增加。

(4)处理出水的 TDS 降低。

与传统软化工艺相比,该新型工艺使用选择性更强的三价阳离子(Al^{3+})作为阳离子交换剂中的预载平衡离子,去除二价硬度离子,如 Ca^{2+} 和 Mg^{2+}。从应用的观点来看,除了阳离子交换树脂以 Al^{3+} 形式而非 Na 型之外,整体软化过程的设备和结构保持相同。

表 8.2 提供了用于测试的阳离子交换树脂的主要性能。记录每个反应器运行

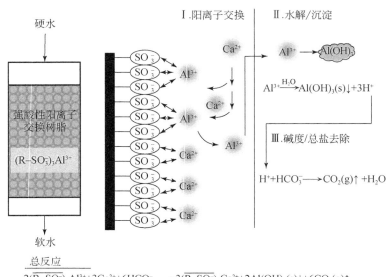

图 8.13 $Al^{3+}-Ca^{2+}$ 交换过程中,通过水解沉淀 $Al(OH)_3$ 导致部分 TDS 去除的示意图。图片经许可转载自 Li,Koner,German,SenGupta,2016[64]

的空床接触时间(EBCT)和液体线速度(SLV)。先前对聚合配体交换剂的研究证实,在这种操作条件下不会发生明显的短流现象[65,66]。

表 8.2 大孔型强酸阳离子交换树脂漂莱特 C145 的主要性能

漂莱特 C145*	
结构	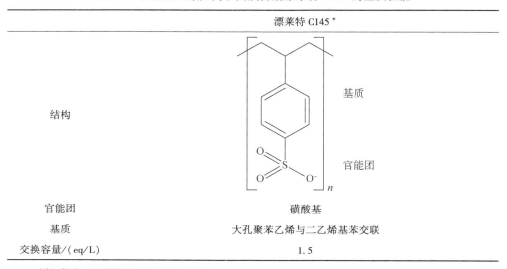
官能团	磺酸基
基质	大孔聚苯乙烯与二乙烯基苯交联
交换容量/(eq/L)	1.5

* 详细信息可从漂莱特的技术手册中获取。

SAC-Na 和 SAC-Al 软化工艺中,离子交换系统的设备和整体流程保持相同,如图 8.14 所示。

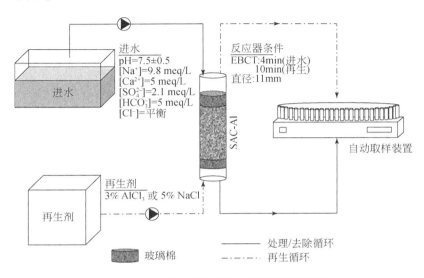

图 8.14 SAC-Al 硬度去除和再生的工艺流程图。图片经许可转载自 Li,Koner,German,SenGupta,2016[64]

8.3.4 钠循环与铝循环工艺性能比较

1. 用 SAC-Na 树脂进行软化

SAC-Na 处理地下水的连续两个循环的穿透和再生(5% NaCl)过程结果见图 8.15。图 8.15(A)显示具有 SAC-Na 软化过程的钙和钠出水曲线。大约 300BV 的处理过程中,去除钙的同时伴随着钠离子增加,即钙的减少总是伴随着钠浓度的等当量增加。两个运行周期获得相同的结果,因此确认了该过程的可重复性。大约 350BV 之后,出水浓度与进水基本相同,表明 SAC 床的容量已耗尽。

图 8.15(B)显示了在 5% NaCl 溶液的再生过程中钙离子的出水浓度,而图 8.15(C)显示了化学计量的再生效率(RE),其中包括所用再生剂(Na^+)的当量与所回收的 Ca^{2+} 的当量无量纲比值(Na^+/Ca^{2+})随处理床体数的变化曲线。在 10BV 的 5% NaCl 再生剂洗脱后,去除的钙中有 86% 被洗脱,相当于 Na^+/Ca^{2+} 的再生用量比为 7.5。若回收钙浓度较低的一部再生废液,并将其重复利用可能获得更高的再生效率。但根据广泛使用的软化方法,再生剂与去除的硬度的当量比很少低于 4,通常高于 6,具体取决于处理后的水质要求[30-32]。

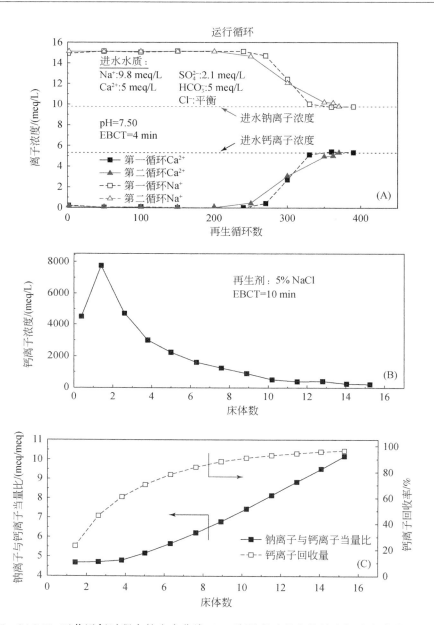

图 8.15 SAC-Na 工艺运行过程中的出水曲线:(A)除硬度过程中的钠和钙浓度曲线;(B)再生过程中的钙离子出水曲线(再生剂:5% NaCl);(C)等当量基础上的再生效率。数据经许可转载自 Li,Koner,German,SenGupta,2016[64]

2. SAC-Al 树脂软化

图 8.16(A) 显示了使用漂莱特 C145 在 SAC-Al 处理过程中的两个连续处理再生过程中的出水曲线。所有其他实验条件与图 8.15(A) 中 Na 循环工艺相同,包括进水组成、空床接触时间(EBCT)和线速度(SLV)。图 8.16(A) 中有两个观察结果值得注意:首先,钙虽然去除了近 400BV,但在早期就逐渐突破。其次,处理过的水中的钠从未超过进水浓度。在最初的 50BV 期间,处理后的出水中的钠浓度略低于进水。图 8.16(B) 比较了在相同条件下 SAC-Na 和 SAC-Al 工艺中进水和出水的电导率,即总溶解固体的替代参数。SAC-Al 处理后的水的电导率明显低于进水或 SAC-Na 处理后的水的电导率。在经过 SAC-Al 处理的水中,电导率从进水的 1750μS/cm 降低到平均 1300μS/cm,降低了 25%。在钙、钠和电导率方面,再进行两次色谱柱操作,并使用 $AlCl_3$ 再生,其穿透曲线几乎完全一样。

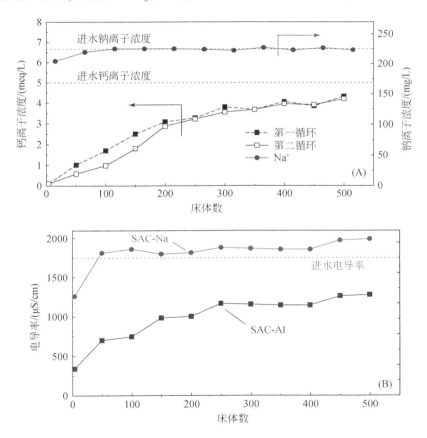

图 8.16 (A)两个周期的 SAC-Al 工艺除硬度过程中钠和钙的出水曲线;(B)在 SAC-Na 和 SAC-Al 处理过程中的电导率变化。数据经许可转载自 Li,Koner,German,SenGupta,2016[64]

3. SAC-Al 再生和 SEM-EDX 图

图 8.17(A)显示了连续两次 6BV 的 $AlCl_3$ 溶液对反应器再生过程中钙的浓度曲线;再生结束后用 3BV 的含钙进水溶液润洗树脂。在两次再生过程中,床体中的钙被再生了 86%,流出物的 pH 遵循相同的趋势。如图 8.17(B)所示,在 6BV 的再生过程中,pH 降至 3.5,然后在冲洗过程中升高。当 pH 达到最小值(pH 3.5)时,再生完成,因此,pH 可以作为 SAC-Al 完全再生的观测指标。

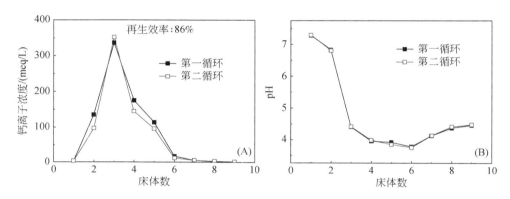

图 8.17 通过 3% 的 $AlCl_3$ 溶液再生 SAC-Al:出水(A)钙和(B)pH 的变化曲线。
数据经许可转载自 Li,Koner,German,SenGupta,2016[64]

为了验证实验结果是否与科学假设一致,通过 SEM-EDX 图片对穿透的和再生后的漂莱特 C145 树脂的切片进行表征。图 8.18(A)中的穿透树脂图表明,Ca 遍布整个树脂,而 Al 主要占据树脂外层,EDX 光谱显示出相同的结果。图 8.18(B)中再生后的树脂在 SEM-EDX 图谱和光谱中显示钙分布的降低。整个交换阳离子树脂中的离子交换位点通过 Ca^{2+}-Al^{3+} 交换转化为 Al 型。在穿透的和再生的 SAC-Al 中,阳离子交换树脂的外周的大孔中存在铝沉淀物。但从未在柱中观察到铝的白色沉淀或阻碍水相的流动。达到稳态后,继续进行 5 个吸附-解吸循环以验证数据的可靠性。

8.3.5 再生效率和除钙能力

图 8.19(A)显示了 SAC-Na 和 SAC-Al 软化过程中的再生效率,即每当量硬度所消耗的再生剂当量。钠循环软化的再生效率接近 7.5,而 Al 循环接近于 1。从化学计量上讲,再生效率值是离子交换过程的热力学极限,图 8.19(A)验证了用 $AlCl_3$ 再生期间不需要过量的再生剂。图 8.19(B)显示了 Na 和 Al 循环过程中钙去除能力的比较。从色谱柱的出水曲线可以发现,SAC-Na 工艺的容量比 SAC-Al

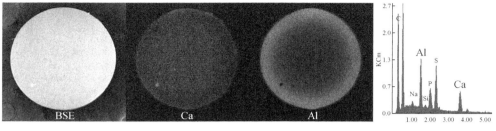
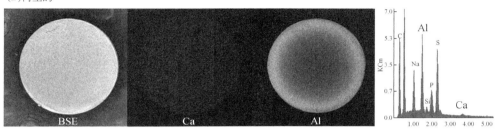

图 8.18 铝循环工艺过程中阳离子交换树脂的 SEM-EDX 映射和光谱分析:
(A)用合成地下水穿透后;(B)用 3% 的 $AlCl_3$ 溶液再生后。图片经许可转载自
Li,Koner,German,SenGupta,2016[64]

大约高 20%。图 8.19(C)显示了 $AlCl_3$ 再生过程中的质量守恒:床中没有任何铝的累计,即经过数次运行后,该工艺处于稳态,没有铝的继续积累。

氯化铝再生剂的 pH 为 2.9~3.0,因此游离氢离子(H^+)的浓度足以溶解大孔中沉淀的氢氧化铝。溶解后,沉淀物中的铝离子通过置换离子交换位点的 Ca^{2+} 提高再生效率:

$$Al(OH)_3(s) + 3H^+ \longrightarrow Al^{3+} + 3H_2O \tag{8.17}$$

$$3\overline{(R-SO_3^-)_2Ca^{2+}} + 2Al^{3+} \longrightarrow 2\overline{(R-SO_3^-)_3Al^{3+}} + 3Ca^{2+} \tag{8.18}$$

在每个穿透循环后,阳离子交换树脂的铝含量均保持一致(80~85mgAl/g 树脂)。SEM 图像的比较表明,胶态氢氧化铝沉淀物积累在 SAC-Al 树脂柱的大孔中。在处理周期开始时,如果有铝离子泄漏,可以通过安装一个小的钠盐阳离子交换柱进行后处理来完全阻止铝泄漏问题。相对体积很小的 SAC-Na 柱可以同时作为钙泄漏的保护反应器。

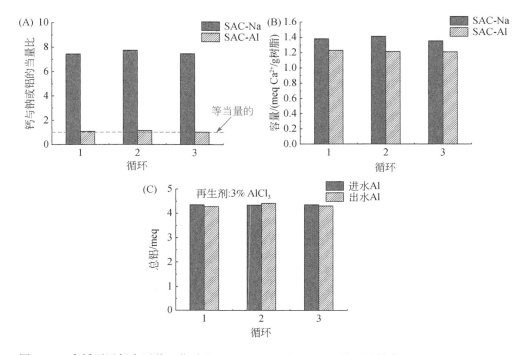

图 8.19 多循环运行中两种工艺对比:(A)SAC-Na 和 SAC-Al 的再生效率;(B)SAC-Na 和 SAC-Al 的离子交换容量;(C)铝再生剂进水和出水的质量平衡关系。数据经许可转载自 Li,Koner,German,SenGupta,2016[64]

8.3.6 可持续发展问题和新的机遇

该研究的重要发现之一是用三价离子(如 Al^{3+})预饱和的传统阳离子交换树脂可以除去二价阳离子(如 Ca^{2+}),并且可以有效再生。从可持续性的角度来看,该研究的结果意义重大,因为其避免了产生多余的再生废液(如 SAC-Na 工艺)或大量污泥(如石灰软化)。同样重要的是,离子交换树脂、固定床色谱柱组件和操作规程与现有的 SAC-Na 工艺几乎完全相同;可以最小的成本对现有软化水系统进行改造[31]。

图 8.20 为 Al 循环软化过程的概念图,可以发现再生废液中不含钠离子,出水 TDS 降低且其中钠离子浓度恒定。

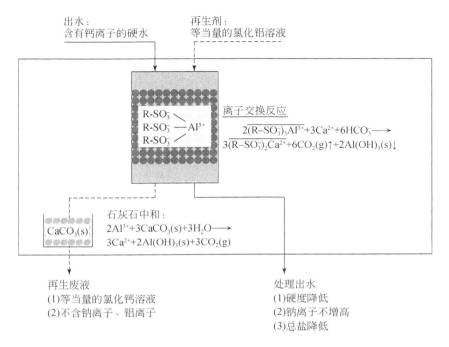

图 8.20　用 SAC-Al 工艺去除硬度并使用 $AlCl_3$ 再生的示意图。
图片经许可转载自 Li,Koner,German,SenGupta,2016[64]

8.4　章末总结

本章讨论了三个新型应用:从废酸中和过程中回收能量、厌氧生物反应器的自动控制以及避免 NaCl 再生剂使用的可持续软化工艺。尽管这些应用尚未取得工业化进展,但未来应用前景光明。并且三种工艺中潜在的科学理念能够为其他类似的现实生活问题提供解决思路。

没有任何科学工作能够独自完成,科学领域真正的多功能性和实用性在于多学科的综合和借鉴以增强协同合作。在第二次世界大战后的六十年中,离子交换领域已渗透到广泛的应用中,从采矿到微电子学,环境到能源,药物输送到检测,食品到化肥,化学清洗到催化,生物分离到苦咸水处理。随着环境和能源相关法规的发展和日益严格,离子交换在为发达国家和发展中国家的许多并发问题提供解决方案方面发挥了主导作用,新型材料和新型工艺迅速发展。离子交换的基本原理和应用机会提供了一个广大平台,为化学、化工、环境工程、高分子化学、物理化学、生物技术等领域的各种专业人士解决全球人类社会面临的问题提供合理的解决方案[67]。

第8章摘要：十个要点

- 酸碱中和(即 $H^+ + OH^- \longrightarrow H_2O$)是热力学上有利的放热过程,在所有水相反应中均具有最高的平衡常数。
- 废酸中和过程中放出的热量只会使水相的温度略有升高。因此,任何能量回收都是不切实际的,迄今尚未有研究对此报道。
- 弱酸阳离子和弱碱阴离子交换树脂是 pH 敏感的耐久聚合物。当与酸或碱溶液接触时,树脂由于交换剂相渗透压的巨大变化而膨胀或收缩,且膨胀/收缩过程可逆。
- 通过在带有弱酸或弱碱官能团的 pH 敏感的亲水性离子交换剂内进行酸碱中和反应,可以回收大量机械能。通过调整聚合物相的交联度和亲水性可以提高工艺效率。
- 产生甲烷的厌氧生物工艺在处理高浓度有机废物方面由于其经济性具有极大的吸引力,处理过程中产生具有高燃料价值的甲烷气体,并且不需要任何能源来维持微生物生长。但由于有机物和有毒物质的瞬时超载,厌氧反应器极易发生故障。
- 具有快速吸附/解吸动力学的离子交换纤维(IXF)为提高厌氧生物反应器的稳定性提供了新的机会。如果适当地投加到反应器中,则带有亚氨基二乙酸酯(IDA)官能团的离子交换纤维非常适合于保护产甲烷细菌免受酸度和有毒金属离子突然升高的影响。
- 大量的实验室研究证实,在极端不利的进水条件下,IXF 大大提高了厌氧生物反应器的稳定性。且 IXF 不需要任何外部再生,可以在不损害生物介质的情况下保持数月的有效性。
- 目前普遍采用的 Na 循环离子交换软化来去除水体中的硬度,但其再生过程效率低下,并且将大量盐水释放到环境中。铝循环软化是一种新型、易于操作的硬度去除工艺,可杜绝使用浓盐水,并大大提高了再生效率。
- 铝循环软化工艺无需任何重大改进即可轻松应用到现有的 Na 循环工艺系统中,并能以最高的热力学效率进行离子交换。
- 离子交换科学和先进的离子交换材料继续在各种行业和科学研究中开发出新型应用方法。

参 考 文 献

1 Dean, J.A. and Lange, N.A. (1992) *Lange's Handbook of Chemistry*, 14th edn, McGraw Hill, New York.
2 European Fertilizer Manufacturers' Association (EFMA) (2000) *Production of Sulphuric Acid. Booklet No. 3 of 8*, Ave. E van Nieuwenhuyse 4, B-1160 Brussels, Belgium.
3 US EIA (2016) *How Much Carbon Dioxide is Produced per Kilowatthour when Generating Electricity with Fossil Fuels?* https://www.eia.gov/tools/faqs/faq.cfm?id=74&t=11 (accessed 29 November 2016).
4 Srivastava, R.K. and Jozewicz, W. (2001) Flue gas desulfurization: the state of the art. *Journal of the Air & Waste Management Association*, **51** (12), 1676–1688.
5 Hesketh, A., Broadhurst, J., and Harrison, S. (2010) Mitigating the generation of acid mine drainage from copper sulfide tailings impoundments in perpetuity: a case study for an integrated management strategy. *Minerals Engineering*, **23** (3), 225–229.
6 Donnan, F.G. (1995) Theory of membrane equilibria and membrane potentials in the presence of non-dialysing electrolytes. A contribution to physical-chemical physiology. *Journal of Membrane Science*, **100** (1), 45–55.
7 Sarkar, S., SenGupta, A.K., and Prakash, P. (2010) The Donnan membrane principle: opportunities for sustainable engineered processes and materials. *Environmental Science & Technology*, **44** (4), 1161–1166.
8 Prakash, P. and SenGupta, A. (2005) Coupled transport of trivalentmonovalent ion pair (Al^{3+} and H^+) during Donnan membrane process. *AICHE Journal*, **51** (1), 333–344.
9 Cumbal, L. and SenGupta, A.K. (2005) Arsenic removal using polymer-supported hydrated iron (III) oxide nanoparticles: role of Donnan membrane effect. *Environmental Science & Technology*, **39** (17), 6508–6515.
10 Sarkar, S., SenGupta, A.K., Greenleaf, J.E., and El-Moselhy, M. (2011) Energy recovery from acid–base neutralization process through pH-sensitive polymeric ion exchangers. *Industrial and Engineering Chemistry Research*, **50** (21), 12293–12298.
11 German, M., SenGupta, A.K., and Greenleaf, J. (2013) Hydrogen ion (H^+) in waste acid as a driver for environmentally sustainable processes: opportunities and challenges. *Environmental Science & Technology*, **47** (5), 2145–2150.
12 Streat, M. (1984) Kinetics of slow diffusing species in ion exchangers. *Reactive Polymers, Ion Exchangers, Sorbents*, **2** (1), 79–91.
13 Li, P. and SenGupta, A.K. (2000) Intraparticle diffusion during selective ion exchange with a macroporous exchanger. *Reactive and Functional Polymers*, **44** (3), 273–287.
14 Dragan, E.S. and Valentina, M. (2011) Separations by Multicomponent ionic systems based on natural and synthetic polycations, in *Ion Exchange and Solvent Extraction: A Series of Advances*, vol. **20**, CRC Press, pp. 233–291.
15 Kim, S.J., Lee, C.K., Lee, Y.M. *et al.* (2003) Electrical/pH-sensitive swelling behavior of polyelectrolyte hydrogels prepared with hyaluronic acid–poly (vinyl alcohol)

interpenetrating polymer networks. *Reactive and Functional Polymers*, **55** (3), 291–298.
16. Unal, B. and Hedden, R.C. (2009) pH-dependent swelling of hydrogels containing highly branched polyamine macromonomers. *Polymer*, **50** (3), 905–912.
17. Yang, J. and Speece, R. (1985) Effects of engineering controls on methane fermentation toxicity response. *Journal Water Pollution Control Federation*, **57** (12), 1134–1141.
18. Clark, R. and Speece, R. (1970) *The pH Tolerance of Anaerobic Digestion*. 5th International Water Pollution Research Conference, July–August.
19. Speece, R.E. (1983) Anaerobic biotechnology for industrial wastewater treatment. *Environmental Science & Technology*, **17** (9), 416A–427A.
20. Graef, S.P. and Andrews, J.F. (1974) Stability and control of anaerobic digestion. *Journal Water Pollution Control Federation*, **46** (4), 666–683.
21. Hill, D. and Barth, C. (1977) A dynamic model for simulation of animal waste digestion. *Journal Water Pollution Control Federation*, **49** (10), 2129–2143.
22. Lawrence, A.W. and McCarty, P.L. (1965) The role of sulfide in preventing heavy metal toxicity in anaerobic treatment. *Journal Water Pollution Control Federation*, **37** (3), 392–406.
23. Parkin, G.F. and Speece, R.E. (1982) Modeling toxicity in methane fermentation systems. *Journal of Environmental Engineering Division, ASCE; (United States)*, **108**, 515–531.
24. Hickey, R.F., Vanderwielen, J., and Switzenbaum, M.S. (1989) The effect of heavy metals on methane production and hydrogen and carbon monoxide levels during batch anaerobic sludge digestion. *Water Research*, **23** (2), 207–218.
25. Mosey, F. and Hughes, D.A. (1975) The toxicity of heavy metal ions to anaerobic digestion. *Water Pollution Control*, **74**, 18–38.
26. Bhattacharya, S.K., Madura, R.L., Uberoi, V., and Haghighi-Podeh, M.R. (1995) Toxic effects of cadmium on methanogenic systems. *Water Research*, **29** (10), 2339–2345.
27. Mitra, I.N., SenGupta, A.K., Kugelman, I.J., and Creighton, R. (1998) Evaluating composite ion exchangers (CIX) for improved stability of anaerobic biological reactors. *Water Research*, **32** (11), 3267–3280.
28. Mitra, I.N., SenGupta, A.K., and Kugelman, I.J. (1998) Improving stability of anaerobic biological reactors using composite ion exchangers. *Water Science and Technology*, **38** (8–9), 369–376.
29. Yu, T. (2016) *Improved Stability of Methane-Producing Anaerobic Biological Reactors through Novel Use of Ion-Exchange Fibers*, Lehigh University, Bethlehem, PA.
30. Clifford, D.A. (1999) Chapter 9: Ion exchange and adsorption of inorganic contaminants, in *Water Quality & Treatment Handbook*, 5th edn (ed. R.D. Letterman), McGraw-Hill Professional, New York, pp. 9.1–9.91.
31. Mihelcic JR, Zimmerman JB. *Environmental Engineering: Fundamentals, Sustainability, Design* : Wiley Global Education; 2014.
32. Clifford, D., Subramonian, S., and Sorg, T.J. (1986) Water treatment processes. III. Removing dissolved inorganic contaminants from water. *Environmental Science & Technology*, **20** (11), 1072–1080.

33 Soday, F.J. (1942) United Gas Improvement Co, assignee. Sulphonated derivatives of polymerized methylstyrene. US patent 2,283,236 A. May 19.
34 Swinton, E. and Weiss, D. (1953) Counter current adsorption separation processes. 1. Equipment. *Australian Journal of Applied Science*, **4** (2), 316–328.
35 Pomeranz, A., Dolfin, T., Korzets, Z. et al. (2002) Increased sodium concentrations in drinking water increase blood pressure in neonates. *Journal of Hypertension*, **20** (2), 203–207.
36 Mente, A., O'Donnell, M., Rangarajan, S. et al. (2016) Associations of urinary sodium excretion with cardiovascular events in individuals with and without hypertension: a pooled analysis of data from four studies. *The Lancet*, **388** (10043), 465–475.
37 Mills, K.T., Bundy, J.D., Kelly, T.N. et al. (2016) Global disparities of hypertension prevalence and control: a systematic analysis of population-based studies from 90 countries. *Circulation*, **134** (6), 441–450.
38 Famiglietti, J. (2014) The global groundwater crisis. *Nature Climate Change*, **4** (11), 945–948.
39 Santa Clarita Sanitation District of Los Angeles County (2008) Santa clara river chloride reduction ordinance of 2008. DOC# 1035050:1–6.
40 Weiss, D., Bolto, B., McNeill, R. et al. (1965) The Sirotherm demineralisation process—an ion-exchange process with thermal regeneration. Part I. *Journal of The Institution of Engineers*, **37**, 193.
41 Jackson, M.B. and Bolto, B.A. (1979) Ici Australia Limited, Commonwealth Scientific And Industrial Research Organization, assignees. Amphoteric composite resins and method of preparing same by polymerization of a two-phase dispersion of monomers. Australian patent US4134815 A. 1979 Jan 16.
42 Custers, J., Stemkens, L.F., Sablong, R. et al. (2014) Salt-free softening by thermo-reversible ion-adsorbing hydrogels. *Journal of Applied Polymer Science*, **131** (9), 40216.
43 Liao, Z., Gu, Z., Schulz, M. et al. (2009) Treatment of cooling tower blowdown water containing silica, calcium and magnesium by electrocoagulation. *Water Science and Technology*, **60** (9), 2345–2352.
44 Schulz, M., Baygents, J., and Farrell, J. (2009) Laboratory and pilot testing of electrocoagulation for removing scale-forming species from industrial process waters. *International journal of Environmental Science and Technology*, **6** (4), 521–526.
45 Greenleaf, J.E. and SenGupta, A.K. (2006) Environmentally benign hardness removal using ion-exchange fibers and snowmelt. *Environmental Science & Technology*, **40** (1), 370–376.
46 Greenleaf, J.E., Lin, J., and SenGupta, A.K. (2006) Two novel applications of ion exchange fibers: arsenic removal and chemical-free softening of hard water. *Environmental Progress*, **25** (4), 300–311.
47 Padungthon, S., Greenleaf, J., and SenGupta, A.K. (2011) Carbon dioxide sequestration through novel use of ion exchange fibers (IX-fibers). *Chemical Engineering Research and Design*, **89** (9), 1891–1900.
48 Sarkar, S., Blaney, L.M., Gupta, A. et al. (2007) Use of ArsenX^{np}, a hybrid anion exchanger, for arsenic removal in remote villages in the Indian subcontinent. *Reactive and Functional Polymers*, **67** (12), 1599–1611.

49 SenGupta, A.K. and Lim, L. (1988) Modeling chromate ion-exchange processes. *AICHE Journal*, **34** (12), 2019–2029.

50 Zhao, D., SenGupta, A.K., and Stewart, L. (1998) Selective removal of Cr (VI) oxyanions with a new anion exchanger. *Industrial and Engineering Chemistry Research*, **37** (11), 4383–4387.

51 Padungthon, S., Li, J., German, M., and SenGupta, A.K. (2014) Hybrid anion exchanger with dispersed zirconium oxide nanoparticles: a durable and reusable fluoride-selective sorbent. *Environmental Engineering Science*, **31** (7), 360–372.

52 Guter, G.A. (1984) inventor. The United States Of America As Represented By The Administrator Environmental Protection Agency, assignee. Removal of nitrate from water supplies using a tributyl amine strong base anion exchange resin. US patent 4479877 A. 1984 Oct 30.

53 Hatch, M.J. (1984) inventor. The Dow Chemical Company, assignee. Removal of metal ions from aqueous medium using a cation-exchange resin having water-insoluble compound dispersed therein. EP0071810A1. 1984 1981-08-03.

54 Zhao, D. and SenGupta, A.K. (1998) Ultimate removal of phosphate from wastewater using a new class of polymeric ion exchangers. *Water Research*, **32** (5), 1613–1625.

55 Blaney, L.M., Cinar, S., and SenGupta, A.K. (2007) Hybrid anion exchanger for trace phosphate removal from water and wastewater. *Water Research*, **41** (7), 1603–1613.

56 Landry, K.A. and Boyer, T.H. (2013) Diclofenac removal in urine using strong-base anion exchange polymer resins. *Water Research*, **47** (17), 6432–6444.

57 Li, P. and SenGupta, A.K. (1998) Genesis of selectivity and reversibility for sorption of synthetic aromatic anions onto polymeric sorbents. *Environmental Science & Technology*, **32** (23), 3756–3766.

58 Li, P. and SenGupta, A.K. (2004) Sorption of hydrophobic ionizable organic compounds (HIOCs) onto polymeric ion exchangers. *Reactive and Functional Polymers*, **60**, 27–39.

59 Zhang, H., Shields, A.J., Jadbabaei, N. *et al.* (2014) Understanding and modeling removal of anionic organic contaminants (AOCs) by anion exchange resins. *Environmental Science & Technology*, **48** (13), 7494–7502.

60 Jadbabaei, N. and Zhang, H. (2014) Sorption mechanism and predictive models for removal of cationic organic contaminants by cation exchange resins. *Environmental Science & Technology*, **48** (24), 14572–14581.

61 Alexandratos, S.D. and Wilson, D.L. (1986) Dual-mechanism bifunctional polymers: polystyrene-based ion-exchange/redox resins. *Macromolecules*, **19** (2), 280–287.

62 Keister, T. (2008) Non-chemical devices: thirty years of myth busting. *Water Conditioning & Purification*, **490**, 11–12.

63 Van Benschoten, J.E. and Edzwald, J.K. (1990) Chemical aspects of coagulation using aluminum salts—I. Hydrolytic reactions of alum and polyaluminum chloride. *Water Research*, **24** (12), 1519–1526.

64 Li, J., Koner, S., German, M., and Sengupta, A.K. (2016) Aluminum-cycle ion exchange process for hardness removal: a new approach for sustainable softening. *Environmental Science & Technology*, **50** (21), 11943–11950.

65 SenGupta, A.K., Zhu, Y., and Hauze, D. (1991) Metal (II) ion binding onto

chelating exchangers with nitrogen donor atoms: some new observations and related implications. *Environmental Science & Technology*, **25** (3), 481–488.

66 Zhao, D. and SenGupta, A.K. (2000) Ligand separation with a copper (II)-loaded polymeric ligand exchanger. *Industrial and Engineering Chemistry Research*, **39** (2), 455–462.

附　录

A　商业离子交换剂

有关大量离子交换树脂的最新信息，请查看弗朗索瓦·德·达德尔的网站(http://dardel.info/IX/AllResins.php)。该网站包含从 2000 年至今几乎所有现有和过去的离子交换树脂的详尽清单。

每种离子交换树脂的pH范围列于表 A1 中。大多数金属螯合树脂比典型的离子交换树脂具有更高的选择性（表 A2A~表 A20B）。

表A1　常见离子交换树脂的适用pH范围

离子交换型树脂	pH使用区间	备注
Strong acid cation (SAC)	0~14	
Weak acid cation (WAC)	4~14	
Metal chelation		
Amidoxime	6~14	
Aminophophonic	2~6 6~11	H^+-form Na^+-form
Bispicolylamine	0~8	Possibly higher pH, metal-dependent
Epoxypolyamine	<6.5	$Cr(VI) \to Cr(III)$ oxidation and precipitation
Hydroxamic acid		Ga-selective from Bayer liquor
Iminodiacetate	2~6 6~11	H^+-form Na^+-form
Methyl glucamate	4~10	Boron-selective
Monophos™	0~4 6~8	Metals, for example, iron, from strong acids
		Polyvalent metal cations > alkali cations
Polyamine	2~6	Divalent metal ion selective Selectivity: $Hg^{2+} > Fe^{3+} > Cu^{2+} > Zn^{2+} > Cd^{2+} > Ni^{2+} > Co^{2+} > Ag^+ > Mn^{2+}$

续表

离子交换型树脂	pH使用区间	备注
Thiol	1~13	Hg-selective
Thiourea	1~13	Hg-selective
Strong base anion (SBA)		
Type I	1~13	
Type II	1~13	
Weak base anion (WBA)	1~9	Cl⁻-form
	9~12	Free base form
Specialty anion		
Arsenic-selective	4~8.5	Hybrid resin w/Fe(III) nanoparticles, Arsenic-selective
Fluoride-selective	5.5~8.5 (i. Al(III)-based ii. nano ZrO_2-based)	
Nitrate-selective	1~13	
Polyiodide	6.5~8.5	

公司说明：Resindion 是三菱化学的子公司。

表A2A 商业阳离子交换树脂：强酸性阳树脂（Na型），凝胶型

产品型号	生产公司	容量 干重/(meq/g)	容量 树脂床/(meq/mL)
C-800 LT UPS	Aldex		1.9
DOWEX Marathon C	DOW		2.0
Indion 225 Na	Ion exchange		2.0
LEWATIT S 1668	Lanxess		2.2
DIAION SK1B	Mitsubishi		2.0
C100	Purolite		2.0
RELITE CF	Resindion		2.0
CG10	ResinTech		2.3
001x8	Suqing	4.5	2.0
Tulsion T-42	Thermax		2.0

表A2B 商业阳离子交换树脂：强酸性阳树脂（Na型），大孔型

产品型号	生产公司	容量	
		干重/(meq/g)	树脂床/(meq/mL)
C-800MP	Aldex		1.8
DOWEX Marathon MSC	DOW		1.7
Indion 730	Ion exchange		1.7
LEWATIT S 2568	Lanxess		1.7
DIAION PK216	Mitsubishi		1.75
C145	Purolite		1.5
RELITE RPS	Resindion		1.8
SACMP	ResinTech		1.65
D001	Suqing	4.35	1.8
Tulsion T-42MP	Thermax		1.7

表A3A 商业阳离子交换树脂：弱酸性阳树脂（H型），凝胶型

产品型号	生产公司	容量	
		干重/(meq/g)	树脂床/(meq/mL)
WAC	Aldex		4.2
AMBERLITE IRC86	DOW		4.1
Indion 236	Ion exchange		4.0
WACG	ResinTech		4.0
112	Suqing	10.0	4.3
Tulsion CXO-12	Thermax		4.2

表A3B 商业阳离子交换树脂：弱酸性阳树脂（H型），大孔型

产品型号	生产公司	容量	
		干重/(meq/g)	树脂床/(meq/mL)
WAC MP	Aldex		4.3
DOWEX MAC-3	DOW		3.8
Indion 652	Ion exchange		3.5
LEWATIT S 8227 Ca	Lanxess		4.3
WK11	Mitsubishi		2.9
WK40L	Mitsubishi		4.4
C104Plus	Purolite		4.5
C107	Purolite		3.6

续表

产品型号	生产公司	容量	
		干重/(meq/g)	树脂床/(meq/mL)
RELITE CNS	Resindion		4.3
WACMP	ResinTech		3.8
D113	Suqing	10.8	4.3
Tulsion CXO-12MP	Thermax		3.8

表A4　商业螯合离子交换树脂：偕胺肟（游离碱形式）

产品型号	生产公司	容量	
		干重/(meq/g)	树脂床/(meq/mL)
S910	Purolite		1.25

表A5　商业螯合离子交换树脂：氨基膦酸（Na型，弱酸性），大孔型

产品型号	生产公司	容量	
		干重/(meq/g)	树脂床/(meq/mL)
CR 2012	Aldex		2.0
AMBERLITE IRC747	DOW		$\geqslant$1.75
INDION BSR	Ion exchange		2.0
LEWATIT TP-260	Lanxess		2.3
S950	Purolite		1.3 (Ca^{2+})
SIR-500	ResinTech		1.4
D402-II	Suqing	1.45 (Ca^{2+})	0.5 (Ca^{2+})
Tulsion CH-93	Thermax		2.0

表A6　商业螯合离子交换树脂：双吡啶甲胺（游离碱，硫酸根型）

产品型号	生产公司	容量	
		干重/(meq/g)	树脂床/(meq/mL)
DOWEX M4195 (or 3N)	DOW		1.25 (Cu^{2+})
LEWATIT MDS TP 220	Lanxess		1.13 (Cu^{2+})
S960	Purolite		0.85 (Ni^{2+})
SIR-1000	ResinTech		0.8

表A7　商业螯合离子交换树脂：亚氨基二乙酸酯（Na型，弱酸性），大孔型

产品型号	生产公司	容量	
		干重/(meq/g)	树脂床/(meq/mL)
CR 29	Aldex		2.0
AMBERLITE IRC78	DOW		1.35
INDION SIR	Ion exchange		2.2
LEWATIT TP 207	Lanxess		2.2
DIAION CR11	Mitsubishi	1.2	0.35
S930/4888	Purolite		1.1
S930Plus	Purolite		2.9
SIR-350	ResinTech		1.6
D401	Suqing	1.95 (Cu^{2+})	0.6 (Cu^{2+})
Tulsion CH-90	Thermax		2.0

表A8　商业螯合离子交换树脂：异硫脲（H型），大孔型

产品型号	生产公司	容量	
		干重/(meq/g)	树脂床/(meq/mL)
CR 80	Aldex		1.25; 200 g Hg/L
XUS 43600.00	DOW		0.7
LEWATIT TP-214	Lanxess		1.0
S920Plus	Purolite		2.75
SIR-400	ResinTech		1.5
Tulsion CH-95	Thermax		1.25

表A9　商业螯合离子交换树脂：甲基葡糖胺（Cl型，硼选择性）

产品型号	生产公司	容量	
		树脂床/(meq/mL)	吸附硼容量
CR5	ALDEX	0.6	
Amberlite PWA10 (potable)	DOW	≥0.7	
Amberlite IRA743	DOW	0.7	
LEWATIT MonoPlus MK51	Lanxess	0.8	6 mg B/mL
DIAION CRB05	Mitsubishi	0.95	
S108	Purolite	0.6	1~3.5 mg/mL (in operation)
SIR-150	ResinTech	0.7	
D403-II	Suqing	0.9	
Tulsion CH-99	Thermax	0.8	5.7 meq B/mL

表A10　商业螯合离子交换树脂：单磷™（磺酸基与磷酸基官能团），ElChroM公司生产（H型）

产品型号	生产公司	容量	
		干重/(meq/g)	树脂床/(meq/mL)
S957	Purolite		1.0

表A11　商业螯合离子交换树脂：硫醇（H型），大孔型

产品型号	生产公司	容量	
		干重/(meq/g)	树脂床/(meq/mL)
AMBERSEP GT74	DOW		1.3 (Hg^{2+})
INDION MSR	Ion exchange	3.6	
S924	Purolite		2.0 (Hg^{2+})
SIR-200	ResinTech		1.2 (Hg^{2+})
D405	Suqing		0.8 (Hg^{2+})
TULSIONCH-97	Thermax		1.5 (Hg^{2+})

表A12　商业螯合离子交换树脂：硫脲，大孔型

产品型号	生产公司	容量	
		干重/(meq/g)	树脂床/(meq/mL)
XUS 43600.00	DOW		0.7
INDION TCR	Ion exchange		1.6
QuadraPure TU	Johnson Matthey		
LEWATIT MonoPlus TP214	Lanxess		1.0
S914	Purolite		1.0
D405-II	Suqing		1.0
TULSION CH-95	Thermax		150 (g/L as Hg)

表A13A　商业阴离子交换树脂：强碱性阴树脂（SBA）I型（Cl型），凝胶型

产品型号	生产公司	容量	
		干重/(meq/g)	树脂床/(meq/mL)
SB-1	Aldex		1.4
DOWEX MARATHON A	DOW		1.3 (Cl^-); 1.0 (OH^-)
Indion GS 300	Ion exchange		1.3

续表

产品型号	生产公司	容量	
		干重/(meq/g)	树脂床/(meq/mL)
LEWATIT S 6268	Lanxess		1.2
DIAION SA10A	Mitsubishi		1.3
A400	Purolite		1.3
RELITE 3A	Resindion		1.3
SBG1-HP	ResinTech		1.2
201x4	Suqing	3.7	1.2
Tulsion A-23	Thermax		1.3

表A13B　商业阴离子交换树脂：强碱性阴树脂（SBA）I型（Cl型），大孔型

产品型号	生产公司	容量	
		干重/(meq/g)	树脂床/(meq/mL)
SB-1 MP	Aldex		1.2
DOWEX MARATHON MSA	DOW		1.1 (Cl^-)
Indion 810	Ion exchange		1.0
LEWATIT S 6368 A	Lanxess		1.0
LEWATIT VP OC 1074	Lanxess		0.85
DIAION PA316	Mitsubishi		1.3
A500Plus	Purolite		1.15
RELITE 3AS	Resindion		1.2
SBMP1	ResinTech		1.1
D201	Suqing	3.7	1.2
Tulsion A-27MP	Thermax		1.2

表A14A　商业阴离子交换树脂：强碱性阴树脂（SBA）II型（Cl型），凝胶型

产品型号	生产公司	容量	
		干重/(meq/g)	树脂床/(meq/mL)
SB-2	Aldex		1.4
DOWEX MARATHON A2	DOW		1.2 (Cl^-)
Indion GS 400	Ion exchange		1.2
DIAION SA20A	Mitsubishi		1.3
A300	Purolite		1.4
RELITE 2A	Resindion		1.3

续表

产品型号	生产公司	容量 干重/(meq/g)	容量 树脂床/(meq/mL)
SBG2	ResinTech		1.4
202-Ⅱ	Suqing	3.5	1.25
Tulsion A-32	Thermax		1.3

表A14B 商业阴离子交换树脂：强碱性阴树脂（SBA）Ⅱ型（Cl型），大孔型

产品型号	生产公司	容量 干重/(meq/g)	容量 树脂床/(meq/mL)
DOWEX MARATHON MSA2	DOW		1.0 (Cl^-)
Indion 820	Ion exchange		1.0
LEWATIT S 7468	Lanxess		1.0
DIAION PA418	Mitsubishi		1.3
A510Plus	Purolite		1.15
RELITE A490	Resindion		1.2
D202-Ⅱ	Suqing	3.6	1.2
Tulsion A-36MP	Thermax		1.2

表A15A 商业阴离子交换树脂：聚丙烯酸、弱碱性阴树脂（WBA）（游离碱形式），凝胶型

产品型号	生产公司	容量 干重/(meq/g)	容量 树脂床/(meq/mL)
WB-2	Aldex		1.6
AMBERLITE IRA67	DOW		1.6
LEWATIT S 5228	Lanxess		1.5
DIAION WA10	Mitsubishi		1.2
A845	Purolite		1.6
WBACR	ResinTech		1.6
316	Suqing	5.0	1.6

表A15B 商业阴离子交换树脂：聚丙烯酸、弱碱性阴树脂（WBA）（游离碱形式），大孔型

产品型号	生产公司	容量	
		干重/(meq/g)	树脂床/(meq/mL)
WB1-HC	Aldex		1.6
DOWEX MARATHON WBA2	DOW		1.7
Indion 890	Ion exchange		1.4
QuadraPure DMA	Johnson Matthey		
LEWATIT S 4528	Lanxess		1.7
DIAION WA30	Mitsubishi	3.0	1.5
A100Plus	Purolite		1.3
RELITE RAM1	Resindion		1.6
WBMP-HC	ResinTech		1.7
D306	Suqing	4.8	1.6
Tulsion A-2X MP GP	Thermax		1.5

表A16A 商业专用高容量阴离子交换树脂（Cl型，强碱性），凝胶型

产品型号	生产公司	容量	
		干重/(meq/g)	树脂床/(meq/mL)
AMBERLITE PWA12	DOW		≥1.25
A600E	Purolite		1.6

表A16B 商业专用阴离子交换树脂：硝酸盐选择性树脂（Cl型，强碱性），大孔型

产品型号	生产公司	容量	
		干重/(meq/g)	树脂床/(meq/mL)
NSR	Aldex		0.9
AMBERLITE PWA5	DOW		≥1.0
Indion NSSR	Ion exchange		0.9
Resinex NR-1	Jacobi Carbons		0.8
Lewatit MonoPlus SR 7	Lanxess		0.6
A520E	Purolite		0.9
RELITE A490 (Type 2)	Resindion		1.2
SIR-100-HP (triethyl)	ResinTech		0.9
SIR-110-HP (tributyl)	ResinTech		0.7
D407; D407-Ⅲ	Suqing	3.0; 1.6	0.8; 0.5
Tulsion A-62 MP	Thermax		1.0

表A17A 商业专用阴离子交换树脂：聚胺（游离碱形式），凝胶型

产品型号	生产公司	容量	
		干重/(meq/g)	树脂床/(meq/mL)
Lewatit A365	Lanxess		3.4
WBG30	ResinTech		2.8

表A17B 商业专用阴离子交换树脂：聚胺（游离碱形式），大孔型

产品型号	生产公司	容量	
		干重/(meq/g)	树脂床/(meq/mL)
DIAION CR20	Mitsubishi		0.8 (Cu)
S985	Purolite		2.3
SQD-96	Suqing	7.5	2.2
TULSION A-10X MP	Thermax		2.5

表 A18 商业专用阴离子交换树脂：环氧多胺（Cl型），凝胶型

产品型号	生产公司	容量	
		干重/(meq/g)	树脂床/(meq/mL)
SIR-700	ResinTech		2.1 meq Cl/mL; 10.5 meq Cr/mL

表A19 商业螯合阳离子交换树脂：异羟肟酸（Na型），大孔型

产品型号	生产公司	容量	
		干重/(meq/g)	树脂床/(meq/mL)
D409	Suqing	3.5~4.0	

表A20A 商业特种阴离子选择性树脂：痕量污染物选择性（非离子交换作用）

产品型号	生产公司	容量		物理形式
		选择性	每单位体积	
INDION RS-F	Ion exchange	F	1~2 g F/L	HCIX w/ Al(III) nanoparticles
LEWATIT FO36	Lanxess	As	2.5~6 g As/L	HAIX w/ Fe(III) nanoparticles

续表

产品型号	生产公司	容量		物理形式
		选择性	每单位体积	
LEWATIT MonoPlus TP260	Lanxess	F	2.6 g F/L (operating)	Aminophosphonic resin in Al(Ⅲ)-form
FERRIX A33E	PUROLITE	As	0.5~4 g As/L	HAIX w/ Fe(Ⅲ) nanoparticles
ASM10HP	ResinTech	As	0.6~1.2 g As/L;40 mg As/g	HAIX w/ Fe(Ⅲ) nanoparticles
BSM-50	ResinTech	Si, Sb	1.4 eq/L as borate	HAIX w/ Fe(Ⅲ) nanoparticles in borate form
RSM-50	ResinTech	Ra	1.65 eq Na^+/L	HCIX w/$BaSO_4$ nanoparticles
D406	Suqing	F	0.5 meq/mL	Al(Ⅲ) nanoparticles
SQ407	Suqing	As		HAIX w/ FeO(OH) nanoparticles
TULSION CH-87	Thermax	F		HCIX w/ Al(Ⅲ) nanoparticles
HIX2-Nano200	WIST	As, F	10 g F/L	HAIX w/ Zr(Ⅳ) nanoparticles

表A20B 商业特种阴离子交换树脂：聚碘消毒树脂（碘型，强碱性），大孔型

产品型号	生产公司	容量	
		碘残余/(mg/L)	容量/BVs
Indion SRCD-I	Ion exchange	0.5~1.1	250

B 本书单位：容量、浓度、质量和体积

B1 容量

	meq CaCO$_3$/mL	lb-eq CaCO$_3$/ft^3	kgr (as CaCO$_3$)/ft^3	g CaO/L	g CaCO$_3$/L
1 meq CaCO$_3$/mL	1	0.0624	21.8	28	50
1 lb-eq CaCO$_3$/ft^3	16.0	1	249	449	801
1 kgr (as CaCO$_3$)/ft^3	0.0459	0.00286	1	1.28	2.29
1 g CaO/L	0.0357	0.00223	0.779	1	1.79
1 g CaCO$_3$/L	0.0200	0.00125	0.436	0.560	1

B2 浓度（以 CaCO$_3$ 计）

	ppm	meq/L	gr/gal (US)	gr/gal (Imp.)
1 ppm	1	0.02	0.0585	0.0704
1 meq/L	50	1	2.9	3.48
1 gr/gal (US)	17.1	0.34	1	1.20
1 gr/gal (Imp.)	14.2	0.28	0.833	1
1 French degree	10	0.20	0.585	0.704
1 German degree	17.9	0.36	1.05	1.26

B3 质量

	磅	克	千克	格令	千格令
1 lb	1	453.6	0.4536	7000	7
1 g	0.0022	1	0.0001	15.43	0.01543
1 kg	2.205	1000	1	15430	15.43
1 gr	0.000143	0.0648	0.0000648	1	0.001
1 kgr	0.143	64.8	0.0648	1000	1

B4 体积

	立方英尺	加仑（美制）	加仑（英制）	升	立方米
1 ft^3	1	7.48	6.23	28.3	0.0283
1 gal (US)	0.134	1	0.833	3.785	0.003785
1 gal (Imp.)	0.161	1.2	1	4.55	0.00455
1 L	0.0353	0.264	0.220	1	0.001
1 m^3	35.3	264	220	1000	1

C 25℃下的溶度积

阴离子	平衡反应	K_{sp}
Carbonates		
$MgCO_3$	$MgCO_3(s) \rightleftharpoons Mg^{2+} + CO_3^{2-}$	4.0×10^{-5}
$NiCO_3$	$NiCO_3(s) \rightleftharpoons Ni^{2+} + CO_3^{2-}$	1.4×10^{-7}
$CaCO_3$	$CaCO_3(s) \rightleftharpoons Ca^{2+} + CO_3^{2-}$	4.7×10^{-9}
$MnCO_3$	$MnCO_3(s) \rightleftharpoons Mn^{2+} + CO_3^{2-}$	4.0×10^{-10}
$CuCO_3$	$CuCO_3(s) \rightleftharpoons Cu^{2+} + CO_3^{2-}$	2.5×10^{-10}
$FeCO_3$	$FeCO_3(s) \rightleftharpoons Fe^{2+} + CO_3^{2-}$	2.0×10^{-11}
$ZnCO_3$	$ZnCO_3(s) \rightleftharpoons Zn^{2+} + CO_3^{2-}$	3.0×10^{-11}
$CdCO_3$	$CdCO_3(s) \rightleftharpoons Cd^{2+} + CO_3^{2-}$	5.2×10^{-12}
$PbCO_3$	$PbCO_3(s) \rightleftharpoons Pb^{2+} + CO_3^{2-}$	1.5×10^{-13}
Chromate		
$CaCrO_4$	$CaCrO_4(s) \rightleftharpoons Ca^{2+} + CrO_4^{2-}$	7.1×10^{-4}
$PbCrO_4$	$PbCrO_4(s) \rightleftharpoons Pb^{2+} + CrO_4^{2-}$	1.8×10^{-14}
Fluoride		
MgF_2	$MgF_2(s) \rightleftharpoons Mg^{2+} + 2F^-$	8×10^{-8}
CaF_2	$CaF_2(s) \rightleftharpoons Ca^{2+} + 2F^-$	1.7×10^{-14}

阴离子	平衡反应	K_{sp}
Hydroxide		
$Mg(OH)_2$	$Mg(OH)_2(s) \rightleftharpoons Mg^{2+} + 2OH^-$	8.9×10^{-12}
$Mn(OH)_2$	$Mn(OH)_2(s) \rightleftharpoons Mn^{2+} + 2OH^-$	2.0×10^{-13}
$Cd(OH)_2$	$Cd(OH)_2(s) \rightleftharpoons Cd^{2+} + 2OH^-$	2.0×10^{-14}
$Pb(OH)_2$	$Pb(OH)_2(s) \rightleftharpoons Pb^{2+} + 2OH^-$	4.2×10^{-15}
$Fe(OH)_2$	$Fe(OH)_2(s) \rightleftharpoons Fe^{2+} + 2OH^-$	1.8×10^{-15}
$Ni(OH)_2$	$Ni(OH)_2(s) \rightleftharpoons Ni^{2+} + 2OH^-$	1.6×10^{-16}
$Zn(OH)_2$	$Zn(OH)_2(s) \rightleftharpoons Zn^{2+} + 2OH^-$	4.5×10^{-17}
$Cu(OH)_2$	$Cu(OH)_2(s) \rightleftharpoons Cu^{2+} + 2OH^-$	1.6×10^{-19}
$Cr(OH)_3$	$Cr(OH)_3(s) \rightleftharpoons Cr^{3+} + 3OH^-$	6.7×10^{-31}
$Al(OH)_3$	$Al(OH)_3(s) \rightleftharpoons Al^{3+} + 3OH^-$	5.0×10^{-33}
$Fe(OH)_3$	$Fe(OH)_3(s) \rightleftharpoons Fe^{3+} + 3OH^-$	6.0×10^{-38}
Phosphate		
$MgNH_4PO_4$	$MgNH_4PO_4(s) \rightleftharpoons Mg^{2+} + NH_4^+ + PO_4^{3-}$	2.5×10^{-13}
$AlPO_4$	$AlPO_4(s) \rightleftharpoons Al^{3+} + PO_4^{3-}$	6.3×10^{-19}
$Mn_3(PO_4)_2$	$Mn_3(PO_4)_2(s) \rightleftharpoons 3Mn^{2+} + 2PO_4^{3-}$	1.0×10^{-22}
$Ca_3(PO_4)_2$	$Ca_3(PO_4)_2(s) \rightleftharpoons 3Ca^{2+} + 2PO_4^{3-}$	1.3×10^{-32}
$Mg_3(PO_4)_2$	$Mg_3(PO_4)_2(s) \rightleftharpoons 3Mg^{2+} + 2PO_4^{3-}$	1×10^{-32}
$Pb_3(PO_4)_2$	$Pb_3(PO_4)_2(s) \rightleftharpoons 3Pb^{2+} + 2PO_4^{3-}$	1.0×10^{-32}
Sulfate		
$CaSO_4$	$CaSO_4(s) \rightleftharpoons Ca^{2+} + SO_4^{2-}$	2.5×10^{-5}
$PbSO_4$	$PbSO_4(s) \rightleftharpoons Pb^{2+} + SO_4^{2-}$	1.3×10^{-8}
$BaSO_4$	$BaSO_4(s) \rightleftharpoons Ba^{2+} + SO_4^{2-}$	1.1×10^{-10}
$RaSO_4$	$RaSO_4(s) \rightleftharpoons Ra^{2+} + SO_4^{2-}$	3.7×10^{-11}
Sulfide		
MnS	$MnS(s) \rightleftharpoons Mn^{2+} + S^{2-}$	7.0×10^{-16}
FeS	$FeS(s) \rightleftharpoons Fe^{2+} + S^{2-}$	4.0×10^{-19}
NiS	$NiS(s) \rightleftharpoons Ni^{2+} + S^{2-}$	3.0×10^{-21}
ZnS	$ZnS(s) \rightleftharpoons Zn^{2+} + S^{2-}$	1.6×10^{-23}

续表

阴离子	平衡反应	K_{sp}
CdS	$CdS(s) \rightleftharpoons Cd^{2+} + S^{2-}$	1.0×10^{-28}
PbS	$PbS(s) \rightleftharpoons Pb^{2+} + S^{2-}$	7.0×10^{-29}
CuS	$CuS(s) \rightleftharpoons Cu^{2+} + S^{2-}$	8.0×10^{-37}
Cu_2S	$Cu_2S(s) \rightleftharpoons 2Cu^+ + S^{2-}$	1.2×10^{-49}
Fe_2S_3	$Fe_2S_3(s) \rightleftharpoons 2Fe^{3+} + 3S^{2-}$	1×10^{-88}

D 25℃下的酸碱解离常数

酸: $\lg K_a = pK_a$			共轭碱: $\lg K_b = pK_b$	
$HClO_4$	Perchloric acid	−7	ClO_4^-	Perchlorate ion	21
HCl	Hydrochloric acid	−3	Cl^-	Chloride ion	17
H_2SO_4	Sulfuric acid	−3	HSO_4^-	Bisulfate ion	17
HNO_3	Nitric acid	0	NO_3^-	Nitrate ion	14
H_3O^+	Hydronium ion	0	H_2O	Water	14
HIO_3	Iodic acid	0.8	IO_3^-	Iodate ion	13.2
HSO_4^-	Bisulfate ion	2	SO_4^{2-}	Sulfate ion	12
H_3PO_4	Phosphoric acid	2.1	$H_2PO_4^-$	Dihydrogen phosphate ion	11.9
$Fe(H_2O)_6^{3+}$	Ferric ion	2.2	$Fe(H_2O)_5OH^{2+}$	Hydroxo iron(III) complex	11.8
HF	Hydrofluoric acid	3.2	F^-	Fluoride ion	10.8
HNO_2	Nitrous acid	4.5	NO_2^-	Nitrite ion	9.5
CH_3COOH	Acetic acid	4.7	CH_3COO^-	Acetate ion	9.3
$Al(H_2O)_6^{3+}$	Aluminum ion	4.9	$Al(H_2O)_5OH^{2+}$	Hydroxo aluminum(III) complex	9.1
$H_2CO_3^*$	Carbon dioxide and carbonic acid	6.3	HCO_3^-	Bicarbonate ion	7.7
$H_2S(aq)$	Hydrogen sulfide	7.1	HS^-	Bisulfide ion	6.9
$H_2PO_4^-$	Dihydrogen phosphate	7.2	HPO_4^{2-}	Monohydrogen phosphate ion	6.8

续表

酸：$\lg K_a = pK_a$			共轭碱：$\lg K_b = pK_b$		
HOCl	Hypochlorous acid	7.5	OCl^-	Hypochlorite ion	6.4
HCN(aq)	Hydrocyanic acid	9.3	CN^-	Cyanide ion	4.7
H_3BO_3	Boric acid	9.3	$B(OH)_4^-$	Borate ion	4.7
NH_4^+	Ammonium ion	9.3	$NH_3(aq)$	Ammonia	4.7
H_4SiO_4	Orthosilicic acid	9.5	$H_3SiO_4^-$	Trihydrogen silicate ion	4.5
C_6H_5OH	Phenol	9.9	$C_6H_5O^-$	Phenolate ion	4.1
HCO_3^-	Bicarbonate ion	10.3	CO_3^{2-}	Carbonate ion	3.7
HPO_4^{2-}	Monohydrogen phosphate	12.3	PO_4^{3-}	Phosphate ion	1.7
$H_3SiO_4^-$	Trihydrogen silicate	12.6	$H_2SiO_4^{2-}$	Dihydrogen silicate ion	1.4
HS^-	Bisulfide ion	14	S^{2-}	Sulfide ion	0
H_2O	Water	14	OH^-	Hydroxide ion	0
$NH_3(aq)$	Ammonia	约23	NH_2^-	Amide ion	−9
OH^-	Hydroxide ion	约24	O^{2-}	Oxide ion	−10